大学数学の入門 ❻
幾何学 III 微分形式

坪井 俊 ──［著］

東京大学出版会

Geometry III Differential Forms
(Introductory Texts for Undergraduate Mathematics 6)
Takashi TSUBOI
University of Tokyo Press, 2008
ISBN978-4-13-062956-0

はじめに

　本書では，微分可能多様体を学び始めた学生を対象に，微分可能多様体上の微分形式の理論を解説する．

　現代の幾何学のほとんどの理論は，微分可能多様体の基礎の上に打ち立てられており，幾何学は，微分可能多様体上の構造として理解されている．多様体の理論は，空間内において方程式で定義される曲面の研究や正則関数の自然な定義域としてのリーマン面の研究のなかで，局所座標が定義される空間の理論として成立してきたものである．

　局所座標が定義される空間上で，微分積分や常微分方程式論が展開できることが認識され，多様体の定義を生んだのだが，多様体の理論のなかで重要な点の1つは，多様体上の接ベクトル場と微分1形式は異なるものであることを認識したことにある．ともに，多様体の各点にベクトルが与えられるものであるが，多様体の間の写像に対して接ベクトルは順方向に写されるのに対し，微分1形式は逆方向に引き戻される．常微分方程式論的な性質は接ベクトル場の性質だけからわかることであり，幾何的積分法であるストークスの定理は，微分形式としての性質だけからわかることである．多様体上の接ベクトル場は，リー代数の構造を持つのに対し，微分1形式は，次数の高い微分形式に拡張され，次数付きの代数構造を持ち，外微分とともに，ドラーム複体を構成する．多様体論は接ベクトル場と微分1形式を区別し，それぞれの理論を独立させた．こうしてつくられた多様体論の上で，リーマン計量，複素構造，接触構造，シンプレクティク構造，葉層構造などの多様体上の構造が定式化され，相互関係が深く研究されてきた．

　このようにしてできあがった多様体の理論への入門としては，多様体上の局所座標あるいは座標近傍の扱い方，多様体上のベクトル場，多様体上の微分形式を学び，多様体上のさまざまな構造，多様体の位相，さまざまな幾何学の研究などへの応用を考えていくのが自然である．

　本書の内容は東京大学理学部数学科3年生の多様体論の講義をもとにしている．多様体論の講義では，3年生夏学期に，多様体入門として，多様体の

概念，多様体上のベクトル場，リーマン計量の定式化を学び，3 年生冬学期に，多様体上の微分形式を学ぶ．3 年生冬学期には同時に位相幾何学，ホモロジー理論も学ぶ．このような講義に実際に使える教科書として，夏学期の部分は，『幾何学 I 多様体入門』として出版されている．本書の内容は，多様体上の微分形式および関連する多様体の構造である．並行して講義されている位相幾何学，ホモロジー理論については本シリーズの教科書として出版されるものと思う．

　本書の内容をもう少し詳しく説明すると，本書で解説するのは，微分形式の定義，ドラーム理論，多様体上の積分の理論，微分形式とベクトル場，微分形式に関連する多様体上の構造，ポアンカレ双対定理である．

　微分形式の定義としては，余接空間の外積代数のなすベクトル束に値を持つ切断というのが簡明ではあるが，本書では，ユークリッド空間における微分形式の定義をもとにした局所座標における表示による定義を最初に与えている．現実の計算においてはこのような表示が不可欠であり実際的であるからである．

　ドラーム理論については，チェック・ドラーム理論，単体的ドラーム理論を解説している．多様体上の微分形式についてのドラーム理論は 20 世紀の数学の象徴ともいえるものである．このような理論を多様体以外の対象に対して構成することにより，多くの新しい数学を生み出した．ドラーム理論は，これからの数学のモデルでもあり続けると思われる．

　微分形式に関連する多様体の構造として，接平面場に関する，葉層構造，シンプレクティク形式，接触形式についての基本的な事柄を述べる．これらは講義ではなかなか触れることができなかったものであるが，今後の数学で重要性はますます高まると思われる．

　さらに，微分可能多様体のポアンカレ双対定理を，多様体の三角形分割とその双対胞体分割を用いて解説する．ここで，閉形式のポアンカレ双対についても単体的ドラーム理論により解説する．

　多様体の位相を考えるとき，多様体が三角形分割を持つという基本的な定理がしばしば使われる．本書でも単体的ドラーム理論を多様体に適用できることや，ポアンカレ双対定理の証明のなかで三角形分割の存在を用いている．多様体の三角形分割の構成自体は，講義などでとり上げられることが少ないが，非常に基本的であり，証明自体に多くのアイデアが含まれているので付

録として解説する．

　本書を読むためには，大学 1 年次で学ぶ線形代数の基礎，解析学，微分積分学，テーラー展開，2 変数関数の最大最小，重積分，2 年次で学ぶベクトル解析，ガウスの定理，ストークスの定理，微分方程式の解の存在と一意性，線形常微分方程式，数学科の最初の講義で学ぶ集合と位相，抽象的なベクトル空間と線形写像，3 年生夏学期に学ぶ多様体の定義，多様体上のベクトル場などを知っていることが望ましい．本書では，ベクトル解析，常微分方程式，集合と位相，ベクトル空間と線形写像，多様体について，ごく基本的なことを除いては既知とはしていない．しかし，本書ですべてを解説することはできないので，必要になったところで参考書を見て復習していただきたい．

　本書の目次で，表題に（基礎）とあるのは，微分形式を学ぶための復習の意味合いのある内容であることを示す．表題に（展開）とあるのは，多様体上の微分形式に関連する研究への導入ともなる，やや進んだ内容であることを示す．各章の問題の解答例は各章末においた．実際の講義は，3 年生冬学期に約 20 時間で行なったが，各節のうちで（基礎）の部分を復習して，微分形式の定義，ドラーム理論，多様体上の積分の理論，微分形式とベクトル場，ポアンカレ双対定理を解説した．演習の時間はとれなかったので，自習用のレポート問題として演習問題を出し，そのなかで（展開）の内容の一部も紹介した．微分形式に関連する多様体上の構造については，時間の関係もあり講義のなかではほとんど触れていないが，将来の研究へつながるものなので本書に含めた．図を用いれば説明しやすいものについてはできるだけ図を掲載して読者の理解の助けとした．

　本書を準備するために東京大学出版会の丹内利香さんに非常にお世話になった．謹んでお礼を申し上げたい．また原稿を読み助言をくれた高山学氏に感謝する．

2007 年 12 月
坪井　俊

記号表

本書では次の記号を断りなく使うこともある．

$\boldsymbol{Z}$	整数全体の集合，または加法群
$\boldsymbol{R}$ ($\boldsymbol{C}$)	実数全体（複素数全体）の集合
$\boldsymbol{R}^\times$ ($\boldsymbol{C}^\times$)	0 でない実数（複素数）のなす乗法群
$\boldsymbol{R}^n$ ($\boldsymbol{C}^n$)	実（複素）n 次元数ベクトル空間
$\bullet$	$\boldsymbol{R}^n$ 上のユークリッド内積 $\left(\boldsymbol{x} \bullet \boldsymbol{y} = \sum_{i=1}^{n} x_i y_i\right)$
$\|\cdot\|$	$\boldsymbol{R}^n$ 上のユークリッドノルム（$\|\boldsymbol{x}\|^2 = \boldsymbol{x} \bullet \boldsymbol{x}$）
${}^t A$	行列 A の転置行列
$M(n;\boldsymbol{R})$ ($M(n;\boldsymbol{C})$)	n 次実（複素）正方行列全体のなす線形空間
$\det$	正方行列の行列式
sign	実数の符号（± 1），置換の符号
$\boldsymbol{1}$	単位行列，群の単位元
$\boldsymbol{0}$	零行列
δ_{ij}	$\delta_{ij} = 1$ ($i=j$), $\delta_{ij} = 0$ ($i \neq j$)
$GL(n;\boldsymbol{R})$	n 次一般線形群（$\{A \in M(n;\boldsymbol{R}) \mid \det A \neq 0\}$）
$SL(n;\boldsymbol{R})$	n 次特殊線形群（$\{A \in M(n;\boldsymbol{R}) \mid \det A = 1\}$）
$O(n)$	n 次直交群（$\{A \in M(n;\boldsymbol{R}) \mid {}^t A A = \boldsymbol{1}\}$）
$U(n)$	n 次ユニタリ群（$\{A \in M(n;\boldsymbol{C}) \mid A^* A = \boldsymbol{1}\}$）
$\dim$	線形空間の次元，多様体の次元
	（線形写像 $A: V \longrightarrow W$ に対し，）
$\ker$	線形写像の核（$\ker A = \{v \in V \mid Av = 0\}$）
im	線形写像の像（$\mathrm{im}\, A = \{w \in W \mid \exists v \in V, w = Av\}$）
rank	線形写像のランク（階数）（$\mathrm{rank}\, A = \dim(\mathrm{im}\, A)$）
id	（空間の）恒等写像
$\setminus$	（集合の）差
$\times$	（空間の）直積 (direct product)
$\sqcup$	（空間の）直和 (disjoint union)
$/\sim$	同値関係 $\sim$ による同値類のなす商空間
S^n	n 次元球面（$\{\boldsymbol{x} \in \boldsymbol{R}^{n+1} \mid \|\boldsymbol{x}\| = 1\}$）
T^n	n 次元トーラス（$S^1 \times \cdots \times S^1$（$n$ 個の直積））

目次

はじめに iii

記号表 vi

第 1 章　ユークリッド空間上の微分形式 1
- 1.1　微積分学の基本定理（基礎） 1
- 1.2　微積分学の基本定理の多変数化（基礎） 4
- 1.3　微分 2 形式（基礎） 9
- 1.4　面積分（基礎） 13
- 1.5　3 次元ユークリッド空間上のベクトル解析（基礎） 15
- 1.6　一般の微分形式 17
- 1.7　ユークリッド空間の開集合上の微分形式の空間 24
- 1.8　微分形式の引き戻し 25
- 1.9　ポアンカレの補題の証明 32
- 1.10　第 1 章の問題の解答 35

第 2 章　多様体上の微分形式 40
- 2.1　多様体（基礎） 40
- 2.2　余接空間 44
- 2.3　p 次外積の空間 48
- 2.4　外微分とドラーム・コホモロジー 52
- 2.5　関手（ファンクター）という見方 60
- 2.6　マイヤー・ビエトリス完全系列 61
- 2.7　球面のドラーム・コホモロジー 65
- 2.8　コンパクト多様体のドラーム・コホモロジー 68
- 2.9　直積のドラーム・コホモロジー（展開） 71

2.10	チェック・ドラーム複体（展開）	76
2.11	第2章の問題の解答	84

第3章　微分形式の積分　91

3.1	閉微分1形式の積分	91
3.2	単体からの写像に沿う積分	94
3.3	単体的ドラーム理論（展開）	100
	3.3.1　単体複体	100
	3.3.2　単体複体上の微分形式	104
	3.3.3　単体的ドラームの定理	105
	3.3.4　多様体の三角形分割と単体的ドラーム理論	109
3.4	向きを持つ多様体上の積分	110
3.5	境界を持つ多様体とストークスの定理	116
3.6	写像度	120
3.7	ガウス写像	122
3.8	第3章の問題の解答	124

第4章　微分形式とベクトル場　133

4.1	多様体上のフローとベクトル場	133
	4.1.1　リー微分	133
	4.1.2　内部積	136
	4.1.3　カルタンの公式	138
	4.1.4　微分形式のベクトル場における値	139
4.2	リー群	140
	4.2.1　不変微分形式	140
	4.2.2　リー群の作用	142
	4.2.3　$U(1)$の自由作用	145
4.3	接平面場（展開）	146
	4.3.1　フロベニウスの定理	146
	4.3.2　微分形式の核	153
	4.3.3　体積形式とダイバージェンス	154
	4.3.4　シンプレクティック形式とハミルトン・ベクトル場	154

4.3.5　接触形式とレーブ・ベクトル場 ……………………… 159
　4.4　リーマン多様体上の微分形式とベクトル場 ……………… 162
　4.5　第 4 章の問題の解答 ………………………………………… 169

第 5 章　多様体の位相と微分形式 ……………………………… 186
　5.1　多様体の三角形分割 ………………………………………… 187
　　5.1.1　組合せ多様体 ……………………………………… 187
　　5.1.2　三角形分割 ………………………………………… 187
　5.2　ポアンカレ双対定理 ………………………………………… 188
　　5.2.1　基本類 ……………………………………………… 188
　　5.2.2　重心細分 …………………………………………… 189
　　5.2.3　双対胞体 …………………………………………… 190
　　5.2.4　単体の向き ………………………………………… 191
　　5.2.5　多様体の向きと単体の向き ……………………… 192
　　5.2.6　双対胞体のなす複体のホモロジー ……………… 194
　　5.2.7　ポアンカレ双対定理の証明 ……………………… 195
　5.3　閉微分形式のポアンカレ双対（展開）……………………… 196
　　5.3.1　閉形式の外積とポアンカレ双対 ………………… 196
　　5.3.2　単体的ドラーム理論と閉形式のポアンカレ双対 ……… 198
　5.4　第 5 章の問題の解答 ………………………………………… 205

付録　多様体の三角形分割の構成（展開）…………………………… 209

参考文献 ………………………………………………………………… 223

記号索引 ………………………………………………………………… 225

用語索引 ………………………………………………………………… 227

人名表 …………………………………………………………………… 230

第 1 章　ユークリッド空間上の微分形式

微分形式の理論は，3 次元空間上のベクトルに値を持つ量について微分積分を考えるベクトル解析の定式化から発展してきた．この章では，そうして定式化されたユークリッド空間上の微分形式の理論を見ていく．

1.1　微積分学の基本定理（基礎）

解析学を学ぶうえで最初の重要な定理が微積分学の基本定理である．その復習から始めよう．

定義 1.1.1（原始関数）　区間上の連続関数 $f(t)$ に対し，$F(t)$ の導関数が $f(t)$ のとき，$F(t)$ を $f(t)$ の **原始関数** と呼ぶ．

区間上の連続関数 $f(t)$ の 2 つの原始関数は定数だけ異なることに注意しておこう．これは，平均値の定理の帰結である．

定理 1.1.2（定積分の存在）　閉区間 $[a,b]$ 上の連続関数 $f(t)$ に対し，**定積分** $\int_a^b f(s)\,\mathrm{d}s$ が定まる．

定理 1.1.3（微積分学の基本定理）　区間上の連続関数 $f(t)$ に対し，定積分が原始関数の 1 つを与える：

$$\frac{\mathrm{d}}{\mathrm{d}t}\int_a^t f(s)\,\mathrm{d}s = f(t)$$

言葉を換えていうと，$F(t) = \int_a^t f(s)\,\mathrm{d}s$ とおくと，$F(t)$ は微分可能であり，$F'(t) = f(t)$ となる．

これは，原始関数の存在定理である．抽象的な存在定理ではなく，定積分を定義してやると，それを積分範囲の上端についての関数と考えたものが原始関数であることを述べている．

先ほどの注意により，$f(t)$ の原始関数を $F(t)$ とすると，$\int_a^b f(s)\,ds = F(b) - F(a)$ となる．

さて，本書の最初の目標は，微積分学の基本定理を多様体上で定式化し証明することである．1次元の区間から，2次元以上の空間で定積分を考えるために線積分（曲線に沿う積分）を定式化し，さらに曲面や部分多様体上での積分を考えるために微分形式を定式化していくのである．

余談であるが，なぜ定理 1.1.3 が，微積分学の「基本定理」と呼ばれるか振り返ってみよう．

アラビアから西欧に流入した算術は，13 世紀以降，徐々に，アラビア記数法の定着（1600 年くらいまで），筆算による四則計算の定着をもたらした．15 世紀には算術書も印刷されている．16 世紀，ルネッサンスのなかで，コペルニクス，ガリレイの運動論が現れる．算術の有用性が認識されるとともに，その計算のために 1614 年には，ネイピアの対数が考案される．1637 年頃には図形を代数的にとらえるために，デカルトにより座標が用いられた．

この後，半世紀ほどで，微分積分学が成立する．

微分積分の一方を担う積分の理論の原点は，面積，体積を求めることであり，これはアルキメデスにさかのぼる．アラビアから逆輸入されたアルキメデスの著作は 15 世紀には数学の基礎とされていたようである．図形の面積，体積を求めるアルキメデスの方法とは，図形の内側と外側から多角形あるいは多面体で近似し，その面積，体積が共通の極限に収束することを観察して，面積，体積を求めるものであった．面積，体積，モーメントの計算は，カバリエリ，フェルマー，パスカルにより行なわれている．ここで用いる多角形の面積については，「合同な図形の面積の相等」と「多角形の分割についての加法性」（分解合同）に基づいてユークリッド幾何学の範疇で十分理解できるものであったが，多面体の体積についてはこのような理解はできなかった（20 世紀にデーンにより，体積の等しい多面体が分解合同とは限らないことが示されている）．体積の相等については，カバリエリの原理と呼ばれる平行な平面族について，2 つの図形の断面積が各平面について等しければ体積が等し

いという考えに基づいて議論されるようになった（角錐の体積の公式もこれに基づくものである）．

　微分の理論の原点は，積分法に比べればずっと新しく，運動の記述のなかでの速度の定式化と曲線に接線を引く方法の研究の 2 つにあると考えられる．

　運動の記述においては，速度が時間に比例する運動（自由落下する物体の等加速度運動）をガリレイ，デカルト，バローが扱っている（時間の長さと空間の長さについては多くの混乱があったようである）．デカルトの座標で，量を（長さ，面積，体積といった）次元から独立に扱うことが不思議ではなくなり，また，量の変化をグラフに表すことが行なわれるようになった．ここで，絶対時間にしたがって運動する世界というモデルを受け入れたことも大きな変化であるかもしれない．それとともに運動の速さ，曲線の接線，値の最大最小の問題の相互関係にも気付かれてきたようである．さらに，ネイピアの対数のように代数的でない関数を考える必要が生じ，対数関数の値と双曲線の切片と漸近線の間の面積の比例関係も認識された．このようななかで，サイクロイドなどの新しいタイプの曲線の研究が多くの数学者により熱心に行なわれた．さらに，曲線の求長（直線化），表面積の計算など，微分積分の複合問題もとり組まれることになった．

　それでも，ニュートン，ライプニッツ以前は，（直方化問題とも呼ばれる）面積を求めることと，接線を求めることは，別の問題であった．ニュートンは，流量，流率という考え方を導入して力学を記述し，惑星の運動を説明した．そのために積分にあたる操作も行なう必要があった．また，ライプニッツは，微分商，総和法など，もっといえば数学全般の記号法を整備した．これらの研究のなかで，面積を求めることと，接線を求めることの関係が発見され，微積分学の基本定理 1.1.3 として述べられたのである．このとき微分積分学が成立したと考えられる．

　実際には，17 世紀的な微分，積分のとらえ方には問題があり，微分が極限であることはダランベールが明確にしたといわれる．さらに，フーリエ，コーシーの後，ワイエルシュトラスにより非常に整備された形となった．その後，微分できる関数，その微分がどのようなものか，積分できる関数がどのようなものかという議論は，ルベーグ積分論，超関数論などの数学を生んでいった．一方，微積分学の基本定理を多変数で考えることは，力学，電磁気学，流体力学などと関連してベクトル解析として発展した．

1.2 微積分学の基本定理の多変数化（基礎）

微積分学の基本定理 1.1.3 は，次のようにも書かれる．$F(t)$ を微分が連続であるような関数とする．

$$\int_a^b \frac{dF}{dt}(s)\,ds = F(b) - F(a)$$

微積分学の基本定理 1.1.3 は，原始関数の存在定理であるから，少し本来の趣旨からは外れていると思われるかもしれないが，$\int_a^t \frac{dF}{dt}(s)\,ds$ が，$\frac{dF}{dt}$ の原始関数であることを知っているから，上の等式が導かれるのである．このことは，微分を知れば，2 点における関数の値の差が計算できること，あるいは元の関数を定数を除いて復元できることを示している．

n 次元ユークリッド空間 $\boldsymbol{R}^n$ の開集合 U 上で定義された関数 $f(\boldsymbol{x}) = f(x_1,\ldots,x_n)$ $(\boldsymbol{x} = (x_1,\ldots,x_n))$ および U の点 $\boldsymbol{y} = (y_1,\ldots,y_n)$, $\boldsymbol{z} = (z_1,\ldots,z_n)$ に対して，$f(\boldsymbol{z}) - f(\boldsymbol{y})$ を求めるためには，どれだけの情報が必要であろうか．

$\boldsymbol{y}$ から $\boldsymbol{z}$ への U 内の曲線 $\gamma : [a,b] \longrightarrow U$ $(\gamma(a) = \boldsymbol{y}, \gamma(b) = \boldsymbol{z})$ を描くことができるときには，$f(\boldsymbol{x})$, $\gamma(t)$ が連続微分可能ならば，$f \circ \gamma$ も連続微分可能で，

$$f(\boldsymbol{z}) - f(\boldsymbol{y}) = f(\gamma(b)) - f(\gamma(a)) = \int_a^b \frac{d(f \circ \gamma)}{dt}(t)\,dt$$

と書かれる（図 1.1 参照）．$\frac{d(f \circ \gamma)}{dt}(t)$ は

$$\frac{d(f \circ \gamma)}{dt} = \frac{\partial f}{\partial x_1}(\gamma(t))\frac{d\gamma_1}{dt}(t) + \cdots + \frac{\partial f}{\partial x_n}(\gamma(t))\frac{d\gamma_n}{dt}(t)$$

のように計算される．ここで $\gamma(t) = (\gamma_1(t),\ldots,\gamma_n(t))$ である．したがって，U が弧状連結（すなわち，任意の 2 点に対しそれらを結ぶ曲線が存在する）ならば，偏微分 $\frac{\partial f}{\partial x_1}(\boldsymbol{x}), \ldots, \frac{\partial f}{\partial x_n}(\boldsymbol{x})$ を知れば，次の式により元の関数 f を定数を除いて復元できる．

$$f(\boldsymbol{z}) - f(\boldsymbol{y}) = \int_a^b \left(\frac{\partial f}{\partial x_1}(\gamma(t))\frac{d\gamma_1}{dt}(t) + \cdots + \frac{\partial f}{\partial x_n}(\gamma(t))\frac{d\gamma_n}{dt}(t) \right) dt$$

この式の右辺をライプニッツ流にながめ，$\frac{\partial f}{\partial x_1}dx_1 + \cdots + \frac{\partial f}{\partial x_n}dx_n$ の dx_1,

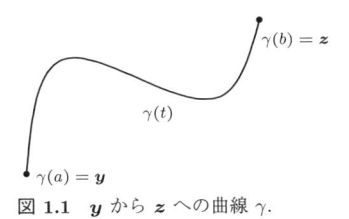

図 1.1 y から z への曲線 γ.

..., dx_n を，置換積分を行なうために，$\dfrac{d\gamma_1}{dt}(t)\,dt, \ldots, \dfrac{d\gamma_n}{dt}(t)\,dt$ に置き換えたと考えて，この式の右辺を $\dfrac{\partial f}{\partial x_1}dx_1 + \cdots + \dfrac{\partial f}{\partial x_n}dx_n$ の曲線 γ 上の積分（線積分）と定義する．

$$\int_\gamma \left(\frac{\partial f}{\partial x_1}dx_1 + \cdots + \frac{\partial f}{\partial x_n}dx_n\right)$$
$$= \int_a^b \left(\frac{\partial f}{\partial x_1}(\gamma(t))\frac{d\gamma_1}{dt}(t) + \cdots + \frac{\partial f}{\partial x_n}(\gamma(t))\frac{d\gamma_n}{dt}(t)\right)dt$$

このような積分は，もっと一般に定義できる．

定義 1.2.1（微分 1 形式，線積分） $f_1(\boldsymbol{x}), \ldots, f_n(\boldsymbol{x})$ を n 次元ユークリッド空間 $\boldsymbol{R}^n$ の開集合 U 上の連続関数とするとき，$f_1 dx_1 + \cdots + f_n dx_n$ を，U 上の**微分 1 形式** ((differential) 1-form)（あるいは 1 次微分形式，1 形式）と呼ぶ．微分 1 形式 $f_1 dx_1 + \cdots + f_n dx_n$ の連続微分可能曲線 $\gamma : [a,b] \longrightarrow U$ ($\gamma(t) = (\gamma_1(t), \ldots, \gamma_n(t))$) に沿う積分（**線積分**）を次で定義する．

$$\int_\gamma (f_1 dx_1 + \cdots + f_n dx_n) = \int_a^b \left(f_1(\gamma(t))\frac{d\gamma_1}{dt}(t) + \cdots + f_n(\gamma(t))\frac{d\gamma_n}{dt}(t)\right)dt$$

ここに現れる n 個の記号 $dx_1, \ldots, dx_n$ は，もともと x_1 方向，..., x_n 方向の微小増分を抽象したものであるが，当面は，n 次元実線形空間の基底を表す形式的なものと考える方がよい．ここまでだけならば，微分 1 形式は，U から $\boldsymbol{R}^n$ への連続写像と考えてよい．

線積分は $\gamma(t)$ のパラメータ t を単調増加 C^1 級関数 $\tau : [a_1, b_1] \longrightarrow [a,b]$ を用いて，$\gamma(\tau(s))$ のようにとり替えても変わらない．しかし，単調減少 C^1 級関数をとると，符号が変わる．

この節の初めに見たことは，微分 1 形式として，$\dfrac{\partial f}{\partial x_1}dx_1 + \cdots + \dfrac{\partial f}{\partial x_n}dx_n$ をとれば，線積分によって，$f(\boldsymbol{x})$ が定数を除いて復元できるということであ

る．その意味で，$\frac{\partial f}{\partial x_1}\mathrm{d}x_1 + \cdots + \frac{\partial f}{\partial x_n}\mathrm{d}x_n$ は f 自体の情報をほとんど持っており，f の全微分と呼ばれ，$\mathrm{d}f$ と書かれる．

定義 1.2.2（全微分） n 次元ユークリッド空間 $\boldsymbol{R}^n$ の開集合 U 上の連続微分可能な関数 f に対し，$\mathrm{d}f = \frac{\partial f}{\partial x_1}\mathrm{d}x_1 + \cdots + \frac{\partial f}{\partial x_n}\mathrm{d}x_n$ を f の**全微分**と呼ぶ．

以上で，γ を $\boldsymbol{y}$ から $\boldsymbol{z}$ への U 内の連続微分可能な曲線とするとき，$\int_\gamma \mathrm{d}f = f(\boldsymbol{z}) - f(\boldsymbol{y})$ という形のこの節の初めに述べた微積分学の基本定理 1.1.3 の一般化が得られた．

定理 1.2.3 ユークリッド空間の開集合 U 上の連続微分可能な関数 f，U 内の C^1 級曲線 $\gamma : [a,b] \longrightarrow U$ に対し，$\int_\gamma \mathrm{d}f = f(\gamma(b)) - f(\gamma(a))$ が成立する．

定理 1.2.3 は微分して積分すれば，開集合 U が弧状連結ならば，定数を除いて元の関数が復元できたという式である．微積分学の基本定理 1.1.3 には，積分したものが，原始関数になるという言い方もあった．それでは，一般の微分 1 形式 $f_1\mathrm{d}x_1 + \cdots + f_n\mathrm{d}x_n$ は原始関数を持つという意味で積分できるであろうか．線積分されるものとして，微分 1 形式を定義したのだが，前の文の「積分できるか」というのは異なる意味である．すなわち，「線積分するときに曲線の始点 $\boldsymbol{y}$ を固定して線積分したものが終点 $\boldsymbol{x}$ の関数になるか」という意味である．一般的にはこのことが不可能であることはすぐにわかる．U 上の連続微分可能な関数 $f_1(\boldsymbol{x}), \ldots, f_n(\boldsymbol{x})$ に対して，$f_i = \frac{\partial F}{\partial x_i}$ となる 2 回連続微分可能な関数 F が存在すれば，

$$\frac{\partial f_i}{\partial x_j} = \frac{\partial^2 F}{\partial x_i \partial x_j} = \frac{\partial^2 F}{\partial x_j \partial x_i} = \frac{\partial f_j}{\partial x_i}$$

を満たさなければいけない．この条件を満たさない関数 $f_1(\boldsymbol{x}), \ldots, f_n(\boldsymbol{x})$ はいくらでもあるから，一般には微分 1 形式を線積分したものは終点 $\boldsymbol{x}$ の関数にならない．この条件 $\frac{\partial f_i}{\partial x_j} = \frac{\partial f_j}{\partial x_i}$ $(i, j = 1, \ldots, n)$ を**積分可能条件**と呼ぶ．そこで，この積分可能条件を満たすときに，$\mathrm{d}F = f_1\mathrm{d}x_1 + \cdots + f_n\mathrm{d}x_n$ となる U 上の関数 F が存在するかどうかを考えよう．この疑問への解答が，新しい数学を生むことになった．

1.2 微積分学の基本定理の多変数化（基礎）

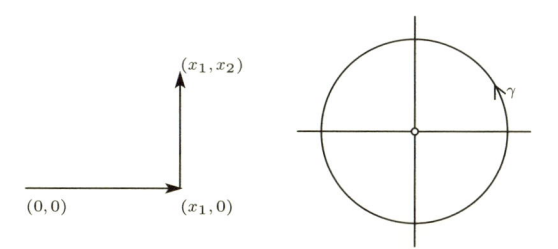

図 1.2 （左）例 1.2.4. 折れ線に沿って積分する．（右）例 1.2.5. 閉曲線 γ に沿って積分する．

基本的な例を 2 つあげよう．

【例 1.2.4】 f_1, f_2 が平面上で定義された連続微分可能な関数で，$\dfrac{\partial f_1}{\partial x_2} = \dfrac{\partial f_2}{\partial x_1}$ を満たすとする．$dF = f_1\, dx_1 + f_2\, dx_2$ を満たす F は，

$$F(x_1, x_2) = \int_0^{x_1} f_1(s, 0)\, ds + \int_0^{x_2} f_2(x_1, t)\, dt$$

で与えられる（図 1.2 の左図参照）．

実際，偏微分が以下のように計算される．

$$\begin{aligned}
\frac{\partial F}{\partial x_1} &= f_1(x_1, 0) + \int_0^{x_2} \frac{\partial f_2}{\partial x_1}(x_1, t)\, dt \\
&= f_1(x_1, 0) + \int_0^{x_2} \frac{\partial f_1}{\partial x_2}(x_1, t)\, dt \\
&= f_1(x_1, 0) + \Big[f_1(x_1, t)\Big]_{t=0}^{t=x_2} = f_1(x_1, x_2), \\
\frac{\partial F}{\partial x_2} &= f_2(x_1, x_2)
\end{aligned}$$

【例 1.2.5】 原点を除いた平面上で定義された微分 1 形式

$$f_1\, dx_1 + f_2\, dx_2 = -\frac{x_2}{x_1^2 + x_2^2}\, dx_1 + \frac{x_1}{x_1^2 + x_2^2}\, dx_2$$

を考えると，

$$\begin{aligned}
\frac{\partial}{\partial x_2}\left(-\frac{x_2}{x_1^2 + x_2^2}\right) &= -\frac{1}{x_1^2 + x_2^2} + \frac{2x_2^2}{(x_1^2 + x_2^2)^2} = \frac{-x_1^2 + x_2^2}{(x_1^2 + x_2^2)^2}, \\
\frac{\partial}{\partial x_1}\left(\frac{x_1}{x_1^2 + x_2^2}\right) &= \frac{1}{x_1^2 + x_2^2} - \frac{2x_1^2}{(x_1^2 + x_2^2)^2} = \frac{-x_1^2 + x_2^2}{(x_1^2 + x_2^2)^2}
\end{aligned}$$

となり，$\dfrac{\partial f_1}{\partial x_2} = \dfrac{\partial f_2}{\partial x_1}$ を満たしている．

しかし，$\mathrm{d}F = f_1\,\mathrm{d}x_1 + f_2\,\mathrm{d}x_2$ となる $\boldsymbol{R}^2 \setminus \{0\}$ 上で定義された関数 F は存在しない．理由は以下のとおりである．$\gamma : [0, 2\pi] \longrightarrow \boldsymbol{R}^2 \setminus \{0\}$ を $\gamma(t) = (\cos t, \sin t)$ で定義する．もしも，F が存在していれば，

$$\int_\gamma f_1\,\mathrm{d}x_1 + f_2\,\mathrm{d}x_2 = F(\gamma(2\pi)) - F(\gamma(0)) = F(1,0) - F(1,0) = 0$$

となるはずである．しかし，

$$\int_\gamma f_1\,\mathrm{d}x_1 + f_2\,\mathrm{d}x_2 = \int_0^{2\pi} \left((-\sin t)\frac{\mathrm{d}\cos t}{\mathrm{d}t}\,\mathrm{d}t + \cos t\frac{\mathrm{d}\sin t}{\mathrm{d}t}\,\mathrm{d}t \right)$$
$$= \int_0^{2\pi} \mathrm{d}t = 2\pi$$

となる（図 1.2 の右図参照）．

例 1.2.5 と例 1.2.4 の違いは原点が除かれているかどうかである．例 1.2.5 の微分 1 形式は原点では定義されない．平面の開集合 U 上で定義された微分 1 形式 $f_1\,\mathrm{d}x_1 + f_2\,\mathrm{d}x_2$ が $\dfrac{\partial f_1}{\partial x_2} = \dfrac{\partial f_2}{\partial x_1}$ を満たすとする．例 1.2.4 の F は，座標軸に平行な辺を持つ長方形とその内部が U に含まれていれば，$(0,0)$ からではなく長方形の中心からの積分を考えて定義することができ，この長方形の上では，$\mathrm{d}F = f_1\,\mathrm{d}x_1 + f_2\,\mathrm{d}x_2$ となることがわかる．すなわち，条件 $\dfrac{\partial f_1}{\partial x_2} = \dfrac{\partial f_2}{\partial x_1}$ は，各点の近傍では，全微分の形に書かれることを意味している．例 1.2.5 についても，x_2 軸を除けば，$F(x_1, x_2) = \tan^{-1}\left(\dfrac{x_2}{x_1}\right)$ の全微分となっているし，x_1 軸を除けば，$F(x_1, x_2) = -\tan^{-1}\left(\dfrac{x_1}{x_2}\right)$ の全微分になっている．

注意 1.2.6 これは，2 次元のなかで初めて問題になるのではなく，円周上の関数を与えて，それが微分になるような関数を求めるときの問題と同等である．

定義 1.2.7（星型） n 次元ユークリッド空間の部分集合 U が次の性質 (∗) を持つ U 内の点 $\boldsymbol{y}$ を持つとき，U は（$\boldsymbol{y}$ に対し）**星型**であるという．

(∗) 任意の $\boldsymbol{x} \in U$ に対し，線分 $\ell_{\boldsymbol{x}} = \{(1-t)\boldsymbol{y} + t\boldsymbol{x} \mid 0 \leqq t \leqq 1\}$ は U に含まれる．

【問題 1.2.8】 n 次元ユークリッド空間の開集合 U が $\boldsymbol{y} \in U$ に対し星型で

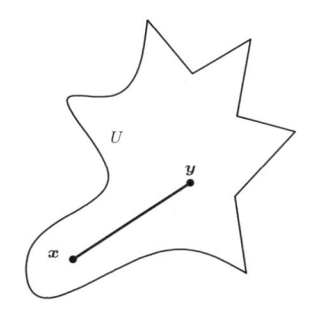

図 **1.3** 定義 1.2.7. U は y に対し星型.

あるとし，$x \in U$ に対し，$\ell_x : [0,1] \longrightarrow U$ を $\ell_x(t) = (1-t)y + tx$ で定義する．U 上の連続微分可能関数 $f_1, \ldots, f_n$ が，$i, j = 1, \ldots, n$ に対し，条件 $\dfrac{\partial f_i}{\partial x_j} = \dfrac{\partial f_j}{\partial x_i}$ を満たしているとする．$F(x) = \displaystyle\int_{\ell_x} f_1 \, \mathrm{d}x_1 + \cdots + f_n \, \mathrm{d}x_n$ は $\mathrm{d}F = f_1 \, \mathrm{d}x_1 + \cdots + f_n \, \mathrm{d}x_n$ を満たすことを示せ．解答例は 35 ページ．

1.3 微分 2 形式（基礎）

さて，積分可能条件 $\dfrac{\partial f_i}{\partial x_j} = \dfrac{\partial f_j}{\partial x_i}$ $(i, j = 1, \ldots, n)$ が成り立たない場合を考えよう．

平面の開集合 U 上で $\dfrac{\partial f_1}{\partial x_2} = \dfrac{\partial f_2}{\partial x_1}$ が成り立たない場合は，$\mathrm{d}f = f_1 \, \mathrm{d}x_1 + f_2 \, \mathrm{d}x_2$ のようにはならない．その理由は，線積分の値が曲線のとり方に依存してしまうところにある．

その典型的な例は，U に含まれるある長方形 $[a_1, b_1] \times [a_2, b_2]$ の境界上で
$\displaystyle\int_{a_1}^{b_1} f_1(x_1, a_2) \, \mathrm{d}x_1 + \int_{a_2}^{b_2} f_2(b_1, x_2) \, \mathrm{d}x_2$
と $\displaystyle\int_{a_2}^{b_2} f_2(a_1, x_2) \, \mathrm{d}x_2 + \int_{a_1}^{b_1} f_1(x_1, b_2) \, \mathrm{d}x_1$ の値が異なっている場合である．このとき，2 つの値の差は次のように計算される．

$$\int_{a_1}^{b_1} f_1(x_1, a_2)\, dx_1 + \int_{a_2}^{b_2} f_2(b_1, x_2)\, dx_2$$
$$- \int_{a_2}^{b_2} f_2(a_1, x_2)\, dx_2 - \int_{a_1}^{b_1} f_1(x_1, b_2)\, dx_1$$
$$= \int_{a_2}^{b_2} (f_2(b_1, x_2) - f_2(a_1, x_2))\, dx_2 - \int_{a_1}^{b_1} (f_1(x_1, b_2) - f_1(x_1, a_2))\, dx_1$$
$$= \int_{a_2}^{b_2} \int_{a_1}^{b_1} \frac{\partial f_2}{\partial x_1}\, dx_1\, dx_2 - \int_{a_1}^{b_1} \int_{a_2}^{b_2} \frac{\partial f_1}{\partial x_2}\, dx_2\, dx_1$$
$$= \int_{[a_1,b_1]\times[a_2,b_2]} \left(\frac{\partial f_2}{\partial x_1} - \frac{\partial f_1}{\partial x_2} \right) dx_1\, dx_2$$

この式を見ると，もしも U 内に $\dfrac{\partial f_2}{\partial x_1} - \dfrac{\partial f_1}{\partial x_2}$ が 0 とならない点があれば，連続性からその点の近傍で 0 ではなく，その近傍内にとった長方形上で，上の積分が 0 とならない．したがって，$\dfrac{\partial f_2}{\partial x_1} - \dfrac{\partial f_1}{\partial x_2}$ は，微分 1 形式 $f_1\, dx_1 + f_2\, dx_2$ が全微分 df の形に書かれない度合いを表現しており，面上で積分することによりそれを表す数値を与えるような量である．

$\dfrac{\partial f_1}{\partial x_2}, \dfrac{\partial f_2}{\partial x_1}$ はそれぞれ，f_1, f_2 の全微分 $df_1 = \dfrac{\partial f_1}{\partial x_1}\, dx_1 + \dfrac{\partial f_1}{\partial x_2}\, dx_2$, $df_2 = \dfrac{\partial f_2}{\partial x_1}\, dx_1 + \dfrac{\partial f_2}{\partial x_2}\, dx_2$ に現れてくるのであるが，微分 1 形式 $f_1\, dx_1 + f_2\, dx_2$ から考えると，$f_1\, dx_1$ からは x_2 についての偏微分，$f_2\, dx_2$ からは x_1 についての偏微分をとっている．さらに一方は符号が変わっている．この状況を次のように考える．まず，同じものとは打ち消し合い，順序を変えると符号が変わる積 $\wedge$ を導入して，

$$df_1 \wedge dx_1 = \left(\frac{\partial f_1}{\partial x_1}\, dx_1 + \frac{\partial f_1}{\partial x_2}\, dx_2 \right) \wedge dx_1$$
$$df_2 \wedge dx_2 = \left(\frac{\partial f_2}{\partial x_1}\, dx_1 + \frac{\partial f_2}{\partial x_2}\, dx_2 \right) \wedge dx_2$$

を考える．$\wedge$ は**外積** (exterior product) と呼ばれる．外積 $\wedge$ の計算規則が

$$dx_1 \wedge dx_1 = 0, \ dx_2 \wedge dx_2 = 0, \ dx_2 \wedge dx_1 = -dx_1 \wedge dx_2$$

であるとすると，

$$df_1 \wedge dx_1 + df_2 \wedge dx_2 = \left(\frac{\partial f_2}{\partial x_1} - \frac{\partial f_1}{\partial x_2} \right) dx_1 \wedge dx_2$$

を得る．この左辺を，$d(f_1\, dx_1 + f_2\, dx_2)$ と書くことにすると，

$$d(f_1\,dx_1 + f_2\,dx_2) = \left(\frac{\partial f_2}{\partial x_1} - \frac{\partial f_1}{\partial x_2}\right) dx_1 \wedge dx_2$$

これは，d をライプニッツルールを満たす「微分」であると考え，さらに $d(dx_1) = 0, d(dx_2) = 0$ として計算したものに等しい．この規則は平面上の，C^2 級関数 f に対して $d(df) = 0$ となることと符合している．実際，

$$\begin{aligned}
d(df) &= d\left(\frac{\partial f}{\partial x_1}\,dx_1 + \frac{\partial f}{\partial x_2}\,dx_2\right) \\
&= \left(\frac{\partial^2 f}{\partial x_2 \partial x_1} - \frac{\partial^2 f}{\partial x_1 \partial x_2}\right) dx_1 \wedge dx_2 = 0
\end{aligned}$$

となる．

ここまでの記号で 9 ページの計算をまとめると次が得られる．

命題 1.3.1 長方形 $[a_1, b_1] \times [a_2, b_2]$ 上の微分 1 形式 α に対して，次が成立する．

$$\int_{[a_1,b_1]\times\{a_2\}} \alpha + \int_{\{b_1\}\times[a_2,b_2]} \alpha - \int_{[a_1,b_1]\times\{b_2\}} \alpha - \int_{\{a_1\}\times[a_2,b_2]} \alpha$$
$$= \int_{[a_1,b_1]\times[a_2,b_2]} d\alpha$$

さて，n 次元ユークリッド空間で考えよう．$1 \leqq i < j \leqq n$ に対し，$\dfrac{n(n-1)}{2}$ 個の記号 $dx_i \wedge dx_j$ を準備し，n 次元ユークリッド空間の開集合 U 上の微分 2 形式（2 次（外）微分形式）を次のようなものとして定義する．

定義 1.3.2（微分 2 形式） $f_{ij}(\boldsymbol{x})\ (1 \leqq i < j \leqq n)$ を n 次元ユークリッド空間の開集合 U 上の連続関数とするとき，$\displaystyle\sum_{1 \leqq i < j \leqq n} f_{ij}\,dx_i \wedge dx_j$ を U 上の**微分 2 形式**と呼ぶ．

また，U 上の微分 1 形式 $\displaystyle\sum_{i=1}^n f_i\,dx_i, \sum_{j=1}^n g_j\,dx_j$ の外積を次のように定義する．

定義 1.3.3（微分 1 形式の外積）

$$\left(\sum_{i=1}^n f_i\,dx_i\right) \wedge \left(\sum_{j=1}^n g_j\,dx_j\right) = \sum_{i,j=1}^n f_i g_j\,dx_i \wedge dx_j$$

ただし，$dx_i \wedge dx_i = 0, dx_i \wedge dx_j = -dx_j \wedge dx_i$ とする．

微分 1 形式の外積で得られた微分 2 形式を微分 2 形式の定義 1.3.2 の形で書けば，$\left(\sum_{i=1}^{n} f_i \, \mathrm{d}x_i\right) \wedge \left(\sum_{j=1}^{n} g_j \, \mathrm{d}x_j\right) = \sum_{1 \leqq i < j \leqq n} (f_i g_j - f_j g_i) \, \mathrm{d}x_i \wedge \mathrm{d}x_j$ となる．しかし，$j \leqq i$ についての $\mathrm{d}x_i \wedge \mathrm{d}x_j$ を使った無駄のある書き方も必要に応じて許すことにする．

さらに，微分 1 形式の外微分を次で定義する．

定義 1.3.4（微分 1 形式の外微分） $f_i \ (i = 1, \ldots, n)$ を n 次元ユークリッド空間の開集合 U 上の連続微分可能な関数とするとき，微分 1 形式の外微分を $\mathrm{d}\left(\sum_{i=1}^{n} f_i \, \mathrm{d}x_i\right) = \sum_{i=1}^{n} \mathrm{d}f_i \wedge \mathrm{d}x_i$ で定義する．ここで，$\mathrm{d}f_i$ は f_i の全微分である．

外微分を定義 1.3.2 の形で書けば，

$$\mathrm{d}\left(\sum_{i=1}^{n} f_i \, \mathrm{d}x_i\right) = \sum_{i=1}^{n}\sum_{j=1}^{n} \frac{\partial f_i}{\partial x_j} \, \mathrm{d}x_j \wedge \mathrm{d}x_i = \sum_{j<i} \left(\frac{\partial f_i}{\partial x_j} - \frac{\partial f_j}{\partial x_i}\right) \mathrm{d}x_j \wedge \mathrm{d}x_i$$

となる．

微分 1 形式 $\sum_{i=1}^{n} f_i \, \mathrm{d}x_i$ は，$\mathrm{d}\left(\sum_{i=1}^{n} f_i \, \mathrm{d}x_i\right) = 0$ のとき，**閉形式**（閉微分 1 形式 (closed 1-form)）と呼ばれる．問題 1.2.8 の結果をこれまでに定義した言葉を用いて定理の形にまとめておく．

定理 1.3.5 n 次元ユークリッド空間の開集合 U 上の閉微分 1 形式 $f_1 \, \mathrm{d}x_1 + \cdots + f_n \, \mathrm{d}x_n$ は，U が星型ならば，U 上の関数の全微分となる．

定理 1.3.5 が，微積分学の基本定理 1.1.3 の多変数への拡張である．

【問題 1.3.6】 n 次元ユークリッド空間の開集合 U 上の微分 1 形式 $\alpha = \sum_{i=1}^{n} f_i \, \mathrm{d}x_i$ に対し，$\alpha \wedge \alpha = 0$ を示せ．解答例は 36 ページ．

【問題 1.3.7】 n 次元ユークリッド空間の開集合 U 上の 2 回連続微分可能関数 f の全微分 $\mathrm{d}f$ は閉形式であることを示せ．解答例は 36 ページ．

1.4 面積分（基礎）

命題 1.3.1 により，平面の開集合上の微分 1 形式 $f_1 \, dx_1 + f_2 \, dx_2$ の外微分として得られる微分 2 形式 $\left(\dfrac{\partial f_2}{\partial x_1} - \dfrac{\partial f_1}{\partial x_2} \right) dx_1 \wedge dx_2$ は，長方形上で「積分する」と，長方形の境界を，内部を左に見るように回った線積分を与える．線積分は，逆向きに回ると符号が変わることに注意しよう．

線積分を定義したように一般の n 次元ユークリッド空間の開集合 U 上の微分 2 形式を長方形 $[a_1, b_1] \times [a_2, b_2]$ からの C^1 級写像 $\kappa : [a_1, b_1] \times [a_2, b_2] \longrightarrow U$ に沿って積分することができる．

すなわち，$\kappa(t_1, t_2) = (\kappa_1(t_1, t_2), \ldots, \kappa_n(t_1, t_2))$ に対して，

$$\int_\kappa \sum_{i<j} f_{ij} \, dx_i \wedge dx_j = \int_{a_1}^{b_1} \int_{a_2}^{b_2} \sum_{i<j} f_{ij}(\kappa(t_1, t_2)) \det \begin{pmatrix} \dfrac{\partial \kappa_i}{\partial t_1} & \dfrac{\partial \kappa_i}{\partial t_2} \\ \dfrac{\partial \kappa_j}{\partial t_1} & \dfrac{\partial \kappa_j}{\partial t_2} \end{pmatrix} dt_1 \, dt_2$$

とおく．

この定義によれば，平面の開集合 U に含まれる長方形上の積分の場合でも，長方形を $[a_1, b_1] \times [a_2, b_2]$ というパラメータのまま，恒等写像 $\mathrm{id}_{[a_1, b_1] \times [a_2, b_2]}$ について積分する場合と，$\kappa(t_1, t_2) = (b_1 + a_1 - t_1, t_2)$ という写像に沿って積分する場合とでは，行列式が -1 倍となるので，得られた積分の符号が異なる．

無駄を含んだ U 上の微分 2 形式 $\displaystyle\sum_{i,j=1}^{n} g_{ij} \, dx_i \wedge dx_j$ に対し，上とまったく同じ式で，

$$\int_\kappa \sum_{i,j=1}^{n} g_{ij} \, dx_i \wedge dx_j = \int_{a_1}^{b_1} \int_{a_2}^{b_2} \sum_{i,j=1}^{n} g_{ij}(\kappa(t_1, t_2)) \det \begin{pmatrix} \dfrac{\partial \kappa_i}{\partial t_1} & \dfrac{\partial \kappa_i}{\partial t_2} \\ \dfrac{\partial \kappa_j}{\partial t_1} & \dfrac{\partial \kappa_j}{\partial t_2} \end{pmatrix} dt_1 \, dt_2$$

とおく．$\beta = \displaystyle\sum_{i,j=1}^{n} g_{ij} \, dx_i \wedge dx_j$ を $i < j$ に対し，$f_{ij} = g_{ij} - g_{ji}$ として整理したものを $\alpha = \displaystyle\sum_{i<j}^{n} f_{ij} \, dx_i \wedge dx_j$ とするとき，$\det \begin{pmatrix} \dfrac{\partial \kappa_i}{\partial t_1} & \dfrac{\partial \kappa_i}{\partial t_2} \\ \dfrac{\partial \kappa_j}{\partial t_1} & \dfrac{\partial \kappa_j}{\partial t_2} \end{pmatrix}$ の値を考えると $\displaystyle\int_\kappa \beta = \int_\kappa \alpha$ であることがわかる．このことが，微分形式のとり扱いを容

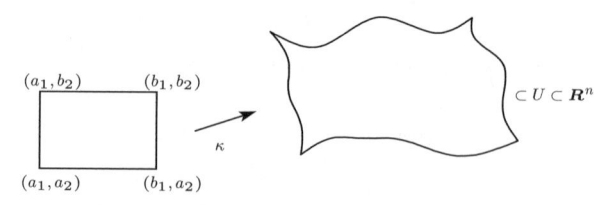

図 1.4 問題 1.4.1. 長方形からの写像.

易にしている．

【問題 1.4.1】 n 次元ユークリッド空間の開集合 U 上の微分 1 形式 $\sum_{i=1}^{n} f_i \, dx_i$ の外微分 $d\left(\sum_{i=1}^{n} f_i \, dx_i\right)$ に対し，長方形 $[a_1, b_1] \times [a_2, b_2]$ から U への C^1 級写像 $\kappa : [a_1, b_1] \times [a_2, b_2] \longrightarrow U$ に沿う積分が以下のような線積分の和となることを示せ．

$$\int_\kappa d\left(\sum_{i=1}^{n} f_i \, dx_i\right) = -\int_{\kappa(\cdot, b_2)} \sum_{i=1}^{n} f_i \, dx_i + \int_{\kappa(\cdot, a_2)} \sum_{i=1}^{n} f_i \, dx_i$$
$$+ \int_{\kappa(b_1, \cdot)} \sum_{i=1}^{n} f_i \, dx_i - \int_{\kappa(a_1, \cdot)} \sum_{i=1}^{n} f_i \, dx_i$$

図 1.4 参照．解答例は 36 ページ．

問題 1.4.1 を見ると，微分 1 形式の外微分の長方形からの写像に沿う面積分は，長方形の境界からの写像に沿う線積分となることがわかる．

面積分を 3 次元ユークリッド空間の直方体の面となっている 6 個の長方形上で考えてみよう．例えば，直方体 $[a_1, b_1] \times [a_2, b_2] \times [a_3, b_3]$ 上の微分 2 形式 $f_{12}(x_1, x_2, x_3) \, dx_1 \wedge dx_2$ を考える．この微分 2 形式の直方体の面 $\{x_1\} \times [a_2, b_2] \times [a_3, b_3]$ ($x_1 = a_1, b_1$), $[a_1, b_1] \times \{x_2\} \times [a_3, b_3]$ ($x_2 = a_2, b_2$) についての面積分は 0 である．また，$[a_1, b_1] \times [a_2, b_2] \times \{x_3\}$ ($x_3 = a_3, b_3$) について

$$\int_{a_1}^{b_1} \int_{a_2}^{b_2} (f_{12}(x_1, x_2, b_3) - f_{12}(x_1, x_2, a_3)) \, dx_1 \, dx_2$$
$$= \int_{a_1}^{b_1} \int_{a_2}^{b_2} \int_{a_3}^{b_3} \frac{\partial f_{12}}{\partial x_3} \, dx_1 \, dx_2 \, dx_3$$

となる．

この現象は，1.3 節の初め (9 ページ) で長方形と微分 1 形式について考え

た状況に似ている．このことが，一般の微分形式の存在，その積分の理論の存在を示唆している．

1.5　3次元ユークリッド空間上のベクトル解析（基礎）

微分形式の理論は，流体力学や電磁気学においてベクトルに値を持つ量の計算が必要となって発展したベクトル解析に源がある．

大学の 1，2 年次のベクトル解析に関する講義，あるいは電磁気学の講義では，微分形式を導入しないで，グリーンの定理，ガウスの定理，ストークスの定理を定式化するために外微分にあたる操作を定義することも多い．この節では，そのような読者のために，微分形式としての書き方と ∇ などを使う書き方の関係を整理しておく．また，ベクトルを矢印 $\vec{}$ を付けて表す．

3次元ユークリッド空間の開集合 U 上の C^∞ 級関数 $f(x_1, x_2, x_3)$ に対して，その全微分 $df = \dfrac{\partial f}{\partial x_1} dx_1 + \dfrac{\partial f}{\partial x_2} dx_2 + \dfrac{\partial f}{\partial x_3} dx_3$ の係数を並べた U 上のベクトル場 $\begin{pmatrix} \frac{\partial f}{\partial x_1} \\ \frac{\partial f}{\partial x_2} \\ \frac{\partial f}{\partial x_3} \end{pmatrix}$ が定まる．これは，**勾配ベクトル場**（グラディエント・ベクトル場 (gradient vector field)）と呼ばれ，$\operatorname{grad} f$ あるいは ∇f と書かれる．勾配ベクトル場 $\operatorname{grad} f$ は，f が一定であることにより定まる f の等位面に直交し，その方向での f の微分をその大きさに持っている．f は $\operatorname{grad} f$ のポテンシャルと呼ばれる．定理 1.2.3 で述べたように，C^∞ 級の曲線 $\vec{\gamma} : [a, b] \longrightarrow U$ $\left(\vec{\gamma}(t) = \begin{pmatrix} \gamma_1(t) \\ \gamma_2(t) \\ \gamma_3(t) \end{pmatrix} \right)$ に沿う線積分により，

$$f(\vec{\gamma}(b)) - f(\vec{\gamma}(a)) = \int_a^b \sum_{i=1}^3 \frac{\partial f}{\partial x_i}(\vec{\gamma}(t)) \frac{d\gamma_i}{dt}(t) \, dt$$

となるが，この式は

$$f(\vec{\gamma}(b)) - f(\vec{\gamma}(a)) = \int_a^b \operatorname{grad} f_{(\vec{\gamma}(t))} \bullet \frac{d\vec{\gamma}}{dt}(t) \, dt$$

と書かれる．ここで $\bullet$ はベクトルの内積を表す．

U 上の微分 1 形式 $\alpha = f_1\,dx_1 + f_2\,dx_2 + f_3\,dx_3$ に対し，

$$d\alpha = \left(\frac{\partial f_3}{\partial x_2} - \frac{\partial f_2}{\partial x_3}\right) dx_2 \wedge dx_3 + \left(\frac{\partial f_1}{\partial x_3} - \frac{\partial f_3}{\partial x_1}\right) dx_3 \wedge dx_1$$
$$+ \left(\frac{\partial f_2}{\partial x_1} - \frac{\partial f_1}{\partial x_2}\right) dx_1 \wedge dx_2$$

の係数をならべたベクトル場 $\begin{pmatrix} \frac{\partial f_3}{\partial x_2} - \frac{\partial f_2}{\partial x_3} \\ \frac{\partial f_1}{\partial x_3} - \frac{\partial f_3}{\partial x_1} \\ \frac{\partial f_2}{\partial x_1} - \frac{\partial f_1}{\partial x_2} \end{pmatrix}$ は，$\vec{f} = \begin{pmatrix} f_1 \\ f_2 \\ f_3 \end{pmatrix}$ に対して，$\mathrm{rot}\,\vec{f}$，curl $\vec{f}$，あるいは $\nabla \times \vec{f}$ と書かれる．

3 次元ユークリッド空間のベクトル解析では，U 上の微分 2 形式 $\beta = g_1\,dx_2 \wedge dx_3 + g_2\,dx_3 \wedge dx_1 + g_3\,dx_1 \wedge dx_2$ をベクトル場 $\vec{g} = \begin{pmatrix} g_1 \\ g_2 \\ g_3 \end{pmatrix}$ のように考える．このとき，微分 2 形式 β の長方形からの写像 $\vec{\kappa} : [a_1, b_1] \times [a_2, b_2] \longrightarrow U$ ($\vec{\kappa}(t_1, t_2) = \begin{pmatrix} \kappa_1(t_1, t_2) \\ \kappa_2(t_1, t_2) \\ \kappa_3(t_1, t_2) \end{pmatrix}$) に沿う積分は，1.4 節における定義によれば，

$$\int_{[a_1,b_1]\times[a_2,b_2]} \left(g_{1(\vec{\kappa}(t_1,t_2))} \det\begin{pmatrix} \frac{\partial \kappa_2}{\partial t_1} & \frac{\partial \kappa_2}{\partial t_2} \\ \frac{\partial \kappa_3}{\partial t_1} & \frac{\partial \kappa_3}{\partial t_2} \end{pmatrix} + g_{2(\vec{\kappa}(t_1,t_2))} \det\begin{pmatrix} \frac{\partial \kappa_3}{\partial t_1} & \frac{\partial \kappa_3}{\partial t_2} \\ \frac{\partial \kappa_1}{\partial t_1} & \frac{\partial \kappa_1}{\partial t_2} \end{pmatrix} \right.$$
$$\left. + g_{3(\vec{\kappa}(t_1,t_2))} \det\begin{pmatrix} \frac{\partial \kappa_1}{\partial t_1} & \frac{\partial \kappa_1}{\partial t_2} \\ \frac{\partial \kappa_2}{\partial t_1} & \frac{\partial \kappa_2}{\partial t_2} \end{pmatrix} \right) dt_1\,dt_2$$

となるが，3 次元ユークリッド空間のベクトルの外積 $\times$ を使って，

$$\int_{[a_1,b_1]\times[a_2,b_2]} \vec{g}_{(\vec{\kappa}(t_1,t_2))} \bullet \left(\frac{\partial \vec{\kappa}}{\partial t_1} \times \frac{\partial \vec{\kappa}}{\partial t_2} \right) dt_1\,dt_2$$

のように書かれる．

問題 1.4.1 の 3 次元の場合を考え，問題 1.4.1 の関係式の右辺を区分的に C^1 級の閉曲線 $\vec{\gamma}$ に沿う線積分と見ると $\int_\kappa d\alpha = \int_{\vec{\gamma}} \alpha$ と書かれるが，rot を使う書き方では，

$$\int_{[a_1,b_1]\times[a_2,b_2]} \mathrm{rot}\,\vec{f}_{(\vec{\kappa}(t_1,t_2))} \bullet \left(\frac{\partial \vec{\kappa}}{\partial t_1} \times \frac{\partial \vec{\kappa}}{\partial t_2}\right) \mathrm{d}t_1\,\mathrm{d}t_2$$
$$= \int_{\partial([a_1,b_1]\times[a_2,b_2])} \vec{f}_{(\vec{\gamma}(t))} \bullet \frac{\mathrm{d}\vec{\gamma}}{\mathrm{d}t}\,\mathrm{d}t$$

と書かれる．ただし，閉曲線 $\vec{\gamma}$ のパラメータは t としている．これが，ストークスの定理の 1 つの書き表し方である．

さらに，U 上の微分 2 形式 β に対し，$\mathrm{d}\beta = \left(\frac{\partial g_1}{\partial x_1} + \frac{\partial g_2}{\partial x_2} + \frac{\partial g_3}{\partial x_3}\right)\mathrm{d}x_1 \wedge \mathrm{d}x_2 \wedge \mathrm{d}x_3$ の係数の関数 $\frac{\partial g_1}{\partial x_1} + \frac{\partial g_2}{\partial x_2} + \frac{\partial g_3}{\partial x_3}$ は，ベクトル場 $\vec{g}$ の発散（ダイバージェンス (divergence)）と呼ばれ，$\mathrm{div}\,\vec{g}$ あるいは $\nabla \bullet \vec{g}$ と書かれる．

直方体 $P = [a_1,b_1] \times [a_2,b_2] \times [a_3,b_3]$ 上の微分 2 形式 β に対し，積分 $\int \mathrm{div}\,\vec{g}\,\mathrm{d}x_1\,\mathrm{d}x_2\,\mathrm{d}x_3$ は，P の表面で，$\vec{g} \bullet \vec{n}$ を積分したものとなる．ここで，$\vec{n}$ は P の表面に直交する外向きの単位ベクトルである．これは，ガウスの定理の特別な場合である．

3 次元ユークリッド空間のベクトル解析では，計算によって $\mathrm{rot} \circ \mathrm{grad} = 0$, $\mathrm{div} \circ \mathrm{rot} = 0$ を導くが，これは，一般の微分形式において $\mathrm{d} \circ \mathrm{d} = 0$ となること（定理 1.7.1 参照）の言い換えとなっている．

特に，3 次元空間の微分 2 形式 β が微分 1 形式 α の外微分となるかという問題に対しては，対応するベクトル場がベクトル・ポテンシャルを持つかという問題であり，ベクトル場 $\vec{g}$ について，$\vec{g} = \mathrm{rot}\,\vec{f}$ となる $\vec{f}$ が存在するかという問題である．ベクトル場 $\vec{g}$ については $\mathrm{div}\,\vec{g} = 0$ となることが必要である．微分形式についてはこれに対応する $\mathrm{d}\beta = 0$ という条件が必要である．

【問題 1.5.1】　$\mathrm{rot} \circ \mathrm{grad} = 0$, $\mathrm{div} \circ \mathrm{rot} = 0$ を示せ．解答例は 37 ページ．

1.6　一般の微分形式

R^n の開集合 U 上の関数，微分 1 形式などについてのこれまでの議論を図式化すると次のようになる．

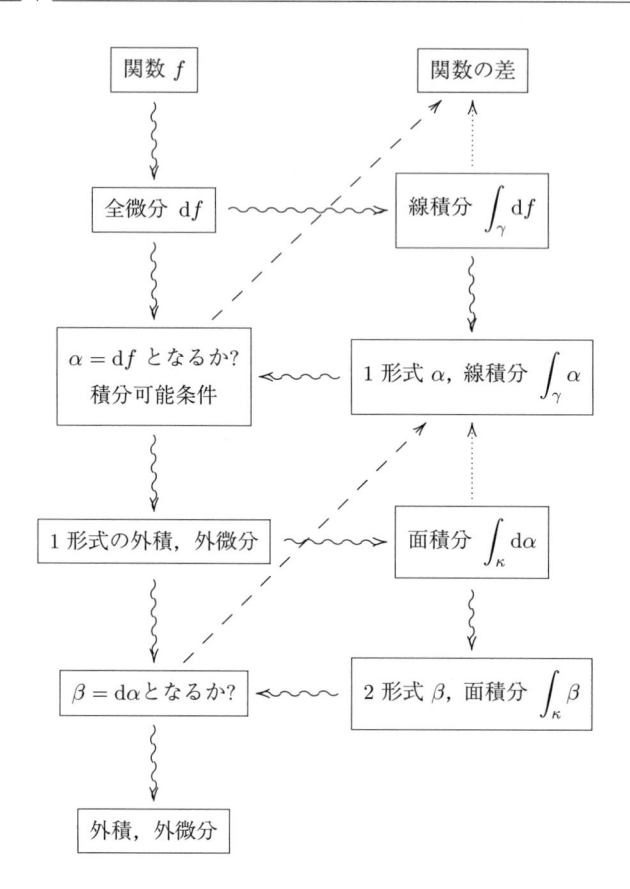

```
        ┌─────────┐              ┌──────────┐
        │ 関数 f  │              │ 関数の差 │
        └────┬────┘              └────▲─────┘
             ↓                        ┆
        ┌─────────┐              ┌──────────┐
        │全微分 df│  ～→         │線積分 ∫_γ df│
        └────┬────┘              └────┬─────┘
             ↓                        ↓
   ┌──────────────────┐         ┌──────────────────┐
   │α = df となるか？ │ ←--     │1形式 α, 線積分 ∫_γ α│
   │  積分可能条件    │         │                  │
   └────────┬─────────┘         └────────┬─────────┘
            ↓                            ↓
   ┌──────────────────┐         ┌──────────────────┐
   │1形式の外積, 外微分│ ～→    │面積分 ∫_κ dα    │
   └────────┬─────────┘         └────────┬─────────┘
            ↓                            ↓
   ┌──────────────────┐         ┌──────────────────┐
   │β = dα となるか？ │ ←--     │2形式 β, 面積分 ∫_κ β│
   └────────┬─────────┘         └──────────────────┘
            ↓
   ┌──────────────────┐
   │   外積, 外微分   │
   └──────────────────┘
```

　この図式の意味は，矢印 ～→ にしたがって新しい定義が必要になる．矢印 --→ によって，情報の一部が復元できるということである．微分1形式 α の外微分 $d\alpha$ を面積分すると，経路の違いによる線積分の差は得られるが，α 自体を復元するためには，ポアンカレの補題と呼ばれる定理 1.7.2 が必要である．これが矢印 --→ で表されている．

　この節では，この図式が一般の微分形式に対して考えられることを説明する．一般の微分形式を定義し，それらの外積，外微分を定義することにより，美しい体系が見えてくることになる．

　n 次元ユークリッド空間の開集合 U 上で $1 \leqq p \leqq n$ に対して微分 p 形式を定義するために，$1 \leqq i_1 < \cdots < i_p \leqq n$ となる自然数 $i_1, \ldots, i_p$ に対応した

$dx_{i_1} \wedge \cdots \wedge dx_{i_p}$ という全部で $\dfrac{n!}{p!(n-p)!}$ 個の記号を用意する．

定義 1.6.1（微分 p 形式） $f_{i_1 \cdots i_p}(\boldsymbol{x})\,(1 \leqq i_1 < \cdots < i_p \leqq n)$ を n 次元ユークリッド空間の開集合 U 上の連続関数とする．$\displaystyle\sum_{1 \leqq i_1 < \cdots < i_p \leqq n} f_{i_1 \cdots i_p}\, dx_{i_1} \wedge \cdots \wedge dx_{i_p}$ を，U 上の**微分 p 形式**（(differential) p-form）（あるいは p 次微分形式，p 形式）と呼ぶ．p は微分形式の次数と呼ばれる．

n 次元ユークリッド空間の開集合 U 上の 2 つの微分 1 形式の外積の定義 1.3.3 を自然に拡張して，U 上の微分 p 形式 $\displaystyle\sum_{1 \leqq i_1 < \cdots < i_p \leqq n} f_{i_1 \cdots i_p}\, dx_{i_1} \wedge \cdots \wedge dx_{i_p}$ と微分 q 形式 $\displaystyle\sum_{1 \leqq j_1 < \cdots < j_q \leqq n} g_{j_1 \cdots j_q}\, dx_{j_1} \wedge \cdots \wedge dx_{j_q}$ の外積を次のように定義する．

定義 1.6.2（微分 p 形式と微分 q 形式の外積）

$$\left(\sum_{i_1 < \cdots < i_p} f_{i_1 \cdots i_p}\, dx_{i_1} \wedge \cdots \wedge dx_{i_p} \right) \wedge \left(\sum_{j_1 < \cdots < j_q} g_{j_1 \cdots j_q}\, dx_{j_1} \wedge \cdots \wedge dx_{j_q} \right)$$
$$= \sum_{i_1 < \cdots < i_p,\ j_1 < \cdots < j_q} f_{i_1 \cdots i_p} g_{j_1 \cdots j_q}\, dx_{i_1} \wedge \cdots \wedge dx_{i_p} \wedge dx_{j_1} \wedge \cdots \wedge dx_{j_q}$$

ここで，$i_1, \ldots, i_p, j_1, \ldots, j_q$ のなかに同じものがあれば

$$dx_{i_1} \wedge \cdots \wedge dx_{i_p} \wedge dx_{j_1} \wedge \cdots \wedge dx_{j_q} = 0$$

とし，これらがすべて異なり，これを並べ替えたものを $k_1, \ldots, k_{p+q}$ ($k_1 < \cdots < k_{p+q}$) とするとき，$\mathrm{sign} \begin{pmatrix} i_1 \cdots i_p\, j_1 \cdots j_q \\ k_1 \cdots\cdots k_{p+q} \end{pmatrix}$ を**置換の符号**として，

$$dx_{i_1} \wedge \cdots \wedge dx_{i_p} \wedge dx_{j_1} \wedge \cdots \wedge dx_{j_q}$$
$$= \mathrm{sign} \begin{pmatrix} i_1 \cdots i_p\, j_1 \cdots j_q \\ k_1 \cdots\cdots k_{p+q} \end{pmatrix} dx_{k_1} \wedge \cdots \wedge dx_{k_{p+q}}$$

とする．

この外積の並べ替えは，dx_i の間にある積 $\wedge$ が，結合法則を満たし，反可換性を満たすと考え，$dx_i \wedge dx_i = 0,\, dx_i \wedge dx_j = -dx_j \wedge dx_i$ という規則で並

べ替えたものとなっている．無駄のある書き方も必要に応じて許すことにするのは前と同様である．

【例 1.6.3】 $2n$ 次元ユークリッド空間上の微分 2 形式 $\omega = \sum_{i=1}^{n} \mathrm{d}x_{2i-1} \wedge \mathrm{d}x_{2i}$ に対し，ω を n 回外積したものは，$\omega \wedge \cdots \wedge \omega = n! \, \mathrm{d}x_1 \wedge \cdots \wedge \mathrm{d}x_{2n}$ となる．微分 2 形式 ω は $2n$ 次元ユークリッド空間の**標準的シンプレクティク形式**と呼ばれる．

【例題 1.6.4】 U 上の微分 p 形式 α と微分 q 形式 β に対し，$\beta \wedge \alpha = (-1)^{pq} \alpha \wedge \beta$ を示せ．この性質を**次数付き可換性**と呼ぶ．

【解】 定義 1.6.2 のように微分 p 形式 α，微分 q 形式 β が与えられているとき，$\mathrm{d}x_{j_1} \wedge \cdots \wedge \mathrm{d}x_{j_q} \wedge \mathrm{d}x_{i_1} \wedge \cdots \wedge \mathrm{d}x_{i_p}$ と $\mathrm{d}x_{i_1} \wedge \cdots \wedge \mathrm{d}x_{i_p} \wedge \mathrm{d}x_{j_1} \wedge \cdots \wedge \mathrm{d}x_{j_q}$ の関係を調べればよいが，同じ添え字が出てこないときには，ちょうど pq 回隣り合ったものを入れ替えることにより一方から他方が得られる．したがって $(-1)^{pq}$ 倍となる．

微分 p 形式の外微分を次で定義する．

定義 1.6.5（微分 p 形式の外微分）
$$\mathrm{d}\left(\sum_{i_1 < \cdots < i_p} f_{i_1 \cdots i_p} \, \mathrm{d}x_{i_1} \wedge \cdots \wedge \mathrm{d}x_{i_p} \right) = \sum_{i_1 < \cdots < i_p} \mathrm{d}f_{i_1 \cdots i_p} \wedge \mathrm{d}x_{i_1} \wedge \cdots \wedge \mathrm{d}x_{i_p}$$
ここで，$\mathrm{d}f_i$ は f_i の全微分である．

【例 1.6.6】 $2n+1$ 次元ユークリッド空間上の微分 1 形式 $\alpha = \mathrm{d}x_{2n+1} + \sum_{i=1}^{n} x_{2i-1} \mathrm{d}x_{2i}$ に対し，$\mathrm{d}\alpha = \sum_{i=1}^{n} \mathrm{d}x_{2i-1} \wedge \mathrm{d}x_{2i}$，$\alpha$ と n 個の $\mathrm{d}\alpha$ の外積 $\alpha \wedge \mathrm{d}\alpha \wedge \cdots \wedge \mathrm{d}\alpha = n! \, \mathrm{d}x_1 \wedge \cdots \wedge \mathrm{d}x_{2n+1}$ となる．α は $2n+1$ 次元ユークリッド空間の**標準的接触形式**と呼ばれる．

【例題 1.6.7】 U 上の微分 p 形式 α と微分 q 形式 β に対し，$\mathrm{d}(\alpha \wedge \beta) = \mathrm{d}\alpha \wedge \beta + (-1)^p \alpha \wedge \mathrm{d}\beta$ を示せ．

【解】 定義 1.6.2 のように微分 p 形式 α，微分 q 形式 β が与えられているとき，その外積 $\alpha \wedge \beta$ の外微分は全微分 $\mathrm{d}(f_{i_1 \cdots i_p} g_{j_1 \cdots j_q})$ と $\mathrm{d}x_{i_1} \wedge \cdots \wedge \mathrm{d}x_{i_p} \wedge \mathrm{d}x_{j_1} \wedge \cdots \wedge \mathrm{d}x_{j_q}$

の外積の和となる．全微分について

$$\mathrm{d}(f_{i_1\cdots i_p} g_{j_1\cdots j_q}) = f_{i_1\cdots i_p}\,\mathrm{d}g_{j_1\cdots j_q} + g_{j_1\cdots j_q}\,\mathrm{d}f_{i_1\cdots i_p}$$

である．ここで，和の第 2 項は，そのまま $\mathrm{d}\alpha \wedge \beta$ の項として現れる．一方，和の第 1 項は，$\alpha \wedge \mathrm{d}\beta$ と比較すると，全微分 $\mathrm{d}g_{j_1\cdots j_q}$ の位置が最初に来ていることだけが異なる．したがって $(-1)^p \alpha \wedge \mathrm{d}\beta$ の項と一致する．

さて，U 上の微分 p 形式は p 次元直方体からの写像に沿って積分される．

定義 1.6.8（微分 p 形式の積分） ユークリッド空間の開集合 U 上の微分 p 形式 $\sum_{i_1<\cdots<i_p} f_{i_1\cdots i_p}\,\mathrm{d}x_{i_1} \wedge \cdots \wedge \mathrm{d}x_{i_p}$ の $\kappa:[a_1,b_1]\times\cdots\times[a_p,b_p] \longrightarrow U$ に沿う積分を次で定義する．

$$\int_\kappa \sum_{i_1<\cdots<i_p} f_{i_1\cdots i_p}\,\mathrm{d}x_{i_1} \wedge \cdots \wedge \mathrm{d}x_{i_p}$$
$$= \int_{a_1}^{b_1}\cdots\int_{a_p}^{b_p} \sum_{i_1<\cdots<i_p} f_{i_1\cdots i_p}(\kappa(t_1,\ldots,t_p)) \det\begin{pmatrix} \dfrac{\partial \kappa_{i_1}}{\partial t_1} & \cdots & \dfrac{\partial \kappa_{i_1}}{\partial t_p} \\ \vdots & \ddots & \vdots \\ \dfrac{\partial \kappa_{i_p}}{\partial t_1} & \cdots & \dfrac{\partial \kappa_{i_p}}{\partial t_p} \end{pmatrix} \mathrm{d}t_1\cdots\mathrm{d}t_p$$

微分 p 形式を表す外積の記号について，自然数 $j_1,\ldots,j_p$ ($1 \leqq j_1 \leqq n,\ldots,1 \leqq j_p \leqq n$) のなかに同じものがあるときには

$$\mathrm{d}x_{j_1} \wedge \cdots \wedge \mathrm{d}x_{j_p} = 0$$

とし，$j_1,\ldots,j_p$ が $i_1,\ldots,i_p$ ($i_1<\cdots<i_p$) を並べ替えたもののときには，$\mathrm{sign}\begin{pmatrix} j_1 \cdots j_p \\ i_1 \cdots i_p \end{pmatrix}$ を置換の符号として，

$$\mathrm{d}x_{j_1} \wedge \cdots \wedge \mathrm{d}x_{j_p} = \mathrm{sign}\begin{pmatrix} j_1 \cdots j_p \\ i_1 \cdots i_p \end{pmatrix} \mathrm{d}x_{i_1} \wedge \cdots \wedge \mathrm{d}x_{i_p}$$

と定義する．1.4 節で面積分について議論したのと同じように，この記号を使って書かれた微分 p 形式 $\sum_{i_1,\cdots,i_p=1}^{n} f_{i_1\cdots i_p}\,\mathrm{d}x_{i_1} \wedge \cdots \wedge \mathrm{d}x_{i_p}$ の積分を，定義 1.6.8

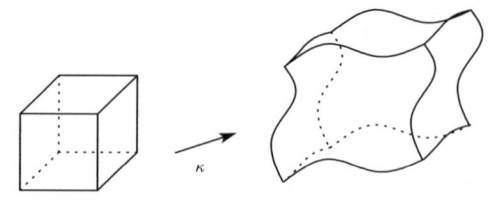

図 1.5 例題 1.6.9. 直方体からの写像.

の式とまったく同じ形で

$$\int_\kappa \sum_{i_1,\cdots,i_p=1}^n f_{i_1\cdots i_p}\,\mathrm{d}x_{i_1}\wedge\cdots\wedge\mathrm{d}x_{i_p}$$

$$=\int_{a_1}^{b_1}\cdots\int_{a_p}^{b_p}\sum_{i_1,\cdots,i_p=1}^n f_{i_1\cdots i_p}(\kappa(t_1,\ldots,t_p))\det\begin{pmatrix}\dfrac{\partial\kappa_{i_1}}{\partial t_1}&\cdots&\dfrac{\partial\kappa_{i_1}}{\partial t_p}\\ \vdots&\ddots&\vdots\\ \dfrac{\partial\kappa_{i_p}}{\partial t_1}&\cdots&\dfrac{\partial\kappa_{i_p}}{\partial t_p}\end{pmatrix}\mathrm{d}t_1\cdots\mathrm{d}t_p$$

と定義することができる．すなわち，この微分形式を $i_1<\cdots<i_p$ を満たす $\mathrm{d}x_{i_1}\wedge\cdots\wedge\mathrm{d}x_{i_p}$ だけを用いる形に整理して，定義 1.6.8 によって積分したものと一致する．

次の例題は，このような積分の定義が自然なものであることを示している．

【例題 1.6.9】（直方体からの写像に対するストークスの定理） n 次元ユークリッド空間の開集合 U 上の微分 p 形式 $\alpha=\sum_{i_1<\cdots<i_p} f_{i_1\cdots i_p}\,\mathrm{d}x_{i_1}\wedge\cdots\wedge\mathrm{d}x_{i_p}$ の外微分 $\mathrm{d}\alpha$ に対し，$p+1$ 次元直方体 $[a_1,b_1]\times\cdots\times[a_{p+1},b_{p+1}]$ から U への C^1 級写像 $\kappa:[a_1,b_1]\times\cdots\times[a_{p+1},b_{p+1}]\longrightarrow U$ に沿う積分が以下のような p 次元直方体から U への写像に沿う積分の和となることを示せ．

$$\int_\kappa \mathrm{d}\alpha=\sum_{q=1}^{p+1}(-1)^{q-1}\left(\int_{\kappa(\cdots,b_q,\cdots)}\alpha-\int_{\kappa(\cdots,a_q,\cdots)}\alpha\right)$$

【解】 $\alpha=f_{i_1\cdots i_p}\wedge\mathrm{d}x_{i_1}\wedge\cdots\wedge\mathrm{d}x_{i_p}$ に対して示せばよい．$\mathrm{d}\alpha$ の項

$$\mathrm{d}f_{i_1\cdots i_p}\wedge\mathrm{d}x_{i_1}\wedge\cdots\wedge\mathrm{d}x_{i_p}=\sum_{j=1}^n\frac{\partial f_{i_1\cdots i_p}}{\partial x_j}\,\mathrm{d}x_j\wedge\mathrm{d}x_{i_1}\wedge\cdots\wedge\mathrm{d}x_{i_p}$$

$(i_1<\cdots<i_p)$ に対し，${}^t\begin{pmatrix}\kappa_{i_1}&\cdots&\kappa_{i_p}\end{pmatrix}$ を $\boldsymbol{\kappa_i}$ と書いて，

$$\int_\kappa \sum_{j=1}^n \frac{\partial f_{i_1\cdots i_p}}{\partial x_j}\,\mathrm{d}x_j \wedge \mathrm{d}x_{i_1} \wedge \cdots \wedge \mathrm{d}x_{i_p}$$
$$= \int_{[a_1,b_1]\times\cdots\times[a_{p+1},b_{p+1}]} \sum_{j=1}^n \frac{\partial f_{i_1\cdots i_p}}{\partial x_j}(\kappa(t_1,\ldots,t_{p+1}))$$
$$\cdot \det\begin{pmatrix} \dfrac{\partial \kappa_j}{\partial t_1} & \cdots & \dfrac{\partial \kappa_j}{\partial t_{p+1}} \\ \dfrac{\partial \boldsymbol{\kappa}_i}{\partial t_1} & \cdots & \dfrac{\partial \boldsymbol{\kappa}_i}{\partial t_{p+1}} \end{pmatrix} \mathrm{d}t_1 \cdots \mathrm{d}t_{p+1}$$
$$= \int_{[a_1,b_1]\times\cdots\times[a_{p+1},b_{p+1}]} \sum_{j=1}^n \frac{\partial f_{i_1\cdots i_p}}{\partial x_j}(\kappa(t_1,\ldots,t_{p+1}))$$
$$\cdot \Big(\sum_{q=1}^{p+1}(-1)^{q-1}\frac{\partial \kappa_j}{\partial t_q} \det\Big(\frac{\partial \boldsymbol{\kappa}_i}{\partial t_1}\cdots\frac{\partial \boldsymbol{\kappa}_i}{\partial t_{q-1}}\frac{\partial \boldsymbol{\kappa}_i}{\partial t_{q+1}}\cdots\frac{\partial \boldsymbol{\kappa}_i}{\partial t_{p+1}}\Big)\Big)\,\mathrm{d}t_1\cdots \mathrm{d}t_{p+1}$$
$$= \sum_{q=1}^{p+1}(-1)^{q-1} \int_{[a_1,b_1]\times\cdots\times[a_{q-1},b_{q-1}]\times[a_{q+1},b_{q+1}]\times\cdots\times[a_{p+1},b_{p+1}]}$$
$$\Big[f_{i_1\cdots i_p}(\kappa(t_1,\ldots,t_{q-1},t_q,t_{q+1},\ldots,t_{p+1})) \Big]_{t_q=a_q}^{t_q=b_q}$$
$$\cdot \det\Big(\frac{\partial \boldsymbol{\kappa}_i}{\partial t_1}\cdots\frac{\partial \boldsymbol{\kappa}_i}{\partial t_{q-1}}\frac{\partial \boldsymbol{\kappa}_i}{\partial t_{q+1}}\cdots\frac{\partial \boldsymbol{\kappa}_i}{\partial t_{p+1}}\Big)\,\mathrm{d}t_1\cdots\mathrm{d}t_{q-1}\,\mathrm{d}t_{q+1}\cdots\mathrm{d}t_{p+1}$$
$$- \sum_{q=1}^{p+1}(-1)^{q-1} \int_{[a_1,b_1]\times\cdots\times[a_{p+1},b_{p+1}]} f_{i_1\cdots i_p}(\kappa(t_1,\ldots,t_{p+1}))$$
$$\cdot \frac{\partial}{\partial t_q}\det\Big(\frac{\partial \boldsymbol{\kappa}_i}{\partial t_1}\cdots\frac{\partial \boldsymbol{\kappa}_i}{\partial t_{q-1}}\frac{\partial \boldsymbol{\kappa}_i}{\partial t_{q+1}}\cdots\frac{\partial \boldsymbol{\kappa}_i}{\partial t_{p+1}}\Big)\,\mathrm{d}t_1\cdots \mathrm{d}t_{p+1}$$
$$= \sum_{q=1}^{p+1}(-1)^{q-1}\Big(\int_{\kappa(\cdots,b_q,\cdots)} \alpha - \int_{\kappa(\cdots,a_q,\cdots)} \alpha\Big)$$

ここで，最後の等号の前の項には，

$$-\sum_{q=1}^{p+1}(-1)^{q-1}\sum_{r=1}^{q-1}\det\Big(\frac{\partial \boldsymbol{\kappa}_i}{\partial t_1}\cdots\frac{\partial^2 \boldsymbol{\kappa}_i}{\partial t_q \partial t_r}\cdots\frac{\partial \boldsymbol{\kappa}_i}{\partial t_{q-1}}\frac{\partial \boldsymbol{\kappa}_i}{\partial t_{q+1}}\cdots\frac{\partial \boldsymbol{\kappa}_i}{\partial t_{p+1}}\Big)$$
$$-\sum_{q=1}^{p+1}(-1)^{q-1}\sum_{r=q+1}^{p+1}\det\Big(\frac{\partial \boldsymbol{\kappa}_i}{\partial t_1}\cdots\frac{\partial \boldsymbol{\kappa}_i}{\partial t_{q-1}}\frac{\partial \boldsymbol{\kappa}_i}{\partial t_{q+1}}\cdots\frac{\partial^2 \boldsymbol{\kappa}_i}{\partial t_q \partial t_r}\cdots\frac{\partial \boldsymbol{\kappa}_i}{\partial t_{p+1}}\Big)$$

があらわれ，$q < r$ について，

$$\det\Big(\frac{\partial^2 \boldsymbol{\kappa}_i}{\partial t_q \partial t_r}\frac{\partial \boldsymbol{\kappa}_i}{\partial t_1}\cdots\frac{\partial \boldsymbol{\kappa}_i}{\partial t_{q-1}}\frac{\partial \boldsymbol{\kappa}_i}{\partial t_{q+1}}\cdots\frac{\partial \boldsymbol{\kappa}_i}{\partial t_{r-1}}\frac{\partial \boldsymbol{\kappa}_i}{\partial t_{r+1}}\cdots\frac{\partial \boldsymbol{\kappa}_i}{\partial t_{p+1}}\Big)$$

が異なる符号であらわれて打ち消し合うので，最後の等号が成立する．

1.7 ユークリッド空間の開集合上の微分形式の空間

n 次元ユークリッド空間 $\boldsymbol{R}^n$ の開集合 U 上の微分 0 形式は U 上の関数全体と定義する．以後，関数としては C^∞ 級関数を，微分形式の係数として現れる関数も C^∞ 級関数を考える．こうして，ユークリッド空間の開集合 U 上の微分 p 形式全体を $\Omega^p(U)$ と書くことにする．$0 \leqq p \leqq n$ ($n \geqq 1$) に対し，U が空でなければ $\Omega^p(U)$ は無限次元の実ベクトル空間である．$p < 0$, $p > n$ に対しては $\Omega^p(U) = \{0\}$ と考える．$0 \leqq p \leqq n$ に対し，外微分 d は d: $\Omega^p(U) \longrightarrow \Omega^{p+1}(U)$ という線形作用素である（$p = 0$ については，全微分を考える）．

ここで，線形空間と線形写像からなる

$$0 \longrightarrow \Omega^0(U) \xrightarrow{\mathrm{d}} \Omega^1(U) \xrightarrow{\mathrm{d}} \Omega^2(U) \xrightarrow{\mathrm{d}} \cdots \xrightarrow{\mathrm{d}} \Omega^n(U) \longrightarrow 0$$

という系列を考える．関数の全微分 df に対して d(df) = 0 を示したが，一般に d∘d : $\Omega^p(U) \longrightarrow \Omega^{p+2}(U)$ は 0 準同型であることがいえる．このことを上の系列は**コチェイン複体**であると表現する．

定理 1.7.1 ユークリッド空間の開集合 U 上の微分 p 形式全体を $\Omega^p(U)$ と書くとき，d∘d : $\Omega^p(U) \longrightarrow \Omega^{p+2}(U)$ は 0 準同型である．

証明 基底 d$x_{i_1} \wedge \cdots \wedge$ dx_{i_p} に対して定義から外微分は 0 であること，例題 1.6.7，および問題 1.3.7 からわかる．実際，定義 1.6.5 のような微分 p 形式の各項に対し

$$\mathrm{d}\left(\mathrm{d}\left(f_{i_1 \cdots i_p} \mathrm{d}x_{i_1} \wedge \cdots \wedge \mathrm{d}x_{i_p}\right)\right) = \mathrm{d}\left(\mathrm{d}f_{i_1 \cdots i_p} \wedge \mathrm{d}x_{i_1} \wedge \cdots \wedge \mathrm{d}x_{i_p}\right)$$
$$= \mathrm{d}\left(\mathrm{d}f_{i_1 \cdots i_p}\right) \wedge \mathrm{d}x_{i_1} \wedge \cdots \wedge \mathrm{d}x_{i_p} + \mathrm{d}f_{i_1 \cdots i_p} \wedge \mathrm{d}\left(\mathrm{d}x_{i_1} \wedge \cdots \wedge \mathrm{d}x_{i_p}\right) = 0 \quad\blacksquare$$

次の命題をポアンカレの補題と呼ぶ．

定理 1.7.2（ポアンカレの補題） ユークリッド空間の開集合 U が星型（定義 1.2.7）であるとする．すなわち，U 内の点 $\boldsymbol{y}$ で，任意の $\boldsymbol{x} \in U$ に対し，線

分 $\ell_{\boldsymbol{x}} = \{(1-t)\boldsymbol{y} + t\boldsymbol{x} \mid 0 \leq t \leq 1\}$ が U に含まれるものがあると仮定する．正整数 p に対し，U 上の微分 p 形式 α が $\mathrm{d}\alpha = 0$ を満たすならば，$\mathrm{d}\beta = \alpha$ となる微分 $p-1$ 形式 β が存在する．

この定理は，問題 1.2.8 と同様の命題が，任意の正の次数 p に対し，微分 p 形式に対して成立することを述べている非常に重要な結果である．

定義 1.7.3（完全系列）　線形写像と線形空間の系列

$$\cdots \xrightarrow{A_{i-1}} V_i \xrightarrow{A_i} V_{i+1} \xrightarrow{A_{i+1}} \cdots$$

が**完全**であるとは，$\ker A_i = \operatorname{im} A_{i-1}$ が各 V_i で成立していることである．

定理 1.7.2 は，n 次元ユークリッド空間の開集合 U が星型のとき，次の系列は完全系列であると言い換えることができる．

$$0 \longrightarrow \boldsymbol{R}(U) \longrightarrow \Omega^0(U) \xrightarrow{\mathrm{d}} \Omega^1(U) \xrightarrow{\mathrm{d}} \Omega^2(U) \xrightarrow{\mathrm{d}} \cdots \xrightarrow{\mathrm{d}} \Omega^n(U) \longrightarrow 0$$

ここで，$\boldsymbol{R}(U)$ は，U 上の定数関数のなす 1 次元実ベクトル空間であり，$\boldsymbol{R}(U) \longrightarrow \Omega^0(U)$ は包含写像である．

ポアンカレの補題の証明は 1.9 節で述べるが，ポアンカレの補題を見通しよく示すには，微分形式の引き戻し (pull-back) を考えるのがよい．引き戻しは，微分形式の積分と整合するように考え出された．

1.8　微分形式の引き戻し

m 次元ユークリッド空間の開集合 V から n 次元ユークリッド空間の開集合 W への C^∞ 級写像 $\varphi : V \longrightarrow W$ が，$\varphi(\boldsymbol{x}) = \boldsymbol{y}$，成分については $y_i = \varphi_i(x_1, \ldots, x_m)$ $(i = 1, \ldots, n)$ のように与えられているとする．W 上の C^1 級関数 f に対して，$f \circ \varphi$ は V 上の C^1 級関数である．これらについて，全微分の線積分は関数の差となるという定理 1.2.3 を書いてみると次のようになる．C^1 級曲線 $\gamma : [a,b] \longrightarrow V$ に対し，$\varphi \circ \gamma : [a,b] \longrightarrow W$ は W 内の C^1 級曲線であり，

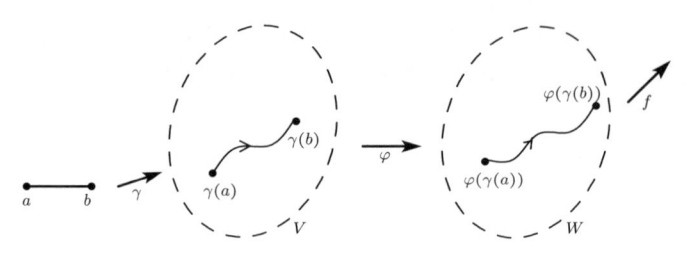

図 1.6　曲線の対応と引き戻し.

$$\int_\gamma \mathrm{d}(f\circ\varphi) = f(\varphi(\gamma(b))) - f(\varphi(\gamma(a))) = \int_{\varphi\circ\gamma} \mathrm{d}f$$

図 1.6 参照．全微分を成分で書くと，

$$\int_\gamma \sum_{j=1}^m \frac{\partial(f\circ\varphi)}{\partial x_j}\,\mathrm{d}x_j = \int_{\varphi\circ\gamma} \sum_{i=1}^n \frac{\partial f}{\partial y_i}\,\mathrm{d}y_i$$

である．この式の左辺は V 内の曲線上の線積分，右辺は W 内の曲線上の線積分である．$\dfrac{\partial(f\circ\varphi)}{\partial x_j} = \sum_{i=1}^n \dfrac{\partial f}{\partial y_i}\circ\varphi\,\dfrac{\partial \varphi_i}{\partial x_j}$ であるから，W 上の関数 f, $\dfrac{\partial f}{\partial y_i}$ に対し，V 上の関数 $f\circ\varphi$, $\dfrac{\partial f}{\partial y_i}\circ\varphi$ を与える対応を，全微分に対して $\sum_{i=1}^n \dfrac{\partial f}{\partial y_i}\,\mathrm{d}y_i$ に $\sum_{i=1}^n \sum_{j=1}^m \dfrac{\partial f}{\partial x_i}\circ\varphi\,\dfrac{\partial \varphi_i}{\partial x_j}\,\mathrm{d}x_j$ を与える対応に拡張すれば，曲線 γ 上の線積分と曲線 $\varphi\circ\gamma$ 上の線積分が同じ値になる．この対応は，全微分とは限らない微分 1 形式に拡張される．

定義 1.8.1（微分 1 形式の引き戻し）　m 次元ユークリッド空間の開集合 V から n 次元ユークリッド空間の開集合 W への C^∞ 級写像 $\varphi: V \longrightarrow W$ と W 上の微分 1 形式 $\sum_{i=1}^n f_i\,\mathrm{d}y_i$ に対し，$\sum_{i=1}^n \sum_{j=1}^m f_i\circ\varphi\,\dfrac{\partial \varphi_i}{\partial x_j}\,\mathrm{d}x_j$ を $\sum_{i=1}^n f_i\,\mathrm{d}y_i$ の φ による**引き戻し**と呼び，$\varphi^*\left(\sum_{i=1}^n f_i\,\mathrm{d}y_i\right)$ と書く．

　W 上の関数 f の引き戻しを $\varphi^* f = f\circ\varphi$ と定義すると，上に述べたことにより次がわかる．

命題 1.8.2　$\mathrm{d}(\varphi^* f) = \varphi^*\,\mathrm{d}f$ が成立する．

微分 1 形式 $\alpha = \sum_{i=1}^{n} f_i \, dy_i$ についても，全微分に対して成立していた式 $\int_\gamma \varphi^* \alpha = \int_{\varphi \circ \gamma} \alpha$ が成立している．実際，

$$\int_\gamma \varphi^* \alpha = \int_\gamma \sum_{i=1}^n \sum_{j=1}^m f_i \circ \varphi \, \frac{\partial \varphi_i}{\partial x_j} \, dx_j$$
$$= \int_a^b \sum_{i=1}^n \sum_{j=1}^m f_i \circ \varphi \circ \gamma \, \frac{\partial \varphi_i}{\partial x_j} \circ \gamma \, \frac{d\gamma_j}{dt} \, dt$$
$$= \int_a^b \sum_{i=1}^n f_i \circ \varphi \circ \gamma \, \frac{d(\varphi_i \circ \gamma)}{dt} \, dt = \int_{\varphi \circ \gamma} \alpha$$

となる．

定義 1.8.1 では，形の上で

$$\varphi^* \left(\sum_{i=1}^n f_i \, dy_i \right) = \sum_{i=1}^n (\varphi^* f_i)(\varphi^* dy_i) = \sum_{i=1}^n \varphi^* f_i \, d\varphi_i$$

となっていることに注意しよう．これをもとに考えて，微分 p 形式の引き戻しを次のように定義する．

定義 1.8.3（微分 p 形式の引き戻し） m 次元ユークリッド空間の開集合 V から n 次元ユークリッド空間の開集合 W への C^∞ 級写像 $\varphi: V \longrightarrow W$ と W 上の微分 p 形式 $\alpha = \sum_{i_1 < \cdots < i_p} f_{i_1 \cdots i_p} \, dy_{i_1} \wedge \cdots \wedge dy_{i_p}$ に対し，

$$\varphi^* \alpha = \sum_{i_1 < \cdots < i_p} f_{i_1 \cdots i_p} \circ \varphi \, d\varphi_{i_1} \wedge \cdots \wedge d\varphi_{i_p}$$

を α の φ による**引き戻し**と呼ぶ．ただし，$d\varphi_{i_j} = \sum_{k=1}^m \frac{\partial \varphi_{i_j}}{\partial x_k} \, dx_k$（全微分）である．

【例 1.8.4】 (0) V, W が $\boldsymbol{R}^n$ の開集合で $V \subset W$ であるとき，包含写像 $\iota: V \longrightarrow W$ について，W 上の微分 p 形式 α の引き戻し $\iota^* \alpha$ は α の V への**制限**と呼ばれ，$\alpha|V$ のように書くことも多い．

(1) $m < n$ に対して，写像 $\iota: \boldsymbol{R}^m \longrightarrow \boldsymbol{R}^n$ を

$$\iota(x_1, \ldots, x_m) = (x_1, \ldots, x_m, 0, \ldots, 0)$$

で定義する．$\boldsymbol{R}^n$ 上の微分 p 形式 $\alpha = \sum_{i_1<\cdots<i_p} f_{i_1\cdots i_p}\,\mathrm{d}x_{i_1}\wedge\cdots\wedge\mathrm{d}x_{i_p}$ に対し，

$$\iota^*\alpha = \sum_{i_1<\cdots<i_p\leqq m} f_{i_1\cdots i_p}\circ\iota\,\mathrm{d}x_{i_1}\wedge\cdots\wedge\mathrm{d}x_{i_p}$$

となる．$\boldsymbol{R}^m \subset \boldsymbol{R}^n$ と見るとき $\iota^*\alpha$ は α の $\boldsymbol{R}^m$ への**制限**と呼ばれ，$\alpha|\boldsymbol{R}^m$ のように書くことも多い．

(2)　$m<n$ に対して，写像 $\pi:\boldsymbol{R}^n\longrightarrow\boldsymbol{R}^m$ を

$$\pi(x_1,\ldots,x_n) = (x_1,\ldots,x_m)$$

で定義する．$\boldsymbol{R}^m$ 上の微分 p 形式 $\alpha = \sum_{i_1<\cdots<i_p} f_{i_1\cdots i_p}\,\mathrm{d}x_{i_1}\wedge\cdots\wedge\mathrm{d}x_{i_p}$ に対し，

$$\pi^*\alpha = \sum_{i_1<\cdots<i_p} f_{i_1\cdots i_p}\circ\pi\,\mathrm{d}x_{i_1}\wedge\cdots\wedge\mathrm{d}x_{i_p}$$

となる．$\pi^*\alpha$ は $\mathrm{d}x_{m+1},\ldots,\mathrm{d}x_n$ を含まず，$x_{m+1},\ldots,x_n$ の方向には値が一定である．

【問題 1.8.5】　n 次元ユークリッド空間上の微分 n 形式 $\Omega = \mathrm{d}x_1\wedge\cdots\wedge\mathrm{d}x_n$ を考える．線形写像 $L:\boldsymbol{R}^n\longrightarrow\boldsymbol{R}^n$ が $n\times n$ 行列 $A=(a_{ij})_{i=1,\ldots,n;j=1,\ldots,n}$ により $L(\boldsymbol{x}) = A\boldsymbol{x} = \left(\sum_{j=1}^n a_{ij}x_j\right)_{j=1,\ldots,n}$ で与えられているとする．$L^*\Omega$ を求めよ．解答例は 37 ページ．

【問題 1.8.6】　4 次元ユークリッド空間上の微分 2 形式 $\omega = \mathrm{d}x_1\wedge\mathrm{d}x_2 + \mathrm{d}x_3\wedge\mathrm{d}x_4$ を考える．線形写像 $L:\boldsymbol{R}^2\longrightarrow\boldsymbol{R}^4$ が行列 $(a_{ij})_{i=1,\ldots,4;j=1,2}$ により $L(u_1,u_2) = \left(\sum_{j=1,2} a_{ij}u_j\right)_{i=1,\ldots,4}$ で与えられているとする．$L^*\omega = 0$ となる条件を求めよ．解答例は 38 ページ．

【問題 1.8.7】　$\boldsymbol{R}^3$ の座標を (x,y,z) とし，$\boldsymbol{R}^3$ 上の微分 1 形式 $\alpha = \mathrm{d}z + x\,\mathrm{d}y$ を考える．

(1)　写像 $F:\boldsymbol{R}^3\longrightarrow\boldsymbol{R}^3$ を $F(x,y,z) = \left(x,y,z-\dfrac{xy}{2}\right)$ で定義するとき，$F^*\alpha$ を計算せよ．

(2)　F のヤコビ行列式を計算せよ．$\alpha\wedge\mathrm{d}\alpha$, $F^*\alpha\wedge\mathrm{d}F^*\alpha$ を計算せよ．

(3)　$\varphi_t(x,y,z) = (x\cos t - y\sin t, x\sin t + y\cos t, z)$ とするとき，$\varphi_t^* F^*\alpha$ を求めよ．

(4) 写像 $G, H : \mathbf{R}^3 \longrightarrow \mathbf{R}^3$ を，それぞれ，$G(x,y,z) = (x, y, z - xy)$，$H(x,y,z) = (x, y\cos x - z\sin x, y\sin x + z\cos x)$ で定義するとき，$H^*G^*\alpha$ を計算せよ．

(5) $G \circ H$ のヤコビ行列式を計算せよ．$H^*G^*\alpha \wedge \mathrm{d}H^*G^*\alpha$ を計算せよ．解答例は 38 ページ．

微分形式の引き戻しの外積は外積の引き戻しとなる．

【例題 1.8.8】 m 次元ユークリッド空間の開集合 V から n 次元ユークリッド空間の開集合 W への C^∞ 級写像 $\varphi : V \longrightarrow W$ と W 上の微分 p 形式 α，微分 q 形式 β に対し，$\varphi^*(\alpha \wedge \beta) = \varphi^*\alpha \wedge \varphi^*\beta$ を示せ．

【解】 $\alpha = \sum\limits_{i_1 < \cdots < i_p} f_{i_1 \cdots i_p}\, \mathrm{d}y_{i_1} \wedge \cdots \wedge \mathrm{d}y_{i_p}$, $\beta = \sum\limits_{j_1 < \cdots < j_q} g_{j_1 \cdots j_q}\, \mathrm{d}y_{j_1} \wedge \cdots \wedge \mathrm{d}y_{j_q}$ とする．

$$\varphi^*\left(\left(\sum_{i_1 < \cdots < i_p} f_{i_1 \cdots i_p}\, \mathrm{d}y_{i_1} \wedge \cdots \wedge \mathrm{d}y_{i_p}\right) \wedge \left(\sum_{j_1 < \cdots < j_q} g_{j_1 \cdots j_q}\, \mathrm{d}y_{j_1} \wedge \cdots \wedge \mathrm{d}y_{j_q}\right)\right)$$
$$= \varphi^*\left(\sum_{i_1 < \cdots < i_p,\, j_1 < \cdots < j_q} f_{i_1 \cdots i_p} g_{j_1 \cdots j_q}\, \mathrm{d}y_{i_1} \wedge \cdots \wedge \mathrm{d}y_{i_p} \wedge \mathrm{d}y_{j_1} \wedge \cdots \wedge \mathrm{d}y_{j_q}\right)$$
$$= \sum_{i_1 < \cdots < i_p,\, j_1 < \cdots < j_q} (f_{i_1 \cdots i_p} \circ \varphi)(g_{j_1 \cdots j_q} \circ \varphi)\, \mathrm{d}\varphi_{i_1} \wedge \cdots \wedge \mathrm{d}\varphi_{i_p} \wedge \mathrm{d}\varphi_{j_1} \wedge \cdots \wedge \mathrm{d}\varphi_{j_q}$$
$$= \left(\sum_{i_1 < \cdots < i_p} f_{i_1 \cdots i_p} \circ \varphi\, \mathrm{d}\varphi_{i_1} \wedge \cdots \wedge \mathrm{d}\varphi_{i_p}\right) \wedge \left(\sum_{j_1 < \cdots < j_q} g_{j_1 \cdots j_q} \circ \varphi\, \mathrm{d}\varphi_{j_1} \wedge \cdots \wedge \mathrm{d}\varphi_{j_q}\right)$$
$$= \varphi^*\left(\sum_{i_1 < \cdots < i_p} f_{i_1 \cdots i_p}\, \mathrm{d}y_{i_1} \wedge \cdots \wedge \mathrm{d}y_{i_p}\right) \wedge \varphi^*\left(\sum_{j_1 < \cdots < j_q} g_{j_1 \cdots j_q}\, \mathrm{d}y_{j_1} \wedge \cdots \wedge \mathrm{d}y_{j_q}\right)$$

【例題 1.8.9】 ユークリッド空間の開集合 $U \subset \mathbf{R}^\ell$, $V \subset \mathbf{R}^m$, $W \subset \mathbf{R}^n$, C^∞ 級写像 $\psi : U \longrightarrow V$, $\varphi : V \longrightarrow W$ と W 上の微分 p 形式 α に対し，$\psi^*\varphi^*\alpha = (\varphi \circ \psi)^*\alpha$ を示せ．

【解】 $\alpha = \sum\limits_{j_1 < \cdots < j_p} f_{j_1 \cdots j_p}\, \mathrm{d}y_{j_1} \wedge \cdots \wedge \mathrm{d}y_{j_p}$ に対し，

$$
\begin{aligned}
&(\varphi\circ\psi)^*\alpha \\
&= \sum_{j_1<\cdots<j_p} f_{j_1\cdots j_p}\circ\varphi\circ\psi\, \mathrm{d}(\varphi_{j_1}\circ\psi)\wedge\cdots\wedge\mathrm{d}(\varphi_{j_p}\circ\psi) \\
&= \sum_{j_1<\cdots<j_p} f_{j_1\cdots j_p}\circ\varphi\circ\psi\left(\sum_{i_1=1}^m \frac{\partial\varphi_{j_1}}{\partial x_{i_1}}\mathrm{d}\psi_{i_1}\right)\wedge\cdots\wedge\left(\sum_{i_p=1}^m \frac{\partial\varphi_{j_p}}{\partial x_{i_p}}\mathrm{d}\psi_{i_p}\right) \\
&= \psi^*\left(\sum_{j_1<\cdots<j_p} f_{j_1\cdots j_p}\circ\varphi\left(\sum_{i_1=1}^m \frac{\partial\varphi_{j_1}}{\partial x_{i_1}}\mathrm{d}x_{i_1}\right)\wedge\cdots\wedge\left(\sum_{i_p=1}^m \frac{\partial\varphi_{j_p}}{\partial x_{i_p}}\mathrm{d}x_{i_p}\right)\right) \\
&= \psi^*\left(\sum_{j_1<\cdots<j_p} f_{j_1\cdots j_p}\circ\varphi\,\mathrm{d}\varphi_{j_1}\wedge\cdots\wedge\mathrm{d}\varphi_{j_p}\right) \\
&= \psi^*\left(\varphi^*\left(\sum_{j_1<\cdots<j_p} f_{j_1\cdots j_p}\,\mathrm{d}y_{j_1}\wedge\cdots\wedge\mathrm{d}y_{j_p}\right)\right) \\
&= \psi^*\varphi^*\alpha
\end{aligned}
$$

こうして定義された引き戻しをもとに，微分形式の積分を見直すと次のようになる．

n 次元ユークリッド空間の開集合 U 上の微分 1 形式 $\alpha = \sum_{i=1}^n f_i\,\mathrm{d}x_i$ の $\gamma:[a,b]\longrightarrow U$ に沿う線積分 $\int_\gamma \alpha = \int_a^b \sum_{i=1}^n f_i(\gamma(t))\frac{\mathrm{d}\gamma}{\mathrm{d}t}\,\mathrm{d}t$ に対し，$\gamma^*\alpha = \sum_{i=1}^n f_i(\gamma(t))\frac{\mathrm{d}\gamma}{\mathrm{d}t}\,\mathrm{d}t$ であるから，

$$\int_\gamma \alpha = \int_{\mathrm{id}} \gamma^*\alpha$$

となっている．ここで $\mathrm{id}:[a,b]\longrightarrow[a,b]$ は恒等写像である．

次に，U 上の微分 p 形式 $\alpha = \sum_{i_1<\cdots<i_p} f_{i_1\cdots i_p}\,\mathrm{d}x_{i_1}\wedge\cdots\wedge\mathrm{d}x_{i_p}$ を $\kappa:[a_1,b_1]\times\cdots\times[a_p,b_p]\longrightarrow U$ で引き戻すと，直方体 $[a_1,b_1]\times\cdots\times[a_p,b_p]$ 上の微分 p 形式

$$\kappa^*\alpha = \sum_{i_1<\cdots<i_p} f_{i_1\cdots i_p}(\kappa(t_1,\ldots,t_p))\det\begin{pmatrix} \dfrac{\partial\kappa_{i_1}}{\partial t_1} & \cdots & \dfrac{\partial\kappa_{i_1}}{\partial t_p} \\ \vdots & \ddots & \vdots \\ \dfrac{\partial\kappa_{i_p}}{\partial t_1} & \cdots & \dfrac{\partial\kappa_{i_p}}{\partial t_p} \end{pmatrix}\mathrm{d}t_1\wedge\cdots\wedge\mathrm{d}t_p$$

が得られる．定義 1.6.8 の積分の定義を見ると，

$$\int_\kappa \alpha = \int_{\mathrm{id}} \kappa^* \alpha$$

となっていることがわかる．ここで id : $[a_1, b_1] \times \cdots \times [a_p, b_p] \longrightarrow [a_1, b_1] \times \cdots \times [a_p, b_p]$ は恒等写像である．

したがって，直方体 $[a_1, b_1] \times \cdots \times [a_p, b_p]$ 上の微分 p 形式 $f\,\mathrm{d}t_1 \wedge \cdots \wedge \mathrm{d}t_p$ に対し，

$$\int_{\mathrm{id}} f(t_1, \ldots, t_p)\,\mathrm{d}t_1 \wedge \cdots \wedge \mathrm{d}t_p = \int_{a_1}^{b_1} \cdots \int_{a_p}^{b_p} f(t_1, \ldots, t_p)\,\mathrm{d}t_1 \cdots \mathrm{d}t_p$$

と最初に定義することにすると，定義 1.6.8 を $\int_\kappa \alpha = \int_{\mathrm{id}} \kappa^* \alpha$ に置き換えることができる．

この考察をもとに，$\kappa : [a_1, b_1] \times \cdots \times [a_p, b_p] \longrightarrow V$ および $\varphi \circ \kappa : [a_1, b_1] \times \cdots \times [a_p, b_p] \longrightarrow W$ に沿う積分に対して，次がいえる．

定理 1.8.10 m 次元ユークリッド空間の開集合 V から n 次元ユークリッド空間の開集合 W への C^∞ 級写像 $\varphi : V \longrightarrow W$ と W 上の微分 p 形式 α，p 次元直方体からの C^∞ 級写像 $\kappa : [a_1, b_1] \times \cdots \times [a_p, b_p] \longrightarrow V$ に対し，

$$\int_\kappa \varphi^* \alpha = \int_{\varphi \circ \kappa} \alpha$$

証明 $\int_\kappa \varphi^* \alpha = \int_{\mathrm{id}} \kappa^* \varphi^* \alpha = \int_{\mathrm{id}} (\varphi \circ \kappa)^* \alpha = \int_{\varphi \circ \kappa} \alpha$．ここで 2 番目の等号は例題 1.8.9 による． ∎

外微分も引き戻しも，直方体からの写像に沿う積分と整合するように定義されたものであるが，外微分と引き戻しは交換することがわかる．

定理 1.8.11 $\mathrm{d}\varphi^* \alpha = \varphi^* \mathrm{d}\alpha$ が成立する．

証明 $\alpha = \sum_{i_1 < \cdots < i_p} f_{i_1 \cdots i_p}\,\mathrm{d}y_{i_1} \wedge \cdots \wedge \mathrm{d}y_{i_p}$ に対し，

$$\begin{aligned}
\mathrm{d}(\varphi^*\alpha) &= \mathrm{d}\left(\varphi^*\left(\sum_{i_1<\cdots<i_p} f_{i_1\cdots i_p}\,\mathrm{d}y_{i_1}\wedge\cdots\wedge\mathrm{d}y_{i_p}\right)\right) \\
&= \mathrm{d}\left(\sum_{i_1<\cdots<i_p} f_{i_1\cdots i_p}\circ\varphi\ \mathrm{d}\varphi_{i_1}\wedge\cdots\wedge\mathrm{d}\varphi_{i_p}\right) \\
&= \sum_{i_1<\cdots<i_p} \mathrm{d}(f_{i_1\cdots i_p}\circ\varphi)\wedge\mathrm{d}\varphi_{i_1}\wedge\cdots\wedge\mathrm{d}\varphi_{i_p} \\
&= \varphi^*\left(\sum_{i_1<\cdots<i_p}\mathrm{d}f_{i_1\cdots i_p}\wedge\mathrm{d}y_{i_1}\wedge\cdots\wedge\mathrm{d}y_{i_p}\right) = \varphi^*\,\mathrm{d}\alpha \quad\blacksquare
\end{aligned}$$

ここまでの準備のもとで，例題 1.6.9 を考えると証明は非常に明快になる．

【例題 1.6.9 の別解答】 $\kappa^*\alpha$ は $p+1$ 次元の直方体上の微分 p 形式だから，$f_{1\cdots(q-1)(q+1)\cdots(p+1)}$ の代わりに f_q と書いて

$$\kappa^*\alpha = \sum_{q=1}^{p+1} f_q\,\mathrm{d}t_1\wedge\cdots\wedge\mathrm{d}t_{q-1}\wedge\mathrm{d}t_{q+1}\wedge\cdots\wedge\mathrm{d}t_{p+1}$$

と書かれる．

$$\kappa^*(\mathrm{d}\alpha) = \mathrm{d}(\kappa^*\alpha) = \sum_{q=1}^{p+1}(-1)^{q-1}\frac{\partial f_q}{\partial t_q}\,\mathrm{d}t_1\wedge\cdots\wedge\mathrm{d}t_{p+1}$$

である．

$$\begin{aligned}
\int_\kappa \mathrm{d}\alpha &= \int_{\mathrm{id}}\kappa^*(\mathrm{d}\alpha) = \int_{\mathrm{id}}\mathrm{d}(\kappa^*\alpha) \\
&= \int_{a_1}^{b_1}\cdots\int_{a_{p+1}}^{b_{p+1}}\sum_{q=1}^{p+1}(-1)^{q-1}\frac{\partial f_q}{\partial t_q}\,\mathrm{d}t_1\cdots\mathrm{d}t_{p+1} \\
&= \sum_{q=1}^{p+1}(-1)^{q-1}\int_{a_1}^{b_1}\cdots\int_{a_{q-1}}^{b_{q-1}}\int_{a_{q+1}}^{b_{q+1}}\cdots\int_{a_{p+1}}^{b_{p+1}}\Big[f_q\Big]_{t_q=a_q}^{t_q=b_q}\mathrm{d}t_1\cdots\mathrm{d}t_{q-1}\,\mathrm{d}t_{q+1}\cdots\mathrm{d}t_{p+1} \\
&= \sum_{q=1}^{p+1}(-1)^{q-1}\left(\int_{\mathrm{id}}\kappa(\cdots,b_q,\cdots)^*\alpha - \int_{\mathrm{id}}\kappa(\cdots,a_q,\cdots)^*\alpha\right) \\
&= \sum_{q=1}^{p+1}(-1)^{q-1}\left(\int_{\kappa(\cdots,b_q,\cdots)}\alpha - \int_{\kappa(\cdots,a_q,\cdots)}\alpha\right)
\end{aligned}$$

1.9 ポアンカレの補題の証明

ポアンカレの補題 1.7.2 は，ユークリッド空間の星型の開集合 U 上の閉微分 p 形式に対して，d で写ってくる微分 $p-1$ 形式の存在を主張するもので

あるから，微分 p 形式に対して微分 $p-1$ 形式をつくる操作を考えなければいけない．そのための方法の 1 つは，1 つの座標についての原始関数を考えることである．

まず，n 次元ユークリッド空間の開集合 U に対し，$n+1$ 次元ユークリッド空間の部分集合 $[0,1] \times U$ を考える．ここで，座標は $(x_0, x_1, \ldots, x_n)$ で与えられているとする．$p>0$ として，$[0,1] \times U$ 上の微分 p 形式

$$\alpha = \sum_{i_1 < \cdots < i_p} f_{i_1 \cdots i_p} \, dx_{i_1} \wedge \cdots \wedge dx_{i_p}$$

に対し，

$$I(\alpha) = \sum_{0 < i_2 < \cdots < i_p} \left(\int_0^{x_0} f_{0 i_2 \cdots i_p} \, dx_0 \right) dx_{i_2} \wedge \cdots \wedge dx_{i_p}$$

とおく．$I(\alpha)$ は $[0,1] \times U$ 上の微分 $p-1$ 形式であり，$i_1 = 0$ の項だけに対しての和であることに注意する．このとき，$dI(\alpha) + I(d\alpha) = \alpha - \alpha_0$ となる．ただし，$\alpha_0 = \sum_{0 < i_1 < \cdots < i_p} f_{i_1 \cdots i_p}(0, x_1, \ldots, x_n) \, dx_{i_1} \wedge \cdots \wedge dx_{i_p}$ である．実際，$dI(\alpha)$ は次のように計算される．

$$dI(\alpha) = \sum_{i_1 = 0, i_2 < \cdots < i_p} f_{i_1 i_2 \cdots i_p} \, dx_{i_1} \wedge dx_{i_2} \wedge \cdots \wedge dx_{i_p}$$
$$+ \sum_{j=1}^n \sum_{0 < i_2 < \cdots < i_p} \left(\int_0^{x_0} \frac{\partial f_{0 i_2 \cdots i_p}}{\partial x_j} \, dx_0 \right) dx_j \wedge dx_{i_2} \wedge \cdots \wedge dx_{i_p}$$

一方，$I(d\alpha)$ の計算は，次のようになる．

$$I(d\alpha) = I\left(\sum_{j=0}^n \sum_{i_1 < \cdots < i_p} \frac{\partial f_{i_1 \cdots i_p}}{\partial x_j} \, dx_j \wedge dx_{i_1} \wedge \cdots \wedge dx_{i_p} \right)$$
$$= I\left(\sum_{0 < i_1 < \cdots < i_p} \frac{\partial f_{i_1 \cdots i_p}}{\partial x_0} \, dx_0 \wedge dx_{i_1} \wedge \cdots \wedge dx_{i_p} \right.$$
$$\left. + \sum_{j=1}^n \sum_{0 < i_2 < \cdots < i_p} \frac{\partial f_{0 i_2 \cdots i_p}}{\partial x_j} \, dx_j \wedge dx_0 \wedge dx_{i_2} \wedge \cdots \wedge dx_{i_p} \right)$$
$$= \sum_{0 < i_1 < \cdots < i_p} \left(\int_0^{x_0} \frac{\partial f_{i_1 \cdots i_p}}{\partial x_0} \, dx_0 \right) dx_{i_1} \wedge \cdots \wedge dx_{i_p}$$
$$- \sum_{j=1}^n \sum_{0 < i_2 < \cdots < i_p} \left(\int_0^{x_0} \frac{\partial f_{0 i_2 \cdots i_p}}{\partial x_j} \, dx_0 \right) dx_j \wedge dx_{i_2} \wedge \cdots \wedge dx_{i_p}$$

2 番目の等号は，I を計算したときに 0 となる dx_0 を含まない項を省いたものである．

$$\int_0^{x_0} \frac{\partial f_{i_1\cdots i_p}}{\partial x_0} dx_0 = f_{i_1\cdots i_p}(x_0, x_1, \ldots, x_n) - f_{i_1\cdots i_p}(0, x_1, \ldots, x_n)$$

であるから，$dI(\alpha) + I(d\alpha) = \alpha - \alpha_0$ となる．

ここで得られた α_0 は，$[0,1] \times U$ 上の微分 p 形式で，値が x_0 方向に一定のものである．

$\iota_0 : U \longrightarrow [0,1] \times U$, $\pi : [0,1] \times U \longrightarrow U$ を $\iota_0(\boldsymbol{x}) = (0, \boldsymbol{x})$, $\pi(x_0, \boldsymbol{x}) = \boldsymbol{x}$ で定義すると，$\alpha_0 = \pi^*(\iota_0{}^*\alpha)$ と書かれる．例 1.8.4 参照．したがって，次の命題が示された．

命題 1.9.1 n 次元ユークリッド空間の開集合 U に対し，$n+1$ 次元ユークリッド空間の部分集合 $[0,1] \times U$ を考える．$[0,1] \times U$ 上の微分 p 形式 α に対し，次が成立する．

$$dI(\alpha) + I(d\alpha) = \alpha - \pi^*(\iota_0{}^*\alpha)$$

注意 1.9.2 この命題において，$a \in [0,1]$ に対し，

$$I_a(\alpha) = \sum_{0 < i_2 < \cdots < i_p} \left(\int_a^{x_0} f_{0 i_2 \cdots i_p} dx_0 \right) dx_{i_2} \wedge \cdots \wedge dx_{i_p}$$

とし，$\iota_a(\boldsymbol{x}) = (a, \boldsymbol{x})$ と定義すると，次が得られる．

$$d(I_a(\alpha)) + I_a(d\alpha) = \alpha - \pi^*(\iota_a{}^*\alpha)$$

ポアンカレの補題 1.7.2 の証明 $p > 0$ として，$\boldsymbol{R}^n$ の開集合 U 上の微分 p 形式

$$\alpha = \sum_{i_1 < \cdots < i_p} f_{i_1\cdots i_p} dx_{i_1} \wedge \cdots \wedge dx_{i_p}$$

に対し，新しい座標 x_0 を導入し，$[0,1] \times U$ 上の微分 p 形式

$$\beta = \sum_{i_1 < \cdots < i_p} f_{i_1\cdots i_p}(x_0(\boldsymbol{x} - \boldsymbol{y}) + \boldsymbol{y})$$
$$\cdot (x_0 \, dx_{i_1} + (x_{i_1} - y_{i_1}) dx_0) \wedge \cdots \wedge (x_0 \, dx_{i_p} + (x_{i_p} - y_{i_p}) dx_0)$$

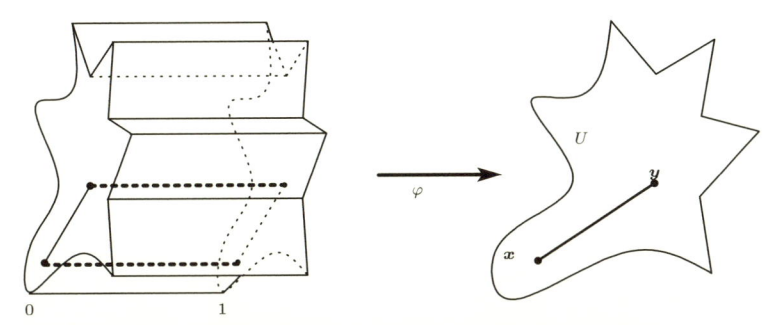

図 1.7 区間と星型開集合との直積から星型開集合への写像 φ.

を考える．これは写像 $\varphi(x_0, \boldsymbol{x}) = x_0(\boldsymbol{x} - \boldsymbol{y}) + \boldsymbol{y}$ により定義される写像 $\varphi: [0,1] \times U \longrightarrow U$ による α の引き戻しである：

$$\beta = \varphi^* \alpha$$

この写像は $x_0 = 0$ のとき U から $\boldsymbol{y}$ への定値写像，$x_0 = 1$ のとき U の恒等写像を与える（図 1.7 参照）．$\mathrm{d}\alpha = 0$ とすると，定理 1.8.11 により，

$$\mathrm{d}\beta = \mathrm{d}(\varphi^* \alpha) = \varphi^*(\mathrm{d}\alpha) = 0$$

である．したがって，命題 1.9.1 により，$\mathrm{d}I(\beta) = \beta - \beta_0$ となる．ここで，$p > 0$ だから $\beta_0 = \pi^*(\iota_0^* \beta) = \pi^* 0 = 0$ で，$\mathrm{d}I(\beta) = \beta$ となる．ここで $x_0 = 1$ として生き残る成分を見る．すなわち，$\iota_1: U \longrightarrow [0,1] \times U$ による引き戻しを考えると，

$$\alpha = \iota_1^* \beta = \iota_1^* \mathrm{d}(I(\beta)) = \mathrm{d}(\iota_1^* I(\beta))$$

となる． ∎

1.10　第 1 章の問題の解答

【問題 1.2.8 の解答】 $\int_{\ell_{\boldsymbol{x}}} f_1 \, \mathrm{d}x_1 + \cdots + f_n \, \mathrm{d}x_n = \int_0^1 \sum_{i=1}^n f_i((1-t)\boldsymbol{y} + t\boldsymbol{x})(x_i - y_i) \, \mathrm{d}t$ であるから，

$$\begin{aligned}
\frac{\partial F}{\partial x_i} &= \frac{\partial}{\partial x_i} \int_0^1 \sum_{j=1}^n f_j((1-t)\boldsymbol{y} + t\boldsymbol{x})(x_j - y_j)\,\mathrm{d}t \\
&= \int_0^1 \sum_{j=1}^n \frac{\partial f_j}{\partial x_i}((1-t)\boldsymbol{y}+t\boldsymbol{x}) t(x_j - y_j)\,\mathrm{d}t + \int_0^1 f_i((1-t)\boldsymbol{y} + t\boldsymbol{x})\,\mathrm{d}t \\
&= \int_0^1 \sum_{j=1}^n \frac{\partial f_i}{\partial x_j}((1-t)\boldsymbol{y}+t\boldsymbol{x})(x_j - y_j) t\,\mathrm{d}t + \int_0^1 f_i((1-t)\boldsymbol{y} + t\boldsymbol{x})\,\mathrm{d}t \\
&= \Big[f_i((1-t)\boldsymbol{y} + t\boldsymbol{x})t \Big]_0^1 - \int_0^1 f_i((1-t)\boldsymbol{y} + t\boldsymbol{x})\,\mathrm{d}t + \int_0^1 f_i((1-t)\boldsymbol{y} + t\boldsymbol{x})\,\mathrm{d}t \\
&= f_i(\boldsymbol{x})
\end{aligned}$$

【問題 1.3.6 の解答】

$$\begin{aligned}
\alpha \wedge \alpha &= \Big(\sum_{i=1}^n f_i\,\mathrm{d}x_i \Big) \wedge \Big(\sum_{j=1}^n f_j\,\mathrm{d}x_j \Big) = \sum_{i,j=1}^n f_i f_j\,\mathrm{d}x_i \wedge \mathrm{d}x_j \\
&= \sum_{i<j}(f_i f_j - f_j f_i)\,\mathrm{d}x_i \wedge \mathrm{d}x_j = 0
\end{aligned}$$

【問題 1.3.7 の解答】

$$\begin{aligned}
\mathrm{d}(\mathrm{d}f) &= \mathrm{d}\Big(\sum_{i=1}^n \frac{\partial f}{\partial x_i}\,\mathrm{d}x_i \Big) = \sum_{i=1}^n \mathrm{d}\frac{\partial f}{\partial x_i} \wedge \mathrm{d}x_i = \sum_{i=1}^n \sum_{j=1}^n \frac{\partial^2 f}{\partial x_i \partial x_j}\,\mathrm{d}x_j \wedge \mathrm{d}x_i \\
&= \sum_{1 \leqq j < i \leqq n} \Big(\frac{\partial^2 f}{\partial x_i \partial x_j} - \frac{\partial^2 f}{\partial x_i \partial x_j} \Big)\,\mathrm{d}x_j \wedge \mathrm{d}x_i = 0
\end{aligned}$$

【問題 1.4.1 の解答】 次のように計算される. 2 番目の等号では $i = j$ のときに行列式が 0 になっていることを使う. 5 番目の等号は, t_2, t_1 について積分している.

$$\begin{aligned}
&\int_\kappa \mathrm{d}\Big(\sum_{i=1}^n f_i\,\mathrm{d}x_i \Big) \\
&= \int_{a_1}^{b_1} \int_{a_2}^{b_2} \sum_{i<j} \Big(-\frac{\partial f_i}{\partial x_j} + \frac{\partial f_j}{\partial x_i} \Big) \det \begin{pmatrix} \dfrac{\partial \kappa_i}{\partial t_1} & \dfrac{\partial \kappa_i}{\partial t_2} \\ \dfrac{\partial \kappa_j}{\partial t_1} & \dfrac{\partial \kappa_j}{\partial t_2} \end{pmatrix} \mathrm{d}t_1\,\mathrm{d}t_2 \\
&= -\int_{a_1}^{b_1} \int_{a_2}^{b_2} \sum_{i,j=1}^n \frac{\partial f_i}{\partial x_j} \det \begin{pmatrix} \dfrac{\partial \kappa_i}{\partial t_1} & \dfrac{\partial \kappa_i}{\partial t_2} \\ \dfrac{\partial \kappa_j}{\partial t_1} & \dfrac{\partial \kappa_j}{\partial t_2} \end{pmatrix} \mathrm{d}t_1\,\mathrm{d}t_2 \\
&= -\int_{a_1}^{b_1} \int_{a_2}^{b_2} \sum_{i,j=1}^n \Big(\frac{\partial f_i}{\partial x_j} \frac{\partial \kappa_j}{\partial t_2} \frac{\partial \kappa_i}{\partial t_1} - \frac{\partial f_i}{\partial x_j} \frac{\partial \kappa_j}{\partial t_1} \frac{\partial \kappa_i}{\partial t_2} \Big) \mathrm{d}t_1\,\mathrm{d}t_2
\end{aligned}$$

$$
\begin{aligned}
&= -\int_{a_1}^{b_1}\int_{a_2}^{b_2} \left(\sum_{i=1}^n \frac{\partial f_i(\kappa(t_1,t_2))}{\partial t_2}\frac{\partial \kappa_i}{\partial t_1} - \sum_{i=1}^n \frac{\partial f_i(\kappa(t_1,t_2))}{\partial t_1}\frac{\partial \kappa_i}{\partial t_2} \right) dt_1\, dt_2 \\
&= -\int_{[a_1,b_1]} \left[\sum_{i=1}^n f_i(\kappa(t_1,t_2)) \right]_{t_2=a_2}^{t_2=b_2} \frac{\partial \kappa_i}{\partial t_1}\, dt_1 \\
&\quad + \int_{[a_2,b_2]} \left[\sum_{i=1}^n f_i(\kappa(t_1,t_2)) \right]_{t_1=a_1}^{t_1=b_1} \frac{\partial \kappa_i}{\partial t_2}\, dt_2 \\
&= -\int_{[a_1,b_1]} \sum_{i=1}^n \Bigl(f_i(\kappa(t_1,b_2)) - f_i(\kappa(t_1,a_2)) \Bigr) \frac{\partial \kappa_i}{\partial t_1}\, dt_1 \\
&\quad + \int_{[a_2,b_2]} \sum_{i=1}^n \Bigl(f_i(\kappa(b_1,t_2)) - f_i(\kappa(a_1,t_2)) \Bigr) \frac{\partial \kappa_i}{\partial t_2}\, dt_2 \\
&= -\int_{\kappa(\cdot,b_2)} \sum_{i=1}^n f_i\, dx_i + \int_{\kappa(\cdot,a_2)} \sum_{i=1}^n f_i\, dx_i \\
&\quad + \int_{\kappa(b_1,\cdot)} \sum_{i=1}^n f_i\, dx_i - \int_{\kappa(a_1,\cdot)} \sum_{i=1}^n f_i\, dx_i
\end{aligned}
$$

【問題 1.5.1 の解答】

$$
\mathrm{rot}(\mathrm{grad}\, f) = \mathrm{rot}\begin{pmatrix} \frac{\partial f}{\partial x_1} \\ \frac{\partial f}{\partial x_2} \\ \frac{\partial f}{\partial x_3} \end{pmatrix} = \begin{pmatrix} \frac{\partial}{\partial x_2}\frac{\partial f}{\partial x_3} - \frac{\partial}{\partial x_3}\frac{\partial f}{\partial x_2} \\ \frac{\partial}{\partial x_3}\frac{\partial f}{\partial x_1} - \frac{\partial}{\partial x_1}\frac{\partial f}{\partial x_3} \\ \frac{\partial}{\partial x_1}\frac{\partial f}{\partial x_2} - \frac{\partial}{\partial x_2}\frac{\partial f}{\partial x_1} \end{pmatrix} = \begin{pmatrix} 0 \\ 0 \\ 0 \end{pmatrix},
$$

$$
\mathrm{div}(\mathrm{rot}\begin{pmatrix} f_1 \\ f_2 \\ f_3 \end{pmatrix}) = \mathrm{div}\begin{pmatrix} \frac{\partial f_3}{\partial x_2} - \frac{\partial f_2}{\partial x_3} \\ \frac{\partial f_1}{\partial x_3} - \frac{\partial f_3}{\partial x_1} \\ \frac{\partial f_2}{\partial x_1} - \frac{\partial f_1}{\partial x_2} \end{pmatrix}
$$

$$
= \frac{\partial}{\partial x_1}\left(\frac{\partial f_3}{\partial x_2} - \frac{\partial f_2}{\partial x_3}\right) + \frac{\partial}{\partial x_2}\left(\frac{\partial f_1}{\partial x_3} - \frac{\partial f_3}{\partial x_1}\right) + \frac{\partial}{\partial x_3}\left(\frac{\partial f_2}{\partial x_1} - \frac{\partial f_1}{\partial x_2}\right) = 0
$$

【問題 1.8.5 の解答】

$$
\begin{aligned}
L^*\Omega &= d\left(\sum_{j_1=1}^n a_{1j_1} x_{j_1} \right) \wedge \cdots \wedge d\left(\sum_{j_n=1}^n a_{nj_n} x_{j_n} \right) \\
&= \left(\sum_{j_1=1}^n a_{1j_1}\, dx_{j_1} \right) \wedge \cdots \wedge \left(\sum_{j_n=1}^n a_{nj_n}\, dx_{j_n} \right) \\
&= \sum_{j_1=1}^n \cdots \sum_{j_n=1}^n a_{1j_1}\cdots a_{nj_n}\, dx_{j_1} \wedge \cdots \wedge dx_{j_n}
\end{aligned}
$$

$dx_{j_1}\wedge\cdots\wedge dx_{j_n}$ は $j_1\cdots j_n$ が $1\cdots n$ の置換 $\sigma(1)\cdots\sigma(n)$ であるときに限り 0 ではなく, $\mathrm{sign}(\sigma)\, dx_1\wedge\cdots\wedge dx_n$ に等しいから,

$$
L^*\Omega = \sum_{\sigma} \mathrm{sign}\,\sigma\, a_{1\sigma(1)}\cdots a_{n\sigma(n)}\, dx_1 \wedge \cdots \wedge dx_n = \det(A)\, dx_1 \wedge \cdots \wedge dx_n
$$

【問題 1.8.6 の解答】

$$L^*\omega = (a_{11}\,du_1 + a_{12}\,du_2) \wedge (a_{21}\,du_1 + a_{22}\,du_2)$$
$$+ (a_{31}\,du_1 + a_{32}\,du_2) \wedge (a_{41}\,du_1 + a_{42}\,du_2)$$
$$= \left(\det\begin{pmatrix} a_{11} & a_{12} \\ a_{21} & a_{22} \end{pmatrix} + \det\begin{pmatrix} a_{31} & a_{32} \\ a_{41} & a_{42} \end{pmatrix}\right) du_1 \wedge du_2$$

したがって，条件は $\det\begin{pmatrix} a_{11} & a_{12} \\ a_{21} & a_{22} \end{pmatrix} + \det\begin{pmatrix} a_{31} & a_{32} \\ a_{41} & a_{42} \end{pmatrix} = 0$ である．

【問題 1.8.7 の解答】

(1) $\quad F^*\alpha = d\left(z - \dfrac{xy}{2}\right) + x\,dy = dz + \dfrac{1}{2}(x\,dy - y\,dx)$

(2) $\quad DF = \begin{pmatrix} 1 & 0 & 0 \\ 0 & 1 & 0 \\ -\dfrac{1}{2}y & -\dfrac{1}{2}x & 1 \end{pmatrix}$ だから，$\det DF = 1$．

$$\alpha \wedge d\alpha = (dz + x\,dy) \wedge (dx \wedge dy) = dz \wedge dx \wedge dy = dx \wedge dy \wedge dz,$$

$$F^*\alpha \wedge dF^*\alpha = \left(dz + \dfrac{1}{2}(x\,dy - y\,dx)\right) \wedge (dx \wedge dy) = dx \wedge dy \wedge dz$$

(3) $\quad \varphi_t^* F^*\alpha = \varphi_t^*\left(dz + \dfrac{1}{2}(x\,dy - y\,dx)\right)$
$$= dz + \dfrac{1}{2}((x\cos t - y\sin t)\,d(x\sin t + y\cos t)$$
$$- (x\sin t + y\cos t)\,d(x\cos t - y\sin t))$$
$$= dz + \dfrac{1}{2}((x\cos t - y\sin t)(\sin t\,dx + \cos t\,dy)$$
$$- (x\sin t + y\cos t)(\cos t\,dx - \sin t\,dy))$$
$$= dz + \dfrac{1}{2}(\{(x\cos t - y\sin t)\sin t - (x\sin t + y\cos t)\cos t\}\,dx$$
$$+ \{(x\cos t - y\sin t)\cos t + (x\sin t + y\cos t)\sin t\}\,dy)$$
$$= dz + \dfrac{1}{2}(-y\,dx + x\,dy) = F^*\alpha$$

(4) $\quad G^*\alpha = d(z - xy) + x\,dy = dz - y\,dx,$

$$H^*G^*\alpha = d(z\cos x + y\sin x) - (y\cos x - z\sin x)\,dx$$
$$= \sin x\,dy + y\cos x\,dx + \cos x\,dz - z\sin x\,dx - (y\cos x - z\sin x)\,dx$$
$$= \cos x\,dz + \sin x\,dy$$

(5) $DG = \begin{pmatrix} 1 & 0 & 0 \\ 0 & 1 & 0 \\ -y & -x & 1 \end{pmatrix}$, $DH = \begin{pmatrix} 1 & 0 & 0 \\ -y\sin x + z\cos x & \cos x & -\sin x \\ y\cos x - z\sin x & \sin x & \cos x \end{pmatrix}$,

$D(G \circ H) = DG_{(H(x,y,z))} DH_{(x,y,z)}$ だから,

$$\det(D(G \circ H)) = \det DG_{(H(x,y,z))} \det DH_{(x,y,z)} = 1$$

である.

$$H^*G^*\alpha \wedge \mathrm{d}H^*G^*\alpha$$
$$= (\cos x\, \mathrm{d}z + \sin x\, \mathrm{d}y) \wedge \mathrm{d}(\cos x\, \mathrm{d}z + \sin x\, \mathrm{d}y)$$
$$= (\cos x\, \mathrm{d}z + \sin x\, \mathrm{d}y) \wedge (-\sin x\, \mathrm{d}x \wedge \mathrm{d}z + \cos x\, \mathrm{d}x \wedge \mathrm{d}y)$$
$$= -(\sin x)^2\, \mathrm{d}y \wedge \mathrm{d}x \wedge \mathrm{d}z + (\cos x)^2\, \mathrm{d}z \wedge \mathrm{d}x \wedge \mathrm{d}y$$
$$= \mathrm{d}x \wedge \mathrm{d}y \wedge \mathrm{d}z$$

第2章 多様体上の微分形式

第1章ではユークリッド空間の開集合上の微分形式を定義した．ユークリッド空間内の多様体に対しては，その近傍で定義された微分形式の制限を考えることができる．ユークリッド空間内の多様体のパラメータ表示に対して，その表示による引き戻しにより，微分形式が表示されていると考えるのは自然である．このような定義には多様体を含むユークリッド空間の開集合上で微分形式が定義されている必要はない．一般の多様体上に微分形式を定義することができ，その積分を考察することができるのである．このような考察の後，多様体のドラーム理論という美しい理論が構築される．

2.1 多様体（基礎）

定義 2.1.1（多様体の定義） M が n 次元（微分可能）多様体であるとは，M がハウスドルフ空間であり，次のような開近傍 U_i（の集合）と U_i から n 次元ユークリッド空間の開集合への同相写像 $\varphi_i : U_i \longrightarrow \varphi_i(U_i) \subset \boldsymbol{R}^n$（の集合）が存在することである．

- $\bigcup_i U_i = M$,
- $U_i \cap U_j \neq \emptyset$ のとき,

$$\varphi_i \circ (\varphi_j|U_i \cap U_j)^{-1} : \varphi_j(U_i \cap U_j) \longrightarrow \varphi_i(U_i \cap U_j)$$

が C^∞ 級である．

(U_i, φ_i) を**局所座標**あるいは**座標近傍**，その集まり $\{(U_i, \varphi_i)\}$ を**局所座標系**あるいは**座標近傍系**，$\varphi_{ij} = \varphi_i \circ (\varphi_j|U_i \cap U_j)^{-1}$ を**座標変換**と呼ぶ．図 2.1 参照．上の定義で φ_{ij} が C^r 級であれば，C^r 級多様体の定義となる．

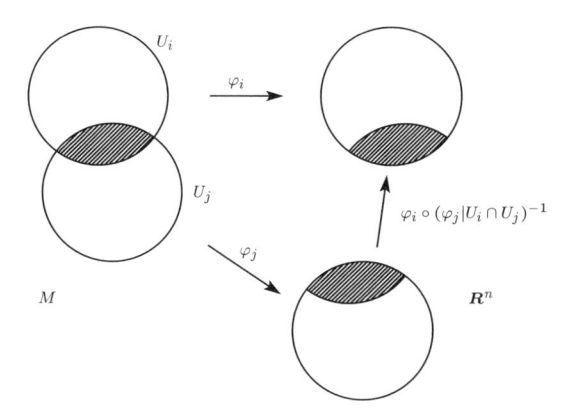

図 2.1 多様体の座標変換.

注意 2.1.2 本書では，M は上に定義した多様体に対し同値となる次の条件の 1 つを満たすとする（これは M が連結ならば，パラコンパクトと呼ばれる性質とも同値となる．パラコンパクトの定義については，[松島] を参照のこと）．

- M は第 2 可算公理を満たす．すなわち，可算個の開集合からなる族があってどのような開集合もその部分族の和集合となる．
- M の稠密な可算集合が存在し（可分であり），M は距離付け可能である．
- M は σ コンパクトである．すなわち，M はコンパクト部分集合の可算増大列の和集合である．

多様体の定義の座標近傍を用いて，多様体の間の C^∞ 級写像が定義される．

定義 2.1.3（多様体の間の写像） C^r 級多様体 M_1, M_2 を考える．$s \leqq r$ に対し，写像 $F : M_1 \longrightarrow M_2$ が C^s 級であるとは，$F(x) \in M_2$ のまわりの座標近傍 (V, ψ)，$F^{-1}(V)$ に含まれる $x \in M_1$ のまわりの座標近傍 (U, φ) に対して，$\psi \circ F \circ \varphi^{-1} : \varphi(U) \longrightarrow \psi(V)$ が C^s 級となることである．

特に，C^∞ 級多様体 M から $\boldsymbol{R}$ への C^∞ 級写像 $M \longrightarrow \boldsymbol{R}$ を M 上の C^∞ 級関数と呼ぶ．

C^∞ 級多様体上に C^∞ 級関数がたくさん存在することは，自明なことではないが，重要な事実である．[多様体入門] では，それを示すときに，次の定理を示した．

定理 2.1.4（多様体入門・定理 5.1.3） C^∞ 級多様体 M のコンパクト部分集合 K と K を含む開集合 U が与えられているとする．M 上の C^∞ 級関数 $\nu : M \longrightarrow \mathbf{R}$ で，M 上で $0 \leqq \nu(x) \leqq 1$, $\nu|K = 1$ かつ $\operatorname{supp} \nu$ は U のコンパクト部分集合となるものが存在する．

ここで，C^∞ 級多様体 M 上の関数 f に対し，f の台（サポート，support）$\operatorname{supp} f$ は
$$\operatorname{supp} f = \overline{\{x \in M \mid f(x) \neq 0\}}$$
で定義される．

この定理 2.1.4 は，次に述べる開被覆に従属する 1 の**分割**の存在を示すために使われる．1 の分割は，2.6 節のマイヤー・ビエトリス完全系列，2.10 節のチェック・ドラーム複体，3.4 節の向き付けられた多様体上の積分の定義などに用いられる．

命題 2.1.5（多様体入門・例題 5.3.6） M をコンパクト多様体とする．M の座標近傍系 $\{(U_i, \varphi_i)\}$ に対し，C^∞ 級関数 $\lambda_i : M \longrightarrow \mathbf{R}$ で次を満たすものが存在する．$0 \leqq \lambda_i(x) \leqq 1$, $\operatorname{supp} \lambda_i \subset U_i$, 有限個の i を除いて $\lambda_i = 0$, $\sum_i \lambda_i = 1$.

注意 2.1.6 この命題 2.1.5 は，一般のパラコンパクト多様体に対して各点の近傍で有限個の i を除いて $\lambda_i = 0$ となるような 1 の分割 λ_i が存在するという形で成立する．

C^∞ 級多様体 M 上の C^∞ 級関数 f は，座標近傍系 $\{(U_i, \varphi_i)\}$ を用いて $f \circ \varphi_i^{-1}$ が $\varphi_i(U_i)$ 上の C^∞ 級となるものとして定義されている．このとき，$\varphi_j(U_i \cap U_j)$ 上の関数 $(f \circ \varphi_i^{-1}) \circ \varphi_{ij}$ は，$f \circ \varphi_j^{-1}|\varphi_j(U_i \cap U_j)$ と一致している．

M の座標近傍系 $\{(U_i, \varphi_i)\}_{i \in I}$ に対し，$V_i = \varphi_i(U_i)$, $V_{ij} = \varphi_j(U_i \cap U_j) \subset V_j$ として，$\varphi_{ij} = \varphi_i \circ (\varphi_j|U_i \cap U_j)^{-1} : V_{ij} \longrightarrow V_{ji}$ とする．各 V_i 上に C^∞ 級関数 $f^{(i)}$ が与えられたとき，$f^{(j)}|V_{ij} = f^{(i)} \circ \varphi_{ij} = \varphi_{ij}^* f^{(i)}$ であれば，M 上の C^∞ 級関数 f が $M \cong (\bigsqcup_{i \in I} V_i)/\sim$ 上に定まる．ここで，$\sim$ は，直和 $\bigsqcup_{i \in I} V_i$ 上

の同値関係で
$$V_{ji} \ni \boldsymbol{x}_i \sim \boldsymbol{x}_j \in V_{ij} \iff \boldsymbol{x}_i = \varphi_{ij}(\boldsymbol{x}_j)$$
で定義される（[多様体入門・例題 3.5.2] 参照）．

多様体上の C^∞ 級関数をこのように定義できるのと同じように，C^∞ 級多様体 M 上の微分形式 α を次のように定義することができる．

定義 2.1.7（多様体上の微分形式の定義 1） 上の記号のもとで，M 上の微分 p 形式 α とは，各 V_i 上の C^∞ 級微分 p 形式 $\alpha^{(i)}$ で次を満たすもののことである．
$$\alpha^{(j)}|V_{ij} = \varphi_{ij}^* \alpha^{(i)}$$

【例題 2.1.8】 座標近傍系 $\{(U_i, \varphi_i)\}_{i \in I}$ に対し，（これに含まれない）座標近傍 (U_0, φ_0) は，$\{(U_i, \varphi_i)\}_{i \in I} \cup \{(U_0, \varphi_0)\}$ が再び座標近傍系となるとき，$\{(U_i, \varphi_i)\}_{i \in I}$ と**両立する**といわれる．座標近傍 (U_0, φ_0) が $\{(U_i, \varphi_i)\}_{i \in I}$ と両立するとき，M 上の p 形式 α は，$\varphi_0(U_0) = V_0$ 上の微分 p 形式 $\alpha^{(0)}$ で，
$$\alpha^{(0)}|V_{i0} = \varphi_{i0}^* \alpha^{(i)}$$
を満たすものを定めることを示せ．ただし，$i, j \in \{0\} \cup I$ に対し，$V_{ij} = \varphi_j(U_i \cap U_j)$, $\varphi_{ij} = \varphi_i \circ (\varphi_j|U_i \cap U_j)^{-1} : V_{ij} \longrightarrow V_{ji}$ である．

【解】 $\{(U_i, \varphi_i)\}_{i \in I}$ は座標近傍系だから，V_0 は $\{V_{i0}\}_{i \in I}$ で被覆されている．したがって V_0 のすべての点で $\alpha^{(0)}$ が矛盾なく定義されているためには $V_{i0} \cap V_{j0}$ 上で $\varphi_{i0}^* \alpha^{(i)}$ と $\varphi_{j0}^* \alpha^{(j)}$ が一致していることが示されればよい．これは次のように示される．$i, j, k \in \{0\} \cup I$ に対し，$V_{ik} \cap V_{jk}$ 上で，$\varphi_{ik} = \varphi_{ij} \circ \varphi_{jk}$ となることから，特に $k = 0$ として，$V_{i0} \cap V_{j0}$ 上で，$\varphi_{i0} = \varphi_{ij} \circ \varphi_{j0}$．一方，$V_{ij}$ では，$\alpha^{(j)}|V_{ij} = \varphi_{ij}^* \alpha^{(i)}$ であるから，$V_{i0} \cap V_{j0}$ 上で，
$$\varphi_{i0}^* \alpha^{(i)} = (\varphi_{ij} \circ \varphi_{j0})^* \alpha^{(i)} = \varphi_{j0}^* \varphi_{ij}^* \alpha^{(i)} = \varphi_{j0}^* \alpha^{(j)}$$

多様体を考えるときには，与えられた座標近傍系 $\{(U_i, \varphi_i)\}$ と両立する (U, φ) は，すべて座標近傍と呼ぶ．例題 2.1.8 により，微分 p 形式 α は，このような任意の座標近傍上で，ユークリッド空間の開集合 $\varphi(U)$ 上の微分 p 形式として表示されている．

2.2　余接空間

多様体上の微分形式の定義 2.1.7 は，多様体上で微分形式の計算をする上では，実用的なものである．一方，微分形式は多様体 M 上の対象であるという位置付けが間接的である．多様体の接ベクトルは多様体上の曲線の同値類として定義した（[多様体入門・定義 4.1.1]）．同じように，微分形式を多様体上の関数の同値類として定義することができる．

n 次元多様体 M の点 x において，M 上の連続微分可能関数 f_1, f_2 が同値であることを，x のまわりの座標近傍 (U, φ) を用いて，

$$f_1 \sim f_2 \iff \mathrm{d}(f_1 \circ \varphi^{-1})_{(\varphi(x))} = \mathrm{d}(f_2 \circ \varphi^{-1})_{(\varphi(x))}$$

により定義する．$\mathrm{d}(f_k \circ \varphi^{-1})_{(\varphi(x))}$ $(k = 1, 2)$ は $\varphi(x)$ における全微分の値である．

座標近傍 (U, φ) の代わりに座標近傍 (V, ψ) を用いると，$\mathrm{d}(f_1 \circ \varphi^{-1})_{(\varphi(x))} = \mathrm{d}(f_2 \circ \varphi^{-1})_{(\varphi(x))}$ ならば，$\mathrm{d}(f_1 \circ \psi^{-1})_{(\psi(x))} = \mathrm{d}(f_2 \circ \psi^{-1})_{(\psi(x))}$ である．実際，$\psi(p)$ の近傍で $f_k \circ \psi^{-1} = f_k \circ \varphi^{-1} \circ (\varphi \circ \psi^{-1})$ $(k = 1, 2)$ だから，

$$\begin{aligned}
\mathrm{d}(f_1 \circ \psi^{-1})_{(\psi(x))} &= \mathrm{d}(f_1 \circ \varphi^{-1} \circ (\varphi \circ \psi^{-1}))_{(\psi(x))} \\
&= (\varphi \circ \psi^{-1})^* \, \mathrm{d}(f_1 \circ \varphi^{-1})_{(\varphi(x))} \\
&= (\varphi \circ \psi^{-1})^* \, \mathrm{d}(f_2 \circ \varphi^{-1})_{(\varphi(x))} \\
&= \mathrm{d}(f_2 \circ \varphi^{-1} \circ (\varphi \circ \psi^{-1}))_{(\psi(x))} = \mathrm{d}(f_2 \circ \psi^{-1})_{(\psi(x))}
\end{aligned}$$

となる．ここで，2 番目と 4 番目の等号は，命題 1.8.2（26 ページ）による．全微分 $\mathrm{d}(f_k \circ \psi^{-1})$ の $\psi(x)$ における値が，全微分 $\mathrm{d}(f_k \circ \varphi^{-1})$ の $\varphi(x)$ における値で定まることが重要である．

定義 2.2.1（余接空間）　同値類 $C^\infty(M)/\sim$ を $T_x^* M$ と書き，x における M の**余接空間**と呼ぶ．

【例題 2.2.2】　n 次元多様体 M の点 x における余接空間 $T_x^* M$ は $C^\infty(M)$ の実ベクトル空間の構造から定まる n 次元ベクトル空間の構造を持つことを

示せ．

【解】 点 x のまわりの座標近傍 $(U, \varphi = (x_1, \ldots, x_n))$ をとることにより，$\mathrm{d}(f \circ \varphi)_{\varphi(x)} = \sum_{i=1}^n \frac{\partial f}{\partial x_i}(\varphi(x))(\mathrm{d}x_i)_{\varphi(x)}$ と書かれる．$[f] \in C^\infty(M)/\sim$ に対し，$\left(\frac{\partial f}{\partial x_1}(\varphi(x)), \ldots, \frac{\partial f}{\partial x_n}(\varphi(x))\right) \in \mathbf{R}^n$ を対応させることを考える．$f_1, f_2 \in C^\infty(M), a_1, a_2 \in \mathbf{R}$ に対し，第 i 成分について

$$\frac{\partial (a_1 f_1 + a_2 f_2)}{\partial x_i}(\varphi(x)) = a_1 \frac{\partial f_1}{\partial x_i}(\varphi(x)) + a_2 \frac{\partial f_2}{\partial x_i}(\varphi(x))$$

だから，この対応はベクトル空間の準同型である．同値類の定義から，この対応は，単射である．全射であることも次のように容易に示される．$\boldsymbol{a} = (a_1, \ldots, a_n) \in \mathbf{R}^n$ に対し，U 上の関数 $f_{\boldsymbol{a}} = \sum_{i=1}^n a_i x_i$ をとる．定理 2.1.4 を用いて，x の近傍で 1 であり，U に台を持つ C^∞ 級関数 ν をとり，$\nu f_{\boldsymbol{a}}$ を考えると，U の補集合上では 0 であるように拡張して M 上の C^∞ 級関数と考えることができる．$\mathrm{d}(\nu f_{\boldsymbol{a}})_{\varphi(x)} = \sum_{i=1}^n a_i (\mathrm{d}x_i)_{\varphi(x)}$ であるから，上の対応が全射であることがわかる．

点 x のまわりの座標近傍 $(U, \varphi = (x_1, \ldots, x_n))$ に対し，$T_x^* M$ の基底を単に $\mathrm{d}x_1, \ldots, \mathrm{d}x_n$（または点 x を明示して $(\mathrm{d}x_1)_x, \ldots, (\mathrm{d}x_n)_x$）と書く．点 x のまわりの座標近傍 $(V, \psi = (y_1, \ldots, y_n))$ に対し，$T_x^* M$ の基底 $\mathrm{d}x_1, \ldots, \mathrm{d}x_n$ と $\mathrm{d}y_1, \ldots, \mathrm{d}y_n$ の間には次の関係がある．

$$\mathrm{d}y_i = \sum_{j=1}^n \left(\frac{\partial y_i}{\partial x_j}\right)_{(\varphi(x))} \mathrm{d}x_j$$

これは座標変換したときの微分 1 形式の引き戻しの式

$$(\varphi \circ \psi^{-1})^* (\mathrm{d}y_i)_{\psi(x)} = \sum_{j=1}^n \left(\frac{\partial y_i}{\partial x_j}\right)_{(\varphi(x))} (\mathrm{d}x_j)_{\varphi(x)}$$

と同じものである．

多様体上の微分 1 形式，多様体上の関数の全微分を次のように定義することもできる．

定義 2.2.3 M の各点 x に余接空間 $T_x^* M$ の元を各座標近傍 $(U, \varphi = (x_1, \ldots, x_n))$ 上で $\mathrm{d}x_i$ の係数 f_i が C^∞ 級関数となるように，$\sum_{i=1}^n f_i \mathrm{d}x_i$ の形で定める対応を，M 上の C^∞ **級微分 1 形式**と呼ぶ．

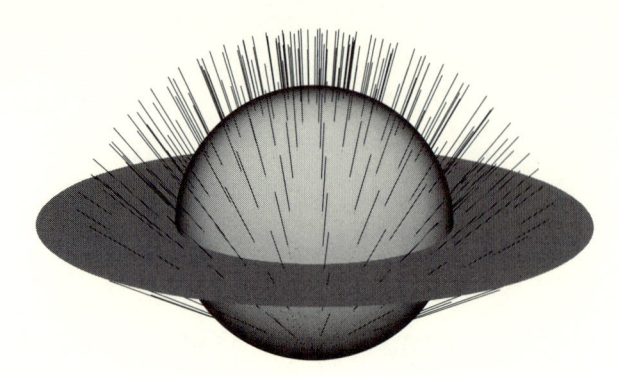

図 2.2 ステレオグラフ射影（問題 2.2.6 の $\pi_S : S^2 \setminus \{p_S\} \longrightarrow \mathbf{R}^2$）．$S$ からでる半直線の S^2 との交点に $\mathbf{R}^2$ との交点を対応させる．

定義 2.2.4 M 上の C^∞ 級関数 f に対して，各座標近傍 $(U, \varphi = (x_1, \ldots, x_n))$ 上で $\sum_{i=1}^n \frac{\partial f}{\partial x_i} dx_i$ を対応させると，これは C^∞ 級微分 1 形式である．これを f の**全微分**と呼び，df と書く．

【例題 2.2.5】 $F : M \longrightarrow N$ を C^∞ 級写像とする．N 上の C^∞ 級写像 f に対し，$F^* f = f \circ F$ を対応させる写像は準同型写像 $F^* : T^*_{F(x)} N \longrightarrow T^*_x M$ を引き起こすことを示せ．

【解】 $F(x) \in N$ のまわりの座標近傍 (V, ψ) に対して，$d(f_1 \circ \psi^{-1})_{\psi(F(x))} = d(f_2 \circ \psi^{-1})_{\psi(F(x))}$ とする．$x \in M$ のまわりの座標近傍 (U, φ) で $F(U) \subset V$ となるものをとる．このとき，定義 2.2.1 の意味で $f_1 \sim f_2$ ならば $f_1 \circ F \sim f_2 \circ F$ である．実際，

$$\begin{aligned} d(f_1 \circ F \circ \varphi^{-1})_{\varphi(x)} &= d(f_1 \circ \psi^{-1} \circ (\psi \circ F \circ \varphi^{-1}))_{\varphi(x)} \\ &= (\psi \circ F \circ \varphi^{-1})^* d(f_1 \circ \psi^{-1})_{\psi(F(x))} \\ &= (\psi \circ F \circ \varphi^{-1})^* d(f_2 \circ \psi^{-1})_{\psi(F(x))} \\ &= d(f_2 \circ \psi^{-1} \circ (\psi \circ F \circ \varphi^{-1}))_{\varphi(x)} = d(f_2 \circ F \circ \varphi^{-1})_{\varphi(x)} \end{aligned}$$

ここで，2 番目と 4 番目の等号は，命題 1.8.2（26 ページ）による．したがって，$F^* : T^*_{F(x)} N \longrightarrow T^*_x M$ が定義される．$F^* : C^\infty(N) \longrightarrow C^\infty(M)$ は実ベクトル空間の準同型であるから，$F^* : T^*_{F(x)} N \longrightarrow T^*_x M$ も実ベクトル空間の準同型である．

ユークリッド空間上の微分 1 形式とベクトル場はともにベクトルに値を持

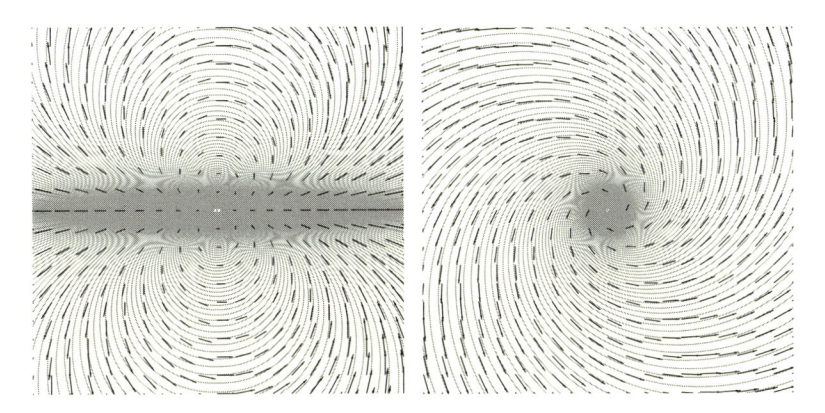

図 2.3 問題 2.2.6. 拡張するベクトル場の例. 左は 2 次同次で, $\pi_{S*}(\pi_N{}^{-1})_*\xi$ は, 定ベクトル場となる. 右は回転対称な線形ベクトル場で, $\pi_{S*}(\pi_N{}^{-1})_*\xi$ も同じ形をしている.

つ関数という面があり, ベクトル解析においては同じように考えることもあったが, 多様体上では, 微分 1 形式とベクトル場をはっきり区別して考えなければならない. 次の問題はそのよい例を与えている.

【問題 2.2.6】 単位球面 $S^2 \subset \mathbf{R}^3$ の点 $p_N = (0,0,1)$, $p_S = (0,0,-1)$ から $\mathbf{R}^2 \times \{0\}$ へのステレオグラフ射影 $\pi_N : S^2 \setminus \{p_N\} \longrightarrow \mathbf{R}^2$, $\pi_S : S^2 \setminus \{p_S\} \longrightarrow \mathbf{R}^2$ は次で定義される (図 2.2 参照).

$$\pi_N(x_1, x_2, x_3) = (v_1, v_2) = \left(\frac{x_1}{1-x_3}, \frac{x_2}{1-x_3}\right),$$
$$\pi_S(x_1, x_2, x_3) = (u_1, u_2) = \left(\frac{x_1}{1+x_3}, \frac{x_2}{1+x_3}\right)$$

(1) π_N, π_S の逆写像を求めよ.

(2) $\{(S^2 \setminus \{p_N\}, \pi_N), (S^2 \setminus \{p_S\}, \pi_S)\}$ を S^2 の座標近傍系とするとき, 座標変換を計算せよ.

(3) $\mathbf{R}^2$ 上の多項式係数のベクトル場の $\xi = P(v_1, v_2)\dfrac{\partial}{\partial v_1} + Q(v_1, v_2)\dfrac{\partial}{\partial v_2}$ について $(\pi_N{}^{-1})_*\xi$ が S^2 上の微分可能ベクトル場に拡張するための条件を求めよ (図 2.3 参照).

(4) $\mathbf{R}^2$ 上の多項式係数の微分 1 形式 $\alpha = P(v_1, v_2)\,dv_1 + Q(v_1, v_2)\,dv_2$ について $\pi_N{}^*\alpha$ が S^2 上の微分可能微分形式に拡張するための条件を求めよ. 解答例は 84 ページ.

2.3 p 次外積の空間

微分 1 形式の点 x における値は，余接空間 T_x^*M であったが，微分 p 形式の値は，その p 次外積の空間にある．定義 1.6.1（19 ページ）と同様に次の定義をする．

定義 2.3.1（p 次外積の空間） $dx_1, \ldots, dx_n$ を基底とする余接空間 T_x^*M の p 次外積の空間とは，$1 \leq i_1 < \cdots < i_p \leq n$ となる自然数 $i_1, \ldots, i_p$ に対応した $dx_{i_1} \wedge \cdots \wedge dx_{i_p}$ という全部で $\dfrac{n!}{p!(n-p)!}$ 個の記号を基底とするベクトル空間であり，$\bigwedge^p T_x^*M$ と書かれる．

【例 2.3.2】 4 次元多様体 M の余接空間 T_x^*M の 2 次外積の空間 $\bigwedge^2 T_x^*M$ は，T_x^*M の基底を dx_1, dx_2, dx_3, dx_4 とすると，$dx_1 \wedge dx_2, dx_1 \wedge dx_3, dx_1 \wedge dx_4, dx_2 \wedge dx_3, dx_2 \wedge dx_4, dx_3 \wedge dx_4$ を基底とする 6 次元ベクトル空間である．

余接空間 T_x^*M の基底を $dy_1, \ldots, dy_n$ にとり替えたとき，$dx_i = \sum_{j=1}^{n} \dfrac{\partial x_i}{\partial y_j} dy_j$ とすると，

$$dx_{i_1} \wedge \cdots \wedge dx_{i_p} = \sum_{j_1,\ldots,j_p=1}^{n} \frac{\partial x_{i_1}}{\partial y_{j_1}} \cdots \frac{\partial x_{i_p}}{\partial y_{j_p}} dy_{j_1} \wedge \cdots \wedge dy_{j_p}$$

と変換される．ここで，$j_1, \ldots, j_p$ のなかに同じものがあれば

$$dy_{j_1} \wedge \cdots \wedge dy_{j_p} = 0$$

とし，これらがすべて異なり，これを並べ替えたものを $k_1, \ldots, k_p$ ($k_1 < \cdots < k_p$) とするとき，$\mathrm{sign}\begin{pmatrix} j_1 \cdots j_p \\ k_1 \cdots k_p \end{pmatrix}$ を置換の符号として，

$$dy_{j_1} \wedge \cdots \wedge dy_{j_p} = \mathrm{sign}\begin{pmatrix} j_1 \cdots j_p \\ k_1 \cdots k_p \end{pmatrix} dy_{k_1} \wedge \cdots \wedge dy_{k_p}$$

とする．

注意 2.3.3 $\bigwedge^p T_x^*M$ の座標変換は，すぐ後で定義する外積と両立するように定義されている．

定義 2.3.4（多様体上の微分形式の定義 2） n 次元 C^∞ 級多様体 M の各点 x に余接空間 T_x^*M の p 次外積の空間 $\bigwedge^p T_x^*M$ の元を各座標近傍 $(U, \varphi = (x_1, \ldots, x_n))$ 上で $dx_{i_1} \wedge \cdots \wedge dx_{i_p}$ の係数 $f_{i_1 \cdots i_p}$ が C^∞ 級関数となるように定める対応を，M 上の C^∞ 級微分 p 形式と呼ぶ．M 上の C^∞ 級微分 p 形式のなす実ベクトル空間を $\Omega^p(M)$ と書く（$n \geq 1$, $M \neq \emptyset$ のとき，$\Omega^p(M)$ は無限次元である）．

この定義は p 次外積の空間 $\bigwedge^p T_x^*M$ を使っているが，実際の計算では定義 2.1.7 と同じものになっていることは明らかであろう．

【例 2.3.5】 n 次元トーラス T^n は，以下のように定義される．n 次元ユークリッド空間 $\mathbf{R}^n$ 上の，整数ベクトル全体のなす群 $\mathbf{Z}^n$ の平行移動による作用を考える．$\mathbf{Z}^n \times \mathbf{R}^n \longrightarrow \mathbf{R}^n$ が，$(\boldsymbol{n}, \boldsymbol{x}) \in \mathbf{Z}^n \times \mathbf{R}^n$, $\boldsymbol{n} \cdot \boldsymbol{x} = \boldsymbol{x} + \boldsymbol{n}$ で与えられている．この作用の軌道を同値類と考えて得られる商空間を $T^n = \mathbf{R}^n / \mathbf{Z}^n$ と書く．$\pi : \mathbf{R}^n \longrightarrow T^n$ を射影として，π が単射となるような $\mathbf{R}^n$ の開集合 U について，$(\pi(U), (\pi|U)^{-1})$ $(\pi(U) \subset T^n, (\pi|U)^{-1} : \pi(U) \longrightarrow U)$ を集めたものを座標近傍系として，T^n の n 次元 C^∞ 級多様体の構造が得られる．

T^n 上の微分 p 形式 α は，座標近傍 $(\pi(U), (\pi|U)^{-1})$ 上で $\mathbf{R}^n$ の座標を使って $\displaystyle\sum_{i_1 < \cdots < i_p} f_{i_1 \cdots i_p}(\boldsymbol{x}) \, dx_{i_1} \wedge \cdots \wedge dx_{i_p}$ と書かれる．この表示は 2 つの座標近傍 $(\pi(U), (\pi|U)^{-1}), (\pi(V), (\pi|V)^{-1})$ の共通部分上で一致しており，$f_{i_1 \cdots i_p}(\boldsymbol{x})$ は $\boldsymbol{x} \in \mathbf{R}^n$ に対し定義される．ただし，$f_{i_1 \cdots i_p}(\boldsymbol{x})$ は，$\boldsymbol{n} \in \mathbf{Z}^n$ に対し，$f_{i_1 \cdots i_p}(\boldsymbol{x} + \boldsymbol{n}) = f_{i_1 \cdots i_p}(\boldsymbol{x})$ を満たしている．したがって，T^n 上の微分 p 形式 α は，$\mathbf{R}^n$ 上の $\mathbf{Z}^n$ 周期的な微分 p 形式により定義されている．

特に，定数を係数とする $\mathbf{R}^n$ 上の微分 p 形式 $\displaystyle\sum_{i_1 < \cdots < i_p} a_{i_1 \cdots i_p} \, dx_{i_1} \wedge \cdots \wedge dx_{i_p}$ は，$\mathbf{Z}^n$ 周期的であるから，$T^n = \mathbf{R}^n / \mathbf{Z}^n$ 上の微分 p 形式を定める．

C^∞ 級写像 $F : M \longrightarrow N$ は，例題 2.2.5 により，線形写像 $F^* : T_{F(x)}^* N \longrightarrow T_x^* M$ を引き起こし，これは，線形写像 $F^* : \bigwedge^p T_{F(x)}^* N \longrightarrow \bigwedge^p T_x^* M$ を引き起こす．これは，$F(x)$ のまわりの座標近傍を $(V, \psi = (y_1, \cdots, y_n))$ とするとき，

$$F^*((dy_{i_1} \wedge \cdots \wedge dy_{i_p})_{F(x)}) = F^*(dy_{i_1})_{F(x)} \wedge \cdots \wedge F^*(dy_{i_p})_{F(x)}$$
$$= d(y_{i_1} \circ F)_x \wedge \cdots \wedge d(y_{i_p} \circ F)_x$$

として計算されるものである．

　これにより**引き戻し** $F^* : \Omega^p(N) \longrightarrow \Omega^p(M)$ が定義される．具体的に書くと，次のようになる．

命題 2.3.6 $F : M \longrightarrow N$ を m 次元多様体 M から n 次元多様体 N への C^∞ 級写像とする．$F(x) \in N$ のまわりの座標近傍を $(V, \psi = (y_1, \cdots, y_n))$ とし，$x \in M$ のまわりの座標近傍 $(U, \varphi = (x_1, \ldots, x_m))$ を $F(U) \subset V$ となるようにとる．N 上の微分 p 形式 α が，$F(x)$ のまわりで，$\sum_{i_1 < \cdots < i_p} f_{i_1 \cdots i_p} \, dy_{i_1} \wedge \cdots \wedge dy_{i_p}$ と表示されるとき，$F^*\alpha$ は x のまわりで

$$\sum_{i_1 < \cdots < i_p} f_{i_1 \cdots i_p} \circ F \, d(y_{i_1} \circ F) \wedge \cdots \wedge d(y_{i_p} \circ F)$$
$$= \sum_{i_1 < \cdots < i_p} \sum_{j_1 = 1}^m \cdots \sum_{j_p = 1}^m f_{i_1 \cdots i_p} \circ F \frac{\partial y_{i_1}}{\partial x_{j_1}} \cdots \frac{\partial y_{i_p}}{\partial x_{j_p}} \, dx_{j_1} \wedge \cdots \wedge dx_{j_p}$$

と表示される．

　命題 2.3.6 の表示は定義 1.8.1（26 ページ）と同じものである．したがって，例題 1.8.9（29 ページ）から，多様体の間の C^∞ 級写像 $G : L \longrightarrow M$, $F : M \longrightarrow N$ に対して次の命題が成り立つ．

命題 2.3.7 多様体の間の C^∞ 級写像 $G : L \longrightarrow M$, $F : M \longrightarrow N$ に対し，引き戻し $G^* : \Omega^p(M) \longrightarrow \Omega^p(L)$, $F^* : \Omega^p(N) \longrightarrow \Omega^p(M)$, $(F \circ G)^* : \Omega^p(N) \longrightarrow \Omega^p(L)$ は $(F \circ G)^* = G^* F^*$ を満たす．

【例 2.3.8】 (1) ユークリッド空間内の多様体 $M^m \subset \boldsymbol{R}^n$ は，陰関数表示，グラフ表示，パラメータ表示などで与えられる（[多様体入門・定理 2.2.1] 参照）．$\boldsymbol{R}^n$ の開集合 U で，M^m を含むものをとると，包含写像 $\iota : M^m \longrightarrow U$ により，U 上の微分形式 α は，M^m 上の微分形式 $\iota^*\alpha$ に引き戻される．$\iota^*\alpha$ は α の M^m への制限と呼ばれる（M^m の法束の 0 切断の近傍から M の近傍への微分同相写像があることを使って，M^m 上のすべての微分形式はある近傍の微分形式の制限であることを示すことができる．[多様体入門・問題 5.2.5] 参照）．

(2) 例 2.3.5 において，n 次元トーラス $T^n = \mathbb{R}^n/\mathbb{Z}^n$ 上の微分 p 形式 α の $\pi: \mathbb{R}^n \longrightarrow T^n = \mathbb{R}^n/\mathbb{Z}^n$ による引き戻し $\pi^*\alpha$ は，α を $\mathbb{R}^n$ 上で表示する $\mathbb{Z}^n$ 周期的微分 p 形式である．

微分形式の外積は，p 次外積の空間と q 次外積の空間の元に対し $p+q$ 次外積の空間の元を定める対応から得られている．

定義 2.3.9（外積） 外積 $\wedge : \bigwedge^p T_x^* M \times \bigwedge^q T_x^* M \longrightarrow \bigwedge^{p+q} T_x^* M$ は基底 $dx_{i_1} \wedge \cdots \wedge dx_{i_p}, dx_{j_1} \wedge \cdots \wedge dx_{j_q}$ に対し，$dx_{i_1} \wedge \cdots \wedge dx_{i_p} \wedge dx_{j_1} \wedge \cdots \wedge dx_{j_q}$ を対応させることで定義される準同型である．ただし，$dx_{i_1} \wedge \cdots \wedge dx_{i_p} \wedge dx_{j_1} \wedge \cdots \wedge dx_{j_q}$ は定義 1.6.2（19 ページ）と同じ規則で計算される．

このような準同型から自然に M 上の C^∞ 級微分形式の空間に外積

$$\wedge : \Omega^p(M) \times \Omega^q(M) \longrightarrow \Omega^{p+q}(M)$$

が導かれる．これは定義 2.1.7 と，例題 1.8.8（29 ページ）からも納得されるであろう．また，例題 1.6.4（20 ページ）により，次の命題が成立する．

命題 2.3.10 M 上の微分 p 形式 α と微分 q 形式 β に対して

$$\beta \wedge \alpha = (-1)^{pq} \alpha \wedge \beta$$

となる．前に述べたように，この性質を**次数付き可換性**と呼ぶ．

例題 1.8.8（29 ページ）から引き戻しに関して次も成立する．

命題 2.3.11 $F: M \longrightarrow N$ を m 次元多様体 M から n 次元多様体 N への C^∞ 級写像とする．N 上の微分 p 形式 α，微分 q 形式 β に対して

$$F^*(\alpha \wedge \beta) = F^*\alpha \wedge F^*\beta$$

となる．

2.4　外微分とドラーム・コホモロジー

多様体上の微分形式の外微分は，定義 2.1.7 と，定理 1.8.11（31 ページ）により定義されると考えるのが最もやさしい．

定義 2.4.1　n 次元多様体 M 上の微分 p 形式 α の**外微分** $\mathrm{d}\alpha$ は，座標近傍 $(U, \varphi = (x_1, \ldots, x_n))$ に対して，$\alpha = \sum_{i_1 < \cdots < i_p} \mathrm{d}x_{i_1} \wedge \cdots \wedge \mathrm{d}x_{i_p}$ と表されるとき，

$$\mathrm{d}\left(\sum_{i_1 < \cdots < i_p} f_{i_1 \cdots i_p} \mathrm{d}x_{i_1} \wedge \cdots \wedge \mathrm{d}x_{i_p}\right) = \sum_{i_1 < \cdots < i_p} \mathrm{d}f_{i_1 \cdots i_p} \wedge \mathrm{d}x_{i_1} \wedge \cdots \wedge \mathrm{d}x_{i_p}$$

と表される微分 $p+1$ 形式である．

定理 1.8.11 により，微分 p 形式 α の外微分 $\mathrm{d}\alpha$ の表示は座標近傍をとり替えたとき，定義 2.1.7 の条件を満たし，M 上の微分 $p+1$ 形式となる．

外微分が定義されると，1.7 節（24 ページ）に現れたものと同様の

$$0 \longrightarrow \Omega^0(M) \xrightarrow{\mathrm{d}} \Omega^1(M) \xrightarrow{\mathrm{d}} \Omega^2(M) \xrightarrow{\mathrm{d}} \cdots \xrightarrow{\mathrm{d}} \Omega^n(M) \longrightarrow 0$$

という準同型の系列が定義されるが，定理 1.7.1 により，次が成立している．

定理 2.4.2　$\mathrm{d} \circ \mathrm{d} : \Omega^p(M) \longrightarrow \Omega^{p+2}(M)$ は 0 準同型である．

定義 2.4.3（多様体のドラーム複体）　n 次元多様体 M の C^∞ 級微分形式のなすベクトル空間と外微分が与える準同型写像からなる系列

$$0 \longrightarrow \Omega^0(M) \xrightarrow{\mathrm{d}} \Omega^1(M) \xrightarrow{\mathrm{d}} \Omega^2(M) \xrightarrow{\mathrm{d}} \cdots \xrightarrow{\mathrm{d}} \Omega^n(M) \longrightarrow 0$$

を n 次元多様体 M の**ドラーム複体**と呼ぶ．これを $\Omega^*(M)$ と書く．

複体とは，外微分についての $\mathrm{d} \circ \mathrm{d} = 0$ という性質を述べているが，このような複体に対しては $\mathrm{im}(\mathrm{d}) \subset \ker(\mathrm{d})$ であるから，その差をはかる群，すなわち，コホモロジー群を考えることができる．

定義 2.4.4（ドラーム・コホモロジー群）

$$H_{DR}^p(M) = \ker(\mathrm{d}: \Omega^p(M) \to \Omega^{p+1}(M))/\mathrm{im}(\mathrm{d}: \Omega^{p-1}(M) \to \Omega^p(M))$$

を n 次元 C^∞ 級多様体 M の p 次ドラーム・コホモロジー群と呼ぶ．$H_{DR}^p(M)$ はベクトル空間の商としてベクトル空間の構造を持つ．

$Z^p(M) = \ker(\mathrm{d}: \Omega^p(M) \to \Omega^{p+1}(M))$ の元を**閉 p 形式** (closed p-form)，$B^p(M) = \mathrm{im}(\mathrm{d}: \Omega^{p-1}(M) \to \Omega^p(M))$ の元を**完全 p 形式** (exact p-form) と呼ぶ．閉 p 形式 α が代表するドラーム・コホモロジー群 $H_{DR}^p(M)$ の元 $[\alpha]$ は α の**コホモロジー類**と呼ばれる．$H_{DR}^p(M) = Z^p(M)/B^p(M)$ である．直和 $\bigoplus_{p=0}^{n} H_{DR}^p(M)$ を $H_{DR}^*(M)$ と書く．

1 次元以上の空でない多様体に対し，$Z^p(M)$, $B^p(M)$ は無限次元ベクトル空間であるが，2.8 節で，ドラーム・コホモロジー群 $H_{DR}^p(M)$ は，コンパクト多様体に対し有限次元ベクトル空間であることを示す．

【例 2.4.5】 (1) 閉 0 形式 f は，局所定数関数である．したがって，$H_{DR}^0(M)$ は M の連結成分で定数となる関数全体のなすベクトル空間である．

(2) ポアンカレの補題 1.7.2（24 ページ）により，$\boldsymbol{R}^n$ の星型の開集合 U に対しては，$p = 0$ に対して，$H_{DR}^0(U) \cong \boldsymbol{R}$, $p > 0$ に対して，$H_{DR}^p(U) = 0$ である．

【例 2.4.6】 円周は例 2.3.5 で述べたトーラスの 1 次元の場合で，$S^1 = \boldsymbol{R}/\boldsymbol{Z}$ と定義される．$\Omega^1(S^1)$ の元は $\boldsymbol{R}$ 上の $\boldsymbol{Z}$ 周期関数 $f(x)$ により，$f(x)\,\mathrm{d}x$ と書かれる．$\Omega^1(S^1)$ の元はすべて閉形式であるが，完全形式であるためには，$f(x) = \dfrac{\mathrm{d}F}{\mathrm{d}x}$ となる $\boldsymbol{R}$ 上の $\boldsymbol{Z}$ 周期関数 $F(x)$ が存在しなければならない．微積分学の基本定理から，$F(x+1)-F(x) = \displaystyle\int_0^1 f(x+t)\,\mathrm{d}t$ だから，$\displaystyle\int_0^1 f(x+t)\,\mathrm{d}t = 0$ がすべての x に対して成立することが必要十分である．f は $\boldsymbol{Z}$ 周期関数だから，積分 $\displaystyle\int_0^1 f(x+t)\,\mathrm{d}t$ は x の値によらない．したがって $\displaystyle\int_0^1 f(t)\,\mathrm{d}t = 0$ が必要十分である．よって，$H_{DR}^1(S^1) \longrightarrow \boldsymbol{R}$ が $[\alpha] \in H_{DR}^1(S^1)$ に対して $\displaystyle\int_0^1 \alpha$ により定まり，これが同型写像になる．したがって $H_{DR}^1(S^1) \cong \boldsymbol{R}$ である．

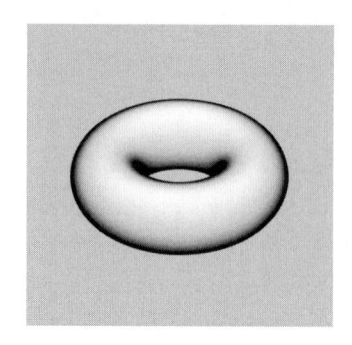

図 2.4　例題 2.4.8. 2 次元トーラス T^2 は $\boldsymbol{R}^2/\boldsymbol{Z}^2$ と表される.

【例 2.4.7】　例 2.3.5 で述べた n 次元トーラス T^n 上の定数係数 p 形式 $\sum_{i_1<\cdots<i_p} a_{i_1\cdots i_p}\,\mathrm{d}x_{i_1}\wedge\cdots\wedge\mathrm{d}x_{i_p}$ は閉 p 形式である. 0 でない定数係数 p 形式が完全形式でないことは問題 2.9.4 で示す.

【例題 2.4.8】　2 次元トーラス T^2 上の微分形式は，例 2.3.5 で見たように，$\boldsymbol{R}^2$ 上の周期関数を係数とする微分形式で表される. 図 2.4 参照. 周期関数のフーリエ展開を用いて，$H_{DR}^*(T^2)$ を計算せよ.

【解】　2 次元トーラス T^2 は連結だから $H_{DR}^0(T^2)\cong\boldsymbol{R}$ である.

2 次元トーラス T^2 上の微分 1 形式 $\alpha=g_1\,\mathrm{d}x_1+g_2\,\mathrm{d}x_2$ に対し, g_1, g_2 がフーリエ級数で与えられていると考えると, $g_1=\sum a_{n_1n_2}e^{2\pi\sqrt{-1}(n_1x_1+n_2x_2)}$, $g_2=\sum b_{n_1n_2}e^{2\pi\sqrt{-1}(n_1x_1+n_2x_2)}$ と表される. g_1,g_2 が C^∞ 級関数であることと任意の $r>0$ に対して, $\sum(n_1{}^2+n_2{}^2)^{r/2}|a_{n_1n_2}|<\infty$, $\sum(n_1{}^2+n_2{}^2)^{r/2}|b_{n_1n_2}|<\infty$ であることは同値である. g_1,g_2 が実数値であることは, $a_{(-n_1)(-n_2)}=\overline{a_{n_1n_2}}$, $b_{(-n_1)(-n_2)}=\overline{b_{n_1n_2}}$ であることと同値である.

$$\mathrm{d}\alpha=2\pi\sqrt{-1}\sum(n_1b_{n_1n_2}-n_2a_{n_1n_2})e^{2\pi\sqrt{-1}(n_1x_1+n_2x_2)}$$

であるから, α が閉形式であること, すなわち $\mathrm{d}\alpha=0$ は, $n_1b_{n_1n_2}-n_2a_{n_1n_2}=0$ と同値である. この式により, $n_1\neq 0$ ならば $b_{n_10}=0$, $n_2\neq 0$ ならば $a_{0n_2}=0$ となっていることに注意する.

このとき, $\alpha=\mathrm{d}f$ となるかどうかを, $f=\sum c_{n_1n_2}e^{2\pi\sqrt{-1}(n_1x_1+n_2x_2)}$ とおいて計算する.

$$\mathrm{d}f = 2\pi\sqrt{-1}\Big(\sum n_1 c_{n_1 n_2} e^{2\pi\sqrt{-1}(n_1 x_1 + n_2 x_2)}\,\mathrm{d}x_1$$
$$+ \sum n_2 c_{n_1 n_2} e^{2\pi\sqrt{-1}(n_1 x_1 + n_2 x_2)}\,\mathrm{d}x_2\Big)$$

であるから，$\alpha = \mathrm{d}f$ となるための条件は

$$a_{n_1 n_2} = 2\pi\sqrt{-1}n_1 c_{n_1 n_2}, \quad b_{n_1 n_2} = 2\pi\sqrt{-1}n_2 c_{n_1 n_2}$$

である．α が閉形式である条件から $n_1 \neq 0$ ならば $b_{n_1 0} = 0, n_2 \neq 0$ ならば $a_{0 n_2} = 0$ であったが，$\alpha = \mathrm{d}f$ となるためには，$b_{00} = 0, a_{00} = 0$ も必要である．$b_{00} = 0, a_{00} = 0$ のとき，n_1 も n_2 も 0 でなければ，$c_{n_1 n_2} = \dfrac{a_{n_1 n_2}}{2\pi\sqrt{-1}n_1} = \dfrac{b_{n_1 n_2}}{2\pi\sqrt{-1}n_2}$ とおくと $n_1 b_{n_1 n_2} = n_2 a_{n_1 n_2}$ だから $c_{n_1 n_2}$ が定まる．さらに，$n_1 \neq 0$ ならば $c_{n_1 0} = \dfrac{a_{n_1 0}}{2\pi\sqrt{-1}n_1}, n_2 \neq 0$ ならば $c_{0 n_2} = \dfrac{b_{0 n_2}}{2\pi\sqrt{-1}n_2}$ とおくと，$c_{n_1 n_2}$ は c_{00} を除いて定まる．$c_{00} = 0$ として $f = \sum c_{n_1 n_2} e^{2\pi\sqrt{-1}(n_1 x_1 + n_2 x_2)}$ は任意の $r > 0$ に対して，$\sum (n_1{}^2 + n_2{}^2)^{r/2}|c_{n_1 n_2}| < \infty$ を満たすので C^∞ 級であり，$\alpha = \mathrm{d}f$ が成立する．

したがって，$H_{DR}^1(T^2) \cong \boldsymbol{R}^2$ で，この同型は $\alpha = g_1\,\mathrm{d}x_1 + g_2\,\mathrm{d}x_2$ に対して，g_1, g_2 のフーリエ展開の定数項 (a_{00}, b_{00}) を対応させることにより得られる．

さて，微分 2 形式 $\beta = h\,\mathrm{d}x_1 \wedge \mathrm{d}x_2$ に対して，$h = \sum e_{n_1 n_2} e^{2\pi\sqrt{-1}(n_1 x_1 + n_2 x_2)}$ とおく．$\beta = \mathrm{d}\alpha$ となるためには，

$$e_{n_1 n_2} = 2\pi\sqrt{-1}(n_1 b_{n_1 n_2} - n_2 a_{n_1 n_2})$$

を満たすように $a_{n_1 n_2}, b_{n_1 n_2}$ を定めればよい．このためには $e_{00} = 0$ でなければならない．$n_1 \neq 0$ に対して，$a_{n_1 n_2} = 0, b_{n_1 n_2} = \dfrac{e_{n_1 n_2}}{2\pi\sqrt{-1}n_1}$，$n_2 \neq 0$ に対して，$a_{0 n_2} = \dfrac{-e_{0 n_2}}{2\pi\sqrt{-1}n_2}, b_{0 n_2} = 0$ とおくと，e_{00} 以外の係数を合わせることができる．任意の $r > 0$ に対して，$\sum (n_1{}^2 + n_2{}^2)^{r/2}|e_{n_1 n_2}| < \infty$ であることから，任意の $r > 0$ に対して，$\sum (n_1{}^2 + n_2{}^2)^{r/2}|a_{n_1 n_2}| < \infty, \sum (n_1{}^2 + n_2{}^2)^{r/2}|b_{n_1 n_2}| < \infty$ がわかるから，$\alpha = g_1\,\mathrm{d}x_1 + g_2\,\mathrm{d}x_2$ は C^∞ 級で，$e_{00} = 0$ のとき，$\beta = \mathrm{d}\alpha$ となる．

したがって，$H_{DR}^2(T^2) \cong \boldsymbol{R}$ で，この同型は $\beta = h\,\mathrm{d}x_1 \wedge \mathrm{d}x_2$ に対して，h のフーリエ展開の定数項を対応させることにより得られる．

【問題 2.4.9】 2 次元ユークリッド空間 $\boldsymbol{R}^2$ から原点 $(0,0)$ を除いた空間を A とおく：$A = \boldsymbol{R}^2 \setminus \{(0,0)\}$．実数 $r > 1$ に対して A 上の同値関係 $\sim$ を次で定義する．

$(x_1, x_2) \sim (y_1, y_2) \iff (y_1, y_2) = (r^n x_1, r^n x_2)$ となる整数 n が存在する

X を商空間 $X = A/\sim$ として定義される多様体とし，$\pi : A \longrightarrow X$ を射影とする．

(1) 実数 $a_{11}, a_{12}, a_{21}, a_{22}$ に対し A 上の微分 1 形式

$$\alpha = \frac{a_{11}x_1 + a_{12}x_2}{x_1{}^2 + x_2{}^2} \, dx_1 + \frac{a_{21}x_1 + a_{22}x_2}{x_1{}^2 + x_2{}^2} \, dx_2$$

は，X 上のある微分 1 形式 β の π による引き戻しとなること $(\alpha = \pi^*\beta)$ を示せ．

(2) X 上の微分 1 形式 β が閉微分形式であるための条件を求めよ．

(3) ρ を正実数として $\gamma_1 : [0, 1] \longrightarrow X$ を $\gamma_1(t) = \pi(\rho \cos(2\pi t), \rho \sin(2\pi t))$ で定義する．β が閉形式のとき，$\int_{\gamma_1} \beta$ を求めよ．

(4) θ を実数として $\gamma_2 : [0, 1] \longrightarrow X$ を $\gamma_2(t) = \pi(r^t \cos\theta, r^t \sin\theta)$ で定義する．β が閉形式のとき，$\int_{\gamma_2} \beta$ を求めよ．解答例は 86 ページ．

2.8 節で，コンパクトな多様体に対して，各次数のドラーム・コホモロジー群は有限次元ベクトル空間となることを示すが，そのためには，ドラーム・コホモロジー群のいくつかの性質が必要である．

$F : M \longrightarrow N$ を m 次元多様体 M から n 次元多様体 N への C^∞ 級写像とする．引き戻し $F^* : \Omega^p(N) \longrightarrow \Omega^p(M)$ が定義されているから，次の図式が得られている．

$$\begin{array}{ccccccccccc} 0 & \longrightarrow & \Omega^0(M) & \xrightarrow{d} & \Omega^1(M) & \xrightarrow{d} & \cdots & \xrightarrow{d} & \Omega^p(M) & \xrightarrow{d} & \Omega^{p+1}(M) & \xrightarrow{d} & \cdots \\ & & \uparrow F^* & & \uparrow F^* & & & & \uparrow F^* & & \uparrow F^* & & \\ 0 & \longrightarrow & \Omega^0(N) & \xrightarrow{d} & \Omega^1(N) & \xrightarrow{d} & \cdots & \xrightarrow{d} & \Omega^p(N) & \xrightarrow{d} & \Omega^{p+1}(N) & \xrightarrow{d} & \cdots \end{array}$$

命題 2.3.6 による引き戻しの様子を見ると，定理 1.8.11（31 ページ）から，上の図式は可換であることがわかる．このことを F^* は**コチェイン写像**であるという．

命題 2.4.10 C^∞ 級写像 $F : M \longrightarrow N$ に対し，引き戻し $F^* : \Omega^p(N) \longrightarrow \Omega^p(M)$ はコチェイン写像である．すなわち，$F^* d = d F^*$ が成立する．

閉 p 形式 $\alpha \in \Omega^p(N)$ に対して，$\mathrm{d}\alpha = 0$ だから，$0 = F^*\,\mathrm{d}\alpha = \mathrm{d}F^*\alpha$ であり，$F^*\alpha$ も閉 p 形式であることがわかる．また，完全 p 形式 α は，$\beta \in \Omega^p(N)$ の元により $\alpha = \mathrm{d}\beta$ と書かれているが，$F^*\alpha = F^*\,\mathrm{d}\beta = \mathrm{d}F^*\beta$ となるから，$F^*\alpha$ も完全 p 形式となる．したがって，

$$F^* : \ker(\mathrm{d} : \Omega^p(N) \to \Omega^{p+1}(N))/\mathrm{im}(\mathrm{d} : \Omega^{p-1}(N) \to \Omega^p(N))$$
$$\longrightarrow \ker(\mathrm{d} : \Omega^p(M) \to \Omega^{p+1}(M))/\mathrm{im}(\mathrm{d} : \Omega^{p-1}(M) \to \Omega^p(M))$$

すなわち，$F^* : H^p_{DR}(N) \longrightarrow H^p_{DR}(M)$ が準同型として定義される．

定理 2.4.11 C^∞ 級写像 $F : M \longrightarrow N$ は，準同型写像 $F^* : H^p_{DR}(N) \longrightarrow H^p_{DR}(M)$ を引き起こす．

この準同型写像はベクトル空間の準同型というだけでなく，**外積代数**の準同型である．

まず，例題 1.6.7（20 ページ）から，次の命題が成り立つことがわかる．

命題 2.4.12 多様体 M 上の微分 p 形式 α と微分 q 形式 β に対し，$\mathrm{d}(\alpha \wedge \beta) = \mathrm{d}\alpha \wedge \beta + (-1)^p \alpha \wedge \mathrm{d}\beta$ が成立する．

命題 2.4.12 から，閉 p 形式と閉 q 形式の外積は，閉 $p+q$ 形式であることがわかる．

外積はドラーム・コホモロジー類の間にも定義されることを見よう．すなわち，閉 p 形式 α，閉 q 形式 β のドラーム・コホモロジー類を $[\alpha], [\beta]$ とするとき，$[\alpha] \wedge [\beta] = [\alpha \wedge \beta]$ と定義することができる．実際，α, β と同じコホモロジー類を与える閉 p 形式，閉 q 形式は，$p-1$ 形式 η，$q-1$ 形式 ζ により，$\alpha + \mathrm{d}\eta, \beta + \mathrm{d}\zeta$ で与えられる．このとき，

$$\begin{aligned}
&(\alpha + \mathrm{d}\eta) \wedge (\beta + \mathrm{d}\zeta) \\
&= \alpha \wedge \beta + (\mathrm{d}\eta) \wedge \beta + \alpha \wedge (\mathrm{d}\zeta) + \mathrm{d}\eta \wedge \mathrm{d}\zeta \\
&= \alpha \wedge \beta + \mathrm{d}(\eta \wedge \beta) + (-1)^p\,\mathrm{d}(\alpha \wedge \zeta) + \mathrm{d}(\eta \wedge \mathrm{d}\zeta) \\
&= \alpha \wedge \beta + \mathrm{d}(\eta \wedge \beta + (-1)^p \alpha \wedge \zeta + \eta \wedge \mathrm{d}\zeta)
\end{aligned}$$

さらに，命題 2.3.11 により，$F^*(\alpha \wedge \beta) = F^*\alpha \wedge F^*\beta$ となるから，次が成立する．

命題 2.4.13 多様体上の微分形式の空間における外積 $\wedge : \Omega^p(M) \times \Omega^q(M) \longrightarrow \Omega^{p+q}(M)$ は多様体のドラーム・コホモロジー群 $H^*_{DR}(M)$ 上に外積 $\wedge : H^p_{DR}(M) \times H^q_{DR}(M) \longrightarrow H^{p+q}_{DR}(M)$ を定義する．多様体の間の C^∞ 級写像 $F : M \longrightarrow N$ に対し，$F^*([\alpha] \wedge [\beta]) = F^*[\alpha] \wedge F^*[\beta]$ が成立する．すなわち，F^* は外積代数の準同型である．

注意 2.4.14 定理 2.9.6 で，ドラーム・コホモロジー群上の外積は，カップ積と同じであることを示す．

さて，次に $[0,1] \times M$ と M のドラーム・コホモロジー群は同型であることを示す．

命題 1.9.1 とその後の注意 1.9.2（34 ページ）によれば，ユークリッド空間の開集合 U に対して，$I_a : \Omega^p([0,1] \times U) \longrightarrow \Omega^{p-1}([0,1] \times U)$ で，$dI_a(\alpha) + I_a(d\alpha) = \alpha - \pi^*(\iota_a{}^*\alpha)$ を満たすものが次で定義されている．

$$I_a(\alpha) = \sum_{0<i_2<\cdots<i_p} \left(\int_a^{x_0} f_{0i_2\cdots i_p}(x_0, x_1, \ldots, x_n)\,dx_0 \right) dx_{i_2} \wedge \cdots \wedge dx_{i_p}$$

多様体 M の座標近傍 (U, φ) に対し，$I_a^{(U)} : \Omega^p([0,1] \times \varphi(U)) \longrightarrow \Omega^{p-1}([0,1] \times \varphi(U))$ を上と同じ式で定義する．

命題 2.4.15 $I_a^{(U)}$ は $I_a : \Omega^p([0,1] \times M) \longrightarrow \Omega^{p-1}([0,1] \times M)$ を定義する．この I_a は $dI_a(\alpha) + I_a(d\alpha) = \alpha - \pi^*(\iota_a{}^*\alpha)$ を満たす．

証明 M の座標近傍 $(U,\varphi), (V,\psi)$ に対し，$\alpha \in \Omega^p([0,1]\times M)$ の $[0,1]\times\varphi(U)$ における表示 $\alpha^{(U)}$ の dx_0 を含む成分 $\displaystyle\sum_{0<i_2<\cdots<i_p} f_{0i_2\cdots i_p}\,dx_0 \wedge dx_{i_2} \wedge \cdots \wedge dx_{i_p}$ は $\mathrm{id} \times (\varphi\circ\psi^{-1}) : [0,1] \times \psi(U\cap V) \longrightarrow [0,1] \times \varphi(U\cap V)$ で引き戻すと，α の $[0,1]\times\psi(V)$ における表示 $\alpha^{(V)}$ の dx_0 を含む成分 $\displaystyle\sum_{0<j_2<\cdots<j_p} g_{0j_2\cdots j_p}\,dx_0 \wedge dy_{j_2} \wedge \cdots \wedge dy_{j_p}$ に，$[0,1]\times\psi(U\cap V)$ 上で一致する．$\alpha^{(V)} = (\mathrm{id}\times(\varphi\circ\psi^{-1}))^*\alpha^{(U)}$ だからである．したがって，

$$(\mathrm{id}\times(\varphi\circ\psi^{-1}))^* I_a^{(U)} \alpha^{(U)} = I_a^{(V)} \alpha^{(V)}$$

が成立している．

定義 2.1.7 により, $I_a : \Omega^p([0,1] \times M) \longrightarrow \Omega^{p-1}([0,1] \times M)$ が定義される. この I_a が $dI_a(\alpha) + I_a(d\alpha) = \alpha - \pi^*(\iota_a{}^*\alpha)$ を満たすことは, 命題 1.9.1 とその後の注意 1.9.2（34 ページ）によりわかる. ∎

定理 2.4.16 $\pi : [0,1] \times M \longrightarrow M$ および $\iota_a : M \longrightarrow [0,1] \times M$ がドラーム・コホモロジー群に誘導する写像 $\pi^* : H_{DR}^p(M) \longrightarrow H_{DR}^p([0,1] \times M)$, $\iota_a{}^* : H_{DR}^p([0,1] \times M) \longrightarrow H_{DR}^p(M)$ は同型写像である. $\iota_a{}^*\pi^* = \mathrm{id}_{H_{DR}^p(M)}$, $\pi^*\iota_a{}^* = \mathrm{id}_{H_{DR}^p([0,1] \times M)}$ であり, したがって, $\iota_0{}^* = (\pi^*)^{-1} = \iota_1{}^*$ である.

証明 $\pi \circ \iota_a = \mathrm{id}_M$ であるから, 命題 2.3.7 により, $\iota_a{}^*\pi^* = \mathrm{id}_M{}^*$ であり, $\mathrm{id}_M{}^*$ は $H_{DR}^p(M)$ の恒等写像 $\mathrm{id}_{H_{DR}^p(M)}$ に一致する.

$(\iota_a \circ \pi)^* = \pi^*\iota_a{}^*$ を考えると命題 2.4.15 により, $p > 0$ に対して, $I_a : \Omega^p([0,1] \times M) \longrightarrow \Omega^{p-1}([0,1] \times M)$ で, $dI_a(\alpha) + I_a(d\alpha) = \alpha - \pi^*(\iota_a{}^*\alpha)$ を満たすものがある. このとき, α を $[0,1] \times M$ 上の閉 p 形式 $(p > 0)$ とすると, $d\alpha = 0$ だから, $dI_a(\alpha) = \alpha - \pi^*(\iota_a{}^*\alpha)$ であり, コホモロジー類について $[\alpha] - [\pi^*(\iota_a{}^*\alpha)] = 0$ となる. したがって, $\pi^*\iota_a{}^* = \mathrm{id}_{H_{DR}^p([0,1] \times M)}$ となる. $p = 0$ のとき, $[0,1] \times M$ 上の閉 0 形式 α は, 局所定数関数であり, $\pi^*(\iota_a{}^*\alpha)$ と一致する. ∎

定義 2.4.17 2 つの C^∞ 級写像 $\varphi_0, \varphi_1 : M \longrightarrow N$ が, C^∞ **ホモトピック**であるとは, C^∞ 級写像 $\varphi : [0,1] \times M \longrightarrow N$ で, $\varphi_0 = \varphi(0, \cdot)$, $\varphi_1 = \varphi(1, \cdot)$ となるものが存在することである.

定理 2.4.18 $\varphi_0, \varphi_1 : M \longrightarrow N$ が, C^∞ ホモトピックのとき, $\varphi_0{}^* = \varphi_1{}^*$ である.

証明 $\varphi_0 = \varphi \circ \iota_0$, $\varphi_1 = \varphi \circ \iota_1$ である. 定理 2.4.16 により, $\iota_0{}^* = \iota_1{}^* : H_{DR}^p([0,1] \times M) \longrightarrow H_{DR}^p(M)$ だから, $\varphi_0{}^* = \iota_0{}^*\varphi^* = \iota_1{}^*\varphi^* = \varphi_1{}^*$. ∎

【問題 2.4.19】 ユークリッド空間 $\boldsymbol{R}^m$ と多様体 M の直積 $\boldsymbol{R}^m \times M$ に対し, $H_{DR}^p(\boldsymbol{R}^m \times M) \cong H_{DR}^p(M)$ であることを示せ. 解答例は 87 ページ.

2.5 関手（ファンクター）という見方

2つの C^∞ 級多様体の間では，C^∞ 級写像を考えるのが自然である．C^∞ 級多様体全体を「対象」(object) とし，C^∞ 級写像全体を「射」(morphism) とする「圏」(category) を考えているということである．この圏では，射 $F_1 : M_1 \longrightarrow M_2, F_2 : M_2 \longrightarrow M_3$ に対して結合 $F_2 \circ F_1 : M_1 \longrightarrow M_3$ が定義され，射のなかに恒等写像 $\mathrm{id}_M : M \longrightarrow M$ がある．

2つのベクトル空間の間では，線形写像を考えるのが自然であり，ベクトル空間全体を「対象」とし，線形写像全体を「射」とする「圏」を考えることができる．射 $A_1 : V_1 \longrightarrow V_2, A_2 : V_2 \longrightarrow V_3$ に対して結合 $A_2 \circ A_1 : V_1 \longrightarrow V_3$ が定義され，射のなかに恒等写像 $\mathrm{id}_V : V \longrightarrow V$ がある．

さらに，2つのコチェイン複体の間では，コチェイン写像を考えるのが自然であり，コチェイン複体全体を「対象」とし，コチェイン写像全体を「射」とする「圏」が考えられる．

命題 2.3.7, 命題 2.4.10 により，多様体にその上の微分形式を与える対応は，(C^∞ 級多様体, C^∞ 級写像) の圏から，(コチェイン複体, コチェイン写像) の圏への**反変** (contravariant) **関手**（ファンクター，functor）となる．ここで関手とは，対象 M に対象 $\Omega^*(M)$ を対応させ，射 $F : M \longrightarrow N$ に射 $F^* : \Omega^*(N) \longrightarrow \Omega^*(M)$ を対応させるもので，結合について $(F_2 \circ F_1)^* = F_1^* F_2^*$ を満たすという意味である．反変という語は，写像の向きが F と F^* で M, N について逆になっていることを述べている．

p 次コホモロジー群をとる対応は，(コチェイン複体, コチェイン写像) の圏から，(ベクトル空間, 線形写像) の圏への**共変関手**となる．すなわち，$F^* : \Omega^*(N) \longrightarrow \Omega^*(M)$ に対して，$F^* : H^p_{DR}(N) \longrightarrow H^p_{DR}(M)$ を得る．

この2つの対応の結合は，(C^∞ 級多様体, C^∞ 級写像) の圏から (ベクトル空間, 線形写像) の圏への反変関手である．これが定理 2.4.11 である．

さて，反変関手であることを述べている定理 2.4.11 から，2つの C^∞ 級多様体 M, N が**微分同相**ならば，$H^p_{DR}(M), H^p_{DR}(N)$ は**同型**であることがわかる．

2つの多様体 M, N が微分同相ではなくとも，定理 2.4.18 から次がいえる．2つの多様体 M, N に対して，C^∞ 級写像 $f : M \longrightarrow N, g : N \longrightarrow M$ で，$f \circ g$ と id_N が C^∞ ホモトピック，$g \circ f$ と id_M も C^∞ ホモトピックとなるも

のがあれば，$H_{DR}^p(M)$, $H_{DR}^p(N)$ は同型である．このことは，ドラーム・コホモロジー群の不変量としての性質は少し弱いことを示しているが，実際のドラーム・コホモロジー群の計算を可能にするものである．

注意 2.5.1　ここの f, g は実は連続写像であってもよい．連続写像は C^∞ 級写像で近似できるからである．結局，ホモトピー同値な 2 つの C^∞ 級多様体のドラーム・コホモロジー群は同型となる．

したがって，ドラーム・コホモロジー群を計算することにより，2 つの多様体が異なることを示すことが可能である．次節のマイヤー・ビエトリス完全系列は，ドラーム・コホモロジー群の計算の方法を与える．

2.6　マイヤー・ビエトリス完全系列

M_1, M_2 をコンパクト多様体 M の開集合で $M = M_1 \cup M_2$ を満たすものとする．$M_{12} = M_1 \cap M_2$ とおき，

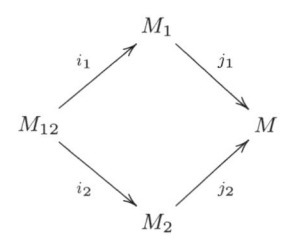

$$
\begin{array}{ccc}
 & & M_1 \\
 & \nearrow^{i_1} & \searrow^{j_1} \\
M_{12} & & M \\
 & \searrow_{i_2} & \nearrow_{j_2} \\
 & & M_2
\end{array}
$$

を包含写像とする．

このとき，次の命題が成立する．

命題 2.6.1　次の列は完全である．

$$0 \longrightarrow \Omega^p(M) \xrightarrow{(j_1^*, j_2^*)} \Omega^p(M_1) \oplus \Omega^p(M_2) \xrightarrow{i_1^* - i_2^*} \Omega^p(M_{12}) \longrightarrow 0$$

証明　(j_1^*, j_2^*) が単射であること，$(i_1^* - i_2^*) \circ (j_1^*, j_2^*) = 0$ であることは写像の意味を考えればすぐにわかる．

$i_1^* - i_2^*$ が全射であることは，次のように示す．

M_1, M_2 に対し，開集合 V_1, V_2 で，$\overline{V_1} \subset M_1$, $\overline{V_2} \subset M_2$, $V_1 \cup V_2 = M$ で

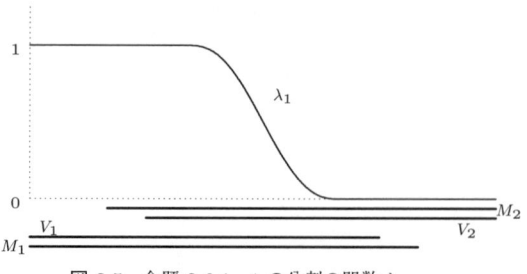

図 2.5　命題 2.6.1. 1 の分割の関数 λ_1.

あるものをとる．定理 2.1.4 により，M 上の C^∞ 級関数 λ_1 を $0 \leqq \lambda_1 \leqq 1$, $\lambda_1|(M \setminus V_2) = 1$, $\mathrm{supp}\,\lambda_1 \subset V_1$ を満たすようにとることができる．図 2.5 参照．$\lambda_2 = 1 - \lambda_1$ とすると，$\{\lambda_1, \lambda_2\}$ は M の開被覆 $\{M_1, M_2\}$ に従属した 1 の分割となる．

　λ_2 の台は M_2 のコンパクト部分集合だから $M \setminus M_2$ の近傍で $\lambda_2 = 0$ である．$\alpha \in \Omega^p(M_{12})$ に対して $\lambda_2 \alpha$ を考えると，これは $M \setminus M_2$ で 0 となるように拡張して，$M_{12} \cup (M \setminus M_2) = M_1$ 上の微分 p 形式と見ることができる：$\lambda_2 \alpha \in \Omega^p(M_1)$. 同様に，$-\lambda_1 \alpha \in \Omega^p(M_2)$ と考えられる．このとき，

$$(i_1^* - i_2^*)(\lambda_2 \alpha, -\lambda_1 \alpha) = \lambda_2 \alpha + \lambda_1 \alpha = \alpha$$

となる．　　　　　　　　　　　　　　　　　　　　　　　　　　　■

命題 2.4.10 により外微分 d と引き戻しは可換だから次は可換図式となる．

$$\begin{array}{ccccccccc}
& & d\uparrow & & d\uparrow & & d\uparrow & & \\
0 \longrightarrow & \Omega^{p+1}(M) & \xrightarrow{(j_1^*, j_2^*)} & \Omega^{p+1}(M_1) \oplus \Omega^{p+1}(M_2) & \xrightarrow{i_1^* - i_2^*} & \Omega^{p+1}(M_{12}) & \longrightarrow 0 \\
& & d\uparrow & & d\uparrow & & d\uparrow & & \\
0 \longrightarrow & \Omega^p(M) & \xrightarrow{(j_1^*, j_2^*)} & \Omega^p(M_1) \oplus \Omega^p(M_2) & \xrightarrow{i_1^* - i_2^*} & \Omega^p(M_{12}) & \longrightarrow 0 \\
& & d\uparrow & & d\uparrow & & d\uparrow & & \\
0 \longrightarrow & \Omega^{p-1}(M) & \xrightarrow{(j_1^*, j_2^*)} & \Omega^{p-1}(M_1) \oplus \Omega^{p-1}(M_2) & \xrightarrow{i_1^* - i_2^*} & \Omega^{p-1}(M_{12}) & \longrightarrow 0 \\
& & d\uparrow & & d\uparrow & & d\uparrow & & \\
\end{array}$$

M_{12} 上の p 次閉微分形式 α に対し，M_1 上の p 次微分形式 α_1 と M_2 上の p 次微分形式 α_2 とを $i_1^* \alpha_1 - i_2^* \alpha_2 = \alpha$ となるようにとり，M_1 上の $p+1$ 次

微分形式 $d\alpha_1$ と M_2 上の $p+1$ 次微分形式 $d\alpha_2$ とを考えると，これらは M_{12} 上で一致し，M 上の $p+1$ 次閉微分形式 β を定める．次の命題により，線形写像 $\Delta^* : H^p(M_{12}) \longrightarrow H^{p+1}(M)$ が定まる．

命題 2.6.2 (1) M 上の $p+1$ 次閉微分形式 β のコホモロジー類 $[\beta]$ は，α に対する α_1, α_2 のとり方によらない．

(2) α が完全微分形式のとき，β も完全微分形式となる．

証明 (1) α_1', α_2' が $i_1^*\alpha_1' - i_2^*\alpha_2' = \alpha$ を満たすとする．$i_1^*(\alpha_1 - \alpha_1') - i_2^*(\alpha_2 - \alpha_2') = 0$ だから命題 2.6.1 により，$\gamma \in \Omega^p(M)$ で $(j_1^*, j_2^*)\gamma = (\alpha_1 - \alpha_1', \alpha_2 - \alpha_2')$ を満たすものがある．M_1 上の $p+1$ 次微分形式 $d\alpha_1'$ と M_2 上の $p+1$ 次微分形式 $d\alpha_2'$ が M_{12} 上で一致することにより定まる M 上の閉微分形式 β' に対して，$\beta - \beta' = d\gamma$ となる．

(2) $\alpha = d\eta$ とすると，$i_1^*\eta_1 - i_2^*\eta_2 = \eta$ となる $\eta_1 \in \Omega^{p-1}(M_1)$, $\eta_2 \in \Omega^{p-1}(M_2)$ がとれる．$\alpha_1 = d\eta_1, \alpha_2 = d\eta_2$ ととることができるので，$d\alpha_1 = 0$, $d\alpha_2 = 0$ となり，$\beta = 0$ ととれることになる．これは (1) の結果により，どのような α_1, α_2 をとっても β は完全形式になることをいっている．■

定義 2.6.3 命題 2.6.2 により定まる準同型写像 $\Delta^* : H^p(M_{12}) \longrightarrow H^{p+1}(M)$ を**連結準同型**と呼ぶ．

定理 2.6.4（マイヤー・ビエトリス完全系列） 次の列は完全系列となる．

$$\cdots \xrightarrow{i_1^* - i_2^*} H^{p-1}(M_{12})$$
$$\xrightarrow{\Delta^*} H^p(M) \xrightarrow{(j_1^*, j_2^*)} H^p(M_1) \oplus H^p(M_2) \xrightarrow{i_1^* - i_2^*} H^p(M_{12})$$
$$\xrightarrow{\Delta^*} H^{p+1}(M) \xrightarrow{(j_1^*, j_2^*)} \cdots$$

証明 62 ページの可換図式を念頭において次の 1)–6) を示す．

1) $\Delta^*(i_1^* - i_2^*) = 0$ を示す．閉形式の対 $(\alpha_1, \alpha_2) \in \Omega^p(M_1) \oplus \Omega^p(M_2)$ に対し，$\alpha_{12} = i_1^*\alpha_1 - i_2^*\alpha_2 \in \Omega^p(M_{12})$ が得られている．α_{12} に対し，(α_1, α_2) をとれば，$(d\alpha_1, d\alpha_2) = (0, 0)$ だから，$\Delta^*(i_1^* - i_2^*) = 0$ である．

2) $(j_1^*, j_2^*)\Delta^* = 0$ を示す．閉形式 $\alpha_{12} \in \Omega^p(M_{12})$ に対し, $\alpha_{12} = i_1^*\alpha_1 - i_2^*\alpha_2$ となる $(\alpha_1, \alpha_2) \in \Omega^p(M_1) \oplus \Omega^p(M_2)$ をとり, $(d\alpha_1, d\alpha_2) = (j_1^*\alpha, j_2^*\alpha)$ とする閉形式 α のコホモロジー類を対応させるのが Δ^* であるが, $(d\alpha_1, d\alpha_2) = (j_1^*\alpha, j_2^*\alpha)$ は, $(j_1^*, j_2^*)\Delta^* = 0$ を意味している．

3) $(i_1^* - i_2^*)(j_1^*, j_2^*) = 0$ は, $(i_1^* - i_2^*)(j_1^*, j_2^*)\alpha = i_1^*j_1^*\alpha - i_2^*j_2^*\alpha = 0$ からわかる．

4) $\ker \Delta^* \subset \mathrm{im}(i_1^* - i_2^*)$ を示す．次の図式を参照せよ．

$$\begin{array}{ccccc}
\alpha & \stackrel{(j_1^*, j_2^*)}{\longmapsto} & (d\alpha_1, d\alpha_2) & \stackrel{i_1^* - i_2^*}{\longmapsto} & 0 \\
\uparrow d & & \uparrow d & & \uparrow d \\
\beta & & (\alpha_1, \alpha_2) & \stackrel{i_1^* - i_2^*}{\longmapsto} & \alpha_{12} \\
& & (\alpha_1 - j_1^*\beta, \alpha_2 - j_2^*\beta) & &
\end{array}$$

閉形式 $\alpha_{12} \in \Omega^p(M_{12})$ に対し, $\alpha_{12} = i_1^*\alpha_1 - i_2^*\alpha_2$ となる $(\alpha_1, \alpha_2) \in \Omega^p(M_1) \oplus \Omega^p(M_2)$ をとり, $(d\alpha_1, d\alpha_2) = (j_1^*\alpha, j_2^*\alpha)$ とする閉形式 α に対し, $\alpha = d\beta$ とする $\beta \in \Omega^p(M)$ があるとする．$(d\alpha_1, d\alpha_2) = (j_1^*d\beta, j_2^*d\beta) = (dj_1^*\beta, dj_2^*\beta)$ だから, $(\alpha_1 - j_1^*\beta, \alpha_2 - j_2^*\beta)$ は閉形式の対である．$i_1^*(\alpha_1 - j_1^*\beta) - i_2^*(\alpha_2 - j_2^*\beta) = i_1^*\alpha_1 - i_2^*\alpha_2 = \alpha_{12}$ となり, $[\alpha_{12}] = (i_1^* - i_2^*)([\alpha_1 - j_1^*\beta], [\alpha_2 - j_2^*\beta])$ となる．

5) $\ker(j_1^*, j_2^*) \subset \mathrm{im}\,\Delta^*$ を示す．

$$\begin{array}{ccccc}
\alpha & \stackrel{(j_1^*, j_2^*)}{\longmapsto} & (j_1^*\alpha, j_2^*\alpha) & & 0 \\
& & \uparrow d & & \uparrow d \\
& & (\beta_1, \beta_2) & \stackrel{i_1^* - i_2^*}{\longmapsto} & i_1^*\beta_1 - i_2^*\beta_2
\end{array}$$

$(j_1^*\alpha, j_2^*\alpha) = (d\beta_1, d\beta_2)$ とする．$i_1^*\beta_1 - i_2^*\beta_2 = \alpha_{12}$ とおくと, $d\alpha_{12} = di_1^*\beta_1 - di_2^*\beta_2 = i_1^*d\beta_1 - i_2^*d\beta_2 = i_1^*j_1^*\alpha - i_2^*j_2^*\alpha = 0$ であり, $[\alpha] = \Delta^*[\alpha_{12}]$ となる．

6) $\ker(i_1^* - i_2^*) \subset \mathrm{im}(j_1^*, j_2^*)$ を示す．次の図式を参照せよ．

$$\begin{array}{ccccc}
0 & & 0 & & \\
\uparrow d & & \uparrow d & & \\
\alpha & \stackrel{(j_1^*, j_2^*)}{\longmapsto} & (\alpha_1 - d\beta_1, \alpha_2 - d\beta_2) & \stackrel{i_1^* - i_2^*}{\longmapsto} & 0 \\
& & (\alpha_1, \alpha_2) & & i_1^*\alpha_1 - i_2^*\alpha_2 \\
& & \uparrow d & & \uparrow d \\
& & (\beta_1, \beta_2) & \stackrel{i_1^* - i_2^*}{\longmapsto} & \beta_{12}
\end{array}$$

閉形式の対 $(\alpha_1, \alpha_2) \in \Omega^p(M_1) \oplus \Omega^p(M_2)$ に対し, $i_1^*\alpha_1 - i_2^*\alpha_2 = d\beta_{12}$ となる $\beta_{12} \in \Omega^{p-1}(M_{12})$ があるとする. $\beta_{12} = i_1^*\beta_1 - i_2^*\beta_2$ とする $(\beta_1, \beta_2) \in \Omega^{p-1}(M_1) \oplus \Omega^{p-1}(M_2)$ をとる. $(\alpha_1 - d\beta_1, \alpha_2 - d\beta_2)$ に対して, $(i_1^* - i_2^*)(\alpha_1 - d\beta_1, \alpha_2 - d\beta_2) = 0$ だから, $(j_1^*, j_2^*)\alpha = (\alpha_1 - d\beta_1, \alpha_2 - d\beta_2)$ となる α がある. (j_1^*, j_2^*) は単射だから $d\alpha = 0$ であることがわかる. ∎

注意 2.6.5 この完全系列であることを示す証明は，コチェイン複体の完全系列が与えられるとコホモロジー群の完全系列が得られるという代数的なものであり，コチェイン複体がドラーム複体であることを特別に使っているわけではない.

2.7 球面のドラーム・コホモロジー

円周 $S^1 = \mathbf{R}/\mathbf{Z}$ を $M_1 = \pi((0,1))$, $M_2 = \pi\left(\left(-\frac{1}{2}, \frac{1}{2}\right)\right)$ で被覆する. ここで $\pi: \mathbf{R} \longrightarrow \mathbf{R}/\mathbf{Z}$ である. $M_{12} = M_1 \cap M_2$ として, マイヤー・ビエトリス完全系列を書き下すと,

$$0 \longrightarrow H^0_{DR}(S^1) \longrightarrow H^0_{DR}(M_1) \oplus H^0_{DR}(M_2) \longrightarrow H^0_{DR}(M_{12}) \longrightarrow H^1_{DR}(S^1) \longrightarrow 0$$

は次と同型である.

$$0 \longrightarrow \mathbf{R} \longrightarrow \mathbf{R} \oplus \mathbf{R} \longrightarrow \mathbf{R} \oplus \mathbf{R} \longrightarrow H^1_{DR}(S^1) \longrightarrow 0$$

ここで H^0_{DR} は連結成分上定数であるような関数と同一視される. この列が完全であるから, $H^1_{DR}(S^1) \cong \mathbf{R}$ となる.

【例題 2.7.1】 $\nu_1: \left[0, \frac{1}{2}\right] \longrightarrow [0, 1]$ を $\left[0, \frac{1}{6}\right]$ 上で 0, $\left[\frac{1}{3}, \frac{1}{2}\right]$ 上で 1 であるような C^∞ 級関数とし, $\nu_2: \left[\frac{1}{2}, 1\right] \longrightarrow [0, 1]$ を $\nu_2(t) = \nu_1\left(t - \frac{1}{2}\right)$ とする. ν_1, ν_2 とその導関数を使って, $\Delta^*: H^0_{DR}(M_{12}) \longrightarrow H^1_{DR}(S^1)$ を記述せよ ($\Delta^*(a, b)$ を代表する 1 形式を書け).

【解】 $\lambda_1 = \begin{cases} \nu_1 & t \in \left[0, \frac{1}{2}\right] \\ 1 - \nu_2 & t \in \left[\frac{1}{2}, 1\right] \end{cases}$, $\lambda_2 = 1 - \lambda_1$ は M_1, M_2 に対する 1 の分割である. 図 2.6 参照. $f: M_{12} \longrightarrow \mathbf{R}$ を $\pi\left(\left(0, \frac{1}{2}\right)\right)$ 上で a, $\pi\left(\left(\frac{1}{2}, 1\right)\right)$

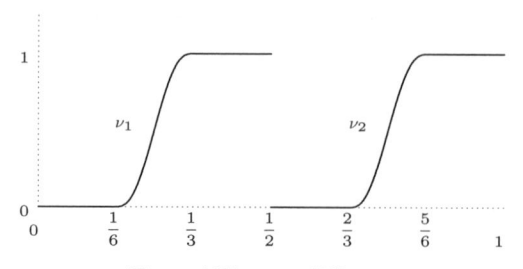

図 2.6 例題 2.7.1. 関数 ν_1, ν_2.

上で b となる関数とする. $f_1 = \lambda_2 f = \begin{cases} a(1-\nu_1) & t \in \left[0, \dfrac{1}{2}\right] \\ b\nu_2 & t \in \left[\dfrac{1}{2}, 1\right] \end{cases}$ は M_1 上の

C^∞ 級関数, $f_2 = -\lambda_1 f = \begin{cases} -a\nu_1 & t \in \left[0, \dfrac{1}{2}\right] \\ -b(1-\nu_2) & t \in \left[\dfrac{1}{2}, 1\right] \end{cases}$ は M_2 上の C^∞ 級関数

で, $i_1^* f_1 - i_2^* f_2 = f$ となる. M_{12} 上で $df_1 = df_2 = -a\,d\nu_1 + b\,d\nu_2$ となる $\alpha = -a\,d\nu_1 + b\,d\nu_2 = \left(-a\dfrac{d\nu_1}{dt} + b\dfrac{d\nu_2}{dt}\right)dt$ は S^1 上の微分 1 形式であり, $\Delta^*(a,b) = [\alpha]$ である.

注意 2.7.2 M_{12} 上の関数 f は $a = b$ のとき, $(i_1^* - i_2^*)(a, 0)$ と一致し, $\Delta^*(a, a) = 0$ となる. 実際, $\alpha = d(a\lambda_2)$ と書かれる. $a \neq b$ のとき, $\Delta^*(a, b)$ は $H_{DR}^1(S^1)$ の基底である. また, $\displaystyle\int_0^1 \left(-a\dfrac{d\nu_1}{dt} + b\dfrac{d\nu_2}{dt}\right)dt = b - a$ となり, ν_1, ν_2 のとり方によらない. 例 2.4.6 参照. このコホモロジー類は $(b-a)\,dt$ のコホモロジー類と一致する.

2 次元以上の球面のドラーム・コホモロジー群 $H_{DR}^*(S^k)$ $(k > 1)$ は次のように計算される.

命題 2.7.3 $k \geq 1$ に対し, $H_{DR}^p(S^k) \cong \mathbf{R}$ $(p = 0, k)$, $H_{DR}^p(S^k) \cong 0$ $(0 < p < k)$ である.

証明 $H_{DR}^0(S^k)$ は S^k 上の定値関数全体と同一視されるから, $H_{DR}^0(S^k) \cong \mathbf{R}$ である. $H_{DR}^p(S^k) \cong 0$ $(0 < p < k)$, $H_{DR}^k(S^k) \cong \mathbf{R}$ を k についての帰納法で示す.

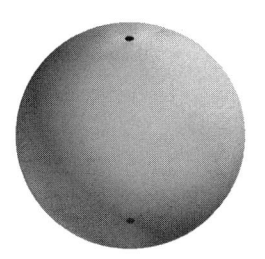

図 2.7　命題 2.7.3. $M_1 = $ 球面 $-$ 南極, $M_2 = $ 球面 $-$ 北極.

$M_1 = S^k \setminus \{(0,\ldots,0,-1)\}$, $M_2 = S^k \setminus \{(0,\ldots,0,1)\}$ とすると, $M_{12} = M_1 \cap M_2$ は $(-1,1) \times S^{k-1}$ と微分同相である. 図 2.7 参照. 問題 2.4.19 により, $H_{DR}^p(M_{12}) \cong H_{DR}^p(S^{k-1})$ である. 帰納法の仮定により, $H_{DR}^p(S^{k-1}) \cong 0$ $(1 \leqq p < k-1)$, $H_{DR}^{k-1}(S^{k-1}) \cong \boldsymbol{R}$ が成立しているからマイヤー・ビエトリス完全系列において

$$\longrightarrow H_{DR}^{k-1}(M_1) \oplus H_{DR}^{k-1}(M_2) \longrightarrow H_{DR}^{k-1}(M_{12}) \longrightarrow H_{DR}^k(S^k) \longrightarrow 0$$

は次と同型である.

$$\longrightarrow \quad 0 \oplus 0 \quad \longrightarrow \quad \boldsymbol{R} \quad \longrightarrow H_{DR}^k(S^k) \longrightarrow 0$$

したがって, $H_{DR}^p(S^k) \cong \boldsymbol{R}$ $(p=0,k)$, $H_{DR}^p(S^k) \cong 0$ $(p \neq 0, k)$ となる.

このとき, λ_1, λ_2 を M_1, M_2 に従属する 1 の分割とし, $[\omega^{k-1}]$ が $H_{DR}^{k-1}(S^{k-1})$ の基底とするとき, $H_{DR}^k(S^k)$ の基底 $[\omega^k]$ は $[\omega^k] = \Delta^*[\omega^{k-1}] = [\mathrm{d}(\lambda_2 \pi^* \omega^{k-1})]$ ととることができる. ∎

球面は対称性が高い空間なので $H_{DR}^k(S^k)$ の生成元としては, より対称性の高いものを選ぶこともできる.

【問題 2.7.4】 2 次元球面 S^2 に対して問題 2.2.6 のステレオグラフ射影 $\pi_N : S^2 \setminus \{p_N\} \longrightarrow \boldsymbol{R}^2$, $\pi_S : S^2 \setminus \{p_S\} \longrightarrow \boldsymbol{R}^2$ を考える.

(1) $\boldsymbol{R}^3$ 上の微分形式 $\omega = x_1 \, \mathrm{d}x_2 \wedge \mathrm{d}x_3 - x_2 \, \mathrm{d}x_1 \wedge \mathrm{d}x_3 + x_3 \, \mathrm{d}x_1 \wedge \mathrm{d}x_2$ に対し, $(\pi_S^{-1})^*(\omega|S^2)$ を計算せよ.

(2) $\boldsymbol{R}^3 \setminus \{(0,0)\} \times \boldsymbol{R}$ 上の微分形式 $\alpha = \dfrac{x_1 \, \mathrm{d}x_2 - x_2 \, \mathrm{d}x_1}{x_1{}^2 + x_2{}^2}$ に対し, $\mathrm{d}\alpha = 0$ を示せ. $\boldsymbol{R}^2 \setminus \{(0,0)\}$ 上の微分形式 $(\pi_S^{-1})^*(\alpha|S^2 \setminus \{p_N, p_S\})$ を計算せよ.

(3) $\gamma : [0,1] \longrightarrow \boldsymbol{R}^3$ を $\gamma(t) = (\cos(2\pi t), \sin(2\pi t), 0)$ とするとき, $\displaystyle\int_\gamma \alpha$ を計算せよ.

(4) $\alpha_1 = \dfrac{1-x_3}{2}\alpha$ は $S^2 \setminus \{p_S\}$ 上の C^∞ 級微分形式であることを示せ．同様に $-\alpha_2 = \dfrac{1+x_3}{2}\alpha$ は $S^2 \setminus \{p_N\}$ 上の C^∞ 級微分形式であり，$S^2 \setminus \{p_N, p_S\}$ 上で $\alpha = \alpha_1 - \alpha_2$ となる．解答例は 88 ページ．

【問題 2.7.5】 $M_1 = S^2 \setminus \{p_S\}$, $M_2 = S^2 \setminus \{p_N\}$ とおく．$S^2 = M_1 \cup M_2$, $M_1 \cap M_2 = M_{12}$ についてのマイヤー・ビエトリス完全系列において

$$\longrightarrow H^1_{DR}(M_1) \oplus H^1_{DR}(M_2) \longrightarrow H^1_{DR}(M_{12}) \longrightarrow H^2_{DR}(S^2) \longrightarrow 0$$

は次と同型である．

$$\longrightarrow 0 \oplus 0 \longrightarrow \mathbf{R} \longrightarrow H^2_{DR}(S^2) \longrightarrow 0$$

問題 2.7.4 の α は問題 2.7.4(2) により閉形式で，問題 2.7.4(3) により $H^1_{DR}(M_{12})$ の生成元となる．問題 2.7.4 を用いて $\Delta^*[\alpha|M_{12}]$ を代表する微分 2 形式を求めよ．解答例は 89 ページ．

2.8 コンパクト多様体のドラーム・コホモロジー

多様体 M 上の C^∞ 級関数 $f : M \longrightarrow \mathbf{R}$ の**臨界点**とは $T_x f : T_x M \longrightarrow T_{f(x)} \mathbf{R} \cong \mathbf{R}$ が 0 写像となる点である．全微分 df の値が 0 となる点といってもよい．

f の臨界点 x における f の**ヘッセ行列**とは，x のまわりの座標近傍 $(U, \varphi = (x_1, \ldots, x_n))$ について，$f \circ \varphi^{-1}$ の 2 階微分の行列 $\left(\dfrac{\partial^2 f}{\partial x_i \partial x_j}\right)$ のことである．

多様体 M 上の C^∞ 級関数 f の臨界点 x において f のヘッセ行列が正則であるとき，臨界点 x は**非退化**であるという．多様体 M 上の C^∞ 級関数 f が**モース関数**であるとは，f の臨界点がすべて非退化であることである．多様体上にはモース関数が存在する（[多様体入門・問題 5.4.8 または 5.6 節] 参照）．さらに，モースの補題（[多様体入門・補題 5.4.3] 参照）およびモース関数のグラディエント・フローを用いて，n 次元コンパクト多様体 M に対して次のことがわかる．

M の開部分集合 $N_1, \ldots, N_k$ で $\emptyset = N_0 \subset N_1 \subset \cdots \subset N_k = M$, $N_j = N_{j-1} \cup B_j$ $(0 < j \leqq k)$ となるものがある．ここで，B_j は n 次元開球体

B^n と微分同相で，$N_{j-1} \cap B_j$ は空集合または m_j 次元の球面 S^{m_j} と $n-m_j$ 次元開球体 B^{n-m_j} の直積 $B^{n-m_j} \times S^{m_j}$ に微分同相である $(0 \leqq m_j \leqq n-1)$．

このことから，M のドラーム・コホモロジー群は有限次元ベクトル空間であることが示される．

定理 2.8.1 コンパクト多様体 M のドラーム・コホモロジー群は有限次元ベクトル空間である．

証明 j についての帰納法により示す．すなわち，$H_{DR}^p(N_{j-1})$ が有限次元ベクトル空間であることを仮定して，$H_{DR}^p(N_j)$ が有限次元ベクトル空間であることを導けばよい．$N_j = N_{j-1} \cup B_j$ についてのマイヤー・ビエトリス完全系列は次のようになる．

$$\cdots \xrightarrow{(j_1^*, j_2^*)} H_{DR}^{p-1}(N_{j-1}) \oplus H_{DR}^{p-1}(B_j) \xrightarrow{i_1^* - i_2^*} H_{DR}^{p-1}(N_{j-1} \cap B_j)$$
$$\xrightarrow{\Delta^*} H_{DR}^p(N_j) \xrightarrow{(j_1^*, j_2^*)} H_{DR}^p(N_{j-1}) \oplus H_{DR}^p(B_j) \xrightarrow{i_1^* - i_2^*} H_{DR}^p(N_{j-1} \cap B_j)$$
$$\xrightarrow{\Delta^*} \cdots$$

$H_{DR}^p(N_j)$ はベクトル空間の直和 $\operatorname{im} \Delta^* \oplus (H_{DR}^p(N_j)/\ker(j_1^*, j_2^*))$ と同型であるが，$\operatorname{im} \Delta^* \cong H_{DR}^{p-1}(N_{j-1} \cap B_j)/\ker \Delta^*$ は有限次元ベクトル空間 $H_{DR}^{p-1}(N_{j-1} \cap B_j) \cong H_{DR}^{p-1}(S^{m_j})$ の商ベクトル空間で有限次元であり，$H_{DR}^p(N_j)/\ker(j_1^*, j_2^*) \cong \operatorname{im}(j_1^*, j_2^*)$ は有限次元ベクトル空間 $H_{DR}^p(N_{j-1}) \oplus H_{DR}^p(B_j)$ の部分ベクトル空間で有限次元である．したがって $H_{DR}^p(N_j)$ は有限次元ベクトル空間となる． ∎

注意 2.8.2 モース理論による N_j への分解は，いわゆるハンドル分解と同じものであるが，$H_{DR}^p(M)$ が有限次元というだけでなく，具体的に M のトポロジーを把握し，$H_{DR}^p(M)$ その他の多様体の不変量を計算するうえでも有用である．

【問題 2.8.3】 n 次元複素射影空間 $CP^n = (C^{n+1} \setminus \{0\})/C^\times$ 上には，

$$f(z_1, \ldots, z_{n+1}) = \sum_{k=1}^{n+1} k|z_k|^2 \Big/ \sum_{k=1}^{n+1} |z_k|^2$$

で定義される関数 $f: C^{n+1} \setminus \{0\} \longrightarrow R$ が誘導するモース関数 $F: CP^n \longrightarrow R$ がある ([多様体入門・問題 5.4.6] 参照)．F の臨界点は第 k 複素座標ベクト

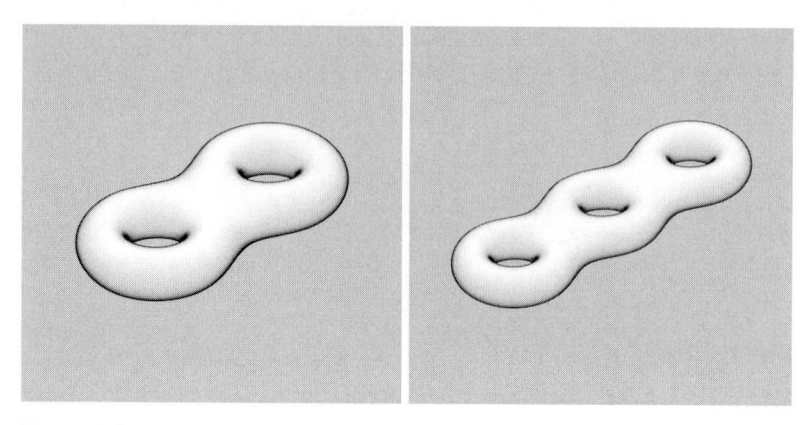

図 2.8 注意 2.8.5. 手前から向こう側に向かう座標の値を表すモース関数について, 指数 1 の臨界点がそれぞれ, 4 個, 6 個となる.

ルで代表される点 x_k $(k=1,\ldots,n+1)$ であり, その指数は $2(k-1)$, 対応する臨界値は k となっている. このことから, n 次元複素射影空間 $\boldsymbol{C}P^n$ のドラーム・コホモロジー群を求めよ. 解答例は 89 ページ.

【問題 2.8.4】 2 次元コンパクト連結多様体 M^2 上のモース関数 f で, 極小点 1 個, 極大点 1 個, 指数 1 の臨界点 k 個を持つものがあったとする. このとき, $H^p_{DR}(M) \cong \begin{cases} \boldsymbol{R} & (p=0) \\ \boldsymbol{R}^k & (p=1) \\ \boldsymbol{R} & (p=2) \end{cases}$ または $H^p_{DR}(M) \cong \begin{cases} \boldsymbol{R} & (p=0) \\ \boldsymbol{R}^{k-1} & (p=1) \\ 0 & (p=2) \end{cases}$ となることを示せ. 解答例は 89 ページ.

注意 2.8.5 問題 2.8.4 で計算したドラーム・コホモロジー群を持つコンパクト連結 2 次元多様体は, $H^p_{DR}(M) \cong \begin{cases} \boldsymbol{R} & (p=0) \\ \boldsymbol{R}^{k-1} & (p=1) \\ 0 & (p=2) \end{cases}$ に対しては, 種数 k の向き付け不可能閉曲面である ($k=1$ は射影平面, $k=2$ はクライン・ボトル). k が偶数 $k=2g$ のときの $H^p_{DR}(M) \cong \begin{cases} \boldsymbol{R} & (p=0) \\ \boldsymbol{R}^{2g} & (p=1) \\ \boldsymbol{R} & (p=2) \end{cases}$ に対しては, 種数 g の向き付け可能閉曲面である ($g=0$ は球面, $g=1$ はトーラス). 向き付け可能のとき, $H^1_{DR}(M)$ が偶数次元でなければならないのは, ポアンカレ双対定理の帰結である

（例題 5.3.6（198 ページ）参照）．図 2.8 は，種数 2，種数 3 の向き付け可能閉曲面を描いたものである．手前から向こう側に向かう座標の値を表すモース関数について，指数 1 の臨界点がそれぞれ，4 個，6 個となる．

2.9　直積のドラーム・コホモロジー（展開）

$T^2 = S^1 \times S^1$ のドラーム・コホモロジー群は，$H^2_{DR}(T^2) \cong \boldsymbol{R}$, $H^1_{DR}(T^2) \cong \boldsymbol{R}^2$, $H^0_{DR}(T^2) \cong \boldsymbol{R}$ であることを見た．その計算を見るとトーラス上の 1 をとる定数関数のコホモロジー類が，$H^0_{DR}(T^2)$ の基底にとれ，閉 1 形式 dx_1, dx_2 のコホモロジー類が $H^1_{DR}(T^2)$ の基底にとれ，閉 2 形式 $dx_1 \wedge dx_2$ のコホモロジー類が $H^2_{DR}(T^2)$ の基底にとれることがわかる．

2 つの多様体 M, N の直積 $M \times N$ に対して，射影 $\pi_M : M \times N \longrightarrow M$, $\pi_N : M \times N \longrightarrow N$ を考えると M の閉 p 形式 α, N の閉 q 形式 β に対して，$M \times N$ 上の閉 $p+q$ 形式 $\pi_M^* \alpha \wedge \pi_M^* \beta$ が得られる．T^2 の場合，S^1 から導かれたこのような閉形式がコホモロジー群を生成することがわかる．

この様子を記述するために，線形空間のテンソル積を用いる．

2 つの有限次元ベクトル空間 V, W の**テンソル積** $V \otimes W$ は，V の基底を $e_1, \ldots, e_k$, W の基底を $f_1, \ldots, f_\ell$ とするとき，$k \cdot \ell$ 個の記号 $e_i \otimes f_j$ ($i = 1, \ldots, k; j = 1, \ldots, \ell$) を基底とするベクトル空間として定義される．$V$ の元 $v = \sum_{i=1}^{k} a_i e_i$, W の元 $w = \sum_{j=1}^{\ell} b_j f_j$ に対し，

$$v \otimes w = \sum_{i=1}^{k} \sum_{j=1}^{\ell} a_i b_j e_i \otimes f_j \in V \otimes W$$

が定まる．

2 つの多様体 M, N のドラーム・コホモロジー群 $H^*_{DR}(M), H^*_{DR}(N)$ のテンソル積は，$H^*_{DR}(M) \otimes H^*_{DR}(N)$ の次数 p の部分を $\bigoplus_{i=0}^{p} H^i_{DR}(M) \otimes H^{p-i}_{DR}(N)$ とすることで定まる．

このとき，M 上の閉微分 p 形式 α, N 上の閉微分 q 形式 β に対し，$[\alpha] \otimes [\beta] \in H^p_{DR}(M) \otimes H^q_{DR}(N)$ が定まる．α, β に対しては，$\pi_M : M \times N \longrightarrow M, \pi_N : M \times N \longrightarrow N$ を射影として，$[\pi_M^* \alpha \wedge \pi_N^* \beta] \in H^{p+q}_{DR}(M \times N)$ も定まり，準同型 $H^p_{DR}(M) \otimes H^q_{DR}(N) \longrightarrow H^{p+q}_{DR}(M \times N)$ が $[\alpha] \otimes [\beta] \longmapsto [\pi_M^* \alpha \wedge \pi_N^* \beta]$

により定まる.

次が成立する.

定理 2.9.1（キネットの公式） 2つのコンパクト多様体 M, N に対し, $H_{DR}^*(M \times N) \cong H_{DR}^*(M) \otimes H_{DR}^*(N)$ である. さらに, M 上の閉微分 p 形式 α, N 上の閉微分 q 形式 β に対し, $[\alpha] \otimes [\beta] \in H_{DR}^p(M) \otimes H_{DR}^q(N)$ は $[\pi_M^*\alpha \wedge \pi_N^*\beta] \in H_{DR}^{p+q}(M \times N)$ に対応する. ここで $\pi_M : M \times N \longrightarrow M$, $\pi_N : M \times N \longrightarrow N$ は射影である.

この証明のために2つの補題を準備する.

補題 2.9.2（5項補題, ファイブ・レンマ） 線形空間と準同型写像の2つの完全系列と準同型 F_i の可換図式

$$\begin{array}{ccccccccc} A_1 & \longrightarrow & A_2 & \longrightarrow & A_3 & \longrightarrow & A_4 & \longrightarrow & A_5 \\ \downarrow F_1 & & \downarrow F_2 & & \downarrow F_3 & & \downarrow F_4 & & \downarrow F_5 \\ B_1 & \longrightarrow & B_2 & \longrightarrow & B_3 & \longrightarrow & B_4 & \longrightarrow & B_5 \end{array}$$

において, F_1, F_2, F_4, F_5 が同型写像ならば, F_3 は同型写像である.

補題 2.9.3（テンソル積の完全性） 線形空間と準同型写像の完全系列 $\cdots \longrightarrow A_0 \longrightarrow A_1 \longrightarrow A_2 \longrightarrow \cdots$ と線形空間 B に対し, 自然に引き起こされる写像について, $\cdots \longrightarrow A_0 \otimes B \longrightarrow A_1 \otimes B \longrightarrow A_2 \otimes B \longrightarrow \cdots$ は完全系列である（テンソル積は左からとっても同様である）.

この2つの補題の証明は（特に線形空間と準同型の列については），容易なので省略する. [桂, 代数学 II] 参照.

$M = S^k$ のときのキネットの公式 2.9.1 の証明 k についての帰納法で示す. $k = 0$ については $\Omega^*(S^0 \times N) \cong \Omega^*(N) \oplus \Omega^*(N)$ であり, $H_{DR}^0(S^0) \otimes H_{DR}^p(N) \cong H_{DR}^p(N) \oplus H_{DR}^p(N)$ で正しい.

S^{k-1} に対して正しいと仮定する. 2.7節でとったように, 球面を $S^k = M_1 \cup M_2, M_{12} = M_1 \cap M_2 \cong S^{k-1} \times \boldsymbol{R}$ のように表し, M_1, M_2 についてのマイヤー・ビエトリス完全系列（命題 2.7.3 参照）に $H_{DR}^*(N)$ をテンソル積

したものを考えると，補題 2.9.3 により次の図式の左の縦の列は完全系列となる．ただし，M_1, M_2 はドラーム・コホモロジー群が等しい 1 点に置き換え，M_{12} は S^{k-1} に置き換えて表示した．

$$
\begin{array}{ccc}
\downarrow (j_1^*, j_2^*) \otimes \mathrm{id}^* & & \downarrow (j_1^*, j_2^*) \\
H_{DR}^{p-1}(N) \oplus H_{DR}^{p-1}(N) & \longrightarrow & H_{DR}^{p-1}(N) \oplus H_{DR}^{p-1}(N) \\
\downarrow (i_1^* - i_2^*) \otimes \mathrm{id}^* & & \downarrow i_1^* - i_2^* \\
\bigoplus_{i=0}^{p-1} H_{DR}^i(S^{k-1}) \otimes H_{DR}^{p-1-i}(N) & \longrightarrow & H_{DR}^{p-1}(S^{k-1} \times N) \\
\downarrow \Delta^* \otimes \mathrm{id}^* & & \downarrow \Delta^* \\
\bigoplus_{i=0}^{p} H_{DR}^i(S^k) \otimes H_{DR}^{p-i}(N) & \longrightarrow & H_{DR}^p(S^k \times N) \\
\downarrow (j_1^*, j_2^*) \otimes \mathrm{id}^* & & \downarrow (j_1^*, j_2^*) \\
H_{DR}^p(N) \oplus H_{DR}^p(N) & \longrightarrow & H_{DR}^p(N) \oplus H_{DR}^p(N) \\
\downarrow (i_1^* - i_2^*) \otimes \mathrm{id}^* & & \downarrow i_1^* - i_2^* \\
\bigoplus_{i=0}^{p} H_{DR}^i(S^{k-1}) \otimes H_{DR}^{p-i}(N) & \longrightarrow & H_{DR}^p(N \times S^{k-1}) \\
\downarrow \Delta^* \otimes \mathrm{id}^* & & \downarrow \Delta^*
\end{array}
$$

ここで，$S^k \times N = (M_1 \times N) \cup (M_2 \times N)$ についてのマイヤー・ビエトリス完全系列が右の縦の列である．ただし，$M_1 \times N, M_2 \times N$ はドラーム・コホモロジーが等しい N に置き換え，$M_{12} \times N$ は $S^{k-1} \times N$ に置き換えて表示した．

この図式において，横向きの準同型写像は，ドラーム・コホモロジー群のテンソル積から直積のドラーム・コホモロジー群に定義されたもので図式は可換となる．

ここで，帰納法の仮定により，$p-1$ 次元ドラーム・コホモロジー群の間の

$$\bigoplus_{i=0}^{p-1} H_{DR}^i(S^{k-1}) \otimes H_{DR}^{p-1-i}(N) \longrightarrow H_{DR}^{p-1}(S^{k-1} \times N)$$

は同型写像，p 次元ドラーム・コホモロジー群に対しても同様である．また，$H_{DR}^p(N) \oplus H_{DR}^p(N)$ の間の写像も恒等写像で同型写像である．したがって 5 項補題 2.9.2 により，

$$\bigoplus_{i=0}^{p} H_{DR}^{p-i}(S^k) \otimes H_{DR}^{i}(N) \longrightarrow H_{DR}^{p}(S^k \times N)$$

は同型となる. ∎

一般の M に対するキネットの公式 2.9.1 の証明　前節で説明したように,コンパクト n 次元多様体 M に対して, $\emptyset = M_0 \subset M_1 \subset \cdots \subset M_k = M$, $M_j = M_{j-1} \cup B_j$ $(0 < j \leqq k)$, B_j は n 次元開球体 B^n と微分同相で, $M_{j-1} \cap B_j$ は空集合または m_j 次元の球面 S^{m_j} と $n - m_j$ 次元開球体 B^{n-m_j} の直積 $B^{n-m_j} \times S^{m_j}$ に微分同相である $(0 \leqq m_j \leqq n-1)$ という分解がとられているとする.

$M_{j-1} \times N$ に対して, 定理の主張が正しいと仮定して, $M_j \times N$ に対する主張を証明する.

補題 2.9.3 により $M_j = M_{j-1} \cup B_j$ についてのマイヤー・ビエトリス完全系列と $H^*(N)$ のテンソル積をとって得られる次ページの図式の左の縦の列は完全系列となる. ただし, B_j はドラーム・コホモロジー群が等しい 1 点に置き換え, $M_{j-1} \cap B_j$ は S^{m_j} に置き換えて表示した.

ここで, $M_j \times N = (M_{j-1} \times N) \cup (B_j \times N)$ についてのマイヤー・ビエトリス完全系列が右の縦の系列である. この図式において, 横向きの写像は, コホモロジー群のテンソル積から直積のコホモロジー群に定義されたもので図式は可換となる.

帰納法の仮定により, $p-1$ 次元において,

$$\bigoplus_{i=0}^{p-1} H_{DR}^{i}(M_{j-1}) \otimes H_{DR}^{p-1-i}(N) \oplus H_{DR}^{p-1}(N) \longrightarrow H_{DR}^{p-1}(M_{j-1} \times N) \oplus H_{DR}^{p-1}(B_j \times N)$$

は同型写像であり, p 次元についても同様である. また, 球面との直積の場合のキネットの公式から

$$\bigoplus_{i=0}^{p-1} H_{DR}^{i}(S^{m_j}) \otimes H_{DR}^{p-1-i}(N) \longrightarrow H_{DR}^{p-1}((M_{j-1} \cap B_j) \times N)$$

も同型写像であり, p 次元についても同様である. したがって 5 項補題 2.9.2 により,

$$\downarrow (j_1^*, j_2^*) \otimes \mathrm{id}^* \qquad\qquad \downarrow (j_1^*, j_2^*)$$

$$\bigoplus_{i=0}^{p-1} H_{DR}^i(M_{j-1}) \otimes H_{DR}^{p-1-i}(N) \oplus H_{DR}^{p-1}(N) \longrightarrow H_{DR}^{p-1}(M_{j-1} \times N) \oplus H_{DR}^{p-1}(B_j \times N)$$

$$\downarrow (i_1^* - i_2^*) \otimes \mathrm{id}^* \qquad\qquad \downarrow i_1^* - i_2^*$$

$$\bigoplus_{i=0}^{p-1} H_{DR}^i(S^{m_j}) \otimes H_{DR}^{p-1-i}(N) \longrightarrow H_{DR}^{p-1}((M_{j-1} \cap B_j) \times N)$$

$$\downarrow \Delta^* \otimes \mathrm{id}^* \qquad\qquad \downarrow \Delta^*$$

$$\bigoplus_{i=0}^{p} H_{DR}^i(M_j) \otimes H_{DR}^{p-i}(N) \longrightarrow H_{DR}^p(M_j \times N)$$

$$\downarrow (j_1^*, j_2^*) \otimes \mathrm{id}^* \qquad\qquad \downarrow (j_1^*, j_2^*)$$

$$\bigoplus_{i=0}^{p} H_{DR}^i(M_{j-1}) \otimes H_{DR}^{p-i}(N) \oplus H_{DR}^{p}(N) \longrightarrow H_{DR}^{p}(M_{j-1} \times N) \oplus H_{DR}^{p}(B_j \times N)$$

$$\downarrow (i_1^* - i_2^*) \otimes \mathrm{id}^* \qquad\qquad \downarrow i_1^* - i_2^*$$

$$\bigoplus_{i=0}^{p} H_{DR}^i(S^{m_j}) \otimes H_{DR}^{p-i}(N) \longrightarrow H_{DR}^p((M_{j-1} \cap B_j) \times N)$$

$$\downarrow \Delta^* \otimes \mathrm{id}^* \qquad\qquad \downarrow \Delta^*$$

$$\bigoplus_{i=0}^{p} H_{DR}^i(M_j) \otimes H_{DR}^{p-i}(N) \longrightarrow H_{DR}^p(M_j \times N)$$

は同型となる. ∎

【問題 2.9.4】 $H_{DR}^*(T^n) = \bigotimes^n H_{DR}^*(S^1)$ を示せ. 特に $H_{DR}^p(T^n)$ の元は $a_{i_1 \cdots i_p}$ を定数として, $\alpha = \sum_{i_1 < \cdots < i_p} a_{i_1 \cdots i_p} \, \mathrm{d}x_{i_1} \wedge \cdots \wedge \mathrm{d}x_{i_p}$ により代表される. 解答例は 90 ページ.

閉多様体 M について $M \times M$ を考えると, キネットの公式 2.9.1 により, $H_{DR}^*(M \times M) \cong H_{DR}^*(M) \otimes H_{DR}^*(M)$ である. 一方, **対角写像** $\mathrm{diag} : M \longrightarrow M \times M$ が $\mathrm{diag}(x) = (x, x)$ により定義される. したがって diag^* と同型写像を結合して $H_{DR}^*(M) \otimes H_{DR}^*(M) \longrightarrow H_{DR}^*(M)$ が定義される.

定義 2.9.5　対角写像が誘導する準同型写像 $H^*_{DR}(M) \otimes H^*_{DR}(M) \cong H^*_{DR}(M \times M) \xrightarrow{\text{diag}^*} H^*_{DR}(M)$ が，各 p, q に対して定める双線形写像 $\cup : H^p_{DR}(M) \times H^q_{DR}(M) \longrightarrow H^{p+q}_{DR}(M)$ をカップ積と呼ぶ．

ドラーム・コホモロジー類のカップ積は命題 2.4.13 で見たドラーム・コホモロジー類の外積と一致する．

定理 2.9.6　M の閉 p 形式 α，閉 q 形式 β に対し，$[\alpha \wedge \beta] = [\alpha] \cup [\beta]$ が成立する．

証明　$\pi_1^* \alpha \wedge \pi_2^* \beta$ のコホモロジー類を diag で引き戻したものを考えればよい．

$$\begin{aligned}
\text{diag}^*(\pi_1^* \alpha \wedge \pi_2^* \beta) &= \text{diag}^* \pi_1^* \alpha \wedge \text{diag}^* \pi_2^* \beta \\
&= (\pi_1 \circ \text{diag})^* \alpha \wedge (\pi_2 \circ \text{diag})^* \beta \\
&= \text{id}^* \alpha \wedge \text{id}^* \beta = \alpha \wedge \beta
\end{aligned}$$

だから

$$[\alpha] \cup [\beta] = [\text{diag}^*(\pi_1^* \alpha \wedge \pi_2^* \beta)] = [\alpha \wedge \beta] \qquad \blacksquare$$

2.10　チェック・ドラーム複体（展開）

コンパクト多様体のドラーム・コホモロジー群が有限次元であることを示すために，よい性質を持つ有限開被覆を用いることもできる．ベイユの方法と呼ばれている．

$\{U_i\}_{i=1,\ldots,N}$ をコンパクト n 次元多様体 M の開被覆とする．$1 \leq i_0 < i_1 < \cdots < i_k \leq N$ に対し，

$$U_{i_0 i_1 \cdots i_k} = U_{i_0} \cap U_{i_1} \cap \cdots \cap U_{i_k}$$

とおく．開被覆 $\{U_i\}_{1=1,\ldots N}$ は次の条件を満たすとする．

- 任意の $U_{i_0 i_1 \cdots i_k}$ は $\mathbf{R}^n$ と微分同相または空集合である.

次の可換図式を考える.

$$
\begin{array}{ccccccccccc}
& & \uparrow{\rm d} & & \uparrow{\rm d} & & \uparrow{\rm d} & & \uparrow{\rm d} & & \\
0 \longrightarrow & \Omega^3(M) & \xrightarrow{r} & \bigoplus_i \Omega^3(U_i) & \xrightarrow{\delta} & \bigoplus_{i_0<i_1} \Omega^3(U_{i_0 i_1}) & \xrightarrow{\delta} & \bigoplus_{i_0<i_1<i_2} \Omega^3(U_{i_0 i_1 i_2}) & \xrightarrow{\delta} & \\
& & \uparrow{\rm d} & & \uparrow{\rm d} & & \uparrow{\rm d} & & \uparrow{\rm d} & & \\
0 \longrightarrow & \Omega^2(M) & \xrightarrow{r} & \bigoplus_i \Omega^2(U_i) & \xrightarrow{\delta} & \bigoplus_{i_0<i_1} \Omega^2(U_{i_0 i_1}) & \xrightarrow{\delta} & \bigoplus_{i_0<i_1<i_2} \Omega^2(U_{i_0 i_1 i_2}) & \xrightarrow{\delta} & \\
& & \uparrow{\rm d} & & \uparrow{\rm d} & & \uparrow{\rm d} & & \uparrow{\rm d} & & \\
0 \longrightarrow & \Omega^1(M) & \xrightarrow{r} & \bigoplus_i \Omega^1(U_i) & \xrightarrow{\delta} & \bigoplus_{i_0<i_1} \Omega^1(U_{i_0 i_1}) & \xrightarrow{\delta} & \bigoplus_{i_0<i_1<i_2} \Omega^1(U_{i_0 i_1 i_2}) & \xrightarrow{\delta} & \\
& & \uparrow{\rm d} & & \uparrow{\rm d} & & \uparrow{\rm d} & & \uparrow{\rm d} & & \\
0 \longrightarrow & \Omega^0(M) & \xrightarrow{r} & \bigoplus_i \Omega^0(U_i) & \xrightarrow{\delta} & \bigoplus_{i_0<i_1} \Omega^0(U_{i_0 i_1}) & \xrightarrow{\delta} & \bigoplus_{i_0<i_1<i_2} \Omega^0(U_{i_0 i_1 i_2}) & \xrightarrow{\delta} & \\
& & & & \uparrow{\iota} & & \uparrow{\iota} & & \uparrow{\iota} & & \\
& & & \bigoplus_i \mathbf{R}(U_i) & \xrightarrow{\delta} & \bigoplus_{i_0<i_1} \mathbf{R}(U_{i_0 i_1}) & \xrightarrow{\delta} & \bigoplus_{i_0<i_1<i_2} \mathbf{R}(U_{i_0 i_1 i_2}) & \xrightarrow{\delta} & \\
& & & \uparrow & & \uparrow & & \uparrow & & \\
& & & 0 & & 0 & & 0 & &
\end{array}
$$

ただし，縦向きの準同型 $\Omega^p(U_{i_0 \cdots i_k}) \longrightarrow \Omega^{p+1}(U_{i_0 \cdots i_k})$ は外微分 d である．また，$\bigoplus_{i_0<\cdots<i_k} \mathbf{R}(U_{i_0 \cdots i_k})$ は $\{U_{i_0 \cdots i_k}\}_{i_0<\cdots<i_k}$ を基底とする実ベクトル空間で，$\mathbf{R}(U_{i_0 \cdots i_k}) \longrightarrow \Omega^0(U_{i_0 \cdots i_k})$ は定数関数の埋め込み ι である．$\{U_i\}$ についての条件とポアンカレの補題 1.7.2（24 ページ）により，縦向きの列は完全系列である．

また，横向きの準同型については，$\Omega^p(M) \longrightarrow \Omega^p(U_i)$ を制限 r_i として，$r = \bigoplus r_i$ と定義される．また，$k+1$ 個の添え字 $i_0 < \cdots < i_k$ とそれに現れる i_s に対し，$\Omega^p(U_{i_0 \cdots i_{s-1} i_{s+1} \cdots i_k}) \longrightarrow \Omega^p(U_{i_0 \cdots i_k})$ は制限 $r_{i_0 \cdots i_k}^{i_0 \cdots i_{s-1} i_{s+1} \cdots i_k}$ の $(-1)^s$ 倍であり，$\delta = \bigoplus \sum (-1)^s r_{i_0 \cdots i_k}^{i_0 \cdots i_{s-1} i_{s+1} \cdots i_k}$ と定義される．

補題 2.10.1 $0 \longrightarrow \Omega^p(M)$ から始まる横向きの系列は完全系列である．

証明 開被覆 $\{U_i\}_{i=1,\ldots,N}$ に従属する 1 の分割 λ_i を用いて示される.

p を固定する.$f^{(k)} \in \bigoplus_{i_0<\cdots<i_k} \Omega^p(U_{i_0\cdots i_k}) \cong \Omega^p\left(\bigsqcup_{i_0<\cdots<i_k} U_{i_0\cdots i_k}\right)$ に対し,$f^{(k)}$ の $\Omega^p(U_{i_0\cdots i_k})$ 成分を $f^{(k)}|U_{i_0\cdots i_k}$ あるいは $f^{(k)}_{i_0\cdots i_k}$ と書くことにする.写像 δ の定義により,$(\delta f^{(k)})|U_{i_0\cdots i_{k+1}} = \sum_{j=0}^{k+1}(-1)^j f^{(k)}_{i_0\cdots i_{j-1}i_{j+1}\cdots i_{k+1}}|U_{i_0\cdots i_{k+1}}$ である.これから,

$$
\begin{aligned}
&(\delta(\delta f^{(k)}))|U_{i_0\cdots i_{k+2}} \\
&= \sum_{j=0}^{k+2}(-1)^j (\delta f)^{(k+1)}_{i_0\cdots i_{j-1}i_{j+1}\cdots i_{k+2}}|U_{i_0\cdots i_{k+2}} \\
&= \sum_{j=0}^{k+2}(-1)^j \sum_{m=0}^{j-1}(-1)^m f^{(k)}_{i_0\cdots i_{m-1}i_{m+1}\cdots i_{j-1}i_{j+1}\cdots i_{k+2}}|U_{i_0\cdots i_{k+2}} \\
&\quad + \sum_{j=0}^{k+2}(-1)^j \sum_{m=j+1}^{k+2}(-1)^{m-1} f^{(k)}_{i_0\cdots i_{j-1}i_{j+1}\cdots i_{m-1}i_{m+1}\cdots i_{k+2}}|U_{i_0\cdots i_{k+2}} \\
&= 0,
\end{aligned}
$$

$$f^{(k+1)} \in \bigoplus_{i_0<\cdots<i_{k+1}} \Omega^p(U_{i_0\cdots i_{k+1}}) \cong \Omega^p\left(\bigsqcup_{i_0<\cdots<i_{k+1}} U_{i_0\cdots i_{k+1}}\right)$$

に対して,

$$Sf^{(k+1)} \in \bigoplus_{i_0<\cdots<i_k} \Omega^p(U_{i_0\cdots i_k}) \cong \Omega^p\left(\bigsqcup_{i_0<\cdots<i_k} U_{i_0\cdots i_k}\right)$$

を $(Sf^{(k+1)})|U_{i_0\cdots i_k} = \sum_m \lambda_m f^{(k+1)}_{mi_0\cdots i_k}$ と定義する.ただし,m が $i_0, \ldots, i_k$ のどれかと一致するときは $f^{(k+1)}_{mi_0\cdots i_k} = 0$ とし,$i_{j-1} < m < i_j$ のとき,$f^{(k+1)}_{mi_0\cdots i_k} = (-1)^j f^{(k+1)}_{i_0\cdots i_{j-1}mi_j\cdots i_k}$ とする.また,$\lambda_m f^{(k+1)}_{mi_0\cdots i_k}$ は $\Omega^p(U_{i_0\cdots i_k})$ の元と考える(図 2.9 参照).

$\delta(Sf^{(k)}) + S(\delta f^{(k)})$ を計算すると次のようになる.

$$
\begin{aligned}
(\delta Sf^{(k)})|U_{i_0\cdots i_k} &= \sum_{j=0}^{k}(-1)^j (Sf^{(k)})|U_{i_0\cdots i_{j-1}i_{j+1}\cdots i_k} \\
&= \sum_{j=0}^{k}(-1)^j \sum_m \lambda_m f^{(k)}_{mi_0\cdots i_{j-1}i_{j+1}\cdots i_k}
\end{aligned}
$$

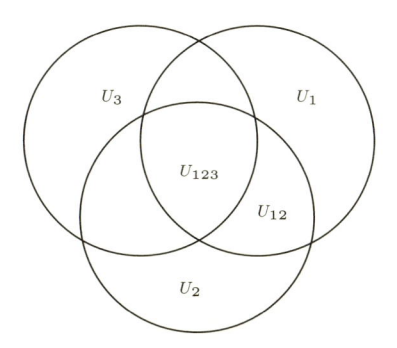

図 2.9 $\lambda_3 f_{312}$ は $\Omega^p(U_{12})$ の元.

$$
\begin{aligned}
(S\delta f^{(k)})|U_{i_0\cdots i_k} &= \sum_m \lambda_m (\delta f^{(k)})_{mi_0\cdots i_k} \\
&= \sum_m \lambda_m \left(f^{(k)}_{i_0\cdots i_k} + \sum_{j=0}^{k} (-1)^{j+1} f^{(k)}_{mi_0\cdots i_{j-1}i_{j+1}\cdots i_k} \right) \\
&= f^{(k)}_{i_0\cdots i_k} + \sum_m \lambda_m \sum_{j=0}^{k} (-1)^{j+1} f^{(k)}_{mi_0\cdots i_{j-1}i_{j+1}\cdots i_k}
\end{aligned}
$$

したがって, $\delta(Sf^{(k)}) + S(\delta f^{(k)}) = f^{(k)}$ を得る. このことから, $\delta f^{(k)} = 0$ のとき, $f^{(k)} = \delta(Sf^{(k)})$ となり, 横向きの系列の完全性がわかる. ∎

このように, 第 0 列よりも右の縦の列が完全系列, 第 0 行よりも上の横の行が完全系列であることがわかっているとき, 以下のように第 -1 列と第 -1 行のコホモロジー群は同型であることが示される. 第 -1 列は M のドラーム複体 $\Omega^*(M)$ だから, 第 -1 列の p 次のコホモロジー群はドラーム・コホモロジー群 $H^p_{DR}(M)$ である. 第 -1 行

$$
0 \longrightarrow \bigoplus_i \boldsymbol{R}(U_i) \xrightarrow{\delta} \bigoplus_{i_0<i_1} \boldsymbol{R}(U_{i_0 i_1}) \xrightarrow{\delta} \bigoplus_{i_0<i_1<i_2} \boldsymbol{R}(U_{i_0 i_1 i_2}) \xrightarrow{\delta} \cdots
$$

は, チェック複体と呼ばれ, その p 次元コホモロジー群は p 次元**チェック・コホモロジー群**と呼ばれ $\check{H}^p(M, \{U_i\})$ と書かれる.

示したいことは次の定理である.

定理 2.10.2（チェック・ドラームの定理） コンパクト多様体 M の有限開被覆 $\{U_i\}_{i=1,\ldots,N}$ について, 任意の $U_{i_0 i_1\cdots i_k} = \bigcap_{j=0}^{k} U_{i_j}$ は $\boldsymbol{R}^n$ と微分同相また

は空集合であるとする．このときドラーム・コホモロジー群とチェック・コホモロジー群の同型 $H_{DR}^p(M) \cong \check{H}^p(M, \{U_i\})$ が成立する．

証明　第1段：まず M 上の閉微分 p 形式に対し，チェック複体の p コサイクルが対応することを示す．

第 -1 列の閉 p 形式 α が与えられると，$r\alpha$ に対し，$\mathrm{d}r\alpha = r\,\mathrm{d}\alpha = 0$ だから $r\alpha = \mathrm{d}\alpha^{(0,p-1)}$ となる $\alpha^{(0,p-1)} \in \bigoplus_i \Omega^{p-1}(U_i)$ が存在する．次の図式を参照せよ．

$$\begin{array}{ccccc}
0 & \longmapsto & 0 & & \\
\uparrow\mathrm{d} & & \uparrow\mathrm{d} & & \\
\alpha & \stackrel{r}{\longmapsto} & r\alpha & \stackrel{\delta}{\longmapsto} & 0 \\
& & \uparrow\mathrm{d} & & \uparrow\mathrm{d} \\
& & \alpha^{(0,p-1)} & \stackrel{\delta}{\longmapsto} & \delta\alpha^{(0,p-1)}
\end{array}$$

$\alpha^{(0,p-1)}$ に対し $\delta\alpha^{(0,p-1)}$ を考えると，$\mathrm{d}\delta\alpha^{(0,p-1)} = \delta\,\mathrm{d}\alpha^{(0,p-1)} = \delta r\alpha = 0$ である．

帰納的に，$\alpha^{(j-1,p-j)} \in \bigoplus_{i_0 < \cdots < i_{j-1}} \Omega^{p-j}(U_{i_0 \cdots i_{j-1}})$ に対し，$\mathrm{d}\delta\alpha^{(j-1,p-j)} = 0$ と仮定すると，$\delta\alpha^{(j-1,p-j)} = \mathrm{d}\alpha^{(j,p-j-1)}$ となる $\alpha^{(j,p-j-1)} \in \bigoplus_{i_0 < \cdots < i_j} \Omega^{p-j-1}(U_{i_0 \cdots i_j})$ が存在する．次の図式を参照せよ．

$$\begin{array}{ccccc}
\mathrm{d}\alpha^{(j-1,p-j)} & \longmapsto & 0 & & \\
\uparrow\mathrm{d} & & \uparrow\mathrm{d} & & \\
\alpha^{(j-1,p-j)} & \stackrel{\delta}{\longmapsto} & \delta\alpha^{(j-1,p-j)} & \stackrel{\delta}{\longmapsto} & 0 \\
& & \uparrow\mathrm{d} & & \uparrow\mathrm{d} \\
& & \alpha^{(j,p-j-1)} & \stackrel{\delta}{\longmapsto} & \delta\alpha^{(j,p-j-1)}
\end{array}$$

この $\delta\alpha^{(j,p-j-1)}$ は，$\mathrm{d}\delta\alpha^{(j,p-j-1)} = \delta\,\mathrm{d}\alpha^{(j,p-j-1)} = \delta\delta\alpha^{(j-1,p-j)} = 0$ を満たす．

帰納法により，$\alpha^{(p-1,0)} \in \bigoplus_{i_0 < \cdots < i_{p-1}} \Omega^0(U_{i_0 \cdots i_{p-1}})$ が存在する．さらに，$\delta\alpha^{(p-1,0)} = \iota\alpha^{(p,-1)}$ となる $\alpha^{(p,-1)} \in \bigoplus_{i_0 < \cdots < i_p} \boldsymbol{R}(U_{i_0 \cdots i_p})$ が存在する．次の図式を参照せよ．

2.10 チェック・ドラーム複体（展開）

$$
\begin{array}{ccccc}
\mathrm{d}\alpha^{(p-1,0)} & \longmapsto & 0 & & \\
\uparrow \mathrm{d} & & \uparrow \mathrm{d} & & \\
\alpha^{(p-1,0)} & \xmapsto{\delta} & \delta\alpha^{(p-1,0)} & \xmapsto{\delta} & 0 \\
& & \uparrow \iota & & \uparrow \iota \\
& & \alpha^{(p,-1)} & \xmapsto{\delta} & \delta\alpha^{(p,-1)}
\end{array}
$$

ここで, $\delta\alpha^{(p,-1)}$ について $\iota\delta\alpha^{(p,-1)} = \delta\iota\alpha^{(p,-1)} = \delta\delta\alpha^{(p-1,0)} = 0$ であるが, ι は単射だから $\delta\alpha^{(p,-1)} = 0$ である.

以上で, 閉微分 p 形式 α に対し, チェック複体の p コサイクル $\alpha^{(p,-1)}$ が得られることがわかった. この構成の途中の段階で, $\alpha^{(j,p-j-1)}$ のとり方は, 完全形式の差の自由度があるが, その差はチェック複体のコバウンダリーの差に吸収されることが, 次の議論を必要なところから繰り返すことによりわかる.

第2段：第1段で得られた対応が, コホモロジー群の準同型を誘導することを示す. 同時に第1段におけるコサイクルの構成の自由度はコバウンダリーの差に吸収され, 準同型写像がきちんと定義されていることが確認される.

第 -1 列の完全 p 形式 α ($\alpha = \mathrm{d}\beta$) に対して, 第1段でとった $\alpha^{(0,p-1)}$ を考える. $\mathrm{d}\alpha^{(0,p-1)} = r\alpha = r\mathrm{d}\beta = \mathrm{d}r\beta$ だから, $\beta^{(0,p-2)}$ で $\mathrm{d}\beta^{(0,p-2)} = \alpha^{(0,p-1)} - r\beta$ となるものがある. 次の図式を参照せよ.

$$
\begin{array}{ccccc}
\alpha & & 0 & \xmapsto{\delta} & 0 \\
\uparrow \mathrm{d} & & \uparrow \mathrm{d} & & \uparrow \mathrm{d} \\
\beta & & \alpha^{(0,p-1)} - r\beta & \xmapsto{\delta} & \delta\alpha^{(0,p-1)} \\
& & \uparrow \mathrm{d} & & \uparrow \mathrm{d} \\
& & \beta^{(0,p-2)} & \xmapsto{\delta} & \delta\beta^{(0,p-2)}
\end{array}
$$

$\delta\beta^{(0,p-2)}$ は,

$$\mathrm{d}\delta\beta^{(0,p-2)} = \delta\,\mathrm{d}\beta^{(0,p-2)} = \delta(\alpha^{(0,p-1)} - r\beta) = \delta\alpha^{(0,p-1)}$$

を満たす.

帰納的に, $\beta^{(j-1,p-j-1)} \in \bigoplus_{i_0 < \cdots < i_{j-1}} \Omega^{p-j-1}(U_{i_0 \cdots i_{j-1}})$ に対し, $\mathrm{d}\delta\beta^{(j-1,p-j-1)} = \delta\alpha^{(j-1,p-j)} = \mathrm{d}\alpha^{(j,p-j-1)}$ と仮定すると, $\beta^{(j,p-j-2)}$ で

$\mathrm{d}\beta^{(j,p-j-2)} = \alpha^{(j,p-j-1)} - \delta\beta^{(j-1,p-j-1)}$ となるものがある．次の図式を参照せよ．

$$
\begin{array}{ccccc}
\alpha^{(j-1,p-j)} - \delta\beta^{(j-2,p-j)} & & 0 & \xmapsto{\delta} & 0 \\
\uparrow \mathrm{d} & & \uparrow \mathrm{d} & & \uparrow \mathrm{d} \\
\beta^{(j-1,p-j-1)} & & \alpha^{(j,p-j-1)} - \delta\beta^{(j-1,p-j-1)} & \xmapsto{\delta} & \delta\alpha^{(j,p-j-1)} \\
& & \uparrow \mathrm{d} & & \uparrow \mathrm{d} \\
& & \beta^{(j,p-j-2)} & \xmapsto{\delta} & \delta\beta^{(j,p-j-2)}
\end{array}
$$

$\delta\beta^{(j,p-j-2)}$ は，

$$\mathrm{d}\delta\beta^{(j,p-j-2)} = \delta\,\mathrm{d}\beta^{(j,p-j-2)} = \delta(\alpha^{(j,p-j-1)} - \delta\beta^{(j-1,p-j-1)}) = \delta\alpha^{(j,p-j-1)}$$

を満たす．

こうして帰納法により得られた $\beta^{(p-2,0)} \in \bigoplus_{i_0<\cdots<i_{p-2}} \Omega^0(U_{i_0\cdots i_{p-2}})$ に対し，$\mathrm{d}\delta\beta^{(p-2,0)} = \delta\alpha^{(p-2,1)} = \mathrm{d}\alpha^{(p-1,0)}$ と仮定すると，$\beta^{(p-1,-1)}$ で $\iota\beta^{(p-1,-1)} = \alpha^{(p-1,0)} - \delta\beta^{(p-2,0)}$ となるものがある．次の図式を参照せよ．

$$
\begin{array}{ccccc}
\alpha^{(p-2,1)} - \delta\beta^{(p-3,1)} & & 0 & \xmapsto{\delta} & 0 \\
\uparrow \mathrm{d} & & \uparrow \mathrm{d} & & \uparrow \mathrm{d} \\
\beta^{(p-2,0)} & & \alpha^{(p-1,0)} - \delta\beta^{(p-2,0)} & \xmapsto{\delta} & \delta\alpha^{(p-1,0)} \\
& & \uparrow \iota & & \uparrow \iota \\
& & \beta^{(p-1,-1)} & \xmapsto{\delta} & \delta\beta^{(p-1,-1)}
\end{array}
$$

$\delta\beta^{(p-1,-1)}$ は，

$$\iota\delta\beta^{(p-1,-1)} = \delta\iota\beta^{(p-1,-1)} = \delta(\alpha^{(p-1,0)} - \delta\beta^{(p-2,0)}) = \delta\alpha^{(p-1,0)} = \iota\alpha^{(p,-1)}$$

を満たす．ι は単射だから，$\alpha^{(p,-1)} = \delta\beta^{(p-1,-1)}$．

第 1 段におけるコサイクルの構成の自由度は，$\alpha^{(j,p-j-1)}$ に対する完全形式の差であるが，これは，途中の $\beta^{(j,p-j-2)}$ を変更することで吸収される．

こうして準同型 $H^p_{DR}(M) \longrightarrow \check{H}^p(M, \{U_i\})$ が定義された．

第 3 段：この準同型の構成は，図式の縦の系列，横の系列が完全系列であることだけを用いている．そこで，縦の系列，横の系列の役割を入れ替

えれば，チェック複体の p コサイクルに対し，ドラーム複体の閉微分 p 形式を対応させ，それが準同型 $\check{H}^p(M,\{U_i\}) \longrightarrow H^p_{DR}(M)$ を引き起こすことがわかる．第 1 段で α に $\alpha^{(p,-1)}$ を対応させたが，縦の列，横の列の役割を入れ替えた対応では $\alpha^{(p,-1)}$ に α が対応するので，2 つの準同型写像 $H^p_{DR}(M) \longrightarrow \check{H}^p(M,\{U_i\})$, $\check{H}^p(M,\{U_i\}) \longrightarrow H^p_{DR}(M)$ は，互いの逆写像である．したがって $H^p_{DR}(M) \cong \check{H}^p(M,\{U_i\})$ である． ■

【例 2.10.3】 2 次元球面 S^2 に内接する正 4 面体 $v_1v_2v_3v_4$ を考える．球面の中心から，正 4 面体の辺 v_iv_j を球面上に射影する．球面 3 角形 $v_2v_3v_4$, $v_1v_3v_4$, $v_1v_2v_4$, $v_1v_2v_3$ の補集合（S^2 の開集合）を U_1, U_2, U_3, U_4 とする．これに対し，$U_{12}, U_{13}, U_{14}, U_{23}, U_{24}, U_{34}, U_{123}, U_{124}, U_{134}, U_{234}$ は 2 次元開球体 B^2 と微分同相であり，$U_{1234} = \emptyset$ となる．図 2.10 参照．$\Omega^*(S^2)$ のドラーム・コホモロジー群は $H^p_{DR}(S^2) \cong \begin{cases} \boldsymbol{R} & (p = 0, 2) \\ 0 & (p \neq 0, 2) \end{cases}$ となる．チェック複体は

$$0 \longrightarrow \boldsymbol{R}^4 \xrightarrow{\delta} \boldsymbol{R}^6 \xrightarrow{\delta} \boldsymbol{R}^4 \longrightarrow 0$$

である．$\chi_{i_0 \cdots i_p}$ を $U_{i_0 \cdots i_p}$ 上で 1 となる関数とする．

$$\delta\left(\sum_{i=1}^4 a_i \chi_i\right) = \sum_{i_0 < i_1} (a_{i_0} - a_{i_1})\chi_{i_0 i_1},$$

$$\delta\left(\sum_{i_0 < i_1} b_{i_0 i_1} \chi_{i_0 i_1}\right) = \sum_{i_0 < i_1 < i_2} (b_{i_1 i_2} - b_{i_0 i_2} + b_{i_0 i_1})\chi_{i_0 i_1 i_2}$$

を行列に書いて計算すると，基底 $(\chi_1, \chi_2, \chi_3, \chi_4)$, $(\chi_{12}, \chi_{13}, \chi_{14}, \chi_{23}, \chi_{24}, \chi_{34})$, $(\chi_{123}, \chi_{124}, \chi_{134}, \chi_{234})$ に対して，それぞれ，

$$\begin{pmatrix} -1 & 1 & 0 & 0 \\ -1 & 0 & 1 & 0 \\ -1 & 0 & 0 & 1 \\ 0 & -1 & 1 & 0 \\ 0 & -1 & 0 & 1 \\ 0 & 0 & -1 & 1 \end{pmatrix}, \quad \begin{pmatrix} 1 & -1 & 0 & 1 & 0 & 0 \\ 1 & 0 & -1 & 0 & 1 & 0 \\ 0 & 1 & -1 & 0 & 0 & 1 \\ 0 & 0 & 0 & 1 & -1 & 1 \end{pmatrix}$$

となる．ker, im を計算して $\check{H}^p(S^2, \{U_i\}) \cong \begin{cases} \boldsymbol{R} & (p = 0, 2) \\ 0 & (p \neq 0, 2) \end{cases}$ となる．

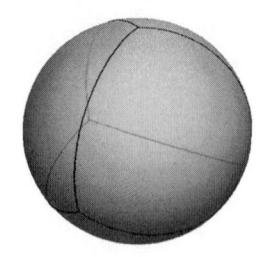

図 2.10 例 2.10.3. 球面の分割と被覆. 4 つの三角形の外部が U_1, U_2, U_3, U_4.

2.11　第 2 章の問題の解答

【問題 2.2.6 の解答】

(1) $(x_1, x_2, x_3) = \left(\dfrac{2v_1}{1+v_1{}^2+v_2{}^2}, \dfrac{2v_2}{1+v_1{}^2+v_2{}^2}, -\dfrac{1-v_1{}^2-v_2{}^2}{1+v_1{}^2+v_2{}^2} \right),$

$(x_1, x_2, x_3) = \left(\dfrac{2u_1}{1+u_1{}^2+u_2{}^2}, \dfrac{2u_2}{1+u_1{}^2+u_2{}^2}, \dfrac{1-u_1{}^2-u_2{}^2}{1+u_1{}^2+u_2{}^2} \right)$

(2) $(u_1, u_2) = \left(\dfrac{v_1}{v_1{}^2+v_2{}^2}, \dfrac{v_2}{v_1{}^2+v_2{}^2} \right), (v_1, v_2) = \left(\dfrac{u_1}{u_1{}^2+u_2{}^2}, \dfrac{u_2}{u_1{}^2+u_2{}^2} \right)$

(3) $\dfrac{\partial u_1}{\partial v_1} \dfrac{\partial}{\partial u_1} + \dfrac{\partial u_2}{\partial v_1} \dfrac{\partial}{\partial u_2} = \dfrac{\partial}{\partial v_1} \left(\dfrac{v_1}{v_1{}^2+v_2{}^2} \right) \dfrac{\partial}{\partial u_1} + \dfrac{\partial}{\partial v_1} \left(\dfrac{v_2}{v_1{}^2+v_2{}^2} \right) \dfrac{\partial}{\partial u_2}$

$= \dfrac{v_2{}^2 - v_1{}^2}{(v_1{}^2+v_2{}^2)^2} \dfrac{\partial}{\partial u_1} + \dfrac{-2v_1 v_2}{(v_1{}^2+v_2{}^2)^2} \dfrac{\partial}{\partial u_2}$

$= (u_2{}^2 - u_1{}^2) \dfrac{\partial}{\partial u_1} - 2 u_1 u_2 \dfrac{\partial}{\partial u_2},$

$\dfrac{\partial u_1}{\partial v_2} \dfrac{\partial}{\partial u_1} + \dfrac{\partial u_2}{\partial v_2} \dfrac{\partial}{\partial u_2} = \dfrac{\partial}{\partial v_2} \left(\dfrac{v_1}{v_1{}^2+v_2{}^2} \right) \dfrac{\partial}{\partial u_1} + \dfrac{\partial}{\partial v_2} \left(\dfrac{v_2}{v_1{}^2+v_2{}^2} \right) \dfrac{\partial}{\partial u_2}$

$= \dfrac{-2 v_1 v_2}{(v_1{}^2+v_2{}^2)^2} \dfrac{\partial}{\partial u_1} + \dfrac{v_1{}^2 - v_2{}^2}{(v_1{}^2+v_2{}^2)^2} \dfrac{\partial}{\partial u_2}$

$= -2 u_1 u_2 \dfrac{\partial}{\partial u_1} + (u_1{}^2 - u_2{}^2) \dfrac{\partial}{\partial u_2}$

だから

$\pi_{S*}(\pi_N{}^{-1})_* \xi = P \left(\dfrac{u_1}{u_1{}^2+u_2{}^2}, \dfrac{u_2}{u_1{}^2+u_2{}^2} \right) \left((u_2{}^2 - u_1{}^2) \dfrac{\partial}{\partial u_1} - 2 u_1 u_2 \dfrac{\partial}{\partial u_2} \right)$

$+ Q \left(\dfrac{u_1}{u_1{}^2+u_2{}^2}, \dfrac{u_2}{u_1{}^2+u_2{}^2} \right) \left(-2 u_1 u_2 \dfrac{\partial}{\partial u_1} + (u_1{}^2 - u_2{}^2) \dfrac{\partial}{\partial u_2} \right)$

P, Q の次数の大きい方を k とし, k 次の部分を P_k, Q_k とすると, $\pi_{S*}(\pi_N{}^{-1})_* \xi$

の $-k+2$ 次の項が次で計算される.

$$\frac{(u_2{}^2-u_1{}^2)P_k(u_1,u_2)-2u_1u_2Q_k(u_1,u_2)}{(u_1{}^2+u_2{}^2)^k}\frac{\partial}{\partial u_1}$$
$$+\frac{-2u_1u_2P_k(u_1,u_2)+(u_1{}^2-u_2{}^2)Q_k(u_1,u_2)}{(u_1{}^2+u_2{}^2)^k}\frac{\partial}{\partial u_2}$$

$k>2$ とすると,係数の分母は $2k$ 次だから,係数が $(u_1,u_2)=(0,0)$ に連続に拡張するためには,分子 ($k+2$ 次) がともに 0 であることが必要であるが,これは $P_k=Q_k=0$ でなければ不可能である(次の $k=2$ の計算を参照).

$k=2$ とすると,

$$(u_2{}^2-u_1{}^2)P_2(u_1,u_2)-2u_1u_2Q_2(u_1,u_2)=A(u_1{}^2+u_2{}^2)^2,$$
$$-2u_1u_2P_2(u_1,u_2)+(u_1{}^2-u_2{}^2)Q_2(u_1,u_2)=B(u_1{}^2+u_2{}^2)^2$$

から,

$$P_2(u_1,u_2)=(u_2{}^2-u_1{}^2)A-2u_1u_2B,$$
$$Q_2(u_1,u_2)=-2u_1u_2A-(u_2{}^2-u_1{}^2)B$$

のときに拡張する.P,Q の 2 次の項は上の形に限るから,これを引き去った 1 次同次の項を考える.$P_1(u_1,u_2)=a_1u_1+a_2u_2$, $Q_1(u_1,u_2)=b_1u_1+b_2u_2$ とすると,

$$(u_2{}^2-u_1{}^2)P_1(u_1,u_2)-2u_1u_2Q_1(u_1,u_2)$$
$$=(u_2{}^2-u_1{}^2)(a_1u_1+a_2u_2)-2u_1u_2(b_1u_1+b_2u_2)$$
$$=-a_1u_1{}^3-(a_2+2b_1)u_1{}^2u_2+(a_1-2b_2)u_1u_2{}^2+a_2u_2{}^3$$
$$=-a_1u_1(u_1{}^2+u_2{}^2)-(a_2+2b_1)(u_1{}^2+u_2{}^2)u_2$$
$$\quad+(2a_1-2b_2)u_1u_2{}^2+(2a_2+2b_1)u_2{}^3,$$
$$-2u_1u_2P_1(u_1,u_2)+(u_1{}^2-u_2{}^2)Q_1(u_1,u_2)$$
$$=-2u_1u_2(a_1u_1+a_2u_2)+(u_1{}^2-u_2{}^2)(b_1u_1+b_2u_2)$$
$$=b_1u_1{}^3+(-2a_1+b_2)u_1{}^2u_2+(-2a_2-b_1)u_1u_2{}^2-b_2u_2{}^3$$
$$=b_1u_1(u_1{}^2+u_2{}^2)+(-2a_1+b_2)(u_1{}^2+u_2{}^2)u_2$$
$$\quad+(-2a_2-2b_1)u_1u_2{}^2+(2a_1-2b_2)u_2{}^3$$

したがって $P_1(u_1,u_2)=a_1u_1-b_1u_2$, $Q_1(u_1,u_2)=b_1u_1+a_1u_2$ となればよい.0 次のベクトル場は拡張する.

したがって,求めるベクトル場の一般形は次のものになる.

$$\{(v_2{}^2-v_1{}^2)A-2v_1v_2B+a_1v_1-b_1v_2+c_1\}\frac{\partial}{\partial v_1}$$
$$+\{-2v_1v_2A-(v_2{}^2-v_1{}^2)B+b_1v_1+a_1v_2+c_2\}\frac{\partial}{\partial v_2}$$

(4)

$$\begin{aligned}
\mathrm{d}v_1 &= \frac{\partial v_1}{\partial u_1}\,\mathrm{d}u_1 + \frac{\partial v_1}{\partial u_2}\,\mathrm{d}u_2 = \frac{\partial}{\partial u_1}\left(\frac{u_1}{u_1{}^2+u_2{}^2}\right)\mathrm{d}u_1 + \frac{\partial}{\partial u_2}\left(\frac{u_1}{u_1{}^2+u_2{}^2}\right)\mathrm{d}u_2 \\
&= \frac{u_2{}^2 - u_1{}^2}{(u_1{}^2+u_2{}^2)^2}\,\mathrm{d}u_1 + \frac{-2u_1u_2}{(u_1{}^2+u_2{}^2)^2}\,\mathrm{d}u_2, \\
\mathrm{d}v_2 &= \frac{\partial v_2}{\partial u_1}\,\mathrm{d}u_1 + \frac{\partial v_2}{\partial u_2}\,\mathrm{d}u_2 = \frac{\partial}{\partial u_1}\left(\frac{u_2}{u_1{}^2+u_2{}^2}\right)\mathrm{d}u_1 + \frac{\partial}{\partial u_2}\left(\frac{u_2}{u_1{}^2+u_2{}^2}\right)\mathrm{d}u_2 \\
&= \frac{-2u_1u_2}{(u_1{}^2+u_2{}^2)^2}\,\mathrm{d}u_1 + \frac{u_1{}^2 - u_2{}^2}{(u_1{}^2+u_2{}^2)^2}\,\mathrm{d}u_2
\end{aligned}$$

だから

$$\begin{aligned}
&\pi_S{}^{-1*}(\pi_N)^*\alpha \\
&= P\left(\frac{u_1}{u_1{}^2+u_2{}^2}, \frac{u_2}{u_1{}^2+u_2{}^2}\right)\left(\frac{u_2{}^2-u_1{}^2}{(u_1{}^2+u_2{}^2)^2}\,\mathrm{d}u_1 + \frac{-2u_1u_2}{(u_1{}^2+u_2{}^2)^2}\,\mathrm{d}u_2\right) \\
&\quad + Q\left(\frac{u_1}{u_1{}^2+u_2{}^2}, \frac{u_2}{u_1{}^2+u_2{}^2}\right)\left(\frac{-2u_1u_2}{(u_1{}^2+u_2{}^2)^2}\,\mathrm{d}u_1 + \frac{u_1{}^2-u_2{}^2}{(u_1{}^2+u_2{}^2)^2}\,\mathrm{d}u_2\right)
\end{aligned}$$

P_k, Q_k を最高次の部分として,$\pi_S{}^{-1*}(\pi_N)^*\alpha$ の $-k-2$ 次の項が次で計算される.

$$\begin{aligned}
&\frac{(u_2{}^2-u_1{}^2)P_k(u_1,u_2) - 2u_1u_2 Q_k(u_1,u_2)}{(u_1{}^2+u_2{}^2)^{2+k}}\,\mathrm{d}u_1 \\
&\quad + \frac{-2u_1u_2 P_k(u_1,u_2) + (u_1{}^2-u_2{}^2)Q_k(u_1,u_2)}{(u_1{}^2+u_2{}^2)^{2+k}}\,\mathrm{d}u_2
\end{aligned}$$

$k \geqq 0$ とすると,係数の分母は $2k+4$ 次だから,係数が $(u_1, u_2) = (0,0)$ に連続に拡張するためには,分子($k+2$ 次)がともに 0 であることが必要であるが,これは $P_k = Q_k = 0$ でなければ不可能である.したがって,0 以外の多項式係数の微分形式は S^2 に拡張しない.

【問題 2.4.9 の解答】 (1) $\pi : A \longrightarrow X$ について単射となる A の開集合の像が多様体 X の座標近傍である.$x \in X$ のまわりのこのような座標近傍とそれを同値関係 $\sim$ で写した座標近傍について α が引き戻しであることがいえればよい.すなわち,$h^n(x_1, x_2) = (r^n x_1, r^n x_2)$ とおいて,$(h^n)^*\alpha = \alpha$ を計算で示せばよい.実際,

$$\begin{aligned}
(h^n)^*\alpha &= \frac{a_{11}(r^n x_1) + a_{12}(r^n x_2)}{(r^n x_1)^2 + (r^n x_2)^2}\,\mathrm{d}(r^n x_1) + \frac{a_{21}(r^n x_1) + a_{22}(r^n x_2)}{(r^n x_1)^2 + (r^n x_2)^2}\,\mathrm{d}(r^n x_2) \\
&= \frac{r^n(a_{11}x_1 + a_{12}x_2)}{r^{2n}(x_1{}^2 + x_2{}^2)}\,r^n\,\mathrm{d}x_1 + \frac{r^n(a_{21}x_1 + a_{22}x_2)}{r^{2n}(x_1{}^2 + x_2{}^2)}\,r^n\,\mathrm{d}x_2 \\
&= \frac{a_{11}x_1 + a_{12}x_2}{x_1{}^2 + x_2{}^2}\,\mathrm{d}x_1 + \frac{a_{21}x_1 + a_{22}x_2}{x_1{}^2 + x_2{}^2}\,\mathrm{d}x_2 = \alpha
\end{aligned}$$

(2) 閉形式であることは，座標近傍で確かめればよいから，α が閉形式である条件を求めればよい．

$$\begin{aligned}
\mathrm{d}\alpha &= -\frac{\partial}{\partial x_2}\left(\frac{a_{11}x_1+a_{12}x_2}{x_1{}^2+x_2{}^2}\right)\mathrm{d}x_1\wedge \mathrm{d}x_2 + \frac{\partial}{\partial x_1}\left(\frac{a_{21}x_1+a_{22}x_2}{x_1{}^2+x_2{}^2}\right)\mathrm{d}x_1\wedge \mathrm{d}x_2\\
&= \left(-\frac{a_{12}}{x_1{}^2+x_2{}^2}+\frac{2x_2(a_{11}x_1+a_{12}x_2)}{(x_1{}^2+x_2{}^2)^2}\right.\\
&\qquad\left.+\frac{a_{21}}{x_1{}^2+x_2{}^2}-\frac{2x_1(a_{21}x_1+a_{22}x_2)}{(x_1{}^2+x_2{}^2)^2}\right)\mathrm{d}x_1\wedge \mathrm{d}x_2\\
&= \frac{2(a_{11}-a_{22})x_1x_2+(a_{12}+a_{21})(-x_1{}^2+x_2{}^2)}{(x_1{}^2+x_2{}^2)^2}\mathrm{d}x_1\wedge \mathrm{d}x_2
\end{aligned}$$

これが，恒等的に 0 であるためには $a_{11}=a_{22}$ かつ $a_{21}=-a_{12}$ が条件である．

(3) $$\begin{aligned}
\int_{\gamma_1}\beta &= \int_0^1\left\{\frac{a_{11}\rho\cos(2\pi t)+a_{12}\rho\sin(2\pi t)}{\rho^2}2\pi\rho(-\sin(2\pi t))\right.\\
&\qquad\left.+\frac{a_{21}\rho\cos(2\pi t)+a_{22}\rho\sin(2\pi t)}{\rho^2}2\pi\rho(\cos(2\pi t))\right\}\mathrm{d}t\\
&= 2\pi\int_0^1\{-a_{11}\cos(2\pi t)\sin(2\pi t)-a_{12}(\sin(2\pi t))^2\\
&\qquad+a_{21}(\cos(2\pi t))^2+a_{22}\sin(2\pi t)\cos(2\pi t)\}\mathrm{d}t\\
&= 2\pi\int_0^1 -a_{12}\,\mathrm{d}t = -2\pi a_{12}
\end{aligned}$$

最後の行に移るときに，閉形式の条件を用いた．

(4) $$\begin{aligned}
\int_{\gamma_2}\beta &= \int_0^1\left\{\frac{a_{11}r^t\cos\theta+a_{12}r^t\sin\theta}{r^{2t}}r^t\log r\cos\theta\right.\\
&\qquad\left.+\frac{a_{21}r^t\cos\theta+a_{22}r^t\sin\theta}{r^{2t}}r^t\log r\sin\theta\right\}\mathrm{d}t\\
&= (a_{11}(\cos\theta)^2+a_{12}\sin\theta\cos\theta+a_{21}\cos\theta\sin\theta+a_{22}(\sin\theta)^2)\log r\\
&= a_{11}\log r
\end{aligned}$$

最後の等号で閉形式の条件を用いた．

【問題 2.4.19 の解答】 $\pi:\boldsymbol{R}^m\times M\longrightarrow M$ を $\pi(\boldsymbol{x},y)=y$ で定義される射影，$\iota:M\longrightarrow \boldsymbol{R}^m\times M$ を $\iota(y)=(0,y)$ で定義される埋め込みとする．

$\pi\circ\iota=\mathrm{id}_M$ だから，$(\pi\circ\iota)^*=\iota^*\pi^*=\mathrm{id}_{H_{DR}^p(M)}$ である．

$\varphi:[0,1]\times \boldsymbol{R}^m\times M\longrightarrow \boldsymbol{R}^m\times M$ を $\varphi(t,\boldsymbol{x},y)=(t\boldsymbol{x},y)$ で定義すると，これは，$\varphi_1=\mathrm{id}_{\boldsymbol{R}^m\times M}$, $\varphi_0=\iota\circ\pi$ の間の C^∞ ホモトピーを与える．したがって，$(\iota\circ\pi)^*=\mathrm{id}_{\boldsymbol{R}^m\times M}{}^*=\mathrm{id}_{H_{DR}^p(\boldsymbol{R}^m\times M)}$ である．$(\iota\circ\pi)^*=\pi^*\iota^*$ だから，π^*, ι^* は同型写像である．

【問題 2.7.4 の解答】

(1) $\quad dx_1 = d\left(\dfrac{2u_1}{1+u_1{}^2+u_2{}^2}\right) = \dfrac{2(1-u_1{}^2+u_2{}^2)}{(1+u_1{}^2+u_2{}^2)^2}\,du_1 - \dfrac{4u_1u_2}{(1+u_1{}^2+u_2{}^2)^2}\,du_2,$

$dx_2 = d\left(\dfrac{2u_2}{1+u_1{}^2+u_2{}^2}\right) = -\dfrac{4u_1u_2}{(1+u_1{}^2+u_2{}^2)^2}\,du_1 + \dfrac{2(1+u_1{}^2-u_2{}^2)}{(1+u_1{}^2+u_2{}^2)^2}\,du_2,$

$dx_3 = d\left(\dfrac{1-u_1{}^2-u_2{}^2}{1+u_1{}^2+u_2{}^2}\right) = \dfrac{-4u_1}{(1+u_1{}^2+u_2{}^2)^2}\,du_1 + \dfrac{-4u_2}{(1+u_1{}^2+u_2{}^2)^2}\,du_2$ だ

から，

$\quad (\pi_S^{-1})^*(\omega|S^2)$
$= x_1\,dx_2 \wedge dx_3 - x_2\,dx_1 \wedge dx_3 + x_3\,dx_1 \wedge dx_2$
$= \{(2u_1)(16u_1u_2{}^2 + 8u_1(1+u_1{}^2-u_2{}^2)) - (2u_2)(-8u_2(1-u_1{}^2+u_2{}^2) - 16u_1{}^2u_2)$
$\quad + (1-u_1{}^2-u_2{}^2)(4(1-u_1{}^2+u_2{}^2)(1+u_1{}^2-u_2{}^2) - 16u_1{}^2u_2{}^2)\}\dfrac{du_1 \wedge du_2}{(1+u_1{}^2+u_2{}^2)^5}$
$= \{16u_1{}^2(1+u_1{}^2+u_2{}^2) + 16u_2{}^2(1+u_1{}^2+u_2{}^2)$
$\quad + 4(1-u_1{}^2-u_2{}^2)^2(1+u_1{}^2+u_2{}^2)\}\dfrac{du_1 \wedge du_2}{(1+u_1{}^2+u_2{}^2)^5}$
$= \dfrac{4\,du_1 \wedge du_2}{(1+u_1{}^2+u_2{}^2)^2}$

(2) $\quad d\left(\dfrac{x_1\,dx_2 - x_2\,dx_1}{x_1{}^2+x_2{}^2}\right)$
$= \dfrac{2\,dx_1 \wedge dx_2}{x_1{}^2+x_2{}^2} - \dfrac{2x_1\,dx_1 + 2x_2\,dx_2}{(x_1{}^2+x_2{}^2)^2} \wedge (x_1\,dx_2 - x_2\,dx_1)$
$= \dfrac{2\,dx_1 \wedge dx_2}{x_1{}^2+x_2{}^2} - \dfrac{2\,dx_1 \wedge dx_2}{x_1{}^2+x_2{}^2} = 0,$

$(\pi_S^{-1})^*(\alpha|S^2 \setminus \{p_N, p_S\})$
$= \dfrac{(1+u_1{}^2+u_2{}^2)^2}{4(u_1{}^2+u_2{}^2)}\left(\dfrac{2u_1}{1+u_1{}^2+u_2{}^2}\left(-\dfrac{4u_1u_2}{(1+u_1{}^2+u_2{}^2)^2}\,du_1 + \dfrac{2(1+u_1{}^2-u_2{}^2)}{(1+u_1{}^2+u_2{}^2)^2}\,du_2\right)\right.$
$\left.\quad - \dfrac{2u_2}{1+u_1{}^2+u_2{}^2}\left(\dfrac{2(1-u_1{}^2+u_2{}^2)}{(1+u_1{}^2+u_2{}^2)^2}\,du_1 - \dfrac{4u_1u_2}{(1+u_1{}^2+u_2{}^2)^2}\,du_2\right)\right)$
$= \dfrac{(1+u_1{}^2+u_2{}^2)^2}{4(u_1{}^2+u_2{}^2)}\left(-\dfrac{4u_2}{(1+u_1{}^2+u_2{}^2)^2}\,du_1 + \dfrac{4u_1}{(1+u_1{}^2+u_2{}^2)^2}\,du_2\right)$
$= \dfrac{u_1\,du_2 - u_2\,du_1}{u_1{}^2+u_2{}^2}$

(3) $\quad \displaystyle\int_\gamma \alpha = \int_0^1 2\pi(\cos(2\pi t)^2 + \sin(2\pi t)^2)\,dt = 2\pi$

(4) $\quad \alpha_1 = \dfrac{1}{2}\left(1 - \dfrac{1-u_1{}^2-u_2{}^2}{1+u_1{}^2+u_2{}^2}\right)\dfrac{u_1\,du_2 - u_2\,du_1}{u_1{}^2+u_2{}^2} = \dfrac{u_1\,du_2 - u_2\,du_1}{1+u_1{}^2+u_2{}^2}$

2.11 第 2 章の問題の解答

【問題 2.7.5 の解答】

$$\begin{aligned}
\mathrm{d}\alpha_1 &= \mathrm{d}\left(\frac{u_1\,\mathrm{d}u_2 - u_2\,\mathrm{d}u_1}{1 + u_1{}^2 + u_2{}^2}\right) \\
&= \frac{2\,\mathrm{d}u_1 \wedge \mathrm{d}u_2}{1 + u_1{}^2 + u_2{}^2} - \frac{2u_1\,\mathrm{d}u_1 + 2u_2\,\mathrm{d}u_2}{(1 + u_1{}^2 + u_2{}^2)^2} \wedge (u_1\,\mathrm{d}u_2 - u_2\,\mathrm{d}u_1) \\
&= \frac{2\,\mathrm{d}u_1 \wedge \mathrm{d}u_2}{1 + u_1{}^2 + u_2{}^2} \\
&= \frac{1}{2}(\pi_S^{-1})^*(\omega|S^2)
\end{aligned}$$

ゆえに,$\Delta^*[\alpha|M_{12}] = \frac{1}{2}[\omega|S^2]$.

【問題 2.8.3 の解答】 モース関数 $F : \boldsymbol{C}P^n \longrightarrow \boldsymbol{R}$ により,M の開部分集合 $N_1, \ldots, N_{n+1}$ で $\emptyset = N_0 \subset N_1 \subset \cdots \subset N_{n+1} = \boldsymbol{C}P^n$, $N_j = N_{j-1} \cup B_j$ ($0 < j \leqq n+1$),$B_j \cong B^n$(n 次元球体),$N_{j-1} \cap B_j \cong B^{2n-2(j-1)+1} \times S^{2(j-1)-1}$ ($j \geqq 2$) を満たすものがある.このとき,$N_j = N_{j-1} \cup B_j$ についてのマイヤー・ビエトリス完全系列は次のようになる.

$$\begin{aligned}
\cdots &\xrightarrow{(j_1^*, j_2^*)} H_{DR}^{p-1}(N_{j-1}) \oplus H_{DR}^{p-1}(B_j) \xrightarrow{i_1^* - i_2^*} H_{DR}^{p-1}(S^{2(j-1)-1}) \\
&\xrightarrow{\Delta^*} H_{DR}^p(N_j) \xrightarrow{(j_1^*, j_2^*)} H_{DR}^p(N_{j-1}) \oplus H_{DR}^p(B_j) \xrightarrow{i_1^* - i_2^*} H_{DR}^p(S^{2(j-1)-1}) \\
&\xrightarrow{\Delta^*} \cdots
\end{aligned}$$

これにより,$H_{DR}^p(N_{j-1})$ から $H_{DR}^p(N_j)$ が決定される.実際,$H_{DR}^p(N_{j-1}) \cong \boldsymbol{R}$ ($p = 0, 2, \ldots, 2(j-1)$),$H_{DR}^p(N_{j-1}) \cong 0$(その他の p)が示されると,$H_{DR}^p(N_j) \cong \boldsymbol{R}$ ($p = 0, 2, \ldots, 2j$),$H_{DR}^p(N_j) \cong 0$(その他の p)が示される.この結果,$H_{DR}^p(\boldsymbol{C}P^n) \cong \boldsymbol{R}$ ($p = 0, 2, \ldots, 2n$), $H_{DR}^p(\boldsymbol{C}P^n) \cong 0$(その他の p)となる.

【問題 2.8.4 の解答】 M の開部分集合 $N_1, \ldots, N_{k+2}$ で $\emptyset = N_0 \subset N_1 \subset \cdots \subset N_{k+2} = M$, $N_j = N_{j-1} \cup B_j$ ($0 < j \leqq k+2$) となるものがある.ここで,B_j は 2 次元開球体 B^2 と微分同相で,$N_{j-1} \cap B_j \cong B^2 \times S^0$ ($2 \leqq j \leqq k+1$),$N_{k+1} \cap B_{k+2} \cong B^1 \times S^1$.このとき,$N_j = N_{j-1} \cup B_j$ ($2 \leqq j \leqq k+1$) についてのマイヤー・ビエトリス完全系列は次のようになる.

$$\begin{aligned}
\cdots &\xrightarrow{(j_1^*, j_2^*)} H_{DR}^0(N_{j-1}) \oplus H_{DR}^0(B_j) \xrightarrow{i_1^* - i_2^*} H_{DR}^0(B^2 \times S^0) \\
&\xrightarrow{\Delta^*} H_{DR}^1(N_j) \xrightarrow{(j_1^*, j_2^*)} H_{DR}^1(N_{j-1}) \oplus H_{DR}^1(B_j) \xrightarrow{i_1^* - i_2^*} H_{DR}^1(B^2 \times S^0) \\
&\xrightarrow{\Delta^*} H_{DR}^2(N_j) \xrightarrow{(j_1^*, j_2^*)} H_{DR}^2(N_{j-1}) \oplus H_{DR}^2(B_j) \xrightarrow{i_1^* - i_2^*} \cdots
\end{aligned}$$

ここで,H_{DR}^0 は局所的に定数であるような関数で代表されるから,$i_1^* - i_2^*$:

$H^0_{DR}(N_{j-1}) \oplus H^0_{DR}(B_j) \longrightarrow H^0_{DR}(B^2 \times S^0)$ は $\begin{pmatrix} 1 & -1 \\ 1 & -1 \end{pmatrix}$ で表される．
$H^1_{DR}(B_j) = 0, H^1_{DR}(B^2 \times S^0) = 0$ だから，$H^1_{DR}(N_j) \cong H^1_{DR}(N_{j-1}) \oplus \boldsymbol{R}$ となる．
$H^1_{DR}(N_1) = 0$ だから，$H^1_{DR}(N_j) \cong \boldsymbol{R}^{j-1}$ となる．$H^2_{DR}(N_j) = 0$ $(j \leqq k+1)$ も容易にわかる．

$j = k+2$ について $M^2 = N_{k+2} = N_{k+1} \cup B_{k+2}$ についてのマイヤー・ビエトリス完全系列は次のようになる．

$$\cdots \xrightarrow{(j_1^*, j_2^*)} H^0_{DR}(N_{k+1}) \oplus H^0_{DR}(B_{k+2}) \xrightarrow{i_1^* - i_2^*} H^0_{DR}(B^1 \times S^1)$$
$$\xrightarrow{\Delta^*} H^1_{DR}(N_{k+2}) \xrightarrow{(j_1^*, j_2^*)} H^1_{DR}(N_{k+1}) \oplus H^1_{DR}(B_{k+2}) \xrightarrow{i_1^* - i_2^*} H^1_{DR}(B^1 \times S^1)$$
$$\xrightarrow{\Delta^*} H^2_{DR}(N_{k+2}) \xrightarrow{(j_1^*, j_2^*)} H^2_{DR}(N_{k+1}) \oplus H^2_{DR}(B_{k+2}) \xrightarrow{i_1^* - i_2^*} \cdots$$

ここで，$i_1^* - i_2^* : H^0_{DR}(N_{j-1}) \oplus H^0_{DR}(B_j) \longrightarrow H^0_{DR}(B^1 \times S^1)$ は全射である．$i_1^* - i_2^* : H^1_{DR}(N_{j-1}) \oplus H^1_{DR}(B_j) \longrightarrow H^1_{DR}(B^1 \times S^1)$ が全射ならば，$H^1_{DR}(N_{k+2}) \cong \boldsymbol{R}^k / \boldsymbol{R} \cong \boldsymbol{R}^{k-1}$, $H^2_{DR}(N_{k+2}) = 0$ となる．$i_1^* - i_2^* : H^1_{DR}(N_{j-1}) \oplus H^1_{DR}(B_j) \longrightarrow H^1_{DR}(B^1 \times S^1)$ が零写像ならば，$H^1_{DR}(N_{k+2}) \cong \boldsymbol{R}^k$, $H^2_{DR}(N_{k+2}) \cong \boldsymbol{R}$ となる．

【問題 2.9.4 の解答】 n についての帰納法により示される．実際，$n = 1$ のときは $H^*_{DR}(T^n) = \bigotimes^n H^*_{DR}(S^1)$ は正しい．$H^*_{DR}(T^{n-1}) = \bigotimes^{n-1} H^*_{DR}(S^1)$ を仮定すると，定理 2.9.1 により，$H^*_{DR}(T^n) = H^*_{DR}(S^1) \otimes \bigotimes^{n-1} H^*_{DR}(S^1)$ を得る．k 番目の $H^*_{DR}(S^1)$ の生成元を dx_k とするとき $H^p_{DR}(T^n)$ の基底は $dx_{i_1} \wedge \cdots \wedge dx_{i_p}$ であるから，$H^p_{DR}(T^n)$ の任意の元は基底の線形結合に書かれる．

第 3 章 微分形式の積分

コンパクト多様体のドラーム・コホモロジー群は有限次元のベクトル空間であることがわかった. これは, 多様体 M 上の微分 p 形式 α に対して, $d\beta = \alpha$ となる微分 $p-1$ 形式 β の存在に対して, 次の結論を与える. このような β が存在するための必要十分条件は $d\alpha = 0$ かつ $[\alpha] = 0 \in H^p_{DR}(M)$ であることである.

例えば, $H^p_{DR}(M) \cong 0$ がわかっていれば, α が具体的に与えられたとき, $d\alpha = 0$ となるかどうかは, 具体的に局所座標系をとって計算され, $d\alpha$ を計算して 0 となれば, β の存在がわかる.

$H^p_{DR}(M)$ が自明ではないときには, 与えられた閉形式 α に対して, $[\alpha] = 0$ となるかどうかを判定する必要がある. 前の章まででは, そのための道具としては, マイヤー・ビエトリス完全系列を使うか, チェック・ドラーム複体を追いかけて, チェック複体上でコホモロジー類を計算することしか提示していない.

ドラーム理論はもっと重要なことも含んでいて, $[\alpha] = 0$ かどうかの判定は有限個の積分を計算することでできることがわかる.

3.1 閉微分 1 形式の積分

多様体 M 上の微分 1 形式に対しては, 見通しよく説明できる.

連結な多様体 M の 1 点 x_0 をとる. 点 $x \in M$ に対し, x と x_0 を結ぶ曲線 $\gamma_x : [0,1] \longrightarrow M$ ($\gamma_x(0) = x_0, \gamma_x(1) = x$) をとると, 連結な多様体 M 上の関数 f とその全微分 $\alpha = df$ に対して,

$$f(x) - f(x_0) = f(\gamma_x(1)) - f(\gamma_x(0)) = \int_0^1 \frac{df \circ \gamma_x}{dt} dt$$

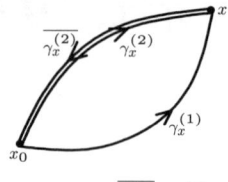

図 3.1　$\gamma = \overline{\gamma_x^{(2)}} * \gamma_x^{(1)}$.

である．多様体上の微分形式の定義 2.1.7（43 ページ），微分形式の引き戻しの命題 2.3.6（50 ページ）によれば，$\dfrac{\mathrm{d}(f \circ \gamma_x)}{\mathrm{d}t}\mathrm{d}t = \gamma_x{}^* \mathrm{d}f$ である．すなわち，曲線 γ_x に沿う積分 $\int_{\gamma_x} \alpha = \int_{\gamma_x} \mathrm{d}f$ を，γ_x で $\alpha = \mathrm{d}f$ を引き戻した $\gamma_x{}^*\alpha = \gamma_x{}^*\mathrm{d}f$ の $[0,1]$ 上の積分 $\int_0^1 \gamma_x{}^*\alpha = \int_0^1 \gamma_x{}^*\mathrm{d}f$ として定義すると，$f(x) - f(x_0) = \int_0^1 \gamma_x{}^*\alpha$ である．

閉微分 1 形式 α に対して，積分 $\int_{\gamma_x}\alpha = \int_0^1 \gamma_x{}^*\alpha$ の値が，x_0 と x を結ぶ曲線のとり方によらなければ，$f(x) = \int_{\gamma_x}\alpha$ と定義すると $\alpha = \mathrm{d}f$ となる．

さて，x_0, x を結ぶ 2 つの曲線 $\gamma_x^{(1)}, \gamma_x^{(2)}$ に対して，$\gamma = \overline{\gamma_x^{(2)}} * \gamma_x^{(1)}$ を $\gamma_x^{(1)}$ に沿って x_0 から x にいき，$\gamma_x^{(2)}$ を逆向きにたどって，x から x_0 に戻る閉曲線とすると，x_0 と x を結ぶ曲線のとり方によらないということは，このような閉曲線 γ に沿う積分が 0 になるということである．図 3.1 参照．こうして次のことがわかる．

- $\alpha = \mathrm{d}f$ となる関数が存在することと，任意の閉曲線 γ に対して，$\int_\gamma \alpha = 0$ となることは同値である．

したがって，$[\alpha] \in H_{DR}^1(M)$ が 0 でなければ，ある閉曲線 γ に対して $\int_\gamma \alpha \neq 0$ となる．

ここで，M がコンパクトなら，閉 1 形式 α に対しては，次のことが成り立つ．

【例題 3.1.1】　$H_{DR}^1(M) \cong \mathbf{R}^k$ とする．M 上の k 個の閉曲線 $\gamma_1, \ldots, \gamma_k$ が存在して，$\int_{\gamma_i}\alpha = 0$ $(i = 1, \ldots, k)$ ならば $\alpha = \mathrm{d}f$ となる関数 f が存在する．

【解】　これは，k 次元ベクトル空間 V と $\mathbf{Z}$ 加群 W が与えられ，さらに双線形形式 $\langle \cdot, \cdot \rangle : V \times W \longrightarrow \mathbf{R}$ で，0 でない任意の $v \in V$ に対し，$\langle v, w \rangle \neq 0$ とな

る $w \in W$ が存在する場合, V の基底 $v_1, \ldots, v_k$ に対し, W の元 $w_1, \ldots, w_k$ で $(\langle v_i, w_j \rangle)_{i,j=1,\ldots,k}$ が正則行列になるものがあるという命題である.

まず, $H^1_{DR}(M) \cong \boldsymbol{R}^k$ の基底となる $[\alpha_1], \ldots, [\alpha_k]$ をとる. 閉曲線 $\gamma_1, \ldots, \gamma_m$ $(m < k)$ がとれていて, $m \times m$ 行列 $\left(\int_{\gamma_j} \alpha_i \right)_{i,j=1,\ldots,m}$ が正則であるとする. α_{m+1} の閉曲線に沿った積分を並べた $\left(\int_{\gamma_1} \alpha_{m+1}, \ldots, \int_{\gamma_m} \alpha_{m+1} \right)$ に対し, $(a_1, \ldots, a_m) \in \boldsymbol{R}^m$ が一意的に定まり,

$$\left(\int_{\gamma_1} \alpha_{m+1}, \ldots, \int_{\gamma_m} \alpha_{m+1} \right) = \sum_{i=1}^{m} a_i \left(\int_{\gamma_1} \alpha_i, \ldots, \int_{\gamma_m} \alpha_i \right)$$

となる. すなわち, $\int_{\gamma_j} \left(\alpha_{m+1} - \sum_{i=1}^{m} a_i \alpha_i \right) = 0$ $(j = 1, \ldots, m)$ となる. $\alpha_{m+1} - \sum_{i=1}^{m} a_i \alpha_i \neq 0$ だから, 閉曲線 γ_{m+1} を $\int_{\gamma_{m+1}} \left(\alpha_{m+1} - \sum_{i=1}^{m} a_i \alpha_i \right) \neq 0$ を満たすようにとる. $(m+1) \times (m+1)$ 行列 $\left(\int_{\gamma_j} \alpha_i \right)_{i,j=1,\ldots,m+1}$ のランクを考えると, それは, 行列の最後の行を $\left(\int_{\gamma_j} \left(\alpha_{m+1} - \sum_{i=1}^{m} a_i \alpha_i \right) \right)_{j=1,\ldots,m}$ にとり替えたものと等しい. したがって, $\int_{\gamma_j} \left(\alpha_{m+1} - \sum_{i=1}^{m} a_i \alpha_i \right) = 0$ $(j = 1, \ldots, m)$ と γ_{m+1} のとり方から, 行列 $\left(\int_{\gamma_j} \alpha_i \right)_{i,j=1,\ldots,m+1}$ のランクは $m+1$ となる. これを繰り返して, $[\alpha_1], \ldots, [\alpha_k]$ に対して, $\left(\int_{\gamma_j} \alpha_i \right)_{i,j=1,\ldots,k}$ が正則であるような閉曲線 $\gamma_1, \ldots, \gamma_k$ がとれることになる.

さて, 閉 1 形式 α に対して, $\alpha = \sum_{i=1}^{k} b_i [\alpha_i]$ となる $(b_1, \ldots, b_k) \in \boldsymbol{R}^k$ がある. $\int_{\gamma_j} \alpha = \sum_{i=1}^{k} b_i \int_{\gamma_j} \alpha_i = 0$ $(i = 1, \ldots, k)$ で, $\left(\int_{\gamma_j} \alpha_i \right)_{i,j=1,\ldots,k}$ は正則だから, $b_j = 0$ $(j = 1, \ldots, k)$. したがって, $\int_{\gamma_i} \alpha = 0$ $(i = 1, \ldots, k)$ とすると, $[\alpha] = 0 \in H^1_{DR}(M)$ であることがわかる. したがって, $\alpha = \mathrm{d}f$ と書かれる.

【例 3.1.2】 n 次元トーラス $T^n = \boldsymbol{R}^n / \boldsymbol{Z}^n$ の 1 次元ドラーム・コホモロジー群は $\boldsymbol{R}^n$ と同型で, 基底として, $[\mathrm{d}x_1], \ldots, [\mathrm{d}x_n]$ がとれる. ただし, $\boldsymbol{R}^n$ の基底を $e_1, \ldots, e_n$ ととり, 座標を $(x_1, \ldots, x_n)$ としている. $\gamma_j : [0,1] \longrightarrow \boldsymbol{R}^n$ を $\gamma_j(t) = t e_j$ で定義すると $\int_{\gamma_j} \mathrm{d}x_i = \delta_{ji}$ ($\delta_{ii} = 1, i \neq j$ ならば $\delta_{ji} = 0$) である.

T^n 上の閉 1 形式 α に対して，$\int_{\gamma_i} \alpha = 0$ $(i = 1, \ldots, n)$ ならば $\alpha = \mathrm{d}f$ となる関数 f がある．一般に，T^n 上の閉 1 形式 α に対して，$\alpha - \sum_{i=1}^{n} \left(\int_{\gamma_i} \alpha \right) \mathrm{d}x_i = \mathrm{d}f$ を満たす関数 f が存在する．

【問題 3.1.3】 多様体 M 上の 2 点 x_0, x_1 を結ぶ C^∞ 級曲線 $\gamma_0, \gamma_1 : [0,1] \longrightarrow M$ $(\gamma_0(0) = \gamma_1(0) = x_0, \gamma_0(1) = \gamma_1(1) = x_1)$ が両端を固定して C^∞ ホモトピックとする．すなわち，C^∞ 級写像 $F : [0,1] \times [0,1] \longrightarrow M$ で，$F(0,t) = \gamma_0(t)$, $F(1,t) = \gamma_1(t)$, $F(s,0) = x_0$, $F(s,1) = x_1$ を満たすものが存在するとする．このとき，M 上の閉微分 1 形式 α に対し，$\int_{\gamma_0} \alpha = \int_{\gamma_1} \alpha$ となることを示せ．解答例は 124 ページ．

3.2 単体からの写像に沿う積分

前節の考察を次数の高い閉微分形式に対して拡張するために，単体からの写像に沿う積分を考える．

まず，直方体から多様体 M への写像 $\kappa : [a_1, b_1] \times \cdots \times [a_p, b_p]$ に沿って M 上の微分形式を積分することを考えよう．これまでの引き戻しについての議論から次のように考えればよい．

微分 p 形式 α を κ で引き戻すと，直方体 $[a_1, b_1] \times \cdots \times [a_p, b_p]$ 上の微分 p 形式 $\kappa^* \alpha$ が得られる．p は直方体の次元と一致しているので，

$$\kappa^* \alpha = f(t_1, \ldots, t_p) \, \mathrm{d}t_1 \wedge \cdots \wedge \mathrm{d}t_p$$

と書かれる．そこで，$\int_\kappa \alpha = \int_{\mathrm{id}} \kappa^* \alpha = \int_{a_1}^{b_1} \cdots \int_{a_p}^{b_p} f(t_1, \ldots, t_p) \, \mathrm{d}t_1 \cdots \mathrm{d}t_p$ と定義する．

直方体からの写像に沿う積分と同様に，単体からの写像に沿う積分が定義される．多様体の位相空間としてのホモロジー理論との関係を明らかにするには，直方体からではなく，単体からの写像に沿う積分を用いるほうが都合がよいことがわかっている．

p 次元標準単体 Δ^p は，

$$\Delta^p = \{ (x_1, \ldots, x_p) \in \boldsymbol{R}^p \mid 1 \geqq x_1 \geqq \cdots \geqq x_p \geqq 0 \}$$

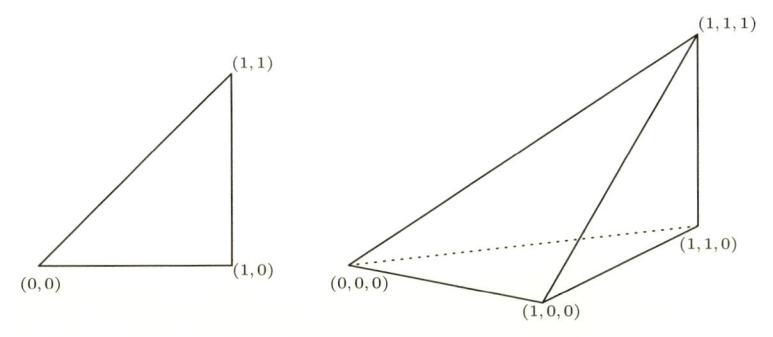

図 3.2 （左）2 次元標準単体 Δ^2，（右）3 次元標準単体 Δ^3．

で定義される．図 3.2 参照．Δ^p 上の微分 p 形式 $f(x_1,\ldots,x_p)\,dx_1\wedge\cdots\wedge dx_p$ の積分を

$$\int_{\Delta^p} f(x_1,\ldots,x_p)\,dx_1\wedge\cdots\wedge dx_p$$
$$=\int_{x_1=0}^{1}\left(\cdots\left(\int_{x_i=0}^{x_{i-1}}\left(\cdots\left(\int_{x_p=0}^{x_{p-1}} f(x_1,\ldots,x_p)\,dx_p\right)\cdots\right)dx_i\right)\cdots\right)dx_1$$

で定義する．また，p 次元標準単体 Δ^p から多様体 M への C^∞ 級写像 $\sigma:\Delta^p\longrightarrow M$ に沿う M 上の微分 p 形式の積分 $\int_\sigma \alpha$ を次で定義する．

$$\int_\sigma \alpha = \int_{\Delta^p} \sigma^*\alpha$$

多様体 M への C^∞ 級写像 $\sigma:\Delta^p\longrightarrow M$ を **C^∞ 級特異 p 単体**（**p 次元 C^∞ 級特異単体**）と呼び，有限個の C^∞ 級写像 $\sigma_i:\Delta^p\longrightarrow M$ $(i=1,\ldots,j)$ の形式的線形結合 $\sum_{i=1}^{j} a_i\sigma_i$ $(a_i\in\boldsymbol{R})$ を **C^∞ 級特異 p チェイン**（**p 次元 C^∞ 級特異チェイン**）と呼ぶ．C^∞ 級特異 p チェイン上の積分は，

$$\int_{\sum_{i=1}^{j} a_i\sigma_i}\alpha = \sum_{i=1}^{j} a_i\int_{\sigma_i}\alpha = \sum_{i=1}^{j} a_i\int_{\Delta^p}\sigma_i^*\alpha$$

で定義される．

　直方体からの写像に対して述べたストークスの定理（例題 1.6.9（22 ページ））を単体からの写像に対してストークスの定理を定式化するために，次の写像を定義する．

　$k=0,\ldots,p$ に対して，$\varepsilon_k:\Delta^{p-1}\longrightarrow \Delta^p$ を次で定義する．図 3.3 参照．

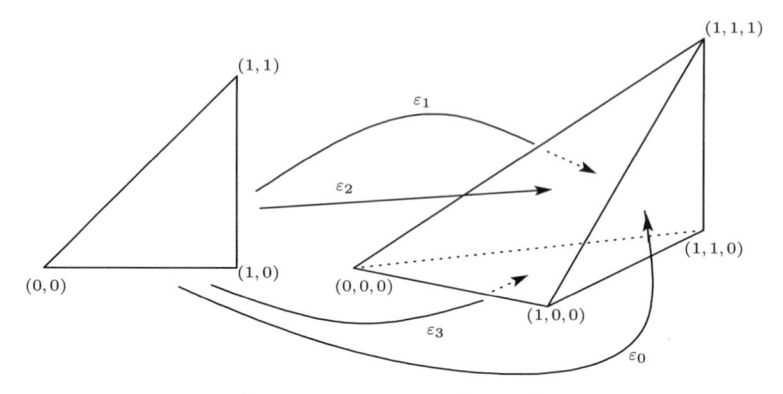

図 3.3 $\varepsilon_0, \varepsilon_1, \varepsilon_2, \varepsilon_3 : \Delta^2 \longrightarrow \Delta^3$.

$$\varepsilon_0(x_1, \ldots, x_{p-1}) = (1, x_1, \ldots, x_{p-1}),$$
$$\varepsilon_k(x_1, \ldots, x_{p-1}) = (x_1, \ldots, x_k, x_k, \ldots, x_{p-1}) \quad (0 < k < p),$$
$$\varepsilon_p(x_1, \ldots, x_{p-1}) = (x_1, \ldots, x_{p-1}, 0).$$

C^∞ 級特異 p 単体 $\sigma : \Delta^p \longrightarrow M$ の**境界** $\partial\sigma$ を $\partial\sigma = \sum_{k=0}^{p}(-1)^k \sigma \circ \varepsilon_k$ により定義する.

このとき次が成立する.

定理 3.2.1（単体からの写像についてのストークスの定理） C^∞ 級多様体 M への C^∞ 級写像 $\sigma : \Delta^p \longrightarrow M$ と, M 上の微分 $p-1$ 形式 α に対し, 次が成立する.
$$\int_\sigma d\alpha = \int_{\partial\sigma} \alpha$$

証明 p 単体 Δ^p 上の $p-1$ 形式 $\sigma^*\alpha$ は $\sigma^*\alpha = \sum_{k=1}^{p}(-1)^{k-1} f_k \, dx_1 \wedge \cdots \wedge dx_{k-1} \wedge dx_{k+1} \wedge \cdots \wedge dx_p$ と書かれ, $\sigma^* d\alpha = d\sigma^*\alpha = \sum_{k=1}^{p} \frac{\partial f_k}{\partial x_k} dx_1 \wedge \cdots \wedge dx_p$ である. したがって, 定理の証明のためには $\alpha_k = (-1)^{k-1} f_k \, dx_1 \wedge \cdots \wedge dx_{k-1} \wedge dx_{k+1} \wedge \cdots \wedge dx_p$ に対して, $\int_{\Delta^p} \frac{\partial f_k}{\partial x_k} dx_1 \wedge \cdots \wedge dx_p = \int_{\sum_{i=0}^{p}(-1)^i \varepsilon_i} \alpha_k$ を示せばよい.

まず, $k = p$ に対して,

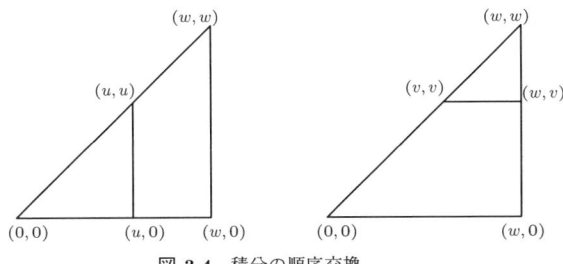

図 3.4 積分の順序交換.

$$\int_{\Delta^p} \frac{\partial f_p}{\partial x_p} \, dx_1 \wedge \cdots \wedge dx_p$$
$$= \int_{x_1=0}^{1} \left(\cdots \left(\int_{x_p=0}^{x_{p-1}} \frac{\partial f_p}{\partial x_p} \, dx_p \right) \cdots \right) dx_1$$
$$= \int_{x_1=0}^{1} \left(\cdots \left(\int_{x_{p-1}=0}^{x_{p-2}} (f_p(x_1, \ldots, x_{p-1}, x_{p-1}) \right. \right.$$
$$\left. \left. - f_p(x_1, \ldots, x_{p-1}, 0)) \, dx_{p-1} \right) \cdots \right) dx_1$$
$$= \int_{\varepsilon_{p-1} - \varepsilon_p} (-1)^{p-1} \alpha_p$$

である. $i \neq p-1, p$ ならば, $\int_{\varepsilon_i} (-1)^p \alpha_p = 0$ であるから,

$$\int_{\varepsilon_{p-1}-\varepsilon_p} (-1)^{p-1} \alpha_p = \int_{(-1)^{p-1}\varepsilon_{p-1} + (-1)^p \varepsilon_p} \alpha_p = \int_{\sum_{i=0}^{p} (-1)^i \varepsilon_i} \alpha_p$$

$k < p$ に対しては, **積分の順序交換**が必要になる. $\{(u,v) \in \boldsymbol{R}^2 \mid w \geqq u \geqq v \geqq 0\}$ 上の関数 $f(u,v)$ の積分について次が成立することに注意する. 図 3.4 参照.

$$\int_{\{w \geqq u \geqq v \geqq 0\}} f(u,v) \, du \, dv = \int_{u=0}^{w} \left(\int_{v=0}^{u} f(u,v) \, dv \right) du$$
$$= \int_{v=0}^{w} \left(\int_{u=v}^{w} f(u,v) \, du \right) dv$$

$\int_{\Delta^p} \frac{\partial f_k}{\partial x_k} \, dx_1 \wedge \cdots \wedge dx_p$ のなかの累次積分

$F(x_1, \ldots, x_{k+1}) = \int_{x_{k+2}=0}^{x_{k+1}} \cdots \int_{x_p=0}^{x_{p-1}} \frac{\partial f_k}{\partial x_k}(x_1, \ldots, x_p) \, dx_p \cdots dx_{k+2}$ について,

$$\int_{x_k=0}^{x_{k-1}} \left(\int_{x_{k+1}=0}^{x_k} F(x_1, \ldots, x_{k+1}) \, dx_{k+1} \right) dx_k$$
$$= \int_{x_{k+1}=0}^{x_{k-1}} \left(\int_{x_k=x_{k+1}}^{x_{k-1}} F(x_1, \ldots, x_{k+1}) \, dx_k \right) dx_{k+1}$$

であり，ここで，

$$
\int_{x_k=x_{k+1}}^{x_{k-1}} F(x_1, \ldots, x_{k+1}) \, dx_k
$$
$$
= \int_{x_{k+2}=0}^{x_{k+1}} \cdots \int_{x_p=0}^{x_{p-1}} \Big(f_k(x_1, \ldots, x_{k-1}, x_{k-1}, x_{k+1}, \ldots, x_p)
$$
$$
- f_k(x_1, \ldots, x_{k-1}, x_{k+1}, x_{k+1}, \ldots, x_p) \Big) \, dx_p \cdots dx_{k+2}
$$

が成り立つ．したがって，

$$
\int_{\Delta^p} \frac{\partial f_k}{\partial x_k} \, dx_1 \wedge \cdots \wedge dx_p
$$
$$
= \int_{x_1=0}^{1} \cdots \int_{x_{k-1}=0}^{x_{k-2}} \int_{x_{k+1}=0}^{x_{k-1}} \int_{x_{k+2}=0}^{x_{k+1}} \cdots \int_{x_p=0}^{x_{p-1}}
$$
$$
\Big(f_k(x_1, \ldots, x_{k-1}, x_{k-1}, x_{k+1}, \ldots, x_p)
$$
$$
- f_k(x_1, \ldots, x_{k-1}, x_{k+1}, x_{k+1}, \ldots, x_p) \Big)
$$
$$
dx_p \cdots dx_{k+2} \, dx_{k+1} \, dx_{k-1} \cdots dx_1
$$

積分変数を $x_1, \ldots, x_{k-1}, x_{k+1}, \ldots, x_p$ から $x_1, \ldots, x_{k-1}, x_k, \ldots, x_{p-1}$ にとり換えれば，最後の式は，$\int_{\varepsilon_{k-1}-\varepsilon_k} (-1)^{k-1} \alpha_k$ と等しい．$i \neq k-1, k$ ならば，$\int_{\varepsilon_i} (-1)^k \alpha_k = 0$ であるから，

$$
\int_{\varepsilon_{k-1}-\varepsilon_k} (-1)^{k-1} \alpha_k = \int_{(-1)^{k-1}\varepsilon_{k-1}+(-1)^k\varepsilon_k} \alpha_k = \int_{\sum_{i=0}^{p}(-1)^i\varepsilon_i} \alpha_k \quad \blacksquare
$$

定理 3.2.1 の意味するものは何であろうか．$S_p^\infty(M)$ を M の C^∞ 級特異 p チェインのなすベクトル空間とする．すなわち，

$$
S_p^\infty(M) = \left\{ \sum a_i \sigma_i \mid a_i \in \mathbf{R}, \, \sigma_i : \Delta^p \longrightarrow M \text{ は } C^\infty \text{ 級写像で，和は有限和} \right\}
$$

ここで $S_p^\infty(M) \times \Omega^p(M) \longrightarrow \mathbf{R}$ という双線形写像が，

$$
S_p^\infty(M) \times \Omega^p(M) \ni (c = \sum a_i \sigma_i, \alpha) \longmapsto \int_c \alpha = \sum a_i \int_{\sigma_i} \alpha \in \mathbf{R}
$$

により定義されており，$c = \sum a_i \sigma_i \in S_p^\infty(M), \alpha \in \Omega^{p-1}(M)$ に対して，定理 3.2.1 により，$\int_c d\alpha = \int_{\partial c} \alpha$ を満たしている．

外微分 d は微分形式全体 $\Omega^*(M)$ に対して定義され，d ∘ d = 0 という性質か

ら，ドラーム複体を定義している．一方，**境界準同型** ∂ は C^∞ 級特異チェインの全体 $S_*^\infty(M)$ に対して定義されていて，$\partial \circ \partial = 0$ を満たす．したがって

$$0 \xleftarrow{\partial} S_0^\infty(M) \xleftarrow{\partial} S_1^\infty(M) \xleftarrow{\partial} S_2^\infty(M) \xleftarrow{\partial} \cdots$$

は複体をなす．これは M の **C^∞ 級特異チェイン複体**と呼ばれる．この複体の完全系列からのずれをはかるホモロジー群が $\ker \partial / \operatorname{im} \partial$ として定義される．$Z_p^\infty(M) = \ker(\partial : S_p^\infty \longrightarrow S_{p-1}^\infty)$ の元は p 次元 **C^∞ 級特異サイクル**と呼ばれ，$B_p^\infty(M) = \operatorname{im}(\partial : S_{p+1}^\infty \longrightarrow S_p^\infty)$ の元は p 次元 **C^∞ 級特異バウンダリー**と呼ばれる．$H_p^\infty(M) = Z_p^\infty(M) / B_p^\infty(M)$ は，p 次元 **C^∞ 級特異ホモロジー群**と呼ばれる．

もしも閉 p 形式 α が完全 p 形式で $\alpha = \mathrm{d}\beta$ と書かれば，$\int_c \alpha = \int_c \mathrm{d}\beta = \int_{\partial c} \beta$ は $\partial c = 0$ となるような p 次元チェイン c，すなわち p 次元サイクル c に対しては常に 0 でなければならない．実は，この逆が成立する．

閉 p 形式 α が，任意の p 次元サイクル $c \in S_p^\infty(M)$ ($\partial c = 0$) に対して，$\int_c \alpha = 0$ となるならば，$\alpha = \mathrm{d}\beta$ と書かれる．閉 p 形式 α が，完全形式となるための条件はもっと弱めることができる．c がバウンダリーであり，$c = \partial b$ とすると，閉形式 α ($\mathrm{d}\alpha = 0$) に対し，常に $\int_c \alpha = \int_{\partial b} \alpha = \int_b \mathrm{d}\alpha = 0$ となる．したがって，C^∞ 級特異ホモロジー群 $H_p^\infty(M) = \ker \partial / \operatorname{im} \partial$ の基底の代表元となるサイクル c_i ($i = 1, \ldots, k = \dim H_p^\infty(M)$) に対して $\int_{c_i} \alpha = 0$ ならば，$\alpha = \mathrm{d}\beta$ と書かれる．C^∞ 級特異ホモロジー群はドラーム・コホモロジー群とベクトル空間としての次元は等しく，結局，$k = \dim H_p^\infty(M) = \dim H_{DR}^p(M)$ に対して，C^∞ 級特異ホモロジー群 $H_p^\infty(M)$ の基底 $[c_1], \ldots, [c_k]$ をとることができ，閉 p 形式 α が $\int_{c_i} \alpha = 0$ ($i = 1, \ldots, k$) を満たすならば，$\alpha = \mathrm{d}\beta$ と書かれる．これが，閉 1 形式についての例題 3.1.1 の高次元化である．

次節では，単体複体上のドラーム複体，ドラーム・コホモロジー群を定義し，単体複体のドラーム・コホモロジー群は単体上の積分を通じて，単体複体のコホモロジー群と同型となることを示す．これにより，任意の p 次元サイクル c に対して $\int_c \alpha = 0$ となる閉 p 形式 α は完全形式であることがわかる．

注意 3.2.2 C^∞ 級特異チェイン複体のチェインを定義する係数は実数係数としている．これを，整数係数でとれば，$H_p^\infty(M)$ は整数係数のホモロジー群と一致する．C^∞ 級特異チェイン複体 $S_*^\infty(M)$ は（単体からの連続写像を使って定義され

る）特異チェイン複体 $S_*(M)$ の部分複体であるが，包含写像 $S_*^\infty(M) \longrightarrow S_*(M)$ は任意の係数に対してホモロジー群の同型を導く（これは単体からの連続写像を C^∞ 級写像で近似することにより示される）．

【問題 3.2.3】 多様体 M の p 次元 C^∞ 級特異サイクルの族 $c_t = \sum_i a_i \sigma_i^{(t)}$ $t \in [0,1]$ が，$(t,x) \longmapsto \sigma_i^{(t)}(x)$ が C^∞ 写像となるように与えられているとき，c_0, c_1 は C^∞ ホモトピックという．このとき，M 上の閉 p 形式 α に対し，$\int_{c_0} \alpha = \int_{c_1} \alpha$ を示せ．解答例は 124 ページ．

3.3 単体的ドラーム理論（展開）

この節では，単体複体に対して，単体的ドラーム理論を展開し，$\Omega^*(M)$ の p 次元コホモロジー群が，単体複体のコホモロジー群と一致すること，単体複体のコホモロジー群とホモロジー群は，双対空間になっていて，次元が等しいことを示す．C^∞ 級多様体 M は付録（209 ページ）に示すように単体分割（三角形分割）を持つので，これにより，$H_{DR}^p(M) \cong \boldsymbol{R}^d$ のとき，M 上の p サイクル $c_1, \ldots, c_d$ が存在し，閉 p 形式 α に対して，$\alpha = d\beta$ と書かれることと $\int_{c_i} \alpha = 0 \ (i = 1, \ldots, d)$ が同値となる．

3.3.1 単体複体

まず，有限単体複体を定義しよう．$\boldsymbol{R}^N$ の基底を $\{e_1, \cdots, e_N\}$ とする．$\{e_{i_0}, \cdots, e_{i_k}\}$ $(i_0 < \cdots < i_k)$ を頂点とする k 次元単体（これらの点の凸包）を $\langle e_{i_0} \cdots e_{i_k} \rangle$ で表すことにする．すなわち，

$$\langle e_{i_0} \cdots e_{i_k} \rangle = \Big\{ \sum_{\ell=0}^{k} t_{i_\ell} e_{i_\ell} \ \Big| \ t_{i_\ell} \geqq 0, \ \sum_{\ell=0}^{k} t_{i_\ell} = 1 \Big\}$$

この単体の点 $\sum_{\ell=0}^{k} t_{i_\ell} e_{i_\ell}$ に対し，$(t_{i_0}, \ldots, t_{i_k})$ をその点の**重心座標**という．また，$\Big\{ \sum_{\ell=0}^{k} t_{i_\ell} e_{i_\ell} \ \Big| \ t_{i_\ell} > 0, \ \sum_{\ell=0}^{k} t_{i_\ell} = 1 \Big\} \subset \langle e_{i_0} \cdots e_{i_k} \rangle$ を単体 $\langle e_{i_0} \cdots e_{i_k} \rangle$ の**内部**という．

定義 3.3.1（有限単体複体） 有限単体複体 K とは，これらの単体からなる

有限集合で，1つの k 次元単体 $\langle e_{i_0} \cdots e_{i_k} \rangle$ を含めば，その面となる $k-1$ 次元単体 $\langle e_{i_0} \cdots e_{i_{\ell-1}} e_{i_{\ell+1}} \cdots e_{i_k} \rangle$ $(0 \leqq \ell \leqq k)$ を含む（したがって，次元の低い面をすべて含む）ものである．$|K|$ で K に属する単体の和集合を表す．$|K|$ を K の**幾何的実現**と呼ぶ．$|K|$ の点はそれを含む単体を $\langle e_{i_0} \cdots e_{i_k} \rangle$ とすると重心座標 $(t_{i_0}, \ldots, t_{i_k})$ $\left(t_{i_\ell} \geqq 0, \sum_{\ell=0}^{k} t_{i_\ell} = 1 \right)$ で表されている．

有限単体複体 K の k（次元）**チェイン**とは，K の k 次元単体の実数係数（有限）線形結合のことである．k チェイン全体の集合を $C_k(K)$ と書く．

$$C_k(K) = \left\{ \sum a_i \sigma_i \mid a_i \in \mathbf{R},\ \sigma_i\ は\ K\ の\ k\ 単体 \right\}$$

であり，$C_k(K)$ は，k 単体の個数と同じ次元のベクトル空間となる．k 単体 $\sigma = \langle e_{i_0} \cdots e_{i_k} \rangle$ に対し，その境界 $\partial \sigma$ を $\partial \sigma = \sum_{j=0}^{k} (-1)^j \langle e_{i_0} \cdots e_{i_{j-1}} e_{i_{j+1}} \cdots e_{i_k} \rangle$ により定義する．これにより，**境界準同型** $\partial : C_k(K) \longrightarrow C_{k-1}(K)$ が定義されるが，$\partial \circ \partial = 0$ となる．実際，

$$\begin{aligned}
&(\partial \circ \partial) \langle e_{i_0} \cdots e_{i_k} \rangle \\
&= \partial \sum_{j=0}^{k} (-1)^j \langle e_{i_0} \cdots e_{i_{j-1}} e_{i_{j+1}} \cdots e_{i_k} \rangle \\
&= \sum_{j=0}^{k} (-1)^j \partial \langle e_{i_0} \cdots e_{i_{j-1}} e_{i_{j+1}} \cdots e_{i_k} \rangle \\
&= \sum_{j=0}^{k} (-1)^j \Bigg(\sum_{\ell=0}^{j-1} (-1)^\ell \langle e_{i_0} \cdots e_{i_{\ell-1}} e_{i_{\ell+1}} \cdots e_{i_{j-1}} e_{i_{j+1}} \cdots e_{i_k} \rangle \\
&\qquad\qquad + \sum_{\ell=j+1}^{k} (-1)^{\ell-1} \langle e_{i_0} \cdots e_{i_{j-1}} e_{i_{j+1}} \cdots e_{i_{\ell-1}} e_{i_{\ell+1}} \cdots e_{i_k} \rangle \Bigg) \\
&= \sum_{s<t} ((-1)^{s+t} + (-1)^{s+t-1}) \langle e_{i_0} \cdots e_{i_{s-1}} e_{i_{s+1}} \cdots e_{i_{t-1}} e_{i_{t+1}} \cdots e_{i_k} \rangle = 0
\end{aligned}$$

そこで

$$C_*(K) : 0 \xleftarrow{\partial} C_0(K) \xleftarrow{\partial} C_1(K) \xleftarrow{\partial} C_2(K) \xleftarrow{\partial} \cdots$$

という複体が得られる．ここで

$$H_k(K) = \ker(\partial : C_k(K) \longrightarrow C_{k-1}(K)) / \operatorname{im}(\partial : C_{k+1}(K) \longrightarrow C_k(K))$$

により実係数ホモロジー群が得られる．

また，有限単体複体 K の実係数コホモロジー群は次で定義される．

$C^k(K)$ を K の k 次元単体のなす（有限）集合上の実数値関数のなす（有限次元）ベクトル空間とする．$C^k(K)$ の元 c の k 次元単体 $\langle e_{i_0} \cdots e_{i_k} \rangle$ での値を $c(i_0, \ldots, i_k)$ と書くことにする．$C^k(K)$ の元は **k コチェイン**と呼ばれる．$C^k(K)$ の元 c, $C_k(K)$ の元 $\sum a_i \sigma_i$ に対し，$c\left(\sum a_i \sigma_i\right) \in \mathbf{R}$ を $c\left(\sum a_i \sigma_i\right) = \sum a_i c(\sigma_i)$ と定義すると，$C^k(K)$ の元は $C_k(K)$ 上の線形形式である．これにより，$C^k(K)$ は $C_k(K)$ の双対ベクトル空間である．

$\delta : C^k(K) \longrightarrow C^{k+1}(K)$ を

$$(\delta c)(i_0, \ldots, i_{k+1}) = \sum_{\ell=0}^{k+1} (-1)^\ell c(i_0, \ldots, i_{\ell-1}, i_{\ell+1}, \ldots, i_{k+1})$$

で定義する．この定義は，$(\delta c)(\sigma) = c(\partial \sigma)$ としたものである．そうすると $\partial \circ \partial = 0$ から $\delta \circ \delta = 0$ がわかる．有限単体複体 K の**コホモロジー群**は，K の**コチェイン複体**

$$C^*(K) : 0 \xrightarrow{\delta} C^0(K) \xrightarrow{\delta} C^1(K) \xrightarrow{\delta} C^2(K) \xrightarrow{\delta} \cdots$$

のコホモロジー群として

$$H^k(K) = \ker(\delta : C^k \longrightarrow C^{k+1}) / \mathrm{im}(\delta : C^{k-1} \longrightarrow C^k)$$

で定義される．

定義 3.3.2 $\dim C_k(K) = \dim C^k(K)$ は K の k 次元単体の個数 m_k である．K の単体の次元は高々 n であるとするとき，$\chi(K) = \sum_{k=0}^{n} (-1)^k m_k$ を K の**オイラー標数**（オイラー・ポアンカレ標数）と呼ぶ．

【問題 3.3.3】 $\chi(K) = \sum_{k=0}^{n} (-1)^k \dim H_k(K) = \sum_{k=0}^{n} (-1)^k \dim H^k(K)$ を示せ．解答例は 125 ページ．

ここで $\dim H_k(K) = \dim H^k(K)$ が容易にわかる．

命題 3.3.4 $\dim H_k(K) = \dim H^k(K)$ が成立する.

証明 $C_*(K)$ に単体から与えられる基底をとり, $C_k(K)$ は列ベクトルで表されるとする. 境界準同型 ∂ を下の図のように行列 A, B で表すと, $\partial \circ \partial = 0$ だから, AB は零行列である.

$$\begin{array}{ccccc} C_{k-1}(K) & \longleftarrow & C_k(K) & \longleftarrow & C_{k+1}(K) \\ & A & & B & \\ C^{k-1}(K) & \longrightarrow & C^k(K) & \longrightarrow & C^{k+1}(K) \end{array}$$

$C^k(K)$ は $C_k(K)$ 上の線形形式の空間だから行ベクトルで表されると考え, 同じ A, B が行ベクトルに作用すると考えたものが δ である. 行ベクトルを列ベクトルに同一視し, $C^k(K)$ と $C_k(K)$ の間の積はユークリッドの内積と見る.

ベクトル $v_1, \ldots, v_k$ に対し, $\langle v_1, \ldots, v_k \rangle$ で, ベクトル $v_1, \ldots, v_k$ の張る部分ベクトル空間 $\left\{ \sum_{i=1}^k a_i v_i \mid a_i \in \mathbf{R} \right\}$ を表すことにする.

A の行ベクトルを $\boldsymbol{a}_1, \ldots, \boldsymbol{a}_\ell$ とする $\left(A = \begin{pmatrix} \boldsymbol{a}_1 \\ \vdots \\ \boldsymbol{a}_\ell \end{pmatrix} \right)$ と, $\ker \partial = \langle {}^t\boldsymbol{a}_1, \ldots, {}^t\boldsymbol{a}_\ell \rangle^\perp$ である. B の列ベクトルを $\boldsymbol{b}_1, \ldots, \boldsymbol{b}_n$ とする $\left(B = \begin{pmatrix} \boldsymbol{b}_1 & \cdots & \boldsymbol{b}_n \end{pmatrix} \right)$ と, $\operatorname{im} \partial = \langle \boldsymbol{b}_1, \ldots, \boldsymbol{b}_n \rangle$ である. $\operatorname{im} \partial \subset \ker \partial$ だから,

$$\langle \boldsymbol{b}_1, \ldots, \boldsymbol{b}_n \rangle \subset \langle {}^t\boldsymbol{a}_1, \ldots, {}^t\boldsymbol{a}_\ell \rangle^\perp$$

である. ここで, $\perp$ は, ユークリッドの内積に対する**直交補空間**を表す. 一方, $\ker \delta = \langle \boldsymbol{b}_1, \ldots, \boldsymbol{b}_n \rangle^\perp$, $\operatorname{im} \delta = \langle {}^t\boldsymbol{a}_1, \ldots, {}^t\boldsymbol{a}_\ell \rangle$ であり,

$$\langle {}^t\boldsymbol{a}_1, \ldots, {}^t\boldsymbol{a}_\ell \rangle \subset \langle \boldsymbol{b}_1, \ldots, \boldsymbol{b}_n \rangle^\perp$$

である.

この書き方で, $V = \langle {}^t\boldsymbol{a}_1, \ldots, {}^t\boldsymbol{a}_\ell \rangle^\perp \cap \langle \boldsymbol{b}_1, \ldots, \boldsymbol{b}_n \rangle^\perp$ とすると,

$$\langle {}^t\boldsymbol{a}_1, \ldots, {}^t\boldsymbol{a}_\ell \rangle^\perp / \langle \boldsymbol{b}_1, \ldots, \boldsymbol{b}_n \rangle \cong V \cong \langle \boldsymbol{b}_1, \ldots, \boldsymbol{b}_n \rangle^\perp / \langle {}^t\boldsymbol{a}_1, \ldots, {}^t\boldsymbol{a}_\ell \rangle$$

すなわち, $\ker \partial / \operatorname{im} \partial \cong \ker \delta / \operatorname{im} \delta$, したがって $\dim H_k(K) = \dim H^k(K)$ である. ∎

注意 3.3.5　$C^k(K)$ と $C_k(K)$ の間の積を，行ベクトルを列ベクトルに同一視することで，ユークリッドの内積と見たが，そのユークリッドの内積を V 上に制限したものが，$H^k(K)$ と $H_k(K)$ の間の積を引き起こし，これは，$C^k(K)$ と $C_k(K)$ の間の積から引き起こされたものに一致する．

3.3.2　単体複体上の微分形式

有限単体複体 K のドラーム複体 $\Omega^*(K)$ を次のように定義する．

定義 3.3.6　$\Omega^k(K)$ の元 ω とは K のすべての単体 σ から，その上の k 次微分形式 ω_σ への対応であり，m 次元単体 $\sigma = \langle e_{i_0} \cdots e_{i_m} \rangle$ とその面となる $m-1$ 次元単体 $\tau = \langle e_{i_0} \cdots e_{i_{\ell-1}} e_{i_{\ell+1}} \cdots e_{i_m} \rangle$ に対し，ω_σ の τ への制限が ω_τ と一致する（$\omega_\sigma|\tau = \omega_\tau$）ものである．

外微分 $\mathrm{d} : \Omega^k(K) \longrightarrow \Omega^{k+1}(K)$ について，$\mathrm{d} \circ \mathrm{d} = 0$ であり，有限単体複体 K のドラーム・コホモロジー $H^*_{DR}(K) = \ker \mathrm{d} / \operatorname{im} \mathrm{d}$ が定義される．

2.10 節（76 ページ）で述べたチェック・ドラーム理論を有限単体複体 K のドラーム複体 $\Omega^*(K)$ に適用することができる．チェック・ドラーム理論では，開被覆 $\{U_i\}$ の共通部分について，ポアンカレの補題 1.7.2（24 ページ）が適用できること，開被覆 $\{U_i\}$ について 1 の分割があることが鍵であった．

単体複体に対し，頂点の開星状体がよい開被覆を与える．K の各頂点 e_i に対し，U_i を e_i のまわりの**開星状体** $O(e_i)$ とする．ここで，e_i のまわりの開星状体 $O(e_i)$ とは，e_i を頂点とする単体の内部の和集合のことである．$U_{i_0 \cdots i_k} = \bigcap_{\ell=0}^{k} U_{i_\ell}$ とする．開星状体 $O(e_i)$ は e_i について星型である．開星状体 $O(e_i)$ 上の微分 p 形式に対するポアンカレの補題 1.7.2（24 ページ）を 34 ページの証明において $\boldsymbol{y} = e_i$ として φ をつくって証明することができる．すなわち，得られる $I(\beta)$ が単体複体の微分 $p-1$ 形式である（単体の面上で矛盾なく定義されている）ことがわかる．$U_{i_0 \cdots i_k} = \bigcap_{\ell=0}^{k} U_{i_\ell}$ は，$\langle e_{i_0} \cdots e_{i_k} \rangle$ を面とする単体の内部の和集合となり，$\langle e_{i_0} \cdots e_{i_k} \rangle$ の点について星型であり，$U_i = O(e_i)$ の場合と同じように，$U_{i_0 \cdots i_k}$ に対するポアンカレの補題が示される．

$U_{i_0 \cdots i_k}$ が空でないのは $\langle e_{i_0} \cdots e_{i_k} \rangle$ が K の k 次元単体であることと同値であり，開被覆 $\{U_i\} = \{O(e_i)\}$ についてのチェック複体は K のコチェイン複

体 $C^*(K)$ と一致する．

したがって，開星状体を用いた被覆を使って，2.10 節（76 ページ）のチェック・ドラーム理論を構成すれば，$H_{DR}^*(K) \cong H^*(K)$ という結論を得る．

3.3.3　単体的ドラームの定理

単体的ドラーム理論の重要なところは，単体上の積分が有限単体複体 K のドラーム複体 $\Omega^*(K)$ と K のコチェイン複体 $C^*(K)$ の関係を与えることである．

$\Delta^k = \{(x_1, \ldots, x_k) \mid 1 \geqq x_1 \geqq \cdots \geqq x_k \geqq 0\}$ から $\sigma = \langle e_{i_0} \cdots e_{i_k} \rangle$ への写像を同じ記号 σ と書く．σ は，

$$\sigma(x_1, \ldots, x_k) = (1 - x_1)e_{i_0} + (x_1 - x_2)e_{i_1} + \cdots + (x_{k-1} - x_k)e_{i_{k-1}} + x_k e_{i_k}$$

と定義する．図 3.5 参照．

$\omega \in \Omega^k(K)$ と K の k 次元単体 $\sigma = \langle e_{i_0} \cdots e_{i_k} \rangle$ に対し，$\int_\sigma \omega \in \mathbf{R}$ を対応させる写像は K の k コチェインを与える．この写像を $I : \Omega^*(K) \longrightarrow C^*(K)$ と書く．単体からの写像についてのストークスの定理 3.2.1 から I はコチェイン写像 ($I \circ \mathrm{d} = \delta \circ I$) となる．

定理 3.3.7（単体的ドラームの定理）　I は有限単体複体 K のドラーム・コホモロジー $H_{DR}^*(K)$ と K のコホモロジー $H^*(K)$ の間の同型写像を誘導する．

証明のためにコチェイン写像 $s : C^*(K) \longrightarrow \Omega^*(K)$ で，$I \circ s = \mathrm{id}_{C^*(K)}$ を満たすものを構成する．I, s は，準同型 $I_* : H_{DR}^* \longrightarrow H^*(K), s_* : H^*(K) \longrightarrow H_{DR}^*$ を誘導し，$I_* \circ s_* = \mathrm{id}_{H^*(K)}$ となるが，チェック・ドラーム理論により，$H_{DR}^*(K)$ と $H^*(K)$ が同型であり，有限次元ベクトル空間となることがわかっているので，I が同型写像 I_* を誘導することがわかる．

s は微分形式を対応させる写像であるが，k 次元単体 $\langle e_{i_0} \cdots e_{i_k} \rangle$ に対し，その上で考える微分 k 形式は

$$\omega_{i_0 \cdots i_k} = k! \sum_{\ell=0}^{k} (-1)^\ell t_{i_\ell} \, \mathrm{d}t_{i_0} \wedge \cdots \wedge \mathrm{d}t_{i_{\ell-1}} \wedge \mathrm{d}t_{i_{\ell+1}} \wedge \cdots \wedge \mathrm{d}t_{i_k}$$

とするとよいことがわかっている．$\omega_{i_0 \cdots i_k}$ を**標準 k 形式**と呼ぶ．ここで，

図 3.5 写像 σ.

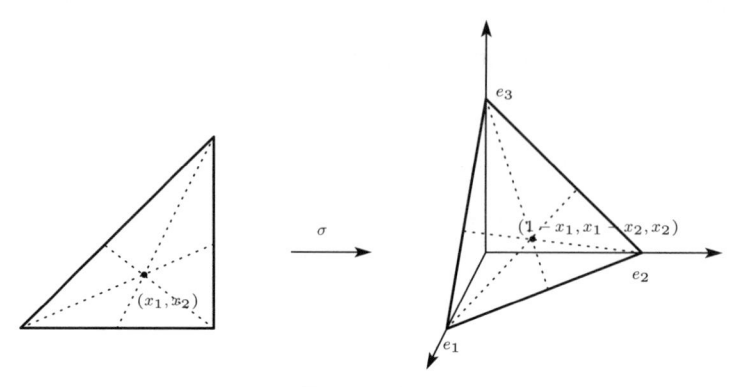

$(t_{i_1}, \ldots, t_{i_k})$ は重心座標である（定義 3.3.1 参照）．この微分形式は $\langle e_{i_0} \cdots e_{i_k} \rangle$ を含むすべての単体上で定義されている．$\langle e_{i_0} \cdots e_{i_k} \rangle$ を含まない単体上では 0 と考えると，単体複体 K 上の微分 k 形式である．係数が t_i について 1 次であることに注意する．

この $\omega_{i_0 \cdots i_k}$ に対して，$\int_{\langle e_{i_0} \cdots e_{i_k} \rangle} \omega_{i_0 \cdots i_k} = 1$ となる．実際，$x_0 = 1, x_{k+1} = 0$ として，

$$\int_{\langle e_{i_0} \cdots e_{i_k} \rangle} \omega_{i_0 \cdots i_k}$$
$$= \int_{\Delta^k} k! \sum_{\ell=0}^{k} (-1)^\ell (x_\ell - x_{\ell+1}) \, d(1 - x_1) \wedge d(x_1 - x_2) \wedge \cdots \wedge d(x_{\ell-1} - x_\ell)$$
$$\wedge d(x_{\ell+1} - x_{\ell+2}) \wedge \cdots \wedge d(x_{k-1} - x_k) \wedge d(x_k)$$
$$= \int_{\Delta^k} k! \sum_{\ell=0}^{k} (-1)^\ell (x_\ell - x_{\ell+1})(-1)^\ell \, dx_1 \wedge \cdots \wedge dx_\ell \wedge dx_{\ell+1} \wedge \cdots \wedge dx_k$$
$$= \int_{\Delta^k} k! \, dx_1 \wedge \cdots \wedge dx_{\ell-1} \wedge dx_\ell \wedge \cdots \wedge dx_k = 1$$

s の構成がうまくできる様子を次数の低いところで見ると次のようである．

s の像を $\omega_{i_0 \cdots i_k}$ を用いてつくると，これがコチェイン写像となる（$d \circ s = s \circ \delta$）ためには，$d\omega_{i_0 \cdots i_k} = (k+1)! \, dt_{i_0} \wedge \cdots \wedge dt_{i_k}$（この係数は t_i について零次）が $\omega_{j_0 \cdots j_{k+1}}$ の和に書かれる必要がある．特に，$k = 0$ のとき，$d\omega_i = dt_i$ について，そうでなければならない．ところが，K の m 次元単体 $\sigma = \langle e_{j_0} \cdots e_{j_m} \rangle$ 上で，

$$\begin{aligned}
\mathrm{d}t_{j_\ell} &= \Bigl(\sum_{a=0}^{m} t_{j_a}\Bigr) \mathrm{d}t_{j_\ell} = \Bigl(\sum_{j_a \in \{j_0,\ldots,j_m\}-\{j_\ell\}} t_{j_a}\Bigr) \mathrm{d}t_{j_\ell} + t_{j_\ell}\,\mathrm{d}t_{j_\ell} \\
&= \Bigl(\sum_{j_a \in \{j_0,\ldots,j_m\}-\{j_\ell\}} t_{j_a}\Bigr) \mathrm{d}t_{j_\ell} + t_{j_\ell}\,\mathrm{d}\Bigl(1 - \sum_{j_a \in \{j_0,\ldots,j_m\}-\{j_\ell\}} t_{j_a}\Bigr) \\
&= \sum_{j_a \in \{j_0,\ldots,j_m\}-\{j_\ell\}} (t_{j_a}\,\mathrm{d}t_{j_\ell} - t_{j_\ell}\,\mathrm{d}t_{j_a})
\end{aligned}$$

これは $\omega_{j_a j_\ell}$ ($j_a < j_\ell$) および $\omega_{j_\ell j_a}$ ($j_\ell < j_a$) の和である.実際

$$\mathrm{d}t_{j_\ell} = \sum_{\{i_0,i_1\}-\{i_1\}=\{j_\ell\}} \omega_{i_0 i_1} - \sum_{\{i_0,i_1\}-\{i_0\}=\{j_\ell\}} \omega_{i_0 i_1}$$

同様に $\mathrm{d}\omega_{i_0\cdots i_k}$ についても K の m 次元単体 $\sigma = \langle e_{j_0}\cdots e_{j_m}\rangle$ ($\{i_0,\ldots,i_k\} \subset \{j_0,\ldots,j_m\}$; $i_0 < \cdots < i_k$; $j_0 < \cdots < j_m$) 上で,

$$\begin{aligned}
(k+1)!\,\mathrm{d}t_{i_0} \wedge \cdots \wedge \mathrm{d}t_{i_k} &= (k+1)!\Bigl(\Bigl(\sum_{a=0}^{m} t_{j_a}\Bigr) \mathrm{d}t_{i_0} \wedge \cdots \wedge \mathrm{d}t_{i_k}\Bigr) \\
&= (k+1)!\Bigl(\sum_{j_a \in \{j_0,\ldots,j_m\}-\{i_0,\ldots,i_k\}} t_{j_a}\,\mathrm{d}t_{i_0} \wedge \cdots \wedge \mathrm{d}t_{i_k} + \sum_{\ell=0}^{k} t_{i_\ell}\,\mathrm{d}t_{i_0} \wedge \cdots \wedge \mathrm{d}t_{i_k}\Bigr)
\end{aligned}$$

ここで,

$$\begin{aligned}
&t_{i_\ell}\,\mathrm{d}t_{i_0} \wedge \cdots \wedge \mathrm{d}t_{i_k} \\
&= t_{i_\ell}\,\mathrm{d}t_{i_0} \wedge \cdots \wedge \mathrm{d}t_{i_{\ell-1}} \wedge \mathrm{d}\Bigl(1 - \sum_{j_a \in \{j_0,\ldots,j_m\}-\{i_\ell\}} t_{j_a}\Bigr) \wedge \mathrm{d}t_{i_{\ell+1}} \wedge \cdots \wedge \mathrm{d}t_{i_k} \\
&= -\sum_{j_a \in \{j_0,\ldots,j_m\}-\{i_0,\ldots,i_k\}} (-1)^\ell t_{i_\ell}\,\mathrm{d}t_{j_a} \wedge \mathrm{d}t_{i_0} \wedge \cdots \wedge \mathrm{d}t_{i_{\ell-1}} \wedge \mathrm{d}t_{i_{\ell+1}} \wedge \cdots \wedge \mathrm{d}t_{i_k}
\end{aligned}$$

したがって,

$$\begin{aligned}
&(k+1)!\,\mathrm{d}t_{i_0} \wedge \cdots \wedge \mathrm{d}t_{i_k} \\
&= (k+1)!\Bigl(\sum_{j_a \in \{j_0,\ldots,j_m\}-\{i_0,\ldots,i_k\}} t_{j_a}\,\mathrm{d}t_{i_0} \wedge \cdots \wedge \mathrm{d}t_{i_k} \\
&\qquad - \sum_{j_a \in \{j_0,\ldots,j_m\}-\{i_0,\ldots,i_k\}} \sum_{\ell=0}^{k} (-1)^\ell t_{i_\ell}\,\mathrm{d}t_{j_a} \wedge \mathrm{d}t_{i_0} \wedge \cdots \wedge \mathrm{d}t_{i_{\ell-1}} \wedge \mathrm{d}t_{i_{\ell+1}} \wedge \cdots \wedge \mathrm{d}t_{i_k}\Bigr) \\
&= (k+1)! \sum_{\{b_0,\ldots,b_{k+1}\}-\{b_u\}=\{i_0,\ldots,i_k\}} (-1)^u \sum_{v=0}^{k+1} (-1)^v t_{b_v}\,\mathrm{d}t_{b_0} \wedge \cdots \wedge \mathrm{d}t_{b_{v-1}} \wedge \mathrm{d}t_{b_{v+1}} \wedge \cdots \wedge \mathrm{d}t_{b_{k+1}}
\end{aligned}$$

ここで，$b_0 < \cdots < b_{k+1}$ とする．結局，次の関係式が成立する．

$$\mathrm{d}\omega_{i_0\cdots i_k} = \sum_{\{b_0,\ldots,b_{k+1}\}-\{b_u\}=\{i_0,\ldots,i_k\}} (-1)^u \omega_{b_0\cdots b_{k+1}}$$

定理 3.3.7 の証明　コチェイン写像 $s : C^*(K) \longrightarrow \Omega^*(K)$ で，$I \circ s = \mathrm{id}_{C^*(K)}$ を満たすものを定義する．

$c \in C^0(K)$ に対しては，対応する $\Omega^0(K)$ の元は $|K|$ 上の関数であり，合理的なとり方は，頂点 e_i で $c(i)$ をとる関数を線形に拡張したものである．すなわち，K の m 次元単体 $\sigma = \langle e_{j_0} \cdots e_{j_m} \rangle$ 上で，

$$s(c)_\sigma = \sum_{\ell=0}^{m} c(j_\ell) t_{j_\ell}$$

である．これについて，外微分をとると

$$\begin{aligned}
\mathrm{d}s(c)_\sigma &= \sum_{\ell=0}^{m} c(j_\ell)\,\mathrm{d}t_{j_\ell} \\
&= \sum_{\ell=0}^{m} c(j_\ell) \Big(\sum_{\{i_0,i_1\}-\{i_1\}=\{j_\ell\}} \omega_{i_0 i_1} - \sum_{\{i_0,i_1\}-\{i_0\}=\{j_\ell\}} \omega_{i_0 i_1} \Big) \\
&= \sum_{\{i_0,i_1\}\subset\{j_0,\ldots,j_m\}} (c(i_0)\omega_{i_0 i_1} - c(i_1)\omega_{i_0 i_1}) \\
&= \sum_{\{i_0,i_1\}\subset\{j_0,\ldots,j_m\}} (c(i_0) - c(i_1))\omega_{i_0 i_1}
\end{aligned}$$

ここで $i_0 < i_1$ とする．これを δc の像にする必要があるが，それは $\delta c(i_0, i_1) = c(i_0) - c(i_1)$ であるから，$c^1 \in C^1(K)$ に対し，

$$s(c^1)_\sigma = \sum_{\{i_0,i_1\}\subset\{j_0,\ldots,j_m\}} c^1(i_0, i_1) \omega_{i_0 i_1}$$

とすればよい．

一般に $c \in C^k(K)$ に対し，次のように s を定義する．K の m 次元単体 $\sigma = \langle e_{j_0} \cdots e_{j_m} \rangle$ ($m \geq k$) 上で，

$$s(c)_\sigma = \sum_{\{i_0,\ldots,i_k\}\subset\{j_0,\ldots,j_m\}} c(i_0, \ldots, i_k) \omega_{i_0 \cdots i_k}$$

これは $\Omega^k(K)$ の元となる．

s がコチェイン写像であること ($\mathrm{d} \circ s = s \circ \delta$) が次のように確かめられる．

$$\begin{aligned}
\mathrm{d}s(c)_\sigma &= \sum_{\{i_0,\ldots,i_k\}\subset\{j_0,\ldots,j_m\}} c(i_0,\ldots,i_k)\,\mathrm{d}\omega_{i_0\cdots i_k}\\
&= \sum_{\{i_0,\ldots,i_k\}\subset\{j_0,\ldots,j_m\}} c(i_0,\ldots,i_k) \sum_{\{b_0,\ldots,b_{k+1}\}-\{b_u\}=\{i_0,\ldots,i_k\}} (-1)^u \omega_{b_0\cdots b_{k+1}}\\
&= \sum_{\{b_0,\ldots,b_{k+1}\}\subset\{j_0,\ldots,j_m\}} \Bigl(\sum_{u=0}^{k+1}(-1)^u c(b_0,\ldots,b_{u-1},b_{u+1},\ldots,b_{k+1})\Bigr)\omega_{b_0\cdots b_{k+1}}\\
&= \sum_{\{b_0,\ldots,b_{k+1}\}\subset\{j_0,\ldots,j_m\}} (\delta c)(b_0,\ldots,b_{k+1})\omega_{b_0\cdots b_{k+1}} = s(\delta(c))_\sigma
\end{aligned}$$

k コチェイン c に対し，$s(c)$ を $\langle e_{i_0}\cdots e_{i_k}\rangle$ 上で積分するには，$\langle e_{i_0}\cdots e_{i_k}\rangle$ を含む任意の $\langle e_{j_0}\cdots e_{j_m}\rangle$ で次のように計算すればよい．

$$\begin{aligned}
(I\circ s)(c)(i_0,\ldots,i_k) &= \int_{\langle e_{i_0}\cdots e_{i_k}\rangle} \sum_{\{\ell_0,\ldots,\ell_k\}\subset\{j_0,\ldots,j_m\}} c(\ell_0,\ldots,\ell_k)\omega_{\ell_0\cdots\ell_k}\\
&= \sum_{\{\ell_0,\ldots,\ell_k\}\subset\{j_0,\ldots,j_m\}} c(\ell_0,\ldots,\ell_k)\int_{\langle e_{i_0}\cdots e_{i_k}\rangle}\omega_{\ell_0\cdots\ell_k}\\
&= c(i_0,\ldots,i_k)
\end{aligned}$$

∎

3.3.4　多様体の三角形分割と単体的ドラーム理論

多様体 M の C^∞ 級三角形分割とは，単体複体 K の実現 $|K|$ からの同相写像 $\varphi:|K|\longrightarrow M$ で，各単体の上で C^∞ 級となるものとする．通常，単体複体 K が PL 多様体であることも要請する（5.1 節（187 ページ）参照）．

K の頂点の開星状体 $O(e_i)$ の像 $\varphi(O(e_i))$ は 2.10 節（76 ページ）のチェック・ドラーム理論の条件を満たす開被覆であり，$\Omega^*(M)$ と $C^*(K)$ のコホモロジー群が同型であること（$H_{DR}^*(M)\cong H^*(K)$）がわかる．

前々小節 3.3.2 で，同様のチェック・ドラーム理論により $H_{DR}^*(K)\cong H^*(K)$ であることを述べた．

M 上の微分形式を $\varphi:|K|\longrightarrow M$ で引き戻したものは，単体複体 K 上の微分形式であるから，$\varphi^*:\Omega^*(M)\longrightarrow \Omega^*(K)$ が存在する．

この2つのチェック・コホモロジーとドラーム・コホモロジーの同型の示し方は，$\Omega^*(M)\xrightarrow{\varphi^*}\Omega^*(K)$ について，常に φ での引き戻しと両立するようにできる．このことは，φ^* がドラーム・コホモロジー群 $H_{DR}^*(M)$ と単体的ドラーム・コホモロジー群 $H_{DR}^*(K)$ の同型を与えていることを示している．

前小節 3.3.3 で，$\Omega^*(K)$ と $C^*(K)$ のコホモロジー群の同型は，単体に沿う積分から誘導されることを示した．したがって，$\Omega^*(K)$ と $C^*(K)$ のコホモロジー群の同型も単体に沿う積分から誘導される．

したがって，$H_p(K)$ の生成元 $[c_1], \ldots, [c_k]$ に対し，$\int_{c_i} \alpha = 0$ となる M 上の閉微分 p 形式 α は，M 上の完全微分形式である．

この議論の副産物であるが，ドラーム・コホモロジー群と三角形分割を与える単体複体のコホモロジー群が等しいことは，三角形分割のとり方によらず，単体複体のコホモロジー群が定まることをいっている．さらに，**オイラー標数** $\chi(M)$ は問題 3.3.3 により，コホモロジー群の次元の交代和として書かれているから，多様体に対して定まる量になる．

3.4　向きを持つ多様体上の積分

これまで微分 p 形式の直方体あるいは単体からの写像に沿う積分を考えてきた．この積分は符号を除いて直方体あるいは単体の像のみによっている．この積分の正負の符号が定まるのは，直方体あるいは単体からの写像には自然に向きが定まっているためである．

コンパクト n 次元多様体の微分形式を考える．コンパクト n 次元多様体は三角形分割可能であるから，n 次元単体からの C^1 級写像の像でうまく覆うことができる．このことから，コンパクト n 次元多様体上の微分 n 形式は，多様体上で積分できそうである．これは，一般には正しくないが，多様体に向きが定まっているときには積分することができる．

定義 3.4.1　多様体 M の座標近傍系 $\{(U_i, \varphi_i)\}$ に対し，$\gamma_{ij} : \varphi_j(U_i \cap U_j) \longrightarrow \varphi_i(U_i \cap U_j)$ を座標変換とする．γ_{ij} のヤコビ行列式がすべて正であるような座標近傍系が存在するとき，多様体は**向き付けを持つ**，あるいは**向き付け可能**であるという．

多様体上の積分の定義のためには，向き付けを持つだけでは不足で，向き付けを定める必要がある．

定義 3.4.2　多様体 M が定義 3.4.1 の意味で向き付けを持つとする．γ_{ij} の

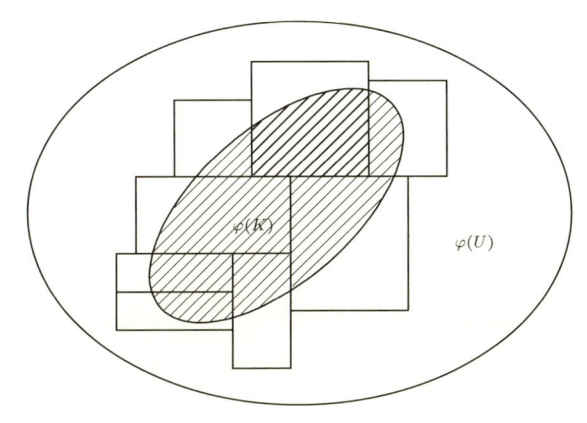

図 3.6 座標近傍 U のコンパクト集合 K に台を持つ微分 n 形式 α の φ^{-1} に沿う積分を定義する.

ヤコビ行列式がすべて正であるような座標近傍系が 1 つとられているとき，多様体は**向き付けられている**という.

$(x_1, \ldots, x_n)$ を座標とする n 次元ユークリッド空間には，この座標の順による向きが定まっていると考える．これは，ユークリッド空間の開集合 U 上の微分 n 形式を U 内の直方体 $R = [a_1, b_1] \times \cdots \times [a_n, b_n]$ 上で積分するときに $\int_{\mathrm{id}_R} f \, \mathrm{d}x_1 \wedge \cdots \wedge \mathrm{d}x_n = \int_{a_1}^{b_1} \cdots \int_{a_n}^{b_n} f \, \mathrm{d}t_1 \cdots \mathrm{d}t_n$ と定めていることによる．

積分の定義のためにも次の定義をしておく.

定義 3.4.3 多様体 M 上の微分 p 形式 α の**台** (support) $\mathrm{supp}\, \alpha$ は，次で定義される．
$$\mathrm{supp}\, \alpha = \overline{\{x \in M \mid \alpha(x) \neq 0\}}$$

$(U, \varphi = \boldsymbol{x} = (x_1, \ldots, x_n))$ を座標近傍とする．U のコンパクト部分集合 K に台を持つ微分 n 形式 α の積分を次のように考えることができる．微分 n 形式 α は，$\alpha = f(\boldsymbol{x}) \, \mathrm{d}x_1 \wedge \cdots \wedge \mathrm{d}x_n$ と表される．$\varphi(K)$ が $\varphi(U)$ に含まれる直方体 $[a_1, b_1] \times \cdots \times [a_n, b_n]$ に含まれているならば，α の $\kappa = \varphi^{-1}|[a_1, b_1] \times \cdots \times [a_n, b_n]$ に沿う積分
$$\int_\kappa \alpha = \int_{[a_1, b_1] \times \cdots \times [a_n, b_n]} f(\boldsymbol{x}) \, \mathrm{d}x_1 \cdots \mathrm{d}x_n$$

は，α の φ^{-1} に沿う積分と呼んでよいものであろう．$\varphi(K)$ が，1 つの U 内の直方体に含まれなくとも，$\varphi(K)$ はコンパクトだから，有限個の内部が交わらない直方体で覆うことができる．結局，$\int_{\varphi^{-1}} \alpha$ が，$\int_{\varphi(U)} f(\boldsymbol{x}) \, dx_1 \cdots dx_n$ により定義される．図 3.6 参照．

定義 3.4.4 $(U, \varphi = \boldsymbol{x} = (x_1, \ldots, x_n))$ を座標近傍とする．U のコンパクト部分集合 K に台を持つ微分 n 形式 $\alpha = f(\boldsymbol{x}) \, dx_1 \wedge \cdots \wedge dx_n$ の φ^{-1} に沿う積分を $\int_{\varphi^{-1}} \alpha = \int_{\varphi(U)} f(\boldsymbol{x}) \, dx_1 \cdots dx_n$ で定義する．

この積分の値は $f(\boldsymbol{x})$ を $\varphi(U)$ の外部に 0 として拡張して，$f(\boldsymbol{x})$ を $\boldsymbol{R}^n$ 上の $\varphi(K)$ に台を持つ関数と考え，$\int_{\boldsymbol{R}^n} f(\boldsymbol{x}) \, dx_1 \cdots dx_n$ として計算するものと一致している．

定義 3.4.2 のように，M が向き付けられているとする．

命題 3.4.5 向き付けられた座標近傍系の座標近傍 $(U, \varphi = \boldsymbol{x} = (x_1, \ldots, x_n))$, $(V, \psi = \boldsymbol{y} = (y_1, \ldots, y_n))$ に対し，$U \cap V$ のコンパクト部分集合 K に台を持つ微分 n 形式 α の積分を考えると，

$$\int_{\varphi^{-1}} \alpha = \int_{\psi^{-1}} \alpha$$

となる．

証明 $(V, \varphi = \boldsymbol{y} = (y_1, \ldots, y_n))$ において，$\alpha = g(\boldsymbol{y}) \, dy_1 \wedge \cdots \wedge dy_n$ と書かれていれば，$\varphi \circ \psi^{-1} : \psi(U \cap V) \longrightarrow \varphi(U \cap V)$ は，

$$(\varphi \circ \psi^{-1})(\boldsymbol{y}) = (x_1(\boldsymbol{y}), \ldots, x_n(\boldsymbol{y}))$$

と書かれており，

$$\begin{aligned}
& g(\boldsymbol{y}) \, dy_1 \wedge \cdots \wedge dy_n \\
&= f(x_1(\boldsymbol{y}), \ldots, x_n(\boldsymbol{y})) \, dx_1 \wedge \cdots \wedge dx_n \\
&= f(x_1(\boldsymbol{y}), \ldots, x_n(\boldsymbol{y})) \det \begin{pmatrix} \dfrac{\partial x_1}{\partial y_1} & \cdots & \dfrac{\partial x_1}{\partial y_n} \\ \vdots & \ddots & \vdots \\ \dfrac{\partial x_n}{\partial y_1} & \cdots & \dfrac{\partial x_n}{\partial y_n} \end{pmatrix} dy_1 \wedge \cdots \wedge dy_n
\end{aligned}$$

である．

$$
\int_{\varphi^{-1}|\varphi(U\cap V)} \alpha
$$
$$
= \int_{\varphi(U\cap V)} f(\boldsymbol{x})\,\mathrm{d}x_1\cdots\mathrm{d}x_n
$$
$$
= \int_{\psi(U\cap V)} f(x_1(\boldsymbol{y}),\ldots,x_n(\boldsymbol{y})) \left|\det\begin{pmatrix} \dfrac{\partial x_1}{\partial y_1} & \cdots & \dfrac{\partial x_1}{\partial y_n} \\ \vdots & \ddots & \vdots \\ \dfrac{\partial x_n}{\partial y_1} & \cdots & \dfrac{\partial x_n}{\partial y_n} \end{pmatrix}\right| \mathrm{d}y_1\cdots\mathrm{d}y_n
$$
$$
= \int_{\psi(U\cap V)} g(\boldsymbol{y})\,\mathrm{d}y_1\cdots\mathrm{d}y_n
$$
$$
= \int_{\psi^{-1}|\psi(U\cap V)} \alpha
$$

ここで，積分の変数変換において，**ヤコビ行列式** $\det D(\varphi\circ\psi^{-1})$ は正なので，絶対値が必要なくなることが効いている． ∎

コンパクトで向き付けられた多様体 M 上の微分 n 形式 α の積分を考えよう．

命題 3.4.6 向き付けられた座標近傍系 $\{(U_i,\varphi_i)\}$ に従属する 1 の分割 $\{\lambda_i\}$ および同じ向き付けを与える座標近傍系 $\{(V_j,\psi_j)\}$ に従属する 1 の分割 $\{\mu_j\}$ に対し，

$$\sum_i \int_{\varphi_i^{-1}} \lambda_i\alpha = \sum_j \int_{\psi_j^{-1}} \mu_j\alpha$$

証明 $\{U_i\cap V_j\}$ は M の開被覆であり，$\{\lambda_j\mu_j\}$ はそれに従属した 1 の分割である．

$$\sum_i \int_{\varphi_i^{-1}} \lambda_i\alpha = \sum_i \int_{\varphi_i^{-1}} \lambda_i\left(\sum_j \mu_j\right)\alpha = \sum_i \sum_j \int_{\varphi_i^{-1}} \lambda_i\mu_j\alpha$$
$$= \sum_i \sum_j \int_{\psi_j^{-1}} \lambda_i\mu_j\alpha = \sum_j \int_{\psi_j^{-1}} \left(\sum_i \lambda_i\right)\mu_j\alpha = \sum_j \int_{\psi_j^{-1}} \mu_j\alpha$$

ここで，3 番目の等号は，命題 3.4.5 による． ∎

定義 3.4.7 コンパクトで向き付けられた多様体 M 上の微分 n 形式 α の積

分を，向き付けられた座標近傍系 $\{(U_i, \varphi_i)\}$ に従属する 1 の分割 $\{\lambda_i\}$ を用いて，次の和で定義する．

$$\int_M \alpha = \sum_i \int_{\varphi_i^{-1}} \lambda_i \alpha$$

命題 3.4.6 により，この積分の値は座標近傍系，1 の分割のとり方によらない．

定理 3.4.8 コンパクトで向き付けを持つ連結 n 次元多様体 M に対し，$H_{DR}^n(M) \cong \boldsymbol{R}$ である．写像 $\Omega^n(M) \ni \alpha \longmapsto \int_M \alpha \in \boldsymbol{R}$ は，同型写像 $H_{DR}^n(M) \longrightarrow \boldsymbol{R}$ を誘導する．

証明 0 でない準同型写像であることは，微分 n 形式 α を向き付けを持つ座標近傍の 1 つ $(U, (x_1, \ldots, x_n))$ 上に台を持ち，0 でない非負の関数 f について $\alpha = f \, dx_1 \wedge \cdots \wedge dx_n$ となるようにとれば，$\int_M \alpha > 0$ となることからわかる．

連結多様体に対しては $\dim H_{DR}^n(M)$ は 0 または 1 であることを示す．

多様体の三角形分割を使う．K を実現 $|K|$ が M と同相となる単体複体とする．K の $n-1$ 単体の点の近傍は，対応する M の点の近傍であるユークリッド空間と同相であるから，K の $n-1$ 単体は，K のちょうど 2 つの n 単体の境界となっている（図 3.7 参照）．2.10 節（76 ページ）のチェック・ドラーム理論と 109 ページの議論により，$\dim H_{DR}^n(M) = \dim H^n(K)$ であり，また，命題 3.3.4 により，$\dim H^n(K) = \dim H_n(K)$ だから，連結多様体に対しては $\dim H_n(K)$ が 0 または 1 であることを示す．n サイクル $\sum a_i \sigma_i$ を考えると，$\sum a_i \partial \sigma_i = 0$ である．1 つの $n-1$ 単体 τ は，2 つの σ_i, σ_j の境界であり，$\sum a_i \partial \sigma_i = 0$ のなかで，$a_i = a_j$ または $a_i = -a_j$ という関係式を与えている．したがって，隣り合う単体 σ_i, σ_j の係数 a_i, a_j は，等しいかまたは符号が異なるという形で定まっている．すなわち，a_i の間には $n-1$ 単体の個数だけの関係式が定まる．これらの関係式の解 a_i は高々 1 次元である．なぜなら，0 でない解があれば，連結だから n 単体を順にたどることで 1 つの n 単体の係数を定めるとすべての n 単体の係数が定まるからである．したがって，$\dim H_n(K) \leqq 1$ となる． ∎

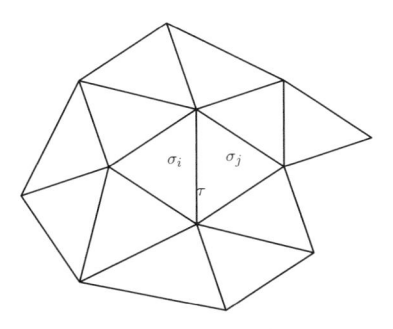

図 3.7 多様体の三角形分割の $n-1$ 単体はちょうど 2 つの n 単体の境界になる.

【例題 3.4.9】 連結なコンパクト多様体は,極大値がただ 1 つであるようなモース関数を持つことが知られている. このことを使って,定理 3.4.8 を示せ.

【解】 定理 2.8.1 (69 ページ) の証明で用いた分解 $\emptyset = N_0 \subset N_1 \subset \cdots \subset N_k = M$ として,$N_{j-1} \cap B_j$ $(j<k)$ は空集合または m_j 次元 $(m_j < n-2)$ の球面 S^{m_j} と $n-m_j$ 次元開球体 B^{n-m_j} の直積 $B^{n-m_j} \times S^{m_j}$ と微分同相になり,$N_{k-1} \cap B_k$ が $B^1 \times S^{n-1}$ と微分同相になるものがとれる. 定理 2.8.1 の証明で用いたマイヤー・ビエトリス完全系列を見ると,$\dim H^n_{DR}(N_j) = 0$ $(j < k)$ であり,$\dim H^n_{DR}(M)$ は高々 1 次元であることがわかる.

いたるところ 0 にならない n 形式 ω が存在するとすると,M は向き付け可能になる. 実際 $\varphi_i^{-1*}\omega = f_i \, dx_1 \wedge \cdots \wedge dx_n$ について,f_i は 0 にならない関数であるが,f_i が正になるように座標の順序を入れ替えて φ_i を修正すると,向き付けられた座標近傍系となる.

M が境界を持たないコンパクト連結多様体で,向き付け不可能のときには,$\int_M \alpha$ は定義されない. このとき,$H^n_{DR}(M) \cong H_n(K) \cong 0$ となっている.

命題 3.4.10 M を境界を持たない向き付け不可能なコンパクト連結多様体とする. このとき,$H^n_{DR}(M) \cong H_n(K) \cong 0$ となる.

証明 M の 2 重被覆 $\widehat{M}$ で,連結で向き付け可能なものがあり,$\varphi: \widehat{M} \longrightarrow \widehat{M}$ で,φ は固定点を持たず,$\varphi^2 = \mathrm{id}_{\widehat{M}}$ かつ $\widehat{M}/\varphi \cong M$ となるものがある ([多様体入門・3.6 節] 参照). φ は $\widehat{M}$ の向きを反対にする. α を M 上の

n 形式とし，$\pi : \widehat{M} \longrightarrow M$ について $\pi^*\alpha$ を考えると $\pi = \pi \circ \varphi$ だから $\varphi^*\pi^*\alpha = \pi^*\alpha$ であり，$\int_{\widehat{M}} \varphi^*\pi^*\alpha = \int_{\widehat{M}} \pi^*\alpha$ である．φ は向きを反対にする微分同相写像だから，積分の定義から $\int_{\widehat{M}} \varphi^*\pi^*\alpha = -\int_{\widehat{M}} \pi^*\alpha$ であるから，$\int_{\widehat{M}} \pi^*\alpha = 0$ となる．したがって定理 3.4.8 から，$\pi^*\alpha = \mathrm{d}\beta \in \Omega^n(\widehat{M})$ と書かれる．$\beta_1 = \dfrac{1}{2}(\beta + \varphi^*\beta) \in \Omega^{n-1}(\widehat{M})$ とすると，$\varphi^*\beta_1 = \beta_1$ だから $\beta_1 = \pi^*\beta_2$ と書かれる．

$$\pi^*(\mathrm{d}\beta_2) = \mathrm{d}\pi^*\beta_2 = \mathrm{d}\beta_1 = \frac{1}{2}\mathrm{d}(\beta + \varphi^*\beta)$$
$$= \frac{1}{2}(\mathrm{d}\beta + \varphi^*\,\mathrm{d}\beta) = \frac{1}{2}(\pi^*\alpha + \varphi^*\pi^*\alpha) = \pi^*\alpha$$

だから，$\mathrm{d}\beta_2 = \alpha$ となる． ∎

定理 3.4.8 と命題 3.4.10 から次の命題が得られる．

命題 3.4.11 M を境界を持たない n 次元コンパクト連結多様体とする．このとき，$H_{DR}^n(M) \cong \begin{cases} \boldsymbol{R} \\ 0 \end{cases}$ であり，M が向き付け可能であることと $H_{DR}^n(M) \cong \boldsymbol{R}$ となることは同値である．

3.5 境界を持つ多様体とストークスの定理

さて，向き付けられた多様体についてのストークスの定理を定式化するために，コンパクトな境界を持つ多様体を考えよう．

境界を持つ多様体は，多様体の定義 2.1.1（40 ページ）において，座標関数 $\varphi_i : U_i \longrightarrow \boldsymbol{R}^n$ の値域を半空間に変更し，$\varphi_i : U_i \longrightarrow \boldsymbol{R}_{\leqq 0} \times \boldsymbol{R}^{n-1}$ として得られる．図 3.8 参照．ここで，$\boldsymbol{R}_{\leqq 0} = \{x \in \boldsymbol{R} \mid x \leqq 0\}$ である．ただし，境界を持つ多様体の座標変換 $\varphi_{ij} = \varphi_i \circ (\varphi_j|_{U_i \cap U_j})^{-1}$ が C^∞ 級とは，$\varphi_j(U_i \cap U_j) \subset \boldsymbol{R}_{\leqq 0} \times \boldsymbol{R}^{n-1} \subset \boldsymbol{R}^n$ の $\boldsymbol{R}^n$ における近傍からの C^∞ 級写像を $\varphi_j(U_i \cap U_j)$ に制限したものになっていることである．また，境界を持つ多様体上の C^r 級関数 f とは，$f \circ \varphi_i$ が $\varphi_i(U_i)$ の近傍における C^r 級関数の $\varphi_i(U_i)$ への制限となるもののことである．同様に境界を持つ多様体の間の C^r 級写像が定義される．

$\partial M = \bigcup \varphi_i^{-1}(\{0\} \times \boldsymbol{R}^{n-1}) \subset M$ とおくと，∂M は $n-1$ 次元多様体となる．∂M を M の**境界**と呼ぶ．

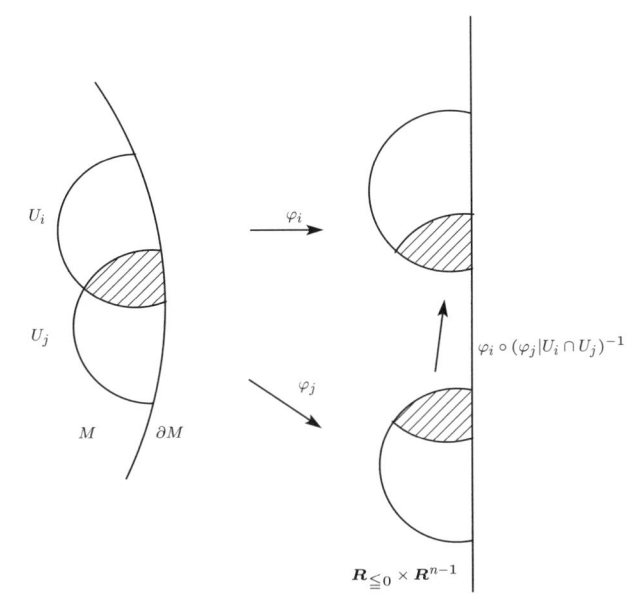

図 3.8 境界を持つ多様体.

境界を持つ多様体 M の座標近傍系 $\{(U_i, \varphi_i)\}$ が向き付けられているとき, $\varphi_i|(U_i \cap \partial M)$ は, 像が $\mathbf{R}^{n-1} \cong \{0\} \times \mathbf{R}^{n-1}$ にある座標近傍系として, 向き付けられている. これを, M の向き付けから定まる**境界 ∂M の向き付け**と呼ぶ. すなわち, $(U, \varphi = (x_1, \ldots, x_n))$ が向き付けられている (あるいは正の) 座標近傍のとき, $(U|\varphi^{-1}(\{0\} \times \mathbf{R}^{n-1}), (x_2, \ldots, x_n))$ が向き付けられている (あるいは正の) 座標近傍である.

定理 3.5.1 (ストークスの定理) 境界を持つコンパクトで向き付けられた n 次元多様体 M 上の微分 $n-1$ 形式 α に対し, $\int_M d\alpha = \int_{\partial M} \alpha$ である. ただし, ∂M には M の境界としての向き付けを与えている.

証明 M の座標近傍系による被覆の有限部分被覆 $\{(U_i, \varphi_i)\}$ をとり, それに従属する 1 の分割 λ_i をとる.

$$\int_M d\alpha = \int_M d\left(\sum_i \lambda_i \alpha\right) = \sum_i \int_M d(\lambda_i \alpha)$$

と分解して，各 U_i に台を持つ $\alpha_i = \lambda_i \alpha$ に対して，$\int_M \mathrm{d}\alpha_i = \int_{\partial M} \alpha_i$ を示せばよい．また，$\varphi_i^{-1*}\alpha_i$ の台は $\varphi_i(U_i)$ に含まれる直方体 $[a_1, b_1] \times \cdots \times [a_n, b_n]$ に含まれるとしてよい．$\varphi_i(U_i) \cap (\{0\} \times \mathbf{R}^{n-1}) = \emptyset$ の場合，$\int_{\partial M} \alpha_i = 0$ となるが，$\varphi_i^{-1*}\alpha_i$ を

$$[a_1, b_1] \times \cdots \times [a_{k-1}, b_{k-1}] \times \{a_k, b_k\} \times [a_{k+1}, b_{k+1}] \times \cdots \times [a_n, b_n]$$

に制限したものは 0 だから，例題 1.6.9（22 ページ）の結果により，

$$\begin{aligned}
\int_M \mathrm{d}\alpha_i &= \int_{\varphi_i^{-1}|[a_1,b_1]\times\cdots\times[a_n,b_n]} \mathrm{d}\alpha_i \\
&= \int_{[a_1,b_1]\times\cdots\times[a_n,b_n]} \varphi_i^{-1*}\mathrm{d}\alpha_i \\
&= \int_{\partial([a_1,b_1]\times\cdots\times[a_n,b_n])} \varphi_i^{-1*}\alpha_i = 0
\end{aligned}$$

であり，等号が成立する．また，$\varphi_i(U_i) \cap (\{0\} \times \mathbf{R}^{n-1}) \neq \emptyset$ の場合，$a_1 < 0$，$b_1 = 0$ となっており，$k > 1$ に対し，$\varphi_i^{-1*}\alpha_i$ を

$$[a_1, b_1] \times \cdots \times [a_{k-1}, b_{k-1}] \times \{a_k, b_k\} \times [a_{k+1}, b_{k+1}] \times \cdots \times [a_n, b_n]$$

に制限したものは 0 となる．したがって，例題 1.6.9 の結果により，

$$\begin{aligned}
\int_M \mathrm{d}\alpha_i &= \int_{\varphi_i^{-1}|[a_1,b_1]\times\cdots\times[a_n,b_n]} \mathrm{d}\alpha_i \\
&= \int_{\varphi_i^{-1}|\{0\}\times[a_2,b_2]\times\cdots\times[a_n,b_n]} \alpha_i = \int_{\partial M} \alpha
\end{aligned}$$

であり，等号が成立する． ∎

【問題 3.5.2】 $\mathbf{R}^3$ 上の微分 2 形式 $\omega = x_1 \, \mathrm{d}x_2 \wedge \mathrm{d}x_3 - x_2 \, \mathrm{d}x_1 \wedge \mathrm{d}x_3 + x_3 \, \mathrm{d}x_1 \wedge \mathrm{d}x_2$ を考える．

(1) 単位球面の埋め込み $\iota : S^2 \longrightarrow \mathbf{R}^3$ について S^2 に $B^3 = \{(x_1, x_2, x_3) \mid x_1{}^2 + x_2{}^2 + x_3{}^2 \leqq 1\}$ の境界としての向きを入れる．$\int_{S^2} \iota^* \omega$ を計算せよ．

(2) 問題 2.7.4（67 ページ）(1) の $(\pi_S^{-1})^*(\omega|S^2)$ について，$\int_{\mathbf{R}^2} (\pi_S^{-1})^*(\omega|S^2)$ を計算せよ．解答例は 125 ページ．

【問題 3.5.3】 $T^2 = \{(x_1, x_2, x_3) \in \mathbf{R}^3 \mid (\sqrt{x_1{}^2 + x_2{}^2} - 2)^2 + x_3{}^2 = 1\}$ に

$H = \{(x_1, x_2, x_3) \mid (\sqrt{x_1{}^2 + x_2{}^2} - 2)^2 + x_3{}^2 \leqq 1\}$ の境界としての向きを入れる．

(1) $\displaystyle\int_{T^2} x_1 \, dx_2 \wedge dx_3$ を計算せよ．

(2) $\displaystyle\int_{T^2} \frac{\sqrt{x_1{}^2 + x_2{}^2} - 2}{\sqrt{x_1{}^2 + x_2{}^2}} (x_1 \, dx_2 - x_2 \, dx_1) \wedge dx_3 + x_3 \, dx_1 \wedge dx_2$ を計算せよ．解答例は 125 ページ．

【問題 3.5.4】 3 次元ユークリッド空間 $\boldsymbol{R}^3$ から原点 $(0, 0, 0)$ を除いた空間を A とおく．実数 $r > 1$ に対し，$A = \boldsymbol{R}^3 \setminus \{(0, 0, 0)\}$ 上の同値関係 $\sim$ を

$$(x_1, x_2, x_3) \sim (y_1, y_2, y_3) \iff \begin{array}{l} (x_1, x_2, x_3) = (r^n y_1, r^n y_2, r^n y_3) \\ \text{となる整数 } n \text{ が存在する} \end{array}$$

で定義する．この同値関係による商空間として得られる 3 次元多様体を X とおき，π を自然な射影 $\pi : A \longrightarrow X$ とする：$X = A/\sim = (\boldsymbol{R}^3 \setminus \{(0, 0, 0)\})/\sim$．

(1) 実数 a_1, a_2, a_3 $((a_1, a_2, a_3) \neq (0, 0, 0))$ に対し，A 上の微分 1 形式 $\tilde{\alpha} = \dfrac{a_1 x_1 \, dx_1 + a_2 x_2 \, dx_2 + a_3 x_3 \, dx_3}{x_1{}^2 + x_2{}^2 + x_3{}^2}$ は，X 上のある微分 1 形式 α の引き戻しとなること $(\tilde{\alpha} = \pi^* \alpha)$ を示せ．

(2) $v = (v_1, v_2, v_3) \in \boldsymbol{R}^3$ $(v \neq 0)$ に対し，閉曲線 $\gamma_v : [0, 1] \longrightarrow X$ を $\gamma_v(t) = \pi(r^t(v_1, v_2, v_3))$ で定義する．$\displaystyle\int_{\gamma_v} \alpha$ を求めよ．

(3) α が閉形式となる条件を求めよ．α が閉形式のとき，α は完全形式かどうか理由とともに述べよ．$\tilde{\alpha}$ が閉形式のとき，$\tilde{\alpha}$ は完全形式かどうか理由とともに述べよ．解答例は 127 ページ．

【問題 3.5.5】 問題 3.5.4 の $A, X, \pi : A \longrightarrow X$ について考える．

(1) 実数 b_1, b_2, b_3 に対し，A 上の微分 2 形式

$$\tilde{\beta} = \frac{b_1 x_2 x_3 \, dx_2 \wedge dx_3 - b_2 x_1 x_3 \, dx_1 \wedge dx_3 + b_3 x_1 x_2 \, dx_1 \wedge dx_2}{(x_1{}^2 + x_2{}^2 + x_3{}^2)^2}$$

は X 上のある微分 2 形式 β の引き戻しとなること $(\tilde{\beta} = \pi^* \beta)$ を示せ．

(2) $S^2 = \{(x_1, x_2, x_3) \in \boldsymbol{R}^3 \mid x_1{}^2 + x_2{}^2 + x_3{}^2 = 1\}$ とする．$\pi(S^2) \subset X$ に適当な向きを与え，$\displaystyle\int_{\pi(S^2)} \beta$ を計算せよ（ヒント：$\tilde{\beta}|S^2$ を $\boldsymbol{R}^3$ にうまく拡張し用いる）．

(3) β が閉形式となる条件を求めよ．β が閉形式のとき，β は完全形式かどうか理由とともに述べよ．解答例は 128 ページ．

3.6 写像度

向き付けを持つコンパクト n 次元多様体 M_1, M_2 の間の写像 $F: M_1 \longrightarrow M_2$ と M_2 上の n 形式 α に対して，$\int_{M_1} F^*\alpha$ と $\int_{M_2} \alpha$ の値を考えてみよう．

定理 3.6.1 向き付けを持つコンパクト n 次元多様体 M_1, M_2 の間の写像 $F: M_1 \longrightarrow M_2$ に対し，整数 m が存在し，M_2 上の任意の n 形式 α に対して，$\int_{M_1} F^*\alpha = m \int_{M_2} \alpha$ が成立する．

証明 接写像 $F_*: T_x M_1 \longrightarrow T_x M_2$ のランクが $n = \dim M_2$ よりも小となる点 x を F の臨界点，臨界点の像となる点を臨界値と呼ぶ（[多様体入門・5.3 節] 参照）．サードの定理（[多様体入門・定理 5.4.1]）により，$F: M_1 \longrightarrow M_2$ の臨界値の集合 C は測度 0 である．M_1 はコンパクトとしたので臨界点の集合は M_1 のコンパクト部分集合で，臨界値の集合は，測度 0 のコンパクト集合となる．$M_2 \setminus C$ は空でない開集合である．$M_2 \setminus C$ の点 y に対し，$F^{-1}(y) = \{x_1, \ldots, x_k\}$ とする．逆写像定理により，F は $x_1, \ldots, x_k$ の座標近傍 $U_1, \ldots, U_k$ から y の座標近傍 V への微分同相写像である．$F\left(M_1 \setminus \bigcup_{i=1}^{k} U_i\right)$ は M_2 のコンパクト集合で，y を含まない．したがって開集合 $M_2 \setminus F\left(M_1 \setminus \bigcup_{i=1}^{k} U_i\right)$ の中に y の座標近傍 $W \subset V$ をとることができる．図 3.9 参照．こうして，$F^{-1}(W) = \bigcup_{i=1}^{k}(F^{-1}(W) \cap U_i)$ で，$F|(F^{-1}(W) \cap U_i)$ は微分同相写像となる．

W に台を持つ α で積分 $\int_{M_2} \alpha$ が正のものをとる．$F^*\alpha$ は $F^{-1}(W)$ に台を持つ n 形式である．$F^{-1}(W) = \bigcup_{i=1}^{k}(F^{-1}(W) \cap U_i)$ で，$F|(F^{-1}(W) \cap U_i)$ は微分同相写像であるから，

$$\int_{F^{-1}(W) \cap U_i} (F^*\alpha)|(F^{-1}(W) \cap U_i) = \pm \int_W \alpha|W$$

となる．符号は，$F|(F^{-1}(W) \cap U_i)$ が向きを保つとき $+$，向きを反対にするときに $-$ となる．したがってある整数 m が存在し，$\int_{M_1} F^*\alpha = m \int_{M_2} \alpha$ が成立する．

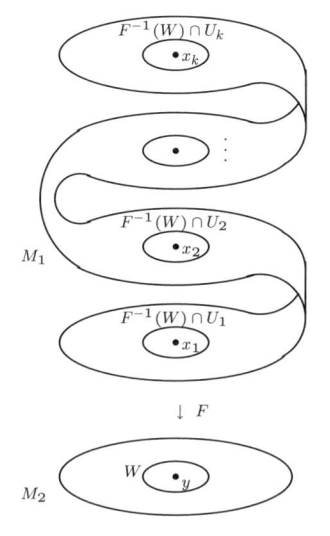

図 3.9 F の正則値 y, $F^{-1}(y) = \{x_1, \cdots, x_k\}$.

$[\alpha]$ は $H^n_{DR}(M_2)$ の生成元であり, $F^* : H^n_{DR}(M_2) \longrightarrow H^n_{DR}(M_1)$ は $\boldsymbol{R} \longrightarrow \boldsymbol{R}$ の準同型だから, M_2 上の任意の n 形式 α に対し, $\int_{M_1} F^*\alpha = m\int_{M_2} \alpha$ が成立する. ∎

定義 3.6.2 向き付けを持つコンパクト n 次元多様体 M_1, M_2 の間の写像 $F : M_1 \longrightarrow M_2$ と M_2 上の n 形式 α に対して, $\int_{M_1} F^*\alpha = m\int_{M_2} \alpha$ となる整数 m を F の**写像度**と呼ぶ.

注意 3.6.3 写像度は, ドラーム・コホモロジー群の準同型を記述しているものであるから, 定理 2.4.18 (59 ページ) により次がわかる. $F_0, F_1 : M_1 \longrightarrow M_2$ を C^∞ ホモトピックな写像とするとき, F_0 の写像度と F_1 の写像度は等しい.

【問題 3.6.4】 $z \in \boldsymbol{C}$ に対し, $P_0(z) = z^n$ とし, $P(z)$ を z についての n 次多項式とする. 1 次元複素射影空間 $\boldsymbol{C}P^1$ からそれ自身への写像 $f : \boldsymbol{C}P^1 \longrightarrow \boldsymbol{C}P^1$ を

$$f([z:1]) = [P(z):1], \quad f([1:0]) = [1:0]$$

で定める．f_0 を P_0 を用いて同様に定める．

(1) f は C^∞ 級写像であることを示せ．

(2) C^∞ 級写像 $F : CP^1 \times [0,1] \longrightarrow CP^1$ で $F|CP^1 \times \{0\} = f_0$, $F|CP^1 \times \{1\} = f$ を満たすものが存在することを示せ．

(3) $f^* = f_0{}^* : H^2_{DR}(CP^1) \longrightarrow H^2_{DR}(CP^1)$ を示せ．

(4) 2 次微分形式に積分を対応させる写像は $I : H^2_{DR}(CP^1) \cong \mathbf{R}$ を導く．このとき，$f_0^* : H^2_{DR}(CP^1) \longrightarrow H^2_{DR}(CP^1)$ を求めよ．

(5) もしも $P(z) = 0$ となる点 z が存在しなければ，f は $[1:0]$ に値を持つ定値写像とホモトピックになり $f^* = 0$ となることを示せ．解答例は 129 ページ．

注：(4), (5) は矛盾するから $P(z) = 0$ となる z，すなわち，代数方程式 $P(z) = 0$ の解が存在する．これが**代数学の基本定理**の写像度を用いた証明である．

3.7　ガウス写像

M を向き付け可能な曲面（2 次元多様体）とし，M の $\mathbf{R}^3$ への埋め込み（または，はめ込み）$\iota : M \longrightarrow \mathbf{R}^3$ が与えられているとする．M の各点 p に対し，$\mathbf{n}(p)$ を $\iota(M)$ の単位法ベクトルとする．すなわち，$\mathbf{n}(p) \in T_{\iota(p)}\mathbf{R}^3$ は $\iota_*(T_pM) \subset T_{\iota(p)}\mathbf{R}^3$ に直交し，$\|\mathbf{n}(p)\| = 1$ とする．$\mathbf{n}(p)$ は p について連続にとられているとする．写像 $T_{\iota(p)}\mathbf{R}^3$ と $\mathbf{R}^3$ を同一視して得られる写像 $\mathbf{n} : M \longrightarrow S^2$ を**ガウス写像**という．

【問題 3.7.1】　$T^2 = \{(\cos u(2+\cos v), \sin u(2+\cos v), \sin v) \in \mathbf{R}^3 \mid u, v \in \mathbf{R}\}$ とする．

(1)　$\mathbf{n}(u,v)$ を求めよ（図 3.10 参照）．

(2)　$\omega = x_1\,dx_2 \wedge dx_3 - x_2\,dx_1 \wedge dx_3 + x_3\,dx_1 \wedge dx_2$ に対し，$\int_{T^2} \mathbf{n}^*\omega$ を計算せよ．解答例は 130 ページ．

【問題 3.7.2】　(1)　向き付けられた 2 次元連結閉多様体 M の $\mathbf{R}^3$ への埋め込み（または，はめ込み）の滑らかな族 ι_t に対し，$\mathbf{n}_t : M \longrightarrow S^2$ をそれに付随するガウス写像とする．問題 3.5.2 の S^2 上の微分 2 形式 $\omega|S^2$ に対して，$\int_M \mathbf{n}_t^*\omega$ は 4π の倍数であることを示せ．

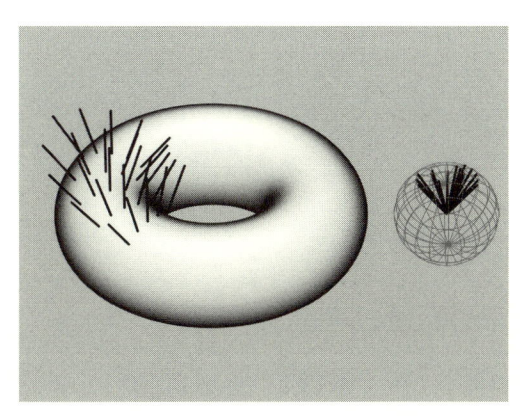

図 3.10 問題 3.7.1 のガウス写像 $\boldsymbol{n}$ は，左のトーラスの単位法ベクトルの右の球面上の点と見たものである．

(2) 向き付けられた 2 次元連結閉多様体 M の $\boldsymbol{R}^3$ への埋め込み（または，はめ込み）ι に対し，定義されるガウス写像 $\boldsymbol{n}$ に対し，$(0,0,\pm 1)$ が正則値であるとする．M 上の関数 x_3 は M 上のモース関数であることを示せ．

(3) ガウス写像 $\boldsymbol{n}$ の写像度は x_3 についての $\dfrac{1}{2}$（極大値の個数＋極小値の個数−鞍点の個数）と一致することを示せ．

ヒント：$\boldsymbol{n}^{-1}(0,0,\pm 1)$ の点の近傍で，M は $\{(x_1, x_2, x_3(x_1, x_2))\}$ の形に書かれることを用いる．$(0,0,\pm 1)$ の近傍における S^2 の座標関数を $(x_1, x_2, x_3) \longmapsto \left(\dfrac{x_1}{x_3}, \dfrac{x_2}{x_3}\right)$ とすると計算しやすい．解答例は 130 ページ．

モース理論によれば，問題 3.7.2(3) の

$$\frac{1}{2}(\text{極大値の個数}＋\text{極小値の個数}−\text{鞍点の個数})$$

は M のオイラー標数 $\chi(M)$ である．したがってこの値は x_3 がモース関数となるような ι のとり方によらない．

問題 3.7.2(1) により，M の埋め込みまたははめ込みを変形して $(0,0,\pm 1)$ が正則値であるようにできる．したがって，$\boldsymbol{n}: M \longrightarrow S^2$ の写像度は M のオイラー標数 $\chi(M)$ の $\dfrac{1}{2}$ に等しい．問題 3.5.2 の微分 2 形式 $\omega|S^2$ は S^2 上の面積要素を与えるものであり，$\int_{S^2} \omega|S^2 = 4\pi$ である．写像度がわかっているから $\int_M \boldsymbol{n}^*(\omega|S^2)$ の値は埋め込みまたははめ込みのとり方によらず，$2\pi\chi(M)$

となる．この結果，次のガウス・ボンネの定理を得る．

定理 3.7.3（ガウス・ボンネの定理） 向き付けられた 2 次元連結閉多様体 M の $\mathbf{R}^3$ への埋め込み（または，はめ込み）ι に対し，$\boldsymbol{n} : M \longrightarrow S^2$ をガウス写像とする．このとき，$\int_M \boldsymbol{n}^*(\omega|S^2) = 2\pi\,\chi(M)$．ここで，$\chi(M)$ は M のオイラー標数である．$\boldsymbol{n}^*(\omega|S^2)$ はガウスの曲率形式と呼ばれる．

3.8　第 3 章の問題の解答

【問題 3.1.3 の解答】 $F^*\alpha$ を境界 $\partial([0,1]\times[0,1])$ で積分したものを考え，命題 1.3.1（11 ページ）を用いる．$\int_{[0,1]\times\{0\}} F^*\alpha = \int_{[0,1]\times\{1\}} F^*\alpha = 0$ だから

$$\int_{\gamma_1} \alpha - \int_{\gamma_0} \alpha$$
$$= \int_0^1 \gamma_1{}^*\alpha - \int_0^1 \gamma_0{}^*\alpha$$
$$= \int_{[0,1]\times\{0\}} F^*\alpha + \int_{\{1\}\times[0,1]} F^*\alpha - \int_{[0,1]\times\{1\}} F^*\alpha - \int_{\{0\}\times[0,1]} F^*\alpha$$
$$= \int_{[0,1]\times[0,1]} \mathrm{d}\,F^*\alpha = \int_{[0,1]\times[0,1]} F^*\,\mathrm{d}\alpha = 0$$

【問題 3.2.3 の解答】 $F_i : [0,1] \times \Delta^p \longrightarrow M$ を $F_i(x,t) = \sigma_i^{(t)}(x)$ で定義する．このとき，

$$\partial F_i = \sigma_0{}^{(1)} - \sigma_0{}^{(0)} - \sum_{k=0}^p (-1)^k F_i \circ (\mathrm{id}, \varepsilon_k)$$

となる．c_t はサイクルの族であるから，$\partial c_t = \sum_i a_i \sum_{k=0}^p \sigma_i^{(t)} \circ \varepsilon_k = 0$ となっている．すなわち，$\sum_i a_i \sum_{k=0}^p (-1)^k F_i \circ (\mathrm{id}, \varepsilon_k) = 0$ である．したがって，

$$\partial \sum_i a_i F_i = \sum_i a_i \sigma_i{}^{(1)} - \sum_i a_i \sigma_i{}^{(0)} = c_1 - c_0$$

である．ストークスの定理 3.2.1（例題 1.6.9（22 ページ）も参照）を $[0,1] \times \Delta^p$ からの写像について考える，あるいは $[0,1] \times \Delta^p$ を単体に分割して考えると，

$$0 = \int_F \mathrm{d}\alpha = \int_{\partial F} \alpha = \int_{c_1} \alpha - \int_{c_0} \alpha$$

となる.

【問題 3.3.3 の解答】 $C_*(K) : \cdots \xleftarrow{\partial_k} C_k(K) \xleftarrow{\partial_{k+1}} C_{k+1}(K) \xleftarrow{\partial_{k+2}} \cdots$ と書くと, $H_k(K) = \ker \partial_k / \operatorname{im} \partial_{k+1}$ であり, $\dim H_k(K) = \dim(\ker \partial_k) - \dim(\operatorname{im} \partial_{k+1})$ であるが, 準同型定理から, $\dim(\operatorname{im} \partial_{k+1}) = \dim C_{k+1}(K) - \dim(\ker \partial_{k+1})$ である. したがって,

$$\sum_{k=0}^n (-1)^k \dim H_k(K) = \sum_{k=-1}^n (-1)^k \dim H_k(K)$$
$$= \sum_{k=-1}^n (-1)^k (\dim(\ker \partial_k) - \dim C_{k+1}(K) + \dim(\ker \partial_{k+1}))$$
$$= \sum_{k=-1}^n (-1)^{k+1} \dim C_{k+1}(K) = \sum_{k=0}^n (-1)^k m_k = \chi(K)$$

$C^*(K) : \cdots \xrightarrow{\delta_{k-1}} C^k(K) \xrightarrow{\delta_k} C^{k+1}(K) \xrightarrow{\delta_{k+1}} \cdots$ と書くと, $H^k(K) = \ker \delta_k / \operatorname{im} \delta_{k-1}$ であり, $\dim H^k(K) = \dim(\ker \delta_k) - \dim(\operatorname{im} \delta_{k-1})$ であるが, 準同型定理から, $\dim(\operatorname{im} \delta_{k-1}) = \dim C^{k-1}(K) - \dim(\ker \delta_{k-1})$ である. したがって,

$$\sum_{k=0}^n (-1)^k \dim H^k(K) = \sum_{k=0}^{n+1} (-1)^k \dim H^k(K)$$
$$= \sum_{k=0}^{n+1} (-1)^k (\dim(\ker \delta_k) - \dim C^{k-1}(K) + \dim(\ker \delta_{k-1}))$$
$$= \sum_{k=0}^{n+1} (-1)^{k-1} \dim C^{k-1}(K) = \sum_{k=0}^n (-1)^k m_k = \chi(K)$$

【問題 3.5.2 の解答】
(1) $\displaystyle\int_{S^2} \omega = \int_{\partial B^3} \omega = \int_{B^3} d\omega = \int_{B^3} 3\, dx_1 \wedge dx_2 \wedge dx_3 = 4\pi$

(2) $\displaystyle\int_{\boldsymbol{R}^2} (\pi_S^{-1})^*(\omega|S^2) = \int_{\boldsymbol{R}^2} \frac{4\, du_1 \wedge du_2}{(1+u_1{}^2+u_2{}^2)^2} = \int_{\boldsymbol{R}^2} \frac{4\, du_1\, du_2}{(1+u_1{}^2+u_2{}^2)^2}$
$\displaystyle = \int_0^{2\pi} \int_0^\infty \frac{4r\, dr\, d\theta}{(1+r^2)^2} = 4\pi$

【問題 3.5.3 の解答】
(1) $\displaystyle\int_{T^2} x_1\, dx_2 \wedge dx_3 = \int_{\partial H} x_1\, dx_2 \wedge dx_3 = \int_H dx_1 \wedge dx_2 \wedge dx_3 = 4\pi^2$

(2) $\quad \mathrm{d}\left(\dfrac{\sqrt{x_1{}^2+x_2{}^2}-2}{\sqrt{x_1{}^2+x_2{}^2}}(x_1\,\mathrm{d}x_2-x_2\,\mathrm{d}x_1)\wedge \mathrm{d}x_3 + x_3\,\mathrm{d}x_1\wedge \mathrm{d}x_2\right)$

$= (-2)\left(-\dfrac{1}{2}\right)\dfrac{1}{(\sqrt{x_1{}^2+x_2{}^2})^3}(2x_1\,\mathrm{d}x_1+2x_2\,\mathrm{d}x_2)\wedge(x_1\,\mathrm{d}x_2-x_2\,\mathrm{d}x_1)\wedge \mathrm{d}x_3$

$\qquad +\dfrac{\sqrt{x_1{}^2+x_2{}^2}-2}{\sqrt{x_1{}^2+x_2{}^2}}(2\,\mathrm{d}x_1\wedge \mathrm{d}x_2\wedge \mathrm{d}x_3) + \mathrm{d}x_1\wedge \mathrm{d}x_2\wedge \mathrm{d}x_3$

$= \left(3-\dfrac{2}{\sqrt{x_1{}^2+x_2{}^2}}\right)\mathrm{d}x_1\wedge \mathrm{d}x_2\wedge \mathrm{d}x_3$

$\qquad \cdot \displaystyle\int_{T^2} \dfrac{\sqrt{x_1{}^2+x_2{}^2}-2}{\sqrt{x_1{}^2+x_2{}^2}}(x_1\,\mathrm{d}x_2-x_2\,\mathrm{d}x_1)\wedge \mathrm{d}x_3+x_3\,\mathrm{d}x_1\wedge \mathrm{d}x_2$

$= \displaystyle\int_H \left(3-\dfrac{2}{\sqrt{x_1{}^2+x_2{}^2}}\right)\mathrm{d}x_1\wedge \mathrm{d}x_2\wedge \mathrm{d}x_3$

$= \displaystyle\int_H \left(3-\dfrac{2}{r}\right) r\,\mathrm{d}r\,\mathrm{d}\theta\,\mathrm{d}x_3$

$= \displaystyle\int_{-1}^{1}\int_0^{2\pi}\left[\dfrac{3}{2}r^2 - 2\right]_{2-\sqrt{1-x_3{}^2}}^{2+\sqrt{1-x_3{}^2}}\mathrm{d}\theta\,\mathrm{d}x_3$

$= 2\pi\displaystyle\int_{-1}^{1}\left(\dfrac{3}{2}\{(2+\sqrt{1-x_3{}^2})^2 - (2-\sqrt{1-x_3{}^2})^2\} - 2\cdot 2\sqrt{1-x_3{}^2}\right)\mathrm{d}x_3$

$= 2\pi\cdot 8\displaystyle\int_{-1}^{1}\sqrt{1-x_3{}^2}\,\mathrm{d}x_3 = 8\pi^2$

これは次のように計算したものと一致する．

$$\iota(u,v) = (\cos u(2+\cos v), \sin u(2+\cos v), \sin v)$$

とおく．

$\iota^*\left(\dfrac{\sqrt{x_1{}^2+x_2{}^2}-2}{\sqrt{x_1{}^2+x_2{}^2}}(x_1\,\mathrm{d}x_2\wedge \mathrm{d}x_3 - x_2\,\mathrm{d}x_1\wedge \mathrm{d}x_3) + x_3\,\mathrm{d}x_1\wedge \mathrm{d}x_2\right)$

$= \cos u\cos v\,\mathrm{d}(\sin u(2+\cos v))\wedge \mathrm{d}\sin v - \sin u\cos v\,\mathrm{d}(\cos u(2+\cos v))\wedge \mathrm{d}\sin v$

$\quad + \sin v\,\mathrm{d}(\cos u(2+\cos v))\wedge \mathrm{d}(\sin u(2+\cos v))$

$= \cos u\cos v(2+\cos v)\,\mathrm{d}\sin u\wedge \mathrm{d}\sin v - \sin u\cos v(2+\cos v)\,\mathrm{d}\cos u\wedge \mathrm{d}\sin v$

$\quad + \sin v\sin u(2+\cos v)\,\mathrm{d}\cos u\wedge \mathrm{d}\cos v + \sin v\cos u(2+\cos v)\,\mathrm{d}\cos v\wedge \mathrm{d}\sin u$

$= (\cos u)^2(\cos v)^2(2+\cos v)\,\mathrm{d}u\wedge \mathrm{d}v + (\sin u)^2(\cos v)^2(2+\cos v)\,\mathrm{d}u\wedge \mathrm{d}v$

$\quad +(\sin v)^2(\sin u)^2(2+\cos v)\,\mathrm{d}u\wedge \mathrm{d}v + (\sin v)^2(\cos u)^2(2+\cos v)\,\mathrm{d}u\wedge \mathrm{d}v$

$= (2+\cos v)\,\mathrm{d}u\wedge \mathrm{d}v$

この積分も，もちろん $8\pi^2$ になる．

【問題 3.5.4 の解答】 (1) $F^n(y_1, y_2, y_3) = (r^n y_1, r^n y_2, r^n y_3)$ で定義される写像 $F^n : A \longrightarrow A$ により，$\widetilde{\alpha}$ を引き戻すと，

$$\begin{aligned}
F^{n*}\widetilde{\alpha} &= F^{n*}\left(\frac{1}{x_1{}^2 + x_2{}^2 + x_3{}^2}\right) \wedge (a_1 x_1 \, dx_1 + a_2 x_2 \, dx_2 + a_3 x_3 \, dx_3) \\
&= \frac{a_1(r^n y_1) \, d(r^n y_1) + a_2(r^n y_2) \, d(r^n y_2) + a_3(r^n y_3) \, d(r^n y_3)}{(r^n y_1)^2 + (r^n y_2)^2 + (r^n y_3)^2} \\
&= \frac{r^{2n}(a_1 y_1 \, dy_1 + a_2 y_2 \, dy_2 + a_3 y_3 \, dy_3)}{r^{2n}(y_1{}^2 + y_2{}^2 + y_3{}^2)} \\
&= \frac{a_1 y_1 \, dy_1 + a_2 y_2 \, dy_2 + a_3 y_3 \, dy_3}{y_1{}^2 + y_2{}^2 + y_3{}^2} = \widetilde{\alpha}
\end{aligned}$$

X の座標近傍系は，$\pi : A \longrightarrow X$ が単射となるような A の開集合 V（例えば，$\{(x_1, x_2, x_3) \mid t^2 < x_1{}^2 + x_2{}^2 + x_3{}^2 < r^2 t^2\} \ (t > 0)$）で与えられるが，これらの間の座標変換は，局所的に F^n で与えられる．したがって，定義 2.1.7（43 ページ）により，X 上の微分 1 形式 α を定めている．この α の引き戻しが，$\widetilde{\alpha}$ となる．

(2) $\widetilde{\gamma}_v : [0,1] \longrightarrow A$ を $\widetilde{\gamma}_v(t) = r^t(v_1, v_2, v_3)$ とおく．$\gamma_v = \pi \circ \widetilde{\gamma}_v$ である．

$$\begin{aligned}
\int_{\gamma_v} \alpha &= \int_{[0,1]} \gamma_v{}^* \alpha = \int_{[0,1]} \widetilde{\gamma}_v{}^* \pi^* \alpha = \int_{[0,1]} \widetilde{\gamma}_v{}^* \widetilde{\alpha} \\
&= \int_0^1 \frac{a_1(r^t v_1) \, d(r^t v_1) + a_2(r^t v_2) \, d(r^t v_2) + a_3(r^t v_3) \, d(r^t v_3)}{(r^t v_1)^2 + (r^t v_2)^2 + (r^t v_3)^2} \\
&= \int_0^1 \frac{r^{2t}(a_1 v_1{}^2 + a_2 v_2{}^2 + a_3 v_3{}^2) \log r \, dt}{r^{2t}(v_1{}^2 + v_2{}^2 + v_3{}^2)} \\
&= \frac{a_1 v_1{}^2 + a_2 v_2{}^2 + a_3 v_3{}^2}{v_1{}^2 + v_2{}^2 + v_3{}^2} \log r
\end{aligned}$$

(3) α が閉形式であることは，局所的な条件だから，座標近傍上の表示と考えられる $\widetilde{\alpha}$ が閉形式であることと同値である．

$$\begin{aligned}
d\widetilde{\alpha} &= d\left(\frac{1}{x_1{}^2 + x_2{}^2 + x_3{}^2}\right) \wedge (a_1 x_1 \, dx_1 + a_2 x_2 \, dx_2 + a_3 x_3 \, dx_3) \\
&= -\frac{2x_1 \, dx_1 + 2x_2 \, dx_2 + 2x_3 \, dx_3}{(x_1{}^2 + x_2{}^2 + x_3{}^2)^2} \wedge (a_1 x_1 \, dx_1 + a_2 x_2 \, dx_2 + a_3 x_3 \, dx_3) \\
&= \frac{2(a_1 - a_2)x_1 x_2 \, dx_1 \wedge dx_2 + 2(a_2 - a_3)x_2 x_3 \, dx_2 \wedge dx_3 + 2(a_1 - a_3)x_1 x_3 \, dx_1 \wedge dx_3}{(x_1{}^2 + x_2{}^2 + x_3{}^2)^2}
\end{aligned}$$

したがって，$d\widetilde{\alpha} = 0$ は $a_1 = a_2 = a_3$ と同値であり，これが求める条件である．X 上の微分 1 形式 α が閉形式であっても完全形式とはかぎらない．$a_1 = a_2 = a_3 = a \neq 0$ とおくと，$\int_{\gamma_v} \alpha = a \log r \neq 0$ である．一方，完全形式の閉曲線上の線積分は 0 である．

A 上の微分 1 形式 $\widetilde{\alpha}$ が閉形式のとき，$\widetilde{\alpha}$ は完全形式である．実際，$a_1 = a_2 = a_3 = a \neq 0$ とおくと，$\widetilde{\alpha}$ が閉形式のとき，

$$\widetilde{\alpha} = \frac{a(x_1\,\mathrm{d}x_1 + x_2\,\mathrm{d}x_2 + x_3\,\mathrm{d}x_3)}{x_1{}^2 + x_2{}^2 + x_3{}^2} = \mathrm{d}(a\log(x_1{}^2 + x_2{}^2 + x_3{}^2))$$

となる．

注：X は $S^2 \times S^1$ と微分同相であり，$H^1_{DR}(X) \cong \boldsymbol{R}$ である．閉形式 α のドラーム・コホモロジー類は $H^1_{DR}(X)$ の基底を与えている．(2) の X の閉曲線 γ_v は，v が異なってもホモトピックであり，閉形式 α については積分が等しくなる．A は $S^2 \times \boldsymbol{R}$ と微分同相であり，$H^1_{DR}(A) \cong 0$ である，すなわち，A 上のすべての閉形式は完全形式である．

【問題 3.5.5 の解答】 (1) 問題 3.5.4 の解答と同様に，$F^n(y_1, y_2, y_3) = (r^n y_1, r^n y_2, r^n y_3)$ に対し，$F^{n*}\widetilde{\beta} = \widetilde{\beta}$ をいえば，X 上に微分 2 形式 β が定義され，$\widetilde{\beta} = \pi^*\beta$ となる．

$$\begin{aligned}
F^{n*}\widetilde{\beta} &= F^{n*}\left(\frac{b_1 x_2 x_3\,\mathrm{d}x_2 \wedge \mathrm{d}x_3 - b_2 x_1 x_3\,\mathrm{d}x_1 \wedge \mathrm{d}x_3 + b_3 x_1 x_2\,\mathrm{d}x_1 \wedge \mathrm{d}x_2}{(x_1{}^2 + x_2{}^2 + x_3{}^2)^2}\right) \\
&= \frac{1}{((r^n y_1)^2 + (r^n y_2)^2 + (r^n y_3)^2)^2}\{b_1(r^n y_2)(r^n y_3)\,\mathrm{d}(r^n y_2) \wedge \mathrm{d}(r^n y_3) \\
&\quad - b_2(r^n y_1)(r^n y_3)\,\mathrm{d}(r^n y_1) \wedge \mathrm{d}(r^n y_3) + b_3(r^n y_1)(r^n y_2)\,\mathrm{d}(r^n y_1) \wedge \mathrm{d}(r^n y_2)\} \\
&= \frac{r^{4n}(b_1 y_2 y_3\,\mathrm{d}y_2 \wedge \mathrm{d}y_3 - b_2 y_1 y_3\,\mathrm{d}y_1 \wedge \mathrm{d}y_3 + b_3 y_1 y_2\,\mathrm{d}y_1 \wedge \mathrm{d}y_2)}{r^{4n}(y_1{}^2 + y_2{}^2 + y_3{}^2)^2} \\
&= \frac{b_1 y_2 y_3\,\mathrm{d}y_2 \wedge \mathrm{d}y_3 - b_2 y_1 y_3\,\mathrm{d}y_1 \wedge \mathrm{d}y_3 + b_3 y_1 y_2\,\mathrm{d}y_1 \wedge \mathrm{d}y_2}{(y_1{}^2 + y_2{}^2 + y_3{}^2)^2} = \widetilde{\beta}
\end{aligned}$$

(2) $\int_{\pi(S^2)} \beta = \int_{S^2} \widetilde{\beta}$ である．$\beta_1 = b_1 x_2 x_3\,\mathrm{d}x_2 \wedge \mathrm{d}x_3 - b_2 x_1 x_3\,\mathrm{d}x_1 \wedge \mathrm{d}x_3 + b_3 x_1 x_2\,\mathrm{d}x_1 \wedge \mathrm{d}x_2$ とおくと $\widetilde{\beta}|S^2 = \beta_1|S^2$ である．$\mathrm{d}\beta_1 = \mathrm{d}(b_1 x_2 x_3\,\mathrm{d}x_2 \wedge \mathrm{d}x_3 - b_2 x_1 x_3\,\mathrm{d}x_1 \wedge \mathrm{d}x_3 + b_3 x_1 x_2\,\mathrm{d}x_1 \wedge \mathrm{d}x_2) = 0$ だから，ストークスの定理により，$\int_{S^2} \beta_1 = \int_{B^3} \mathrm{d}\beta_1 = 0$. ここで，$B^3 = \{(x_1, x_2, x_3) \in \boldsymbol{R}^3 \mid x_1{}^2 + x_2{}^2 + x_3{}^2 \leqq 1\}$ である．したがって，$\int_{\pi(S^2)} \beta = 0$.

(3) β が閉形式となることと $\widetilde{\beta}$ が閉形式となることは同値である．

$$\begin{aligned}
\mathrm{d}\widetilde{\beta} &= \mathrm{d}\left(\frac{b_1 x_2 x_3\,\mathrm{d}x_2 \wedge \mathrm{d}x_3 - b_2 x_1 x_3\,\mathrm{d}x_1 \wedge \mathrm{d}x_3 + b_3 x_1 x_2\,\mathrm{d}x_1 \wedge \mathrm{d}x_2}{(x_1{}^2 + x_2{}^2 + x_3{}^2)^2}\right) \\
&= \mathrm{d}\left(\frac{1}{(x_1{}^2 + x_2{}^2 + x_3{}^2)^2}\right) \\
&\qquad \wedge (b_1 x_2 x_3\,\mathrm{d}x_2 \wedge \mathrm{d}x_3 - b_2 x_1 x_3\,\mathrm{d}x_1 \wedge \mathrm{d}x_3 + b_3 x_1 x_2\,\mathrm{d}x_1 \wedge \mathrm{d}x_2) \\
&= \frac{-2}{(x_1{}^2 + x_2{}^2 + x_3{}^2)^3}(2x_1\,\mathrm{d}x_1 + 2x_2\,\mathrm{d}x_2 + 2x_3\,\mathrm{d}x_3) \\
&\qquad \wedge (b_1 x_2 x_3\,\mathrm{d}x_2 \wedge \mathrm{d}x_3 - b_2 x_1 x_3\,\mathrm{d}x_1 \wedge \mathrm{d}x_3 + b_3 x_1 x_2\,\mathrm{d}x_1 \wedge \mathrm{d}x_2) \\
&= \frac{-4(b_1 + b_2 + b_3)(x_1 x_2 x_3\,\mathrm{d}x_1 \wedge \mathrm{d}x_2 \wedge \mathrm{d}x_3)}{(x_1{}^2 + x_2{}^2 + x_3{}^2)^3}
\end{aligned}$$

したがって，β が閉形式となる必要十分条件は $b_1 + b_2 + b_3 = 0$ である．

β が閉形式のとき，この β は完全形式となる．X は $S^2 \times S^1$ と微分同相であり，$S^2 \times \{t\}$ ($t \in S^1$) で表される 2 次元のサイクルが $H_2(X)$ の生成元である．(2) により，$\int_{\pi(S^2)} \beta = 0$ であるから，$[\beta] = 0 \in H^2_{DR}(X)$ であり，β は完全形式である．

【問題 3.6.4 の解答】 (1) $\boldsymbol{CP}^1$ の座標近傍系 $\{(\boldsymbol{CP}^1 \setminus \{[1:0]\}, \varphi_1), (\boldsymbol{CP}^1 \setminus \{[0:1]\}, \varphi_2)\}$ は，$\varphi_1 : \boldsymbol{CP}^1 \setminus \{[1:0]\} \longrightarrow \boldsymbol{C} \cong \boldsymbol{R}^2$, $\varphi_2 : \boldsymbol{CP}^1 \setminus \{[0:1]\} \longrightarrow \boldsymbol{C} \cong \boldsymbol{R}^2$ を $\varphi_1([z_1:z_2]) = \dfrac{z_1}{z_2}$, $\varphi_2([z_1:z_2]) = \dfrac{z_2}{z_1}$ で定めて得られる．$\varphi_1 \circ (f|(\boldsymbol{CP}^1 \setminus \{[1:0]\})) \circ \varphi_1^{-1}(z) = P(z)$ だから，f は $\boldsymbol{CP}^1 \setminus \{[1:0]\}$ 上で実変数の写像として C^∞ である．$[0:1]$ の近傍で，

$$\varphi_2 \circ f \circ \varphi_2^{-1}(w) = \frac{1}{P\left(\dfrac{1}{w}\right)} = \frac{1}{a_0 \left(\dfrac{1}{w^n}\right) + \cdots + a_n} = \frac{w^n}{a_0 + \cdots + a_n w^n}$$

と書かれる．ここで $P(z) = a_0 z^n + \cdots + a_n$ ($a_0 \neq 0$) とした．$|w|$ が十分小さければ，$\dfrac{w^n}{a_0 + \cdots + a_n w^n}$ の分母は 0 にならない．実際，$|w| < 1$ ならば $|a_0 + \cdots + a_n w^n| \geqq |a_0| - \left(\sum_{i=1}^n |a_i|\right)|w|$ が成立する．$|w| < \min\left\{|a_0| \Big/ \sum_{i=1}^n |a_i|, 1\right\}$ において分母は 0 にならない．したがって，$[0:1]$ の近傍で，f は実変数の写像として C^∞ 級となる．

(2) $a_0 = r_0 e^{i\theta_0}$ とするとき，$P_t(z) = r_0{}^t e^{it\theta_0} z^n + t(a_1 z^{n-1} + \cdots + a_n)$ とおく．$F|((\boldsymbol{CP}^1 \setminus \{[1:0]\}) \times [0,1])$ を $F([z:1], t) = [P_t(z):1]$ により定義すると，$(\boldsymbol{CP}^1 \setminus \{[1:0]\}) \times [0,1]$ 上では，C^∞ 級である．$[0:1]$ の近傍で，

$$\varphi_2 \circ F_t \circ \varphi_2^{-1}(w) = \frac{1}{P_t\left(\dfrac{1}{w}\right)} = \frac{1}{r_0{}^t e^{it\theta_0}\left(\dfrac{1}{w^n}\right) + t\left(a_1\left(\dfrac{1}{w^{n-1}}\right) + \cdots + a_n\right)}$$
$$= \frac{w^n}{r_0{}^t e^{it\theta_0} + t(a_1 w + \cdots + a_n w^n)}$$

と書かれる．$|w|$ が十分小さければ，最後の式の分母は 0 にならない．実際，$|w| < 1$ ならば $|r_0{}^t e^{it\theta_0} + t(a_1 w + \cdots + a_n w^n)| \geqq \min\{r_0, 1\} - \left(\sum_{i=1}^n |a_i|\right)|w|$ が成立する．$|w| < \min\left\{\min\{r_0, 1\} \Big/ \sum_{i=1}^n |a_i|, 1\right\}$ において分母は 0 にならない．したがって，$\{[0:1]\} \times [0,1]$ の近傍で，F は実変数の写像として C^∞ 級となる．

(3) (2) により，f, f_0 は C^∞ ホモトピックである．したがって，定理 2.4.18 (59 ページ) により，$f^* = f_0^* : H^2_{DR}(\boldsymbol{CP}^1) \longrightarrow H^2_{DR}(\boldsymbol{CP}^1)$.

(4) f_0 の写像度が n となることを確かめる．$f_0^{-1}([1:1]) = \{e^{2\pi\sqrt{-1}k/n} \,|\, k = 0, \ldots, n-1\}$ であるが，$\varphi_1 \circ (f_0|(\boldsymbol{CP}^1 \setminus \{[1:0]\})) \circ \varphi_1^{-1}(z) = z^n$ の微分 $\dfrac{\mathrm{d}z^n}{\mathrm{d}z} = nz^{n-1}$ は，$e^{2\pi\sqrt{-1}k/n}$ $(k = 0, \ldots, n-1)$ 上で 0 でない．複素微分が 0 でないことは，これらの点が正則点であり，$[1:1]$ が正則値であることを示している．平面から平面への写像としてのヤコビ行列式は $|nz^{n-1}|^2$ となる．したがって，$[1:1]$ の近傍 W と，$e^{2\pi\sqrt{-1}k/n}$ の近傍 U_k $(k = 0, \ldots, n-1)$ で，$f_0|U_k$ $(k = 0, \ldots, n-1)$ が微分同相写像となるものが存在する．また，この微分同相写像は，向きを保つ．したがって，定理 3.6.1 の証明のように W に台を持つ微分 n 形式 α をとれば，$\displaystyle\int_{\boldsymbol{CP}^1} f_0^*\alpha = n\int_{\boldsymbol{CP}^1}\alpha$ が得られる．

(5) もしも，$P(z) = 0$ となる点 z が存在しなければ，$\boldsymbol{CP}^1$ から $\boldsymbol{CP}^1$ 自身への写像のホモトピー $G_t([z:w]) = \varphi_2^{-1}(t\varphi_2 f([z:w]))$ を考えることができる．$G_1 = f$ で G_0 は $[1:0]$ への定値写像である．G_t は C^∞ ホモトピーで，G_0 の写像度は 0 であるから，$f^* = 0$ となる（$f_0([z:1]) = [z^n:1]$ は円周 $|z| = 1$ を円周 $|z| = 1$ に写すが，この円周の近傍で n 対 1 の写像である）．

【問題 3.7.1 の解答】 (1) $\dfrac{\partial}{\partial u}$ の像は $-\sin u(2 + \cos v)\dfrac{\partial}{\partial x_1} + \cos u(2 + \cos v)\dfrac{\partial}{\partial x_2}$，$\dfrac{\partial}{\partial v}$ の像は $-\cos u \sin v\dfrac{\partial}{\partial x_1} - \sin u \sin v\dfrac{\partial}{\partial x_2} + \cos v\dfrac{\partial}{\partial x_3}$ である．$\boldsymbol{n}$ は，$\cos u \cos v \dfrac{\partial}{\partial x_1} + \sin u \cos v \dfrac{\partial}{\partial x_2} + \sin v \dfrac{\partial}{\partial x_3}$ となる．

(2) $\boldsymbol{n}: T^2 \longrightarrow S^2$ は $\boldsymbol{n}(u,v) = (\cos u \cos v, \sin u \cos v, \sin v)$ と書かれる．

$$\begin{aligned}
\boldsymbol{n}^*\omega &= \cos u \cos v \,\mathrm{d}(\sin u \cos v) \wedge \mathrm{d}\sin v \\
&\quad - \sin u \cos v \,\mathrm{d}(\cos u \cos v) \wedge \mathrm{d}\sin v \\
&\quad + \sin v \,\mathrm{d}(\cos u \cos v) \wedge \mathrm{d}(\sin u \cos v) \\
&= (\cos u)^2(\cos v)^3 \,\mathrm{d}u \wedge \mathrm{d}v + (\sin u)^2(\cos v)^3 \,\mathrm{d}u \wedge \mathrm{d}v \\
&\quad + (\sin u)^2(\sin v)^2 \cos v \,\mathrm{d}u \wedge \mathrm{d}v + (\cos u)^2(\sin v)^2 \cos v \,\mathrm{d}u \wedge \mathrm{d}v \\
&= (\cos v)^3 \,\mathrm{d}u \wedge \mathrm{d}v + (\sin v)^2 \cos v \,\mathrm{d}u \wedge \mathrm{d}v = \cos v \,\mathrm{d}u \wedge \mathrm{d}v,
\end{aligned}$$

$$\int_{T^2} \boldsymbol{n}^*\omega = \int_0^{2\pi}\int_0^{2\pi} \cos v \,\mathrm{d}u \wedge \mathrm{d}v = 0$$

【問題 3.7.2 の解答】 (1) $\boldsymbol{n}_t : M \longrightarrow S^2$ は C^∞ ホモトピーであるから，注意 3.6.3 により，$\boldsymbol{n}_t$ の写像度は一定の整数 m である．任意の t に対して，$\displaystyle\int_M \boldsymbol{n}_t^*(\omega|S^2) = m\int_{S^2}\omega$ となる．ここで，問題 3.5.2 で示したように，$\displaystyle\int_{S^2}\omega = 4\pi$ である．したがって，$\displaystyle\int_M \boldsymbol{n}_t^*(\omega|S^2) = 4\pi m$ となる．

3.8 第3章の問題の解答　　131

(2)　M 上の関数 x_3 の臨界点は $\left(\dfrac{\partial x_3}{\partial x_1}, \dfrac{\partial x_3}{\partial x_2}\right) = 0$ となる点で，$\boldsymbol{n} = (0,0,\pm 1)$ となる点である．$\boldsymbol{n}^{-1}(0,0,\pm 1)$ の点の近傍で，M は $\{(x_1, x_2, x_3(x_1, x_2))\}$ の形に書かれる．これに対し，

$\boldsymbol{n}(x_1, x_2)$
$= \left(-\dfrac{\dfrac{\partial x_3}{\partial x_1}}{\sqrt{1 + \left(\dfrac{\partial x_3}{\partial x_1}\right)^2 + \left(\dfrac{\partial x_3}{\partial x_2}\right)^2}}, -\dfrac{\dfrac{\partial x_3}{\partial x_2}}{\sqrt{1 + \left(\dfrac{\partial x_3}{\partial x_1}\right)^2 + \left(\dfrac{\partial x_3}{\partial x_2}\right)^2}}, \dfrac{\pm 1}{\sqrt{1 + \left(\dfrac{\partial x_3}{\partial x_1}\right)^2 + \left(\dfrac{\partial x_3}{\partial x_2}\right)^2}}\right)$

となる．$(0,0,\pm 1)$ の近傍における S^2 の座標関数を $(x_1, x_2, x_3) \longmapsto \left(\dfrac{x_1}{x_3}, \dfrac{x_2}{x_3}\right)$ とすると $\boldsymbol{n}(x_1, x_2) = \left(\dfrac{\partial x_3}{\partial x_1}, \dfrac{\partial x_3}{\partial x_2}\right)$ であるから，ヤコビ行列は $\begin{pmatrix} \dfrac{\partial^2 x_3}{\partial x_1^2} & \dfrac{\partial^2 x_3}{\partial x_1 \partial x_2} \\ \dfrac{\partial^2 x_3}{\partial x_1 \partial x_2} & \dfrac{\partial^2 x_3}{\partial x_2^2} \end{pmatrix}$

となる．

したがって，$(0,0,\pm 1)$ が正則値ならば，$\boldsymbol{n}^{-1}(0,0,\pm 1)$ の点において，$x_3(x_1, x_2)$ のヘッセ行列は非退化となる．したがって x_3 はモース関数である．

(3)　$\boldsymbol{n}^{-1}(0,0,1) = \{p_1, \ldots, p_k\}$ とし，U_i を p_i の近傍で，$\boldsymbol{n} : U_i \longrightarrow S^2$ が像への微分同相写像であるようなものとする $(i = 1, \ldots, k)$．$\boldsymbol{n}\left(M - \bigcap_{i=1}^{k} \overline{U_i}\right)$ と交わらない $(0,0,1)$ の近傍 V_+ をとる．

V_+ に台を持つ微分 2 形式を α とする．(2) において，$\boldsymbol{n}^{-1}(0,0,1)$ の点で $\boldsymbol{n}$ のヤコビ行列式が正になるのは，x_3 の極大点，極小点の時であり，$\boldsymbol{n}$ のヤコビ行列式が負になるのは x_3 の鞍点の時である．したがって，

$$\int_M \boldsymbol{n}^* \alpha = \sum_{\substack{\boldsymbol{n}^{-1}(0,0,1) \text{ にある} \\ x_3 \text{ の極大点，極小点}}} \int_{S^2} \alpha - \sum_{\substack{\boldsymbol{n}^{-1}(0,0,1) \text{ にある} \\ x_3 \text{ の鞍点}}} \int_{S^2} \alpha$$

同様に，$\boldsymbol{n}^{-1}(0,0,-1) = \{p_{k+1}, \ldots, p_\ell\}$ とし，U_i を p_i の近傍で，$\boldsymbol{n} : U_i \longrightarrow S^2$ が像への微分同相写像であるようなものとする $(i = k+1, \ldots, \ell)$．$\boldsymbol{n}\left(M - \bigcup_{i=k+1}^{\ell} \overline{U_i}\right)$ と交わらない $(0,0,-1)$ の近傍 V_- をとる．V_- に台を持つ微分 2 形式 β に対し，

$$\int_M \boldsymbol{n}^* \beta = \sum_{\substack{\boldsymbol{n}^{-1}(0,0,-1) \text{ にある} \\ x_3 \text{ の極大点，極小点}}} \int_{S^2} \beta - \sum_{\substack{\boldsymbol{n}^{-1}(0,0,-1) \text{ にある} \\ x_3 \text{ の鞍点}}} \int_{S^2} \beta$$

$\int_{S^2} \alpha = \int_{S^2} \beta$ ととれば，$\int_M \boldsymbol{n}^* \alpha = \int_M \boldsymbol{n}^* \beta$ であり，$\int_M \boldsymbol{n}^* \alpha \Big/ \int_{S^2} \alpha$ は次の

ように求まる．

$$
\begin{aligned}
&\frac{1}{2}\bigl(({\boldsymbol n}^{-1}(0,0,1) \text{ にある } x_3 \text{ の極大点，極小点の個数}) \\
&\qquad -({\boldsymbol n}^{-1}(0,0,1) \text{ にある } x_3 \text{ の鞍点の個数}) \\
&\qquad +({\boldsymbol n}^{-1}(0,0,-1) \text{ にある } x_3 \text{ の極大点，極小点の個数}) \\
&\qquad -({\boldsymbol n}^{-1}(0,0,-1) \text{ にある } x_3 \text{ の鞍点の個数})\bigr) \\
&= \frac{1}{2}\bigl((x_3\text{の極大点，極小点の個数}) - (x_3\text{の鞍点の個数})\bigr)
\end{aligned}
$$

第4章 微分形式とベクトル場

多様体上に微分形式が定義され，外微分，ドラーム複体，積分の理論ができあがった．

多様体上では，アイソトピーによる変形を考えることが自然である．アイソトピーの微分であるベクトル場と微分形式の関係を見ていこう．

4.1 多様体上のフローとベクトル場

4.1.1 リー微分

M をコンパクト多様体とする．加法群 $\boldsymbol{R}$ の M 上への作用，すなわち微分可能写像 $\varphi : \boldsymbol{R} \times M \longrightarrow M$ で，$\varphi(t, x) = \varphi_t(x)$ と書くとき，$\varphi_s \varphi_t = \varphi_{s+t}$,

図 4.1 ベクトル場とフロー．

$\varphi_0 = \mathrm{id}_M$ を満たすものを M 上の**フロー** (flow) と呼ぶ．フロー φ_t は M 上の**ベクトル場** ξ で生成される．ベクトル場 ξ に対し，φ_t は $\dfrac{\mathrm{d}\varphi_t(x)}{\mathrm{d}t} = \xi(\varphi_t(x))$ を満たす多様体上の常微分方程式の解として定義される．座標近傍 $(U,(x_1,\ldots,x_n))$ をとって書くと，$\varphi_t(x) = (\varphi_t^{(1)}(x),\ldots,\varphi_t^{(n)}(x))$, $\xi(x) = \sum_{i=1}^n \xi_i(x) \dfrac{\partial}{\partial x_i}$ に対して，$\dfrac{\mathrm{d}\varphi_t^{(i)}(x)}{\mathrm{d}t} = \xi_i(\varphi_t(x))$ となっている．図 4.1 参照．

M 上の関数 f に対し，$(\varphi_t^* f)(x) = (f \circ \varphi_t)(x) = f(\varphi_t(x))$ を見ると，f のフローに沿う変化がわかる．その t についての微分が f のフローに沿う変化率であるが，これは座標近傍 $(U,(x_1,\ldots,x_n))$ 上では，

$$\frac{\mathrm{d}(\varphi_t^* f)(x)}{\mathrm{d}t} = \sum_{i=1}^n \left(\frac{\partial f}{\partial x_i}\right)_{(\varphi_t(x))} \frac{\mathrm{d}\varphi_t^{(i)}(x)}{\mathrm{d}t} = \sum_{i=1}^n \left(\frac{\partial f}{\partial x_i}\right)_{(\varphi_t(x))} \xi_i(\varphi_t(x))$$

と書かれる．ξ を方向微分として f に作用させたものを $\xi(f)$ と書くが，これは $\left(\dfrac{\mathrm{d}(\varphi_t^* f)(x)}{\mathrm{d}t}\right)_{t=0}$ に他ならないから，

$$\xi(f) = \left(\frac{\mathrm{d}(\varphi_t^* f)(x)}{\mathrm{d}t}\right)_{t=0} = \sum_{i=1}^n \left(\frac{\partial f}{\partial x_i}\right)_{(x)} \xi_i(x)$$

となる．

接空間 $T_x M$ の基底 $\dfrac{\partial}{\partial x_1}, \ldots, \dfrac{\partial}{\partial x_n}$ については，$\dfrac{\partial}{\partial x_i}$ は，曲線 $t \longmapsto (x_1,\ldots,x_{i-1},x_i+t,x_{i+1},\ldots,x_n)$ に沿う微分である．一方，余接空間 $T_x^* M$ の基底 $\mathrm{d}x_1, \ldots, \mathrm{d}x_n$ については，$\mathrm{d}x_j$ は x の近傍で x_j であるような関数の同値類である．x_j の曲線 $t \longmapsto (x_1,\ldots,x_{i-1},x_i+t,x_{i+1},\ldots,x_n)$ に沿う微分は δ_{ij}，すなわち $i=j$ のとき 1 で $i \neq j$ のとき 0 である．したがって，接空間 $T_x M$，余接空間 $T_x^* M$ は双対ベクトル空間であり，接空間 $T_x M$ の基底 $\dfrac{\partial}{\partial x_1}, \ldots, \dfrac{\partial}{\partial x_n}$，余接空間 $T_x^* M$ の基底 $\mathrm{d}x_1, \ldots, \mathrm{d}x_n$ は双対基底である．$\mathrm{d}x_j\left(\dfrac{\partial}{\partial x_i}\right) = \delta_{ij}$ のように書くことにする．

関数 f の全微分 $\mathrm{d}f$ は，$\mathrm{d}f = \sum_{i=1}^n \dfrac{\partial f}{\partial x_i} \mathrm{d}x_i$ であったから，上に述べた $\xi(f)$ は

$$\xi(f) = \sum_{i=1}^n \left(\frac{\partial f}{\partial x_i}\right)_{(x)} \xi_i(x) = (\mathrm{d}f)(\xi)$$

と書かれる．

微分 1 形式のフローに沿う変化率は次のように考えられる．座標近傍

$(U,(x_1,\ldots,x_n))$ において, $\alpha = \sum_{i=1}^{n} f_i \, dx_i$ に対し, $\varphi_t{}^*\alpha = \sum_{i=1}^{n} f_i(\varphi_t(x)) \, d\varphi_t^{(i)}$ である. ここで,

$$\left(\frac{d}{dt}\right)_{t=0} f_i(\varphi_t(x)) = \sum_{j=1}^{n} \frac{\partial f_i}{\partial x_j} \xi_j$$

である. 一方, $d\varphi_t^{(i)} = \sum_{j=1}^{n} \frac{\partial \varphi_t^{(i)}}{\partial x_j} \, dx_j$ だから,

$$\left(\frac{d}{dt}\right)_{t=0} d\varphi_t^{(i)} = \sum_{j=1}^{n} \left(\frac{d}{dt}\right)_{t=0} \frac{\partial \varphi_t^{(i)}}{\partial x_j} \, dx_j$$
$$= \sum_{j=1}^{n} \frac{\partial}{\partial x_j} \left(\frac{d\varphi_t^{(i)}}{dt}\right)_{t=0} dx_j = \sum_{j=1}^{n} \frac{\partial \xi_i}{\partial x_j} \, dx_j$$

したがって, 次が得られる.

$$\left(\frac{d}{dt}\right)_{t=0} \varphi_t{}^*\alpha = \sum_{i=1}^{n} \sum_{j=1}^{n} \frac{\partial f_i}{\partial x_j} \xi_j \, dx_i + \sum_{i=1}^{n} \sum_{j=1}^{n} f_i \frac{\partial \xi_i}{\partial x_j} \, dx_j$$

$\left(\frac{d}{dt}\right)_{t=0} \varphi_t{}^*\alpha$ を α の ξ によるリー微分と呼び, $L_\xi \alpha$ と書く.

リー微分は多様体上で定義される最も自然な微分作用素であり, 一般の微分形式に対しても同様に定義される.

一般の微分 p 形式 α に対し, $\varphi_t{}^*\alpha$ を考えることができる. これは, t に対し各点 x 上で余接空間 T_x^*M の p 次外積 $\bigwedge^p T_x^*M$ の点を与えるものであるから, その微分 $\left(\frac{d}{dt}\right)_{t=0} \varphi_t{}^*\alpha$ が微分 p 形式として得られる.

定義 4.1.1　微分 p 形式 α に対し, 微分 p 形式 $\left(\frac{d}{dt}\right)_{t=0} \varphi_t{}^*\alpha$ は, α の ξ によるリー微分と呼ばれ, $L_\xi \alpha$ と書かれる.

注意 4.1.2　多様体 M 上のフロー φ_t で不変な部分多様体 N について, $\iota: N \longrightarrow M$ を包含写像とすると, $\iota \circ (\varphi_t|N) = \varphi_t \circ \iota : N \longrightarrow M$ である. $\varphi_t|N$ を生成する ξ_N, φ_t を生成する ξ は, N 上で $\xi = \iota_* \xi_N$ を満たす. $\left(\frac{d}{dt}\right)_{t=0} (\varphi_t|N)^* \iota^* \alpha = \left(\frac{d}{dt}\right)_{t=0} \iota^* \varphi_t{}^* \alpha$ だから, $L_{\xi_N}(\alpha|N) = (L_\xi \alpha)|N$ となる.

【問題 4.1.3】　微分 p 形式 α, 微分 q 形式 β, ベクトル場 ξ に対して,

$L_\xi(\alpha \wedge \beta) = (L_\xi \alpha) \wedge \beta + \alpha \wedge (L_\xi \beta)$ を示せ．解答例は 169 ページ．

【問題 4.1.4】 微分 p 形式 α, ベクトル場 ξ に対して次が成立することを示せ．
$$\mathrm{d}(L_\xi \alpha) = L_\xi \, \mathrm{d}\alpha$$

解答例は 169 ページ．

4.1.2 内部積

微分 1 形式 α に対して
$$L_\xi \alpha = \left(\frac{\mathrm{d}}{\mathrm{d}t}\right)_{t=0} \varphi_t^* \alpha = \sum_{i=1}^n \sum_{j=1}^n \frac{\partial f_i}{\partial x_j} \xi_j \, \mathrm{d}x_i + \sum_{i=1}^n \sum_{j=1}^n f_i \frac{\partial \xi_i}{\partial x_j} \, \mathrm{d}x_j$$

を書き換えることを考える．

$T_x M$ に値をとる ξ と $T_x^* M$ に値をとる α に対して，M 上の関数 $\alpha(\xi) = \sum_{i=1}^n f_i \xi_i$ が考えられるが，これの全微分 $\mathrm{d}(\alpha(\xi))$ は，

$$\mathrm{d}(\alpha(\xi)) = \mathrm{d}\sum_{i=1}^n f_i \xi_i = \sum_{j=1}^n \sum_{i=1}^n f_i \frac{\partial \xi_i}{\partial x_j} \, \mathrm{d}x_j + \sum_{j=1}^n \sum_{i=1}^n \frac{\partial f_i}{\partial x_j} \xi_i \, \mathrm{d}x_j$$

と計算される．この和のうち $\sum_{j=1}^n \sum_{i=1}^n f_i \frac{\partial \xi_i}{\partial x_j} \, \mathrm{d}x_j$ は，$L_\xi \alpha = \left(\frac{\mathrm{d}}{\mathrm{d}t}\right)_{t=0} \varphi_t^* \alpha$ に現れたものと同じである．そこで，

$$L_\xi \alpha - \mathrm{d}(\alpha(\xi)) = \sum_{i=1}^n \sum_{j=1}^n \frac{\partial f_i}{\partial x_j} \xi_j \, \mathrm{d}x_i - \sum_{j=1}^n \sum_{i=1}^n \frac{\partial f_i}{\partial x_j} \xi_i \, \mathrm{d}x_j$$

を見ると，これは $\alpha = \sum_{i=1}^n f_i \, \mathrm{d}x_i$ の外微分

$$\mathrm{d}\alpha = \sum_{i=1}^n \mathrm{d}f_i \wedge \mathrm{d}x_i = \sum_{i=1}^n \sum_{j=1}^n \frac{\partial f_i}{\partial x_j} \, \mathrm{d}x_j \wedge \mathrm{d}x_i$$

と $\xi = \sum_{i=1}^n \xi_i \frac{\partial}{\partial x_i}$ の成分から得られた "積" であると見ることができる．$\bigwedge^2 T_x^* M$ の元と $T_x M$ の元の間の積を

$$\left(\mathrm{d}x_i \wedge \mathrm{d}x_j, \frac{\partial}{\partial x_k}\right) \longmapsto \sum_{k=1}^n \delta_{ki} \, \mathrm{d}x_j - \sum_{k=1}^n \delta_{kj} \, \mathrm{d}x_i$$

と考えると，$d\alpha$ と ξ から上の項が得られる．この積は，外積 $dx_i \wedge dx_j$ について，先頭の dx_i と $\dfrac{\partial}{\partial x_k}$ の積をとり，外積の 2 番目以降の項は，先頭に移動させて積をとるものである．後に述べるようにこれを $i_\xi(d\alpha)$ と書くと，

$$L_\xi \alpha = d(\alpha(\xi)) + i_\xi(d\alpha)$$

となる．

定義 4.1.5（内部積） T_x^*M の p 次外積 $\bigwedge^p T_x^*M$ の基底 $dx_{i_1} \wedge \cdots \wedge dx_{i_p}$ と T_xM の基底 $\dfrac{\partial}{\partial x_k}$ の**内部積**を $\bigwedge^{p-1} T_x^*M$ の元として次で定義する．

$$i_{\frac{\partial}{\partial x_k}}(dx_{i_1} \wedge \cdots \wedge dx_{i_p}) \\ = \begin{cases} \sum_{j=1}^p (-1)^{j-1} dx_{i_1} \wedge \cdots \wedge dx_{i_{j-1}} \wedge dx_{i_{j+1}} \wedge \cdots \wedge dx_{i_p} & (k = i_j) \\ 0 & (k \notin \{i_1, \ldots, i_p\}) \end{cases}$$

内部積は微分 p 形式 $\alpha = \sum_{i_1 < \cdots < i_p} f_{i_1 \cdots i_p} dx_{i_1} \wedge \cdots \wedge dx_{i_p}$，ベクトル場 $\xi = \sum_{i=1}^n \xi_i \dfrac{\partial}{\partial x_i}$ に対し，次のように計算される．

$$i_\xi \alpha = \sum_{i_1 < \cdots < i_p} \sum_{j=1}^p (-1)^{j-1} f_{i_1 \cdots i_p} \xi_{i_j} dx_{i_1} \wedge \cdots \wedge dx_{i_{j-1}} \wedge dx_{i_{j+1}} \wedge \cdots \wedge dx_{i_p}$$

関数 f に対しては，$i_\xi f = 0$ と考える．

注意 4.1.6 定義 4.1.5 は座標近傍から定まる基底を用いているので，座標近傍のとり方によらないことを確かめなければならない．これは，次の問題で確かめる．

【問題 4.1.7】 (1) 微分 p 形式 α，微分 q 形式 β の外積 $\alpha \wedge \beta$ に対し，$i_\xi(\alpha \wedge \beta) = (i_\xi \alpha) \wedge \beta + (-1)^p \alpha \wedge (i_\xi \beta)$ が成立することを示せ．

(2) $F : U \longrightarrow V$ をユークリッド空間の開集合 U, V の間の微分同相写像とする．V 上の微分 1 形式 α，V 上のベクトル場 ξ に対し，$F^*(i_\xi \alpha) = i_{F^{-1}_* \xi} F^* \alpha$ を示せ．

(3) $F : U \longrightarrow V$ をユークリッド空間の開集合 U, V の間の微分同相写像とする．V 上の微分 p 形式 α，V 上のベクトル場 ξ に対し，$F^*(i_\xi \alpha) = i_{F^{-1}_* \xi} F^* \alpha$ を示せ．解答例は 169 ページ．

4.1.3 カルタンの公式

微分 0 形式（関数）f，微分 1 形式 α に対し，すでに 137 ページで計算したように次が成立する．

$$L_\xi f = \xi(f) = \mathrm{d}f(\xi) = i_\xi(\mathrm{d}f),$$
$$L_\xi \alpha = \mathrm{d}(\alpha(\xi)) + i_\xi(\mathrm{d}\alpha) = \mathrm{d}(i_\xi \alpha) + i_\xi(\mathrm{d}\alpha)$$

一般の微分形式に対して次が成立する．

命題 4.1.8（カルタンの公式） 微分 p 形式 α，ベクトル場 ξ に対して次が成立する．

$$L_\xi \alpha = \mathrm{d}(i_\xi \alpha) + i_\xi(\mathrm{d}\alpha)$$

証明 微分 p 形式，微分 q 形式に対して公式が成立していると仮定する．微分 p 形式 α，微分 q 形式 β の外積に対して

$$\begin{aligned}
&\mathrm{d}(i_\xi(\alpha \wedge \beta)) + i_\xi(\mathrm{d}(\alpha \wedge \beta)) \\
&= \mathrm{d}((i_\xi \alpha) \wedge \beta + (-1)^p \alpha \wedge (i_\xi \beta)) + i_\xi((\mathrm{d}\alpha) \wedge \beta + (-1)^p \alpha \wedge (\mathrm{d}\beta)) \\
&= \mathrm{d}(i_\xi \alpha) \wedge \beta + (-1)^{p-1}(i_\xi \alpha) \wedge \mathrm{d}\beta + (-1)^p (\mathrm{d}\alpha) \wedge (i_\xi \beta) + \alpha \wedge \mathrm{d}(i_\xi \beta) \\
&\quad + (i_\xi(\mathrm{d}\alpha)) \wedge \beta + (-1)^{p+1}(\mathrm{d}\alpha) \wedge (i_\xi \beta) + (-1)^p (i_\xi \alpha) \wedge (\mathrm{d}\beta) + \alpha \wedge (i_\xi(\mathrm{d}\beta)) \\
&= \mathrm{d}(i_\xi \alpha) \wedge \beta + \alpha \wedge \mathrm{d}(i_\xi \beta) + (i_\xi(\mathrm{d}\alpha)) \wedge \beta + \alpha \wedge (i_\xi(\mathrm{d}\beta)) \\
&= (\mathrm{d}(i_\xi \alpha) + i_\xi(\mathrm{d}\alpha)) \wedge \beta + \alpha \wedge (\mathrm{d}(i_\xi \beta) + i_\xi(\mathrm{d}\beta)) \\
&= (L_\xi \alpha) \wedge \beta + \alpha \wedge (L_\xi \beta) = L_\xi(\alpha \wedge \beta)
\end{aligned}$$

137 ページで計算したように，微分 1 形式に対して公式は正しいから，帰納法により，$f_{i_1 \cdots i_p} \mathrm{d}x_{i_1} \wedge \cdots \wedge \mathrm{d}x_{i_p}$ の形の単項式に対して正しい．単項式に対して正しいならば，単項式の線形結合に対して正しいこともわかるから任意の微分 p 形式に対して正しい． ∎

ベクトル場 $\xi = \sum_{i=1}^n \xi_i \dfrac{\partial}{\partial x_i}, \eta = \sum_{i=1}^n \eta_i \dfrac{\partial}{\partial x_i}$ に対し，**括弧積（ブラケット積）** $[\xi, \eta]$ は $[\xi, \eta] = \sum_{j=1}^n \sum_{i=1}^n \left(\xi_i \dfrac{\partial \eta_j}{\partial x_i} - \eta_i \dfrac{\partial \xi_j}{\partial x_i} \right) \dfrac{\partial}{\partial x_j}$ のように書かれる．

【問題 4.1.9】 微分 1 形式 α，ベクトル場 ξ, η に対し，$L_\xi L_\eta \alpha - L_\eta L_\xi \alpha = L_{[\xi,\eta]} \alpha$

を示せ．解答例は 170 ページ．

問題 4.1.9 で述べた 2 つのベクトル場についてのリー微分の順序交換の式は，微分 1 形式だけでなく，任意の微分 p 形式に対して成立する．

【問題 4.1.10】 微分 p 形式 α，ベクトル場 ξ, η に対して次が成立することを示せ．
$$(L_\xi L_\eta - L_\eta L_\xi)\alpha = L_{[\xi,\eta]}\alpha$$
解答例は 171 ページ．

リー微分ではなく，内部積については，微分 p 形式 α，ベクトル場 ξ, η に対しては，$i_\xi(i_\eta \alpha) = -i_\eta(i_\xi \alpha)$ が成立することが容易にわかる．リー微分と，内部積に対して，次が成立する．

【問題 4.1.11】 $i_\xi L_\eta \alpha - L_\eta i_\xi \alpha = i_{[\xi,\eta]}\alpha$ を示せ．解答例は 171 ページ．

【問題 4.1.12】 (1) $\mathbf{R}^3$ 上の微分 3 形式 $\omega = dx_1 \wedge dx_2 \wedge dx_3$ を考える．線形ベクトル場 $\xi = \sum_{i,j=1}^{3} a_{ij} x_j \dfrac{\partial}{\partial x_i}$ が $L_\xi \omega = 0$ を満たすための条件を求めよ．

(2) $\mathbf{R}^3$ 上の微分 2 形式 $\alpha = x_1 dx_2 \wedge dx_3 - x_2 dx_1 \wedge dx_3 + x_3 dx_1 \wedge dx_2$ を考える．線形ベクトル場 $\xi = \sum_{i,j=1}^{3} a_{ij} x_j \dfrac{\partial}{\partial x_i}$ が $L_\xi \alpha = 0$ を満たすための条件を求めよ．解答例は 172 ページ．

4.1.4 微分形式のベクトル場における値

微分 p 形式を p 次外積代数 $\bigwedge^p T^*M$ のベクトル束に値を持つ M 上の関数と考えると p 個のベクトル場に対する値として M 上の関数が定まる．

定義 4.1.13（微分形式のベクトル場における値） 微分 p 形式 α，ベクトル場 $\xi_1, \ldots, \xi_p$ に対し，$\alpha(\xi_1, \ldots, \xi_p) = i_{\xi_p} \cdots i_{\xi_1} \alpha$ と定義する．

注意 4.1.14 $\alpha(\xi_1, \ldots, \xi_p) = \dfrac{1}{p!} i_{\xi_p} \cdots i_{\xi_1} \alpha$ とする定義もある．

【問題 4.1.15】 微分 p 形式 α，微分 q 形式 β に対し，$(\alpha \wedge \beta)(\xi_1, \ldots, \xi_{p+q}) = \displaystyle\sum_{j_1<\cdots<j_p; k_1<\cdots<k_q} \mathrm{sign}\begin{pmatrix} 1 & \cdots\cdots & p+q \\ j_1 \cdots j_p & k_1 \cdots k_q \end{pmatrix} \alpha(\xi_{j_1}, \ldots, \xi_{j_p}) \beta(\xi_{k_1}, \ldots, \xi_{k_q})$ を示せ．

ただし，$j_1\cdots j_p k_1\cdots k_q$ ($j_1<\cdots<j_p$; $k_1<\cdots<k_q$) は $1\cdots p+q$ を並べ替えたもので，$\mathrm{sign}\begin{pmatrix}1&\cdots\cdots&p+q\\j_1\cdots j_p&k_1\cdots k_q\end{pmatrix}$ は置換の符号である．解答例は 173 ページ．

【問題 4.1.16】 命題 4.1.8, 問題 4.1.11 を用いて，次を示せ（これらを外微分，リー微分の定義とすることもある）．

(1) 微分 1 形式 α に対し，$(\mathrm{d}\alpha)(\xi_1,\xi_2)=\xi_1(\alpha(\xi_2))-\xi_2(\alpha(\xi_1))-\alpha([\xi_1,\xi_2])$．

(2) 微分 p 形式 α に対し，

$$(\mathrm{d}\alpha)(\xi_1,\ldots,\xi_{p+1})$$
$$=\sum_{i=1}^{p+1}(-1)^{i-1}\xi_i(\alpha(\xi_1,\ldots,\xi_{i-1},\xi_{i+1},\ldots,\xi_{p+1}))$$
$$+\sum_{i<j}(-1)^{i+j}\alpha([\xi_i,\xi_j],\xi_1,\ldots,\xi_{i-1},\xi_{i+1},\ldots,\xi_{j-1},\xi_{j+1},\ldots,\xi_{p+1})$$

(3) 微分 p 形式 α に対し，

$$(L_\xi\alpha)(\xi_1,\ldots,\xi_p)$$
$$=\xi(\alpha(\xi_1,\ldots,\xi_p))-\sum_{i=1}^p\alpha(\xi_1,\ldots,\xi_{i-1},[\xi,\xi_i],\xi_{i+1},\ldots,\xi_p)$$

解答例は 173 ページ．

4.2 リー群

群 G が多様体の構造を持ち，群演算 $G\times G\longrightarrow G$ が C^∞ 級写像となるとき，G はリー群と呼ばれる．陰関数定理を用いると，逆元をとる演算 $G\longrightarrow G$ は C^∞ 級写像となることがわかる（[多様体入門・問題 4.3.3] 参照）．

4.2.1 不変微分形式

G の元 g による**左移動** $L_g:G\longrightarrow G$, **右移動** $R_g:G\longrightarrow G$ は，$L_g(h)=gh$, $R_g(h)=hg$ で定義される．左移動 L_g, 右移動 R_g は G の微分同相写像である．

リー群 G の単位元 1 における接ベクトル $v\in T_1 G$ に対し，各点 $h\in G$ において接ベクトル $(L_h)_*v\in T_h G$ を与える対応は**左不変ベクトル場** ξ を定める．左不変とは，任意の $g\in G$ による左移動 L_g で不変 $((L_g)_*\xi=\xi)$ という

ことである.左不変ベクトル場の全体 $\mathfrak{g}$ と $T_1 G$ は同型なベクトル空間である.左不変ベクトル場 ξ, η のブラケット積 $[\xi, \eta]$ は,左不変ベクトル場となる.$\mathfrak{g}$ は G のリー環あるいはリー代数と呼ばれる([多様体入門・問題 8.2.6] 参照).

単位元 $\mathbf{1}$ における余接空間 $T_1^* G$ の p 次外積 $\bigwedge^p T_1^* G$ の元 a に対し,$(L_h)^* a$ は $\bigwedge^p T_{h^{-1}}^* G$ の元である.各点 $h^{-1} \in G$ において $(L_h)^* a$ を与える対応は**左不変 p 形式** α ($(L_g)^* \alpha = \alpha$) を定める.

【**問題 4.2.1**】 左不変形式 α と左不変ベクトル場 ξ の内部積 $i_\xi \alpha$ は左不変形式となることを示せ.解答例は 175 ページ.

左不変形式 α の外微分 $\mathrm{d}\alpha$ は左不変形式であるが,このような計算には前節の計算が役に立つ.

便利な事情は,次の事柄である.

$\mathfrak{g} \cong T_1 G$ の基底 $\{e_1, \ldots, e_n\}$ を 1 つとる.ブラケット積 $[e_i, e_j]$ はそれぞれ $[e_i, e_j] = \sum_k c_{ij}^k e_k$ の形で計算されているとする.余接空間 $T_1^* G$ には,$\{e_1, \ldots, e_n\}$ の双対基底 $\{e_1^*, \ldots, e_n^*\}$ を考えることができる.これに対して $\mathrm{d}(e_k^*)$ を問題 4.1.16(1) により計算すると次のようになる.

$$(\mathrm{d}(e_k^*))(e_i, e_j) = e_i(e_k^*(e_j)) - e_j(e_k^*(e_i)) - e_k^*([e_i, e_j])$$

ここで,$e_k^*(e_j) = \delta_{kj}, e_k^*(e_i) = \delta_{ki}$ は定数関数だから,その方向微分 $e_i(e_k^*(e_j))$,$e_j(e_k^*(e_i))$ は 0 である.したがって

$$(\mathrm{d}(e_k^*))(e_i, e_j) = -e_k^*([e_i, e_j]) = -e_k^* \left(\sum_k c_{ij}^k e_k \right) = -c_{ij}^k$$

となる.

$GL(N; \boldsymbol{R})$ の部分群として行列で表されるリー群 G に対して,行列 $A \in T_1 G \subset T_1(GL(N; \boldsymbol{R})) \cong \boldsymbol{R}^{N^2}$ で表される左不変ベクトル場 $A \in \mathfrak{g}$ が G 上に生成するフローは $\varphi_t^A(B) = B e^{tA}$ と書かれる.したがって,左不変ベクトル場 $A \in \mathfrak{g}$ の $B \in G$ における値は,$A_{(B)} = \left(\dfrac{\mathrm{d}}{\mathrm{d}t} \right)_{t=0} B e^{tA} = BA \in T_B G \subset T_B(GL(N; \boldsymbol{R})) \cong \boldsymbol{R}^{N^2}$ と書かれる.ここで,左不変ベクトル場 A_1, A_2 のブラケット積は次のように計算される.

$$[A_1, A_2]_{(B)} = \left(\frac{d}{dt}\right)_{t=0} (\varphi_{-t}^{A_1})_* A_{2(\varphi_t^{A_1}(B))}$$
$$= \left(\frac{d}{dt}\right)_{t=0} (\varphi_{-t}^{A_1})_* A_{2(Be^{tA_1})}$$
$$= \left(\frac{d}{dt}\right)_{t=0} (Be^{tA_1} A_2 e^{-tA_1}) = B(A_1 A_2 - A_2 A_1)$$

したがって，左不変ベクトル場 A_1, A_2 のブラケット積は行列の**交換子** $[A_1, A_2] = A_1 A_2 - A_2 A_1$ と一致する．

【**問題 4.2.2**】 (1) $SO(3)$ のリー代数 $\mathfrak{so}(3) \cong T_1(SO(3))$ は 3×3 交代行列 ($^t A + A = 0$) で表される．基底 $e_1 = \begin{pmatrix} 0 & 0 & 0 \\ 0 & 0 & 1 \\ 0 & -1 & 0 \end{pmatrix}$, $e_2 = \begin{pmatrix} 0 & 0 & -1 \\ 0 & 0 & 0 \\ 1 & 0 & 0 \end{pmatrix}$,

$e_3 = \begin{pmatrix} 0 & -1 & 0 \\ 1 & 0 & 0 \\ 0 & 0 & 0 \end{pmatrix}$ に対し，$[e_i, e_j]$ を計算せよ．左不変微分 1 形式の基底を双対基底 e_1^*, e_2^*, e_3^* とするとき，de_i^* を求めよ．

(2) $SL(2; \mathbf{R})$ のリー代数 $\mathfrak{sl}(2; \mathbf{R}) \cong T_1(SL(2; \mathbf{R}))$ はトレースが 0 の 2×2 行列 ($\operatorname{Tr} A = 0$) で表される．基底 $H = \begin{pmatrix} 1 & 0 \\ 0 & -1 \end{pmatrix}$, $S = \begin{pmatrix} 0 & 0 \\ 1 & 0 \end{pmatrix}$, $U = \begin{pmatrix} 0 & 1 \\ 0 & 0 \end{pmatrix}$ に対し，これらのブラケット積を計算せよ．左不変微分 1 形式の基底を双対基底 H^*, S^*, U^* とするとき，それらの外微分を求めよ．解答例は 175 ページ．

4.2.2 リー群の作用

G がコンパクトリー群とすると，G 自体の作用で G 上の微分形式を**平均**することができる．

一般に m 次元多様体 M に n 次元コンパクトリー群 G が滑らかに作用しているとする．すなわち，写像 $\operatorname{ev}: G \times M \ni (g, x) \longmapsto \boldsymbol{L}_g x = g \cdot x \in M$ で，$\boldsymbol{L}_{g_1}(\boldsymbol{L}_{g_2} x) = \boldsymbol{L}_{g_1 g_2} x$, $\boldsymbol{L}_1 x = x$ を満たすものが与えられているとする．

左不変微分形式を考えたのと同様に G 上の**右不変微分形式**を考えることができる．G 上には 0 でない右不変 n 形式 ($n = \dim G$) がある（右不変 1 形式の基底 $e_1^*, \ldots, e_n^*$ に対して，$\mu = e_1^* \wedge \cdots \wedge e_n^*$ をとればよい）．μ を定数倍して，$\int_G \mu = 1$ と仮定する．μ は任意の $h \in G$ に対して $R_h^* \mu = \mu$ を満たす．

M 上の微分 p 形式 α に対し，$\operatorname{ev}^* \alpha$ は $G \times M$ 上の微分 p 形式である．平均

図 4.2　G の $G \times M$ 上の作用.

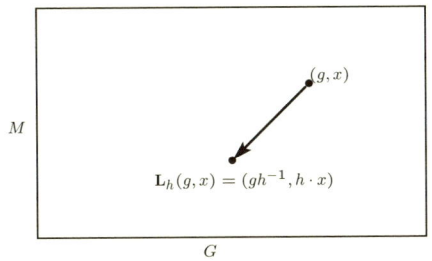

するために, $n+p$ 形式 $(\pi_G{}^*\mu) \wedge (\mathrm{ev}^* \alpha)$ を考える. ここで $\pi_G : G \times M \longrightarrow G$ は射影である. さらに直積 $G \times M$ 上で G の方向に積分し, 微分 p 形式 α の平均 $m(\alpha)$ を
$$m(\alpha)(x) = \int_{G \times \{x\}} (\pi_G{}^*\mu) \wedge (\mathrm{ev}^* \alpha)$$
で定義する. すなわち, $M \ni x$ のまわりの局所座標 $(U, \varphi = \boldsymbol{x} = (x_1, \ldots, x_m))$, G の向き付けられた座標近傍系 $(V_i, \psi_i = \boldsymbol{y}^{(i)} = (y_1^{(i)}, \ldots, y_n^{(i)}))$ をとると, $V_i \times U$ 上で, $(\pi_G{}^*\mu) \wedge (\mathrm{ev}^* \alpha)$ は
$$\mu(\boldsymbol{y}^{(i)}) \sum_{j_1, \ldots, j_p} f_{j_1 \cdots j_p}(\boldsymbol{y}^{(i)}, \boldsymbol{x}) \, dy_1^{(i)} \wedge \cdots \wedge dy_n^{(i)} \wedge dx_{j_1} \wedge \cdots \wedge dx_{j_p}$$
と表示される. V_i に従属する 1 の分割 λ_i によって,
$$m(\alpha)(x) = \sum_{j_1, \ldots, j_p} \left(\sum_i \int \lambda_i(\boldsymbol{y}^{(i)}) \mu(\boldsymbol{y}^{(i)}) f_{j_1 \cdots j_p}(\boldsymbol{y}^{(i)}, \boldsymbol{x}) \, dy_1^{(i)} \cdots dy_n^{(i)} \right) dx_{j_1} \wedge \cdots \wedge dx_{j_p}$$
とするのである. ここで, G の $G \times M$ 上の作用を $\mathbf{L}_h(g, x) = (gh^{-1}, h \cdot x)$ と定義すると (図 4.2 参照), $\mathrm{ev} \circ \mathbf{L}_h = \mathrm{ev}$ を満たす. したがって,
$$\begin{aligned} \mathbf{L}_h{}^*((\pi_G{}^*\mu) \wedge (\mathrm{ev}^* \alpha)) &= (\mathbf{L}_h{}^* \pi_G{}^* \mu) \wedge (\mathbf{L}_h{}^* \mathrm{ev}^* \alpha) \\ &= (\pi_G{}^* R_{h^{-1}}{}^* \mu) \wedge (\mathrm{ev}^* \alpha) \\ &= (\pi_G{}^* \mu) \wedge (\mathrm{ev}^* \alpha) \end{aligned}$$

$m(\alpha)$ については,

$$
\begin{aligned}
(\boldsymbol{L}_h{}^*(m(\alpha)))(x) &= (\boldsymbol{L}_h)^* \left(\int_{G \times \{\boldsymbol{L}_h x\}} (\pi_G{}^*\mu) \wedge (\mathrm{ev}^* \alpha) \right) \\
&= \int_{G \times \{x\}} \boldsymbol{L}_h{}^*((\pi_G{}^*\mu) \wedge (\mathrm{ev}^* \alpha)) \\
&= \int_{G \times \{x\}} (\pi_G{}^*\mu) \wedge (\mathrm{ev}^* \alpha) \\
&= m(\alpha)(x)
\end{aligned}
$$

さて，α が閉 p 形式，G は弧状連結とする．$m(\alpha)$ は閉 p 形式となる．実際，α が閉 p 形式ならば，$(\pi_G{}^*\mu) \wedge (\mathrm{ev}^* \alpha)$ は閉 $n+p$ 形式であり，直積の一方の成分についての積分 $m(\alpha)$ の上の局所表示を見ると，$\mathrm{d}(m(\alpha))$ の表示は，

$$
\begin{aligned}
&\mathrm{d}(m(\alpha))(x) \\
&= \sum_{j_1, \ldots, j_p} \mathrm{d}\left(\sum_i \int \lambda_i(\boldsymbol{y}^{(i)}) \mu(\boldsymbol{y}^{(i)}) f_{j_1 \cdots j_p}(\boldsymbol{y}^{(i)}, \boldsymbol{x}) \, \mathrm{d}y_1^{(i)} \cdots \mathrm{d}y_n^{(i)} \right) \wedge \mathrm{d}x_{j_1} \wedge \cdots \wedge \mathrm{d}x_{j_p} \\
&= \sum_{j_1, \ldots, j_p} \left(\sum_i \int \lambda_i(\boldsymbol{y}^{(i)}) \mu(\boldsymbol{y}^{(i)}) \frac{\partial f_{j_1 \cdots j_p}}{\partial x_j}(\boldsymbol{y}^{(i)}, \boldsymbol{x}) \, \mathrm{d}y_1^{(i)} \cdots \mathrm{d}y_n^{(i)} \right) \mathrm{d}x_j \wedge \mathrm{d}x_{j_1} \wedge \cdots \wedge \mathrm{d}x_{j_p}
\end{aligned}
$$

となるが，これは，$\mathrm{d}((\pi_G{}^*\mu) \wedge (\mathrm{ev}^* \alpha)) = (\pi_G{}^*\mu) \wedge \mathrm{d}(\mathrm{ev}^* \alpha)$ を書き下したものと一致し，0 となる．したがって，$m(\alpha)$ は閉 p 形式となる．

$m(\alpha)$ のドラーム・コホモロジー類は，α のドラーム・コホモロジー類と一致する．実際，p 次元 C^∞ 級特異サイクル c に対して，

$$
\int_c m(\alpha) = \int_{G \times c} (\pi_G{}^*\mu) \wedge (\mathrm{ev}^* \alpha) = \int_G \int_{\{g\} \times c} (\pi_G{}^*\mu) \wedge (\mathrm{ev}^* \alpha)
$$

である．ここで，G が連結（したがって弧状連結）だから，問題 3.2.3（100ページ）により，$\int_{\boldsymbol{L}_g(c)} \alpha = \int_c \alpha$ である．よって，

$$
\begin{aligned}
\int_{\{g\} \times c} (\pi_G{}^*\mu) \wedge (\mathrm{ev}^* \alpha) &= (\pi_G{}^*\mu) \wedge \int_{\{g\} \times c} (\mathrm{ev}^* \alpha) \\
&= (\pi_G{}^*\mu) \wedge \int_{\boldsymbol{L}_g(c)} \alpha = (\pi_G{}^*\mu) \wedge \int_c \alpha
\end{aligned}
$$

であり，$\int_c m(\alpha) = \int_c \alpha$ を得る．ドラームの定理 3.3.7（105 ページ）により，$m(\alpha)$ のコホモロジー類は α のコホモロジー類と一致する．

この議論により，次の定理が示された．

定理 4.2.3 コンパクト多様体 M にコンパクト連結リー群 G が作用してい

るとき，M のドラーム・コホモロジー群は，M の G 不変微分形式のなすコチェイン複体の（ドラーム・）コホモロジー群に等しい．

コンパクト連結リー群 G の G 自身への作用を考えると，G の左不変微分形式は有限次元であり，G 不変微分形式のドラーム・コホモロジー群が，有限次元ベクトル空間のコチェイン複体上の外微分の計算から求まることになる．

【例 4.2.4】 問題 4.2.2(1) で述べた $SO(3)$ の左不変微分形式のなすコチェイン複体は

$$0 \xrightarrow{\mathrm{d}} \mathbf{R}[1] \xrightarrow{\mathrm{d}} \mathbf{R}[e_1^*] \oplus \mathbf{R}[e_2^*] \oplus \mathbf{R}[e_3^*]$$
$$\xrightarrow{\mathrm{d}} \mathbf{R}[e_2^* \wedge e_3^*] \oplus \mathbf{R}[e_1^* \wedge e_3^*] \oplus \mathbf{R}[e_1^* \wedge e_2^*] \xrightarrow{\mathrm{d}} \mathbf{R}[e_1^* \wedge e_2^* \wedge e_3^*] \xrightarrow{\mathrm{d}} 0$$

となり，問題 4.2.2(1) の計算から，$H_{DR}^k(SO(3)) \cong \mathbf{R}$ ($k = 0, 3$), $H_{DR}^k(SO(3)) \cong 0$ ($k \neq 0, 3$) がわかる．

【問題 4.2.5】 2 次のユニタリ群 $U(2)$ の左不変微分形式のなすコチェイン複体を求め，ドラーム・コホモロジー群を計算せよ．解答例は 175 ページ．

4.2.3 $U(1)$ の自由作用

最も簡単なコンパクトリー群 $U(1)$ が多様体に自由に作用しているときをもう少し考察しよう．

n 次元多様体 M に $U(1) = \{e^{\sqrt{-1}\theta} \mid \theta \in \mathbf{R}\}$ が作用しているとする．すなわち，作用を $(e^{\sqrt{-1}\theta}, x) \longmapsto R_\theta x$ と書くと，$R_{\theta_1} R_{\theta_2} x = R_{\theta_1 + \theta_2} x$, $R_0 x = x$ を満たしている．さらに作用が自由であるとする．すなわち，$R_\theta x = x$ となる x があれば，$e^{\sqrt{-1}\theta} = 1$ となるとする．このとき，M 上の同値関係 $\sim$ を「$x \sim y \iff R_\theta x = y$ となる θ が存在する」で定義し，$M/\sim$ を $M/U(1)$ と書く．$U(1)$ の作用が自由であるとすると，$M/U(1)$ は $n-1$ 次元多様体となり，$p: M \longrightarrow M/U(1)$ は沈め込みであることが知られている．$U(1)$ 作用は，ベクトル場 $X_x = \left(\dfrac{\mathrm{d}}{\mathrm{d}\theta}\right)_{\theta=0} R_\theta x$ で生成されている．自由な $U(1)$ 作用では，X_x は 0 にならない．図 4.3 も参照．

【問題 4.2.6】 X が多様体 M 上の $U(1)$ の自由作用を生成するとする．M 上の微分 k 形式 β が $i_X \beta = 0$, $L_X \beta = 0$ を満たすとする．このとき，$M/U(1)$ 上の微分形式 $\underline{\beta}$ で $p^* \underline{\beta} = \beta$ となるものが一意的に存在することを示せ．β が

図 4.3 $U(1)$ の自由作用の軌道の様子. 1 つの軌道は, $U(1)$ と横断的円板の直積と微分同相な近傍を持つ.

閉形式ならば, β も閉形式であることを示せ. 解答例は 176 ページ.

4.3　接平面場（展開）

4.3.1　フロベニウスの定理

多様体 M 上の微分 1 形式 α は, 各点 x に対し, 余接空間 T_x^*M の元を定める. 余接空間 T_x^*M は接空間 T_xM の双対空間であるから, α の $x \in M$ での値が 0 でなければ $\ker \alpha = \{v \in T_xM \mid \alpha(v) = 0\}$ は接空間 T_xM の $n-1$ 次元部分空間である. このような各点の接空間の次元が定まった部分空間の集合（接束の部分ベクトル束（[多様体入門・4.5 節] 参照））を（接）**平面場** (plane field) と呼ぶ. **接分布** (distribution) と呼ぶことも多い.

多様体 M 上の関数 f の全微分 $\mathrm{d}f$ が x_0 で 0 でないとする. 陰関数定理により, x の近傍で $\{x \mid f(x) = f(x_0)\}$ は $n-1$ 次元の部分多様体となる. 実際には, x_0 の近傍は $n-1$ 次元の等位面で埋め尽くされ, $\ker(\mathrm{d}f)$ は各点で等位面の接空間と一致する.

関数の全微分でなくてもその関数倍の形の微分 1 形式 $g\,\mathrm{d}f$ は, $g(x_0) \neq 0$ ならば, 同じ $n-1$ 次元部分多様体の族を定める.

$\alpha = g\,\mathrm{d}f$ が x_0 の近傍で 0 でないとする. このとき, $\alpha \wedge \mathrm{d}\alpha = 0$ となる. 実際,

$$\alpha \wedge \mathrm{d}\alpha = g\,\mathrm{d}f \wedge (\mathrm{d}g \wedge \mathrm{d}f) = 0$$

逆に次が成立する．

定理 4.3.1 多様体 M 上の微分 1 形式 α が x_0 の近傍で 0 にならないとする．$\alpha \wedge \mathrm{d}\alpha = 0$ と仮定すると，x_0 の近傍上の関数 f, g があり，$\alpha = g\,\mathrm{d}f$ と書かれる．

証明 α に対して x_0 のまわりの座標近傍 $(U, \varphi = (x_1, \ldots, x_n))$ で $\alpha = \sum_{i=1}^{n} f_i\,\mathrm{d}x_i$ について，$f_n = 1$ とするものがとれる．この座標近傍上で $n-1$ 枠場 $(\xi_1, \ldots, \xi_{n-1})$ を次のようにつくる．

$$\xi_i = \frac{\partial}{\partial x_i} - f_i \frac{\partial}{\partial x_n} \quad (i = 1, \ldots, n-1)$$

仮定から $\alpha \wedge \mathrm{d}\alpha = 0$ であるが，これは

$$\left(\sum_{i=1}^{n} f_i\,\mathrm{d}x_i\right) \wedge \mathrm{d}\left(\sum_{k=1}^{n} f_k\,\mathrm{d}x_k\right) = \sum_{i=1}^{n}\sum_{j=1}^{n}\sum_{k=1}^{n} f_i \frac{\partial f_k}{\partial x_j}\,\mathrm{d}x_i \wedge \mathrm{d}x_j \wedge \mathrm{d}x_k$$

と計算される．一方，ブラケット積 $[\xi_i, \xi_j]$ は以下のように計算される．

$$[\xi_i, \xi_j] = \left[\frac{\partial}{\partial x_i} - f_i \frac{\partial}{\partial x_n}, \frac{\partial}{\partial x_j} - f_j \frac{\partial}{\partial x_n}\right]$$
$$= \left(-\frac{\partial f_j}{\partial x_i} + \frac{\partial f_i}{\partial x_j} + f_i \frac{\partial f_j}{\partial x_n} - f_j \frac{\partial f_i}{\partial x_n}\right) \frac{\partial}{\partial x_n}$$

ここで $\alpha \wedge \mathrm{d}\alpha$ の $\mathrm{d}x_i \wedge \mathrm{d}x_j \wedge \mathrm{d}x_n$ の係数は

$$-\frac{\partial f_j}{\partial x_i} + \frac{\partial f_i}{\partial x_j} + f_i \frac{\partial f_j}{\partial x_n} - f_j \frac{\partial f_i}{\partial x_n}$$

である．したがって，$[\xi_i, \xi_j] = 0$ となる．

この結果，$\xi_1, \ldots, \xi_{n-1}$ が生成するフローは可換で，$\boldsymbol{R}^{n-1}$ の局所的な作用を生成し，x を通る $\boldsymbol{R}^{n-1}$ の局所的な作用の局所的軌道と x_0 を通る $\frac{\partial}{\partial x_n}$ の軌道との交点を $\varphi^{-1}(0, \ldots, 0, f(x))$ とすると，$\xi_1, \ldots, \xi_{n-1}$ は $\ker(\mathrm{d}f)$ を張るベクトル場（$n-1$ 枠場）となる（[多様体入門・8.4 節] 参照）．各点で α は $\mathrm{d}f$ の非零関数倍であるから，ある 0 にならない関数 g があって $\alpha = g\,\mathrm{d}f$ と書かれる． ∎

定理 4.3.1 の条件を満たす接平面場は，局所的に定理 4.3.1 により与えられ

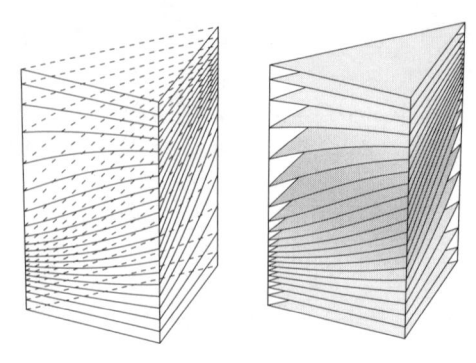

図 4.4 余次元 1 葉層構造は局所的には臨界点を持たない関数の等位面である．

る f の等位面の接平面場となる（図 4.4 参照）．このようなときに，多様体に余次元 1 **葉層構造**が与えられているという．局所的な関数の等位面をつなぎ合わせて $n-1$ 次元部分多様体が定義される．このような部分多様体の極大なものを**葉**と呼ぶ．葉は必ずしも正則な部分多様体にはならない．

α をいたるところ 0 にならない閉微分 1 形式とすると，定理 4.3.1 の条件を満たし，余次元 1 葉層構造が定まる（この場合は局所的にはポアンカレの補題により関数の全微分に書かれている）．このような閉微分 1 形式で定義される余次元 1 葉層構造の位相は比較的よくわかるが，一般の葉層構造の位相は複雑である．図 4.5 のような余次元 1 葉層構造は，閉微分 1 形式では定義されていない．

$\alpha = g\,\mathrm{d}f$ が x_0 の近傍で 0 にならないならば，

$$\mathrm{d}\alpha = \mathrm{d}g \wedge \mathrm{d}f = \frac{\mathrm{d}g}{g} \wedge \alpha$$

と書かれる．したがって，$\alpha \wedge \mathrm{d}\alpha = 0$ ならば，ある微分 1 形式 β が存在して $\mathrm{d}\alpha = \beta \wedge \alpha$ と書かれる．

一般に次が成立する．

命題 4.3.2 多様体 M 上の微分 1 形式 α，微分 p 形式 β を考える．α は 0 にならないとする．$\alpha \wedge \beta = 0$ ならば，微分 $p-1$ 形式 γ で $\beta = \gamma \wedge \alpha$ を満たすものが存在する．

証明 $T_x^* M$ で通常の基底 $\mathrm{d}x_1, \ldots, \mathrm{d}x_n$ をとり替えることを考える．この場

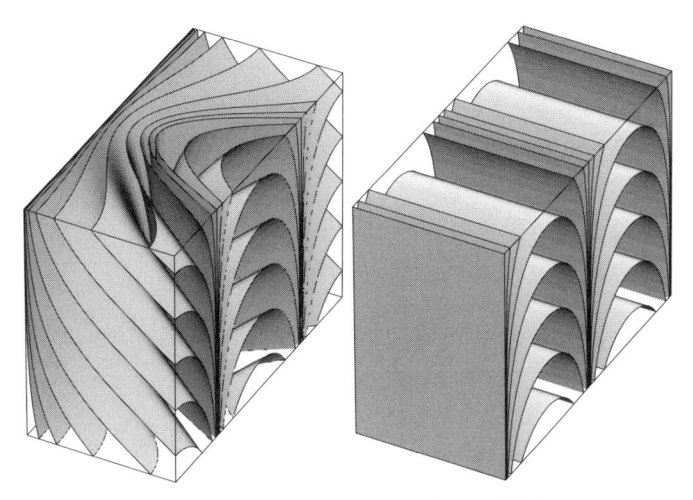

図 4.5 この図は，上面と下面を同一視した空間の葉層構造の様子を表している．余次元 1 葉層構造は大域的には，葉が別の葉に巻き付く現象がおき，大域的な関数の等位面とはならない．

合 e_1 を α の x における値とするような，基底 $e_1, \ldots, e_n$ をとることができる．微分 p 形式は $\bigwedge^p T_x^* M$ に値を持つが，$\bigwedge^p T_x^* M$ の通常の基底 $\{\mathrm{d}x_{i_1} \wedge \cdots \wedge \mathrm{d}x_{i_p}\}_{i_1 < \cdots < i_p}$ は，基底 $\{e_{j_1} \wedge \cdots \wedge e_{j_p}\}_{j_1 < \cdots < j_p}$ に置き換えられる．このようなとり替えは，x のまわりの座標近傍上で $e_2, \ldots, e_n$ が T^*M への C^∞ 写像となるように定義できる．このような基底のもとで $\alpha = e_1, \beta = \sum_{j_1 < \cdots < j_p} g_{j_1 \cdots j_p} e_{j_1} \wedge \cdots \wedge e_{j_p}$ と表示されるが，$\alpha \wedge \beta = 0$ であれば，$1 < j_1$ となる $g_{j_1 \cdots j_p}$ は 0 である．したがって，$\beta = e_1 \wedge \left(\sum_{j_2 < \cdots < j_p} g_{1 j_2 \cdots j_p} e_{j_2} \wedge \cdots \wedge e_{j_p} \right)$ となる．

M の上のような近傍による被覆 U_i を考え，それに従属した 1 の分割 λ_i をとる．各 U_i 上で $\beta = \alpha \wedge \gamma_i$ となる微分 $p-1$ 形式 γ_i が与えられている．$\gamma = \sum_i \lambda_i \gamma_i$ とおく．

$$\alpha \wedge \gamma = \alpha \wedge \sum_i \lambda_i \gamma_i = \sum_i \lambda_i \alpha \wedge \gamma_i = \sum_i \lambda_i \beta = \beta$$

となる． ∎

定理 4.3.1 の条件 $\alpha \wedge \mathrm{d}\alpha = 0$ は，ある微分 1 形式 β が存在して $\mathrm{d}\alpha = \beta \wedge \alpha$ となるという条件と同値であることがわかった．

多様体の点 x の近傍で定義された関数 $F:U \longrightarrow \boldsymbol{R}$ の等位面となることを一般化して多様体の点 x の近傍で定義された写像 $F:U \longrightarrow \boldsymbol{R}^q$ によって定義される部分多様体の族になる場合を考える.

F のランクが q であるとする. このとき, 座標関数 $\varphi : U \longrightarrow \boldsymbol{R}^n$ で, F が射影 $\boldsymbol{R}^n = \boldsymbol{R}^p \times \boldsymbol{R}^q \longrightarrow \boldsymbol{R}^q$ $(p+q=n)$ に一致するものをとることができる. $\boldsymbol{R}^p$ の座標を $(x_1,\ldots,x_p)$, $\boldsymbol{R}^q$ の座標を $(y_1,\ldots,y_q)$ として, 部分多様体の接空間は $\ker(\mathrm{d}y_1)\cap\cdots\cap\ker(\mathrm{d}y_q)$ で表される.

$A = (a_{ij})_{i,j=1,\ldots,q}$ を U から $GL(q;\boldsymbol{R})$ への写像として, $\mathrm{d}y_1,\ldots,\mathrm{d}y_q$ の1次結合 $\alpha_i = \displaystyle\sum_{j=1}^{q} a_{ij}\,\mathrm{d}y_j$ $(j=1,\ldots,q)$ を考えると, 部分多様体の族の接空間は $\ker\alpha_1\cap\cdots\cap\ker\alpha_q$ とも書かれる. ここで,

$$\mathrm{d}y_j = \sum_{k=1}^{q}\sum_{\ell=1}^{q}(A^{-1})_{jk}a_{k\ell}\,\mathrm{d}y_\ell = \sum_{k=1}^{q}(A^{-1})_{jk}\alpha_k$$

であるから

$$\begin{aligned}
\mathrm{d}\alpha_i &= \sum_{j=1}^{q}\mathrm{d}a_{ij}\wedge\mathrm{d}y_j \\
&= \sum_{j=1}^{q}\mathrm{d}a_{ij}\wedge\left(\sum_{k=1}^{q}(A^{-1})_{jk}\alpha_k\right) \\
&= \sum_{k=1}^{q}\left(\sum_{j=1}^{q}(A^{-1})_{jk}\,\mathrm{d}a_{ij}\right)\wedge\alpha_k
\end{aligned}$$

すなわち $\mathrm{d}\alpha_i = \displaystyle\sum_{k=1}^{q}\beta_{ik}\wedge\alpha_k$ となる微分 1 形式 β_{ik} が存在する.

【問題 4.3.3】 p 次元の接平面場を $\ker\alpha_1\cap\cdots\cap\ker\alpha_q$ として局所的に記述する微分 1 形式 $\alpha_1,\ldots,\alpha_q$ について, $\mathrm{d}\alpha_i = \displaystyle\sum_{k=1}^{q}\beta_{ik}\wedge\alpha_k$ となる微分 1 形式 β_{ik} $(i,k=1,\ldots,q)$ が存在するという条件は, q 個の微分 1 形式 $\alpha_1,\ldots,\alpha_q$ のとり方に依存しないことを示せ. 解答例は 176 ページ.

定理 4.3.4（フロベニウスの定理） 多様体 M^{p+q} 上の p 次元接平面場が, $x\in M$ の近傍 U の各点で 1 次独立な微分 1 形式 $\alpha_1,\ldots,\alpha_q$ により, $\ker\alpha_1\cap\cdots\cap\ker\alpha_q$ と表示されているとする. この接平面場が, x の近傍 V で定義されたランク q の写像 $F:V\longrightarrow \boldsymbol{R}^q$ により定義される p 次元部分

多様体の族の接平面場となるための必要十分条件は $\mathrm{d}\alpha_i = \sum_{k=1}^{q} \beta_{ik} \wedge \alpha_k$ となる微分 1 形式 β_{ik} が存在することである.

注意 4.3.5 条件 $\mathrm{d}\alpha_i = \sum_{k=1}^{q} \beta_{ik} \wedge \alpha_k$ は**完全積分可能条件**と呼ばれる.

証明 前の議論で，必要条件であることは述べた．十分条件であることを示す．座標近傍 $(U, \varphi = (x_1, \ldots, x_p; y_1, \ldots, y_q))$ において，p 次元接平面場は $(y_1, \ldots, y_q)$ への射影に横断的であるとする．このとき，接平面場は $\dfrac{\partial}{\partial x_i} + \sum_{\ell=1}^{q} b_{\ell i} \dfrac{\partial}{\partial y_\ell}$ ($i = 1, \ldots, p$) により張られる．このとき，$\alpha_1, \ldots, \alpha_q$ を，$\ker \alpha_1 \cap \cdots \cap \ker \alpha_q$ を変えないようにとり替えて，$\alpha_\ell = \mathrm{d}y_\ell - \sum_{i=1}^{p} b_{\ell i} \, \mathrm{d}x_i$ ($\ell = 1, \ldots, q$) とおくことができる．

p 次元部分多様体の族の接平面場となるとき，ベクトル場 $\xi_i = \dfrac{\partial}{\partial x_i} + \sum_{\ell=1}^{q} b_{\ell i} \dfrac{\partial}{\partial y_\ell}$ ($i = 1, \ldots, p$) (が生成する局所的なフロー) は**可換**となる．なぜなら，ベクトル場 ξ は p 次元部分多様体の接空間に接しているので，ブラケット積 $[\xi_i, \xi_j]$ は，各点で p 次元部分多様体の接空間に値を持つ．したがって $[\xi_i, \xi_j]$ は ξ_i ($i = 1, \ldots, p$) の 1 次結合とならなければいけない．一方，$[\xi_i, \xi_j]$ の $\dfrac{\partial}{\partial x_k}$ ($k = 1, \ldots, p$) の成分は 0 であるから，この 1 次結合は 0 である．

ベクトル場 $\xi_i = \dfrac{\partial}{\partial x_i} + \sum_{\ell=1}^{q} b_{\ell i} \dfrac{\partial}{\partial y_\ell}$ ($i = 1, \ldots, p$) が可換である条件を求めると次のようになる．

$$\left[\frac{\partial}{\partial x_i} + \sum_{\ell=1}^{q} b_{\ell i} \frac{\partial}{\partial y_\ell}, \frac{\partial}{\partial x_j} + \sum_{m=1}^{q} b_{mj} \frac{\partial}{\partial y_m} \right]$$
$$= \sum_{m=1}^{q} \frac{\partial b_{mj}}{\partial x_i} \frac{\partial}{\partial y_m} - \sum_{\ell=1}^{q} \frac{\partial b_{\ell i}}{\partial x_j} \frac{\partial}{\partial y_\ell} + \sum_{\ell,m=1}^{q} b_{\ell i} \frac{\partial b_{mj}}{\partial y_\ell} \frac{\partial}{\partial y_m} - \sum_{\ell,m=1}^{q} b_{mj} \frac{\partial b_{\ell i}}{\partial y_m} \frac{\partial}{\partial y_\ell}$$
$$= \sum_{m=1}^{q} \left(\frac{\partial b_{mj}}{\partial x_i} - \frac{\partial b_{mi}}{\partial x_j} + \sum_{\ell=1}^{q} b_{\ell i} \frac{\partial b_{mj}}{\partial y_\ell} - \sum_{\ell=1}^{q} b_{\ell j} \frac{\partial b_{mi}}{\partial y_\ell} \right) \frac{\partial}{\partial y_m}$$

$\alpha_\ell = \mathrm{d}y_\ell - \sum_{i=1}^{p} b_{\ell i} \, \mathrm{d}x_i$ ($\ell = 1, \ldots, q$) について，$\beta_{\ell i} = \sum_{j=1}^{p} f_{\ell ij} \, \mathrm{d}x_j + \sum_{j=1}^{q} g_{\ell ij} \, \mathrm{d}y_j$ が，定理の条件を満たすとすると，

$$\mathrm{d}\left(\mathrm{d}y_\ell - \sum_{i=1}^{p} b_{\ell i}\,\mathrm{d}x_i\right)$$
$$= -\sum_{i=1}^{p}\sum_{j=1}^{p} \frac{\partial b_{\ell i}}{\partial x_j}\,\mathrm{d}x_j \wedge \mathrm{d}x_i - \sum_{i=1}^{p}\sum_{j=1}^{q} \frac{\partial b_{\ell i}}{\partial y_j}\,\mathrm{d}y_j \wedge \mathrm{d}x_i$$
$$= \sum_{i=1}^{q}\left(\sum_{j=1}^{p} f_{\ell ij}\,\mathrm{d}x_j + \sum_{j=1}^{q} g_{\ell ij}\,\mathrm{d}y_j\right) \wedge \left(\mathrm{d}y_i - \sum_{k=1}^{p} b_{ik}\,\mathrm{d}x_k\right)$$

であるから，係数は次を満たす．

$$g_{\ell ij} = g_{\ell ji},$$
$$\frac{\partial b_{\ell i}}{\partial y_j} = f_{\ell ji} + \sum_{k=1}^{q} g_{\ell kj} b_{ki},$$
$$\frac{\partial b_{\ell i}}{\partial x_j} - \frac{\partial b_{\ell j}}{\partial x_i} = \sum_{k=1}^{q} f_{\ell kj} b_{ki} - f_{\ell ki} b_{kj}$$

このとき，

$$\frac{\partial b_{mj}}{\partial x_i} - \frac{\partial b_{mi}}{\partial x_j} + \sum_{\ell=1}^{q} b_{\ell i}\frac{\partial b_{mj}}{\partial y_\ell} - \sum_{\ell=1}^{q} b_{\ell j}\frac{\partial b_{mi}}{\partial y_\ell}$$
$$= -\sum_{k=1}^{q}(f_{mkj} b_{ki} - f_{mki} b_{kj})$$
$$\quad + \sum_{\ell=1}^{q} b_{\ell i}\left(f_{m\ell j} + \sum_{k=1}^{q} g_{mk\ell} b_{kj}\right) - \sum_{\ell=1}^{q} b_{\ell j}\left(f_{m\ell i} + \sum_{k=1}^{q} g_{mk\ell} b_{ki}\right)$$
$$= \sum_{\ell=1}^{q}\sum_{k=1}^{q} g_{mk\ell} b_{\ell i} b_{kj} - \sum_{\ell=1}^{q}\sum_{k=1}^{q} g_{mk\ell} b_{ki} b_{\ell j}$$
$$= \sum_{\ell=1}^{q}\sum_{k=1}^{q} g_{m\ell k} b_{\ell i} b_{kj} - \sum_{\ell=1}^{q}\sum_{k=1}^{q} g_{mk\ell} b_{ki} b_{\ell j} = 0$$

最後の行は，$g_{mk\ell} = g_{m\ell k}$ を用いた．

この計算により，$\xi_1, \ldots, \xi_p$ が生成するフローは可換で，$\boldsymbol{R}^p$ の局所的な作用を生成する．x を通る $\boldsymbol{R}^p$ の局所的な作用の局所的軌道と $\varphi^{-1}(\{0\} \times \boldsymbol{R}^q)$ の交点を $\varphi^{-1}(0, F(x))$ とすると，$\xi_1, \ldots, \xi_p$ は $F : U \longrightarrow \boldsymbol{R}^q$ により定義される p 次元部分多様体の族の接平面場を張る p 枠となる． ∎

【問題 4.3.6】　$SL(2; \boldsymbol{R})$ の左不変完全積分可能 2 次元平面場を求めよ．解答例は 177 ページ．

【問題 4.3.7】　多様体 M 上の余次元 1 の接平面場が微分 1 形式 α で与えられ

ているとする．このとき，完全積分可能条件から，微分 1 形式 β で $d\alpha = \beta \wedge \alpha$ となるものが存在する．このとき，$\beta \wedge d\beta$ は閉 3 形式となり，そのドラーム・コホモロジー類は完全積分可能条件を与える微分 1 形式 β，接平面場を与える微分 1 形式 α のとり方によらないことを示せ．解答例は 177 ページ．

注意 4.3.8 問題 4.3.7 のコホモロジー類は 1970 年に発見された．余次元 1 葉層構造のゴドビヨン・ベイ類と呼ばれる．

4.3.2 微分形式の核

微分 p 形式 α に対してもその x における**核** $\ker \alpha$ を

$$\ker \alpha = \left\{ v \in T_x M \mid i_v \alpha = 0 \in \bigwedge^{p-1} T_x^* M \right\}$$

により定義できる．

$\ker \alpha$ は線形空間である．実際，$\alpha = \sum_{i_1 < \cdots < i_p} f_{i_1 \cdots i_p} dx_{i_1} \wedge \cdots \wedge dx_{i_p}$, $\xi = \sum_{i=1}^n \xi_i \dfrac{\partial}{\partial x_i}, \eta = \sum_{i=1}^n \eta_i \dfrac{\partial}{\partial x_i}$ に対し，

$$i_\xi \alpha = \sum_{j=1}^p f_{i_1 \cdots i_p} \xi_{i_j} dx_{i_1} \wedge \cdots \wedge dx_{i_{j-1}} \wedge dx_{i_{j+1}} \wedge \cdots \wedge dx_{i_p} = 0,$$
$$i_\eta \alpha = \sum_{j=1}^p f_{i_1 \cdots i_p} \eta_{i_j} dx_{i_1} \wedge \cdots \wedge dx_{i_{j-1}} \wedge dx_{i_{j+1}} \wedge \cdots \wedge dx_{i_p} = 0$$

とすると，$a, b \in \mathbf{R}$ に対し，

$$\begin{aligned}
& i_{a\xi + b\eta} \alpha \\
&= \sum_{j=1}^p f_{i_1 \cdots i_p} (a\xi_{i_j} + b\eta_{i_j}) dx_{i_1} \wedge \cdots \wedge dx_{i_{j-1}} \wedge dx_{i_{j+1}} \wedge \cdots \wedge dx_{i_p} \\
&= a \sum_{j=1}^p f_{i_1 \cdots i_p} \xi_{i_j} dx_{i_1} \wedge \cdots \wedge dx_{i_{j-1}} \wedge dx_{i_{j+1}} \wedge \cdots \wedge dx_{i_p} \\
&\quad + b \sum_{j=1}^p f_{i_1 \cdots i_p} \eta_{i_j} dx_{i_1} \wedge \cdots \wedge dx_{i_{j-1}} \wedge dx_{i_{j+1}} \wedge \cdots \wedge dx_{i_p} = 0
\end{aligned}$$

【例 4.3.9】 (1) n 次元多様体の 0 とならない微分 n 形式 Ω に対し，$\ker \Omega = 0$ である．

(2) $T_0\boldsymbol{R}^4$ において $\ker(dx_1 \wedge dx_2 + dx_3 \wedge dx_4) = 0$. $T_0\boldsymbol{R}^6$ において $\ker(dx_1 \wedge dx_2 \wedge dx_3 + dx_4 \wedge dx_5 \wedge dx_6) = 0$.

【問題 4.3.10】 微分 p 形式 α, 微分 q 形式 β に対して, $\ker(\alpha \wedge \beta) \supset \ker\alpha \cap \ker\beta$ を示せ. 解答例は 178 ページ.

4.3.3 体積形式とダイバージェンス

n 次元多様体 M が各点で 0 とならない微分 n 形式 Ω を持つとする (向き付けを持つことと同値である, 115 ページ参照). ベクトル場 ξ の Ω に対するダイバージェンス (発散) $\mathrm{div}\,\xi$ とは, 次を満たす関数である: $L_\xi\Omega = (\mathrm{div}\,\xi)\Omega$.
$\boldsymbol{R}^n$ の微分 n 形式 $dx_1 \wedge \cdots \wedge dx_n$, ベクトル場 $\xi = \sum_{i=1}^n \xi_i \dfrac{\partial}{\partial x_i}$ に対し, $\mathrm{div}\,\xi = \sum_{i=1}^n \dfrac{\partial \xi_i}{\partial x_i}$ となる.

$\mathrm{div}(\xi)\Omega$ の積分について次のことが容易にわかる. 向き付けられたコンパクト多様体 M に対して $\int_M \mathrm{div}(\xi)\Omega = \int_M L_\xi\Omega = \int_M di_\xi\Omega$ と計算されるが, ストークスの定理 3.5.1 (117 ページ) から, M の境界を ∂M として, $\int_M di_\xi\Omega = \int_{\partial M} i_\xi\Omega$ と書かれる. こうして得られる $\int_M \mathrm{div}(\xi)\Omega = \int_{\partial M} i_\xi\Omega$ をガウス・グリーンの公式と呼ぶこともある. 特に, 向き付けられたコンパクト閉多様体 M に対しては $\int_M \mathrm{div}(\xi)\Omega = 0$ である.

注意 4.3.11 モーザーにより, コンパクト向き付け可能多様体 M 上の各点で 0 とならない 2 つの微分 n 形式 Ω_0, Ω_1 に対し, $\int_M \Omega_0 = \int_M \Omega_1$ ならば F_0 が恒等写像であるようなアイソトピー $F_t: M \longrightarrow M$ で, $F_1^*\Omega_0 = \Omega_1$ とするものが存在することが示されている.

4.3.4 シンプレクティク形式とハミルトン・ベクトル場

核が自明となる微分 2 形式, 特に核が自明となる閉微分 2 形式はシンプレクティク形式と呼ばれ, 興味深い対象である. 古典力学における正準理論はシンプレクティク形式を持つシンプレクティク多様体上でよりよく理解される.

【問題 4.3.12】 $\boldsymbol{R}^n$ 上の原点 0 の近傍で定義された微分 2 形式 ω が, $\ker\omega = 0$ を満たすなら, n は偶数 $(n = 2m)$ で, $T_0\boldsymbol{R}^n = T_0\boldsymbol{R}^{2m}$ のある基底 $e_1, \ldots, e_{2m}$ に対し, その双対基底 $e_1^*, \ldots, e_{2m}^*$ を使って $\omega(0) = e_1^* \wedge e_2^* + \cdots + e_{2m-1}^* \wedge e_{2m}^*$

と書かれる．このとき，$\omega^m \neq 0$ となるが，逆に $\boldsymbol{R}^{2m}$ 上の微分 2 形式が，$\omega^m \neq 0$ を満たせば，$\omega(0)$ は上の形になる．解答例は 178 ページ．

注意 4.3.13 多様体上の 2 形式 ω が，$\ker \omega = 0$ を満たすなら，多様体の次元は問題 4.3.12 により偶数 ($n = 2m$) となり各点では標準的な形に書かれる．ω が閉 2 形式ならば，後で述べるシンプレクティク形式に対するダルブーの定理 4.3.17 により，各点のまわりの座標近傍 $(U, \varphi = (x_1, \ldots, x_{2m}))$ で，$\omega = \mathrm{d}x_1 \wedge \mathrm{d}x_2 + \cdots + \mathrm{d}x_{2m-1} \wedge \mathrm{d}x_{2m}$ となるものが存在する．

定義 4.3.14 多様体 M 上の閉 2 形式 ω で $\ker \omega = 0$ を満たすものを**シンプレクティク形式**と呼ぶ．シンプレクティク形式を指定した多様体を**シンプレクティク多様体**と呼ぶ．

ベクトル場 ξ がシンプレクティク形式 ω を保つとする．このとき，$L_\xi \omega = 0$ となるが，カルタンの公式により $L_\xi \omega = \mathrm{d}i_\xi \omega + i_\xi \mathrm{d}\omega = \mathrm{d}i_\xi \omega$ であるから，$i_\xi \omega$ は閉 1 形式となる．$\boldsymbol{R}^{2m}$ 上のシンプレクティク形式 ω に対しては，ポアンカレの補題 1.7.2（24 ページ）から，$i_\xi \omega = \mathrm{d}f$ となる関数 f が存在する．これを ξ の**ハミルトン関数**と呼ぶ．$\xi(f) = (\mathrm{d}f)(\xi) = i_\xi i_\xi \omega = 0$ だから，ξ の生成するフローに沿ってこの f の値は不変である．すなわちフローの軌道は f の等位面上にある．

逆に，閉微分 1 形式 α に対し，$i_\xi \omega = \alpha$ となる ξ は一意的に定まる．このような ξ は $L_\xi \omega = 0$ を満たすから，生成するフローはシンプレクティク形式 ω を保つ．閉形式 α が 0 にならないところでは，定理 4.3.1 により余次元 1 葉層構造が定まっているが，$i_\xi \alpha = i_\xi i_\xi \omega = 0$ だから，フローの軌道は葉層構造の葉の上にある．

一般のシンプレクティク多様体 M 上の関数 f に対して，全微分 $\mathrm{d}f$ の定めるベクトル場，すなわち，$i_{X_f} \omega = \mathrm{d}f$ により定義されるベクトル場 X_f は，f の定める**ハミルトン・ベクトル場**と呼ばれる．

$\boldsymbol{R}^{2m}$ 上のシンプレクティク形式 $\omega = \mathrm{d}x_1 \wedge \mathrm{d}x_2 + \cdots + \mathrm{d}x_{2m-1} \wedge \mathrm{d}x_{2m}$ に対し，$f(x_1, \ldots, x_{2m})$ の（全微分 $\mathrm{d}f$ の）定めるハミルトン・ベクトル場は，

$$\frac{\partial f}{\partial x_2}\frac{\partial}{\partial x_1} - \frac{\partial f}{\partial x_1}\frac{\partial}{\partial x_2} + \cdots + \frac{\partial f}{\partial x_{2m}}\frac{\partial}{\partial x_{2m-1}} - \frac{\partial f}{\partial x_{2m-1}}\frac{\partial}{\partial x_{2m}}$$

である．

　n 次元多様体の余接ベクトル束 T^*M には標準的なシンプレクティク形式が定義される．すなわち，M の $p: T^*M \longrightarrow M$ を射影とし，M の座標近傍 $(U, \varphi = (x_1, \cdots, x_n))$ に対して，T^*M の座標近傍 $\widehat{\varphi}: p^{-1}(U) \longrightarrow \varphi(U) \times \mathbf{R}^n$ が $\widehat{\varphi}\Big(\sum_{i=1}^n y_i (\mathrm{d}x_i)_x\Big) = ((x_1, \ldots, x_n), (y_1, \ldots, y_n))$ で与えられる．このとき，まず標準 1 形式 $\theta = \sum_{i=1}^n y_i \, \mathrm{d}x_i$ が T^*M 上の微分 1 形式として定義される．実際，M の座標近傍 $(U', \varphi' = (x'_1, \cdots, x'_n))$ に対して，$\widehat{\varphi}': p^{-1}(U') \longrightarrow \varphi'(U') \times \mathbf{R}^n$ を $\widehat{\varphi}'\Big(\sum_{i=1}^n y'_i (\mathrm{d}x'_i)_x\Big) = ((x'_1, \ldots, x'_n), (y'_1, \ldots, y'_n))$ とする．$\sum_{i=1}^n y_i (\mathrm{d}x_i)_x = \sum_{j=1}^n y'_j (\mathrm{d}x'_j)_x$ とすると，$y_i = \sum_{j=1}^n y'_j \dfrac{\partial x'_j}{\partial x_i}$ である．したがって，$\sum_{i=1}^n y_i (\mathrm{d}x_i)_x$ の $(p^{-1}(U'), \widehat{\varphi}')$ における表示は

$$\sum_{i=1}^n \sum_{j=1}^n y'_j \frac{\partial x'_j}{\partial x_i} \sum_{k=1}^n \frac{\partial x_i}{\partial x'_k} (\mathrm{d}x'_k)_x = \sum_{j=1}^n y'_j (\mathrm{d}x'_j)_x$$

となる．これにより θ が T^*M 上の微分 1 形式として定義された．

　この θ の符号を変えて外微分をとって $\omega = -\,\mathrm{d}\theta = \sum_{i=1}^n \mathrm{d}x_i \wedge \mathrm{d}y_i$ が得られるが，これが，T^*M 上のシンプレクティク形式となる．

　多様体 M 上にリーマン計量があるとき，4.4 節で詳しく述べるが，T^*M 上にも 2 次形式 q^* が $q^*\Big(\sum_{i=1}^n y_i \, \mathrm{d}x_i\Big) = \sum_{i,j=1}^n g^{ij} y_i y_j$ で定義される．ここで，リーマン計量を $\sum_{i,j=1}^n g_{ij} \, \mathrm{d}x_i \otimes \mathrm{d}x_j$ とするとき，$(g^{ij})_{i,j=1,\ldots,n}$ は $(g_{ij})_{i,j=1,\ldots,n}$ の逆行列である．

【問題 4.3.15】 $\dfrac{1}{2} q^*$ が T^*M に定義するハミルトン・ベクトル場は，TM の測地流のベクトル場と一致することを示せ．測地流については [多様体入門・第 7 章] 参照．T^*M と TM の対応については 4.4 節参照．解答例は 179 ページ．

【問題 4.3.16】 多様体 M 上の関数 f の全微分 $\mathrm{d}f$ は，写像 $\mathrm{d}f: M \longrightarrow T^*M$ と考えられる．T^*M のシンプレクティク形式 ω に対し，$(\mathrm{d}f)^*\omega = 0$ を示せ．解答例は 180 ページ．

問題 4.3.16 で与えられる $\mathrm{d}f$ の像 $\mathrm{im}(\mathrm{d}f)$ は $2n$ 次元シンプレクティク多様体 T^*M の n 次元部分多様体であるが，シンプレクティク形式をこの部分多様体に制限すると 0 になる．このようなシンプレクティク多様体の半分の次元の部分多様体でシンプレクティク形式の制限が 0 になるようなものを**ラグランジュ部分多様体**と呼ぶ．シンプレクティク多様体には現在でも未解決の問題がたくさんあるが，その研究のなかでラグランジュ部分多様体は多くの手がかりを与える．例えば，ラグランジュ部分多様体 L のある近傍と，このラグランジュ部分多様体の余接束 T^*L の 0 切断のある近傍の間にはシンプレクティク形式を保つ微分同相が存在することが知られている．

定理 4.3.17（ダルブーの定理） $2m$ 次元シンプレクティク多様体のシンプレクティク形式 ω に対し，$x^0 \in M^{2m}$ のまわりの座標近傍 $(U, \varphi = (y_1, \ldots, y_{2m}))$ で，$\omega = \mathrm{d}y_1 \wedge \mathrm{d}y_2 + \cdots + \mathrm{d}y_{2m-1} \wedge \mathrm{d}y_{2m}$ と書くものが存在する．

証明 まず，関数 y_1 を $(\mathrm{d}y_1)_{x^0} \neq 0$ であるようにとる．X_{y_1} を関数 y_1 に対するハミルトン・ベクトル場とする．すなわち，$i_{X_{y_1}}\omega = \mathrm{d}y_1$ とする．X_{y_1} が生成する（局所）フローを $\varphi_t^{(1)}(x)$ とする．$(X_{y_1})_{x^0} \neq 0$ だから，x^0 を通る X_{y_1} に横断的な $2m-1$ 次元部分多様体（円板）D^{2m-1} が存在する．x^0 の近傍で関数 y_2 を $\varphi_{-y_2(x)}(x) \in D^{2m-1}$ で定義する．図 4.6 参照．

x^0 の近傍で $y_1 = $ 一定 で定まる $2m-1$ 次元部分多様体と $y_2 = $ 一定 で定まる $2m-1$ 次元部分多様体は横断的に交わる．実際，$y_2 = 0$ のときの部分多様体 D^{2m-1} が，$y_1 = $ 一定 に接する 0 にならない X_{y_1} に横断的だから，y_2 の値が 0 に近いときも $y_2 = $ 一定 で定まる部分多様体は X_{y_1} に横断的である．したがって，$2m-1$ 次元部分多様体同士が横断的に交わる．

X_{y_2} を関数 y_2 に対するハミルトン・ベクトル場とする．すなわち，$\mathrm{d}y_2 = i_{X_{y_2}}\omega$ とする．y_2 の定義から，$i_{X_{y_1}} i_{X_{y_2}}\omega = i_{X_{y_1}}\mathrm{d}y_2 = 1$ である．この式は，$-1 = i_{X_{y_2}} i_{X_{y_1}}\omega = i_{X_{y_2}}\mathrm{d}y_1$ を意味するから，X_{y_2} が生成する（局所）フローを $\varphi_t^{(2)}(x)$ とすると $\varphi_t^{(2)}$ は $y_1 = 0$ を $y_1 = -t$ に写す．さらに，X_{y_1}, X_{y_2} は可換になる．実際，

$$i_{[X_{y_1}, X_{y_2}]}\omega = (i_{X_{y_1}} L_{X_{y_2}} - L_{X_{y_2}} i_{X_{y_1}})\omega = i_{X_{y_1}} 0 - L_{X_{y_2}} \mathrm{d}y_1$$
$$= -\mathrm{d}i_{X_{y_2}} \mathrm{d}y_1 = -\mathrm{d}(-1) = 0$$

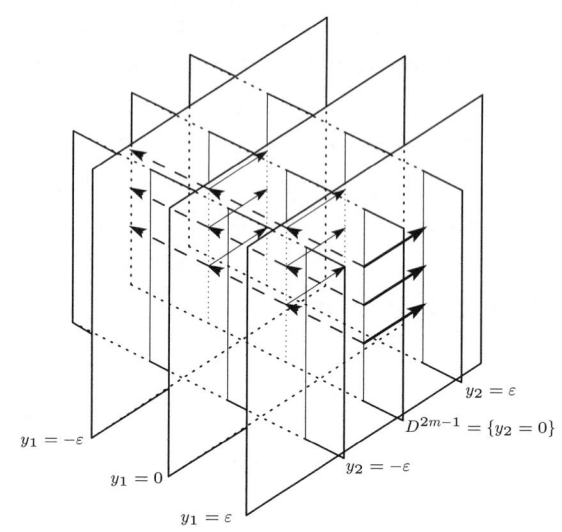

$y_1 = -\varepsilon$
$y_1 = 0$
$y_1 = \varepsilon$
$y_2 = \varepsilon$
$y_2 = -\varepsilon$
$D^{2m-1} = \{y_2 = 0\}$

図 4.6 ダルブーの定理. y_1 のハミルトン・ベクトル場 X_{y_1} (実線のベクトル場) は $y_1 = $ 一定の面に接している. X_{y_1} とそれに横断的な D^{2m-1} により, y_2 を定めると, y_2 のハミルトン・ベクトル場 X_{y_2} (破線のベクトル場) は, $y_2 = $ 一定 の面に接し, X_{y_1} と可換になる. B^{2m-2} は $\{y_1 = y_2 = 0\}$ で表される.

だから,$[X_{y_1}, X_{y_2}] = 0$ となる. したがって, フロー $\varphi_s^{(1)}(x), \varphi_t^{(2)}(x)$ は可換である.

$y_1 = 0, y_2 = 0$ で x の近傍に定まる $2m-2$ 次元部分多様体を B^{2m-2} とする. B^{2m-2} の接ベクトル $v \in T_x B^{2m-2}$ に対し, $0 = v(y_1) = i_v \, dy_1 = i_v i_{X_{y_1}} \omega$, $0 = v(y_2) = i_v \, dy_2 = i_v i_{X_{y_2}} \omega$ だから, $T_x B^{2m-2}$ と $T_x M$ の部分空間 $\langle X_{y_1}, X_{y_2} \rangle$ は, 2 次形式 ω に対して直交している. したがって $\ker(\omega | B^{2m-2}) = 0$ である (もしも $v' \in T_x(B^{2m-2})$ に対して $i_{v'}(\omega | B^{2m-2}) = 0 \in T_x^* B^{2m-2}$ ならば, $i_{v'} \omega = 0 \in T_x^* M$ となる. 任意の $w \in T_x M$ は $w = w' + a_1 X_{y_1} + a_2 X_{y_2}$ ($w' \in T_x B^{2m-2}, a_1, a_2 \in \mathbf{R}$) と書かれ, $i_w i_{v'} \omega = 0$ となるからである). $\omega | B^{2m-2}$ は閉形式だから, $\omega | B^{2m-2}$ は B^{2m-2} 上のシンプレクティク形式である.

次元について帰納的にダルブーの定理が示されているとする. すなわち $2m-2$ 次元シンプレクティク多様体に対してダルブーの定理が示されているとする.

そうすると，B^{2m-2} 上の座標 $(y_3, \ldots, y_{2m})$ で，$\omega|B^{2m-2}$ を $dy_3 \wedge dy_4 + \cdots + dy_{2m-1} \wedge dy_{2m}$ と書くものが存在する．フロー $\varphi_s^{(1)}(x)$, $\varphi_t^{(2)}(x)$ は可換であるから，y_j $(j = 3, \ldots, 2m)$ をフロー $\varphi_s^{(1)}(x)$, $\varphi_t^{(2)}(x)$ で不変であるように x_0 の近傍で定義できる．すなわち，十分小さい正実数 ε に対し，$\{(\varphi_s^{(1)}(x), \varphi_t^{(2)}(x)) \mid s,t \in (-\varepsilon, \varepsilon)\}$ は $(-\varepsilon, \varepsilon)^2$ と微分同相になるがその上で y_j の値が一定であるように定義できる．このときさらに，$i_{X_j}\omega = dy_j$ で定まる X_j は可換である．

こうして得られた関数 $y_1, y_2, y_3, \ldots, y_{2m}$ を座標にとると，$\omega = dy_1 \wedge dy_2 + \cdots + dy_{2m-1} \wedge dy_{2m}$ と書かれている． ∎

4.3.5 接触形式とレーブ・ベクトル場

奇数次元多様体上いたるところ 0 でない微分 1 形式 α は，次元を $2m+1$ とすると $2m$ 次元の核を持つ．奇数次元多様体上の微分 2 形式 $d\alpha$ の核は，1 次元以上である（問題 4.3.12 参照）．これらが横断的に交わる状況を考えよう．

【問題 4.3.18】 $\mathbf{R}^{2m+1}$ 上の微分 1 形式 α が，$\ker(d\alpha) \cap \ker \alpha = 0$ を満たすなら，$T_0^*\mathbf{R}^{2m+1}$ のある基底 $e_0, e_1, \ldots, e_{2m}$ に対し，$\alpha(0) = e_0$, $d\alpha(0) = e_1 \wedge e_2 + \cdots + e_{2m-1} \wedge e_{2m}$ と書かれることを示せ．このとき，$\alpha \wedge (d\alpha)^m \neq 0$ となるが，逆に，$\mathbf{R}^{2m+1}$ 上の微分 1 形式 α が $\alpha \wedge (d\alpha)^m \neq 0$ を満たすならば，$\alpha(0)$ は上の形になることを示せ．解答例は 180 ページ．

注意 4.3.19 多様体上の微分 1 形式 α が，$\ker(d\alpha) \cap \ker \alpha = 0$ を満たすなら，多様体の次元は問題 4.3.18 により奇数 $(n = 2m+1)$ となり，各点では標準的な形になる．実際には，後で述べる接触構造に対するダルブーの定理 4.3.24 により，各点のまわりの座標近傍 $(U, \varphi = (x_0, x_1, \ldots, x_{2m}))$ で，$\alpha = dx_0 + x_1 dx_2 + \cdots + x_{2m-1} dx_{2m}$ となるものが存在する．図 4.7 参照．

定義 4.3.20 n 次元多様体 M 上の 0 にならない微分 1 形式 α が任意の点で $\alpha \wedge (d\alpha)^m \neq 0$ を満たすとき，α を M 上の**接触形式**と呼ぶ．

奇数次元多様体 M^{2m+1} の余次元 1 平面場 E が，M の 1 点のまわりで $\ker(d\alpha) \cap \ker \alpha = 0$ を満たす微分 1 形式 α の核 $E = \ker \alpha$ と書かれ

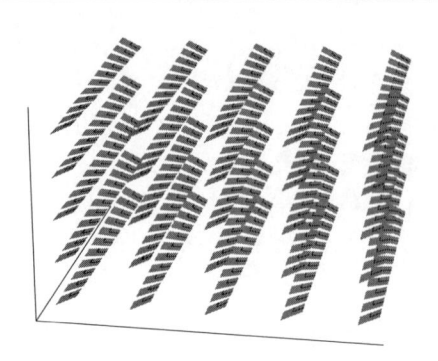

図 4.7　ダルブーの定理の標準的接触形式 $dx_0 + x_1 dx_2$ の核となる平面場．[多様体入門] の図 8.1 と同じ平面場である．

ているとする．接平面場 E を核として表す微分 1 形式 β は 0 にならない関数 g によって，$\beta = g\alpha$ と書かれるが，$d\beta = dg \wedge \alpha + g\, d\alpha$ だから $\beta \wedge (d\beta)^m = g^{m+1} \alpha \wedge (d\alpha)^m \neq 0$ を満たす．したがって，問題 4.3.18 により，α 同様，$\beta = g\alpha$ も局所的な接触形式である．

定義 4.3.21　多様体 M 上の余次元 1 の平面場 E について，各点のまわりで $E = \ker \alpha$ と書く微分 1 形式 α が接触形式のとき，E を M 上の**接触構造**と呼ぶ．接触構造が与えられた多様体を**接触多様体**と呼ぶ．

$2m+1$ 次元多様体 M 上に接触形式 α が与えられると，$\alpha \wedge (d\alpha)^m$ は 0 にならないから，M に向き付けが定まる．

【**問題 4.3.22**】　$4m-1$ 次元接触多様体は向き付け可能であることを示せ．解答例は 181 ページ．

$2m+1$ 次元多様体 M 上に接触形式 α が存在するとき，この接触形式 α に対しては，特別なベクトル場が定義される．すなわち，ベクトル場 ξ で，$\alpha(\xi) = 1, i_\xi d\alpha = 0$ となるものである．このベクトル場を接触形式 α の**レーブ・ベクトル場**と呼ぶ．

α のレーブ・ベクトル場 ξ は，カルタンの公式により，$L_\xi \alpha = d i_\xi \alpha + i_\xi d\alpha = d1 + 0 = 0$ を満たし，α を保つ．接触形式を保つ微分同相は，レーブ・ベクトル場を保たなければならない．したがって，接触形式を保つ微分同相の全体のなす群は，一般には多様体に推移的には作用しない．しかし，接触多様

体の接触構造（余次元 1 平面場）を保つ群は，多様体に推移的に作用することが知られている．

【問題 4.3.23】 $n+1$ 次元複素ベクトル空間 $\boldsymbol{C}^{n+1} = \{(z_1,\ldots,z_{n+1})\}$ 上のシンプレクティク形式 $\omega = \sum_{k=1}^{n+1} \mathrm{d}x_k \wedge \mathrm{d}y_k$ ($z_k = x_k + \sqrt{-1}y_k$) を考える．

(1) 関数 $f(z_1,\ldots,z_{n+1}) = -\frac{1}{2}\sum_{k=1}^{n+1}|z_k|^2$ に対するハミルトン・ベクトル場 X_f を求めよ．

(2) X_f は群 $U(1)$ の $\boldsymbol{C}^{n+1}$ への作用

$$(e^{\sqrt{-1}\theta},(z_1,\ldots,z_{n+1})) \longmapsto (e^{\sqrt{-1}\theta}z_1,\ldots,e^{\sqrt{-1}\theta}z_{n+1})$$

を生成することを示せ．

(3) $\boldsymbol{R}^{2n+2}$ 上の微分 1 形式 α を，$\alpha = \frac{1}{2}\sum_{k=1}^{n+1}(-y_k\,\mathrm{d}x_k + x_k\,\mathrm{d}y_k)$ で定義する．α は $U(1)$ の作用で不変であることを示せ．

(4) $\boldsymbol{C}^{n+1}$ の $2n+1$ 次元単位球面 S^{2n+1} を考える．$U(1)$ 作用は S^{2n+1} 上自由に作用することを示せ．$\mathrm{d}\alpha|S^{2n+1} = \omega|S^{2n+1}$ について，$i_{X_f}(\mathrm{d}\alpha|S^{2n+1}) = 0$, $L_{X_f}(\mathrm{d}\alpha|S^{2n+1}) = 0$ を示せ．$\alpha|S^{2n+1}$ は接触形式であることを示せ．

(5) $S^{2n+1}/U(1) = \boldsymbol{C}P^n$ であるが，問題 4.2.6 により $\mathrm{d}\alpha|S^{2n+1} = \omega|S^{2n+1}$ から $\boldsymbol{C}P^n$ 上に定まる閉微分 2 形式 $\omega_{\boldsymbol{C}P^n}$ について，$(\omega_{\boldsymbol{C}P^n})^n$ は $\boldsymbol{C}P^n$ 上の 0 にならない $2n$ 形式であることを示せ（このことから $\omega_{\boldsymbol{C}P^n}$ は $\boldsymbol{C}P^n$ 上のシンプレクティク形式であること，$H_{DR}^{2k}(\boldsymbol{C}P^n) \cong \boldsymbol{R}$（問題 2.8.3（69 ページ）参照）の生成元が $(\omega_{\boldsymbol{C}P^n})^k$ であることがわかる）．解答例は 181 ページ．

定理 4.3.24（ダルブーの定理） $2m+1$ 次元接触多様体の局所的な接触形式 α に対し，$x^0 \in M^{2m+1}$ のまわりの座標近傍 $(U,\varphi = (x_0,x_1,\ldots,x_{2m}))$ で，$\alpha = \mathrm{d}x_0 + x_1\,\mathrm{d}x_2 + \cdots + x_{2m-1}\,\mathrm{d}x_{2m}$ と書くものが存在する．

証明 $2m+2$ 次元多様体 $W = M \times \boldsymbol{R}_{>0}$ の開集合 $U \times \boldsymbol{R}_{>0}$ 上の微分 1 形式 $\beta = tp^*\alpha$ を考える．ここで $p: W = M \times \boldsymbol{R}_{>0} \longrightarrow M$ は第 1 成分への射影，t は $\boldsymbol{R}_{>0} = \{t \in \boldsymbol{R} \mid t > 0\}$ の座標である．このとき，$\mathrm{d}\beta$ は W 上のシンプレクティク形式である．実際，

$$(\mathrm{d}\beta)^{m+1} = (\mathrm{d}t \wedge p^*\alpha + t\, p^*\, \mathrm{d}\alpha)^{m+1}$$
$$= (m+1)t^m\, \mathrm{d}t \wedge p^*\alpha \wedge (p^*\, \mathrm{d}\alpha)^m + t(p^*\, \mathrm{d}\alpha)^{m+1}$$
$$= (m+1)t^m\, \mathrm{d}t \wedge p^*(\alpha \wedge (\mathrm{d}\alpha)^m)$$

は 0 にならない．ここで $(p^*\, \mathrm{d}\alpha)^{m+1} = p^*(\mathrm{d}\alpha)^{m+1}$ は $2m+1$ 次元多様体 M 上の $2m+2$ 形式の引き戻しだから 0 となることを用いた．

W 上の微分 1 形式 β に対して，$\mathrm{d}\beta$ はシンプレクティック形式だからダルブーの定理 4.3.17 により，$(x^0, 1)$ $(\in U \times \boldsymbol{R}_{>0})$ の近傍において，

$$\mathrm{d}\beta = \mathrm{d}y_1 \wedge \mathrm{d}y_2 + \cdots + \mathrm{d}y_{2n-1} \wedge \mathrm{d}y_{2n} + \mathrm{d}y_{2m+1} \wedge \mathrm{d}y_{2m+2}$$

と書かれる．このとき，$\widehat{\alpha} = y_1\, \mathrm{d}y_2 + \cdots + y_{2m-1}\, \mathrm{d}y_{2m} + y_{2m+1}\, \mathrm{d}y_{2m+2}$ とおくと，$\mathrm{d}\widehat{\alpha} = \mathrm{d}\beta$ である．したがって，ポアンカレの補題 1.7.2（24 ページ）により，$(x^0, 1)$ の近傍上で，$\beta - \widehat{\alpha} = \mathrm{d}f$ となる関数 f が存在する．ここで，$f(x^0, 1) = 0$ としてよい．

ダルブーの定理 4.3.17 において，y_1 という関数は任意に選べていたので，$y_1 = t$ ととることにすると，

$$\beta = \widehat{\alpha} + \mathrm{d}f = t\, \mathrm{d}y_2 + \mathrm{d}f + y_3\, \mathrm{d}y_4 + \cdots + y_{2m-1}\, \mathrm{d}y_{2m} + y_{2m+1}\, \mathrm{d}y_{2m+2}$$

を得る．$s : M \longrightarrow W = M \times \boldsymbol{R}_{>0}$ として，$s(x) = (x, 1)$ を考えると，

$$\alpha = s^*\beta = \mathrm{d}y_2 + \mathrm{d}f + y_3\, \mathrm{d}y_4 + \cdots + y_{2m-1}\, \mathrm{d}y_{2m} + y_{2m+1}\, \mathrm{d}y_{2m+2}$$

を得る．W 上の関数 $y_2 + f, y_3, \ldots, y_{2m+2}$ の s による引き戻しを $x_0, x_1, \ldots, x_{2m}$ とおくと，$\alpha = \mathrm{d}x_0 + x_1\, \mathrm{d}x_2 + \cdots + x_{2m-1}\, \mathrm{d}x_{2m}$ となる．この $(x_0, x_1, \ldots, x_{2m})$ が座標となるのは，$\alpha \wedge (\mathrm{d}\alpha)^m = m!\, \mathrm{d}x_0 \wedge \mathrm{d}x_1 \wedge \mathrm{d}x_2 \wedge \cdots \wedge \mathrm{d}x_{2m-1} \wedge \mathrm{d}x_{2m}$ が 0 にならないことからしたがう． ∎

4.4 リーマン多様体上の微分形式とベクトル場

n 次元多様体 M がリーマン計量を持っているときを考えよう．$g_x : T_xM \times T_xM \longrightarrow \boldsymbol{R}$ をリーマン計量とする．リーマン計量は，2 つの接ベクトルに対して，実数を与えるものであるから，余接空間のテンソル積の元である．すなわち，$g_x \in T_x^*M \otimes T_x^*M$ である．g は，座標近傍 $(U, \varphi =$

$(x_1, \ldots, x_n))$ 上では, $g = \sum_{i,j=1}^{n} g_{ij}(\boldsymbol{x}) \, \mathrm{d}x_i \otimes \mathrm{d}x_j$ のように表示される (対称だから $g_{ij} = g_{ji}$ である). 座標近傍を $(V, \psi = (y_1, \ldots, y_n))$ にとり替えると, 表示は $g = \sum_{k,\ell}^{n} \sum_{i,j=1}^{n} g_{ij}(\boldsymbol{x}(\boldsymbol{y})) \dfrac{\partial x_i}{\partial y_k} \dfrac{\partial x_j}{\partial y_\ell} \mathrm{d}y_k \otimes \mathrm{d}y_\ell$ と変換される. これを見ると, g はこのようなテンソル積のなす n^2 次元のベクトル空間をファイバーとする M 上のベクトル束 $T^*M \otimes T^*M$ への写像 (切断) である. すなわち, $g : M \longrightarrow T^*M \otimes T^*M$ で, 射影 $p : T^*M \otimes T^*M \longrightarrow M$ に対し, $p \circ g = \mathrm{id}_M$ となる. 実際は, 対称なテンソル積のなす $\dfrac{n(n+1)}{2}$ 次元ベクトル空間をファイバーとする部分ベクトル束への切断である.

さて, リーマン計量があると, ベクトル場と微分 1 形式の間に全単射が存在する. すなわち, ベクトル場 ξ は任意の接ベクトル $v \in T_xM$ に対し, $g_x(v, \xi(x)) \in \boldsymbol{R}$ を与える微分 1 形式 α を定める. すなわち, $\alpha(v) = g_x(v, \xi(x))$. 逆に g_x は, 非退化な双 1 次形式であるから, 微分 1 形式 α に対して, この式を満たすベクトル場 ξ が一意に定まる. 座標近傍上では, $\alpha = \sum_{i=1}^{n} \alpha_i \, \mathrm{d}x_i$, $v = \sum_{i=1}^{n} v_i \dfrac{\partial}{\partial x_i}, \xi = \sum_{i=1}^{n} \xi_i \dfrac{\partial}{\partial x_i}$ として, $\sum_{i=1}^{n} \alpha_i v_i = \sum_{i,j=1}^{n} g_{ij} v_i \xi_j$ が常に成立するから, $\alpha_i = \sum_{j=1}^{n} g_{ij} \xi_j$ であり, $g^{k\ell}$ を g_{ij} の逆行列として, $\xi_j = \sum_{i=1}^{n} g^{ji} \alpha_i$ となる.

逆行列 $g^{k\ell}$ は, 双 1 次形式 $\overline{g}_x : T_x^*M \times T_x^*M \longrightarrow \boldsymbol{R}$ を座標近傍上で $\alpha = \sum_{i=1}^{n} \alpha_i \, \mathrm{d}x_i, \beta = \sum_{j=1}^{n} \beta_j \, \mathrm{d}x_j$ に対して $\overline{g}_x(\alpha, \beta) = \sum_{i,j=1}^{n} g^{ij} \alpha_i \beta_j$ とすることにより定めている. すなわち, 微分 1 形式 α, β が $\xi = \sum_{i=1}^{n} \xi_i \dfrac{\partial}{\partial x_i}, \eta = \sum_{i=1}^{n} \eta_i \dfrac{\partial}{\partial x_i}$ に対応していれば,

$$\overline{g}_x(\alpha, \beta) = \sum_{i,j=1}^{n} g^{ij} \alpha_i \beta_j = \sum_{i,j=1}^{n} g^{ij} \sum_{k=1}^{n} g_{ik} \xi_k \sum_{\ell=1}^{n} g_{j\ell} \eta_\ell = \sum_{k,\ell=1}^{n} g_{k\ell} \xi_k \eta_\ell$$

となる.

さて, $\left\{ \xi^{(k)} = \sum_{i=1}^{n} \xi_i^{(k)} \dfrac{\partial}{\partial x_i} \right\}_{k=1,\ldots,n}$ が点 x で T_xM の **正規直交基底** となるとする. すなわち, $g_x(\xi^{(k)}, \xi^{(\ell)}) = \sum_{i,j=1}^{n} g_{ij} \xi_i^{(k)} \xi_j^{(\ell)} = \delta_{ij}$ とする. このとき対応する微分 1 形式 $\left\{ \alpha^{(k)} = \sum_{i,j=1}^{n} g_{ij} \xi_j^{(k)} \, \mathrm{d}x_i \right\}_{k=1,\ldots,n}$ も正規直交基底となる.

座標近傍上にはグラム・シュミットの**直交化法**により，正規直交基底となる $\xi^{(k)}$ あるいは $\alpha^{(k)}$ が存在する．すなわち，与えられた $\dfrac{\partial}{\partial x_1}, \ldots, \dfrac{\partial}{\partial x_n}$ から出発するならば，まず，$v_1 = \dfrac{\partial}{\partial x_1}, \xi^{(1)} = \dfrac{v_1}{\sqrt{g(v_1, v_1)}}$ とし，$\xi^{(1)}, \ldots, \xi^{(k)}$ が得られたとき，$v_{k+1} = \dfrac{\partial}{\partial x_{k+1}} - \sum_{i=1}^{k} g\left(\xi^{(i)}, \dfrac{\partial}{\partial x_{k+1}}\right)\xi^{(i)}, \xi^{(k+1)} = \dfrac{v_{k+1}}{\sqrt{g(v_{k+1}, v_{k+1})}}$ とする．これにより，$T_x M$ の正規直交基底 $\{\xi^{(k)}\}_{k=1,\ldots,n}$ が得られる．

$T_x^* M$ の正規直交基底 $\{\alpha^{(k)}\}_{k=1,\ldots,n}$ に対し，微分 n 形式 $\alpha^{(1)} \wedge \cdots \wedge \alpha^{(n)}$ は，符号を除いてリーマン計量により定まり，いたるところ 0 にならない．

$\{\alpha^{(k)}\}_{k=1,\ldots,n}, \{\beta^{(\ell)}\}_{k=1,\ldots,n}$ を正規直交基底とするとき，直交行列 (a_{ij}) を用いて，$\beta^{(\ell)} = \sum_{k=1}^{n} a_{\ell k} \alpha^{(k)}$ と書くことができる．問題 1.8.5（28 ページ）により，$\beta^{(1)} \wedge \cdots \wedge \beta^{(n)} = \det(a_{ij}) \alpha^{(1)} \wedge \cdots \wedge \alpha^{(n)}$ であり，$\det(a_{ij}) = \pm 1$ だから，この微分 n 形式は座標近傍上では符号を除いてリーマン計量により定まる．ここで，多様体が向き付け可能とする．向き付け，すなわち，座標変換のヤコビ行列式が正であるような座標近傍系を定め，各座標近傍上で正の正規直交基底をとる．それを使って上の微分 n 形式をとると，2 つの座標近傍の共通部分では微分 n 形式は座標変換による引き戻しとなっていることがわかる．したがって，各座標近傍上で上のように微分 n 形式を定めると，多様体上の 0 にならない微分 n 形式が定まる．これを向き付けられたリーマン多様体の**体積形式**と呼ぶ．

【問題 4.4.1】 向き付けられたリーマン多様体 M の向き付けられた座標近傍 $(U, (x_1, \ldots, x_n))$ において，リーマン多様体の体積形式を書き表せ．解答例は 183 ページ．

向き付けられたコンパクト・リーマン多様体の体積形式に対するベクトル場 ξ のダイバージェンスについて次の公式が成り立つ．

定理 4.4.2（ガウス・グリーンの公式） $\Omega_{(M,g)}$ をコンパクト・リーマン多様体 M のリーマン計量 g から定まる体積形式とする．ベクトル場 ξ の $\Omega_{(M,g)}$ に対するダイバージェンス $\mathrm{div}\,\xi$ について，$\displaystyle\int_M \mathrm{div}(\xi) \Omega_{(M,g)} = \int_{\partial M} g(n, \xi) \Omega_{(\partial M, g|\partial M)}$ が成り立つ．ここで，n は境界 ∂M で ∂M に直交する外向きの単位ベクトル場である．特に，境界を持たない向き付けられたコン

パクト多様体 M に対しては,この値は 0 である.

証明 $L_\xi \Omega_{(M,g)} = \mathrm{div}(\xi)\Omega_{(M,g)}$ だから,カルタンの公式 4.1.8 により,

$$\int_M \mathrm{div}(\xi)\Omega_{(M,g)} = L_\xi \Omega_{(M,g)} = \int_M d i_\xi \Omega_{(M,g)} = \int_{\partial M} i_\xi \Omega_{(M,g)}$$

を得る.n の M への拡張を任意にとって,$(i_n \Omega)_{(M,g)}|\partial M$ は境界 ∂M の体積形式 $\Omega_{(\partial M,g|\partial M)}$ に一致する.一方,境界に沿って局所的に $n = e_1$ とする正規直交基底 $e_1, \ldots, e_n$ をとると,$\xi = \sum_i a_i e_i$ のとき,

$$i_\xi \Omega|\partial M = a_1 e_2{}^* \wedge \cdots \wedge e_n{}^* = g(n,\xi)\Omega_{(\partial M,g|\partial M)}$$

となる.したがって,$\int_M \mathrm{div}(\xi)\Omega_{(M,g)} = \int_{\partial M} g(n,\xi)\Omega_{(\partial M,g|\partial M)}$. ■

【例 4.4.3】 定理 4.4.2 は,平面上の領域 B の近傍で定義されたベクトル場 $\xi = \xi_1 \dfrac{\partial}{\partial x_1} + \xi_2 \dfrac{\partial}{\partial x_2}$ に対して $\int_B \left(\dfrac{\partial \xi_1}{\partial x_1} + \dfrac{\partial \xi_2}{\partial x_2} \right) dx_1\,dx_2 = \int_{\partial B}(n \bullet \xi)\,ds$ となる.ただし,s は**弧長**による境界の向きのパラメータである.また,3 次元ユークリッド空間内の領域 B の近傍で定義されたベクトル場 $\xi = \xi_1 \dfrac{\partial}{\partial x_1} + \xi_2 \dfrac{\partial}{\partial x_2} + \xi_3 \dfrac{\partial}{\partial x_3}$ に対して $\int_B \left(\dfrac{\partial \xi_1}{\partial x_1} + \dfrac{\partial \xi_2}{\partial x_2} + \dfrac{\partial \xi_3}{\partial x_3} \right) dx_1\,dx_2\,dx_3 = \int_{\partial B}(n \bullet \xi)\,dS$ となる.ただし,dS は境界の**面積要素**である.

リーマン計量があると接ベクトルの長さが定まるから,微分 1 形式の各点での長さが定まることを見た.微分 k 形式に対しても,余接空間の正規直交基底 $\alpha^{(1)}, \ldots, \alpha^{(n)}$ を用いて,$\sum\limits_{i_1 < \cdots < i_k} f_{i_1 \cdots i_k} \alpha^{(i_1)} \wedge \cdots \wedge \alpha^{(i_k)}$ と書いたときに $\sum\limits_{i_1 < \cdots < i_k} (f_{i_1 \cdots i_k})^2$ は正規直交基底のとり方によらない.

実際,$\beta^{(1)}, \ldots, \beta^{(n)}$ を正規直交基底として,$\alpha^{(i)} = \sum a_{i\ell} \beta^{(\ell)}$ とすると,$\alpha^{(i_1)} \wedge \cdots \wedge \alpha^{(i_k)} = \sum\limits_{j_1 < \cdots < j_k} \det(a_{i_p j_q}) \beta^{(j_1)} \wedge \cdots \wedge \beta^{(j_k)}$ だから,

$$\sum_{i_1 < \cdots < i_k} f_{i_1 \cdots i_k} \alpha^{(i_1)} \wedge \cdots \wedge \alpha^{(i_k)} = \sum_{j_1 < \cdots < j_k} \sum_{i_1 < \cdots < i_k} \det(a_{i_p j_q}) f_{i_1 \cdots i_k} \beta^{(j_1)} \wedge \cdots \wedge \beta^{(j_k)}$$

であるが,

$$\sum_{j_1<\cdots<j_k}\left(\sum_{i_1<\cdots<i_k}\det(a_{i_pj_q})f_{i_1\cdots i_k}\right)^2$$
$$=\sum_{j_1<\cdots<j_k}\sum_{i_1<\cdots<i_k}\sum_{\ell_1<\cdots<\ell_k}\det((a_{i_pj_q})(a_{\ell_pj_q}))f_{i_1\cdots i_k}f_{\ell_1\cdots\ell_k}$$
$$=\sum_{i_1<\cdots<i_k}\sum_{\ell_1<\cdots<\ell_k}\det(\delta_{i_p\ell_q})f_{i_1\cdots i_k}f_{\ell_1\cdots\ell_k}$$
$$=\sum_{i_1<\cdots<i_k}(f_{i_1\cdots i_k})^2$$

ここで，次の問題 4.4.4 による次の変形を用いた．

$$\sum_{j_1<\cdots<j_k}\det((a_{i_pj_q})_{p,q=1,\ldots,k}(a_{\ell_pj_q})_{p,q=1,\ldots,k})$$
$$=\det\begin{pmatrix}a_{i_11}&\cdots&\cdots&a_{i_1n}\\\vdots&\ddots&&\vdots\\a_{i_k1}&\cdots&\cdots&a_{i_kn}\end{pmatrix}\begin{pmatrix}a_{\ell_11}&\cdots&a_{\ell_k1}\\\vdots&\ddots&\vdots\\\vdots&\ddots&\vdots\\a_{\ell_1n}&\cdots&a_{\ell_kn}\end{pmatrix}$$
$$=\det(\delta_{i_p\ell_q})_{p,q=1,\ldots,k}=\begin{cases}1&(i_1\cdots i_k=\ell_1\cdots\ell_k)\\0&(i_1\cdots i_k\neq\ell_1\cdots\ell_k)\end{cases}$$

【問題 4.4.4】 $m\times n$ 行列 $A=(a_{ij})_{i=1,\ldots,m;j=1,\ldots,n}$, $n\times m$ 行列 $B=(b_{jk})_{j=1,\ldots,n;k=1,\ldots,m}$ に対し，次を示せ．

(1) $m>n$ ならば $\det(AB)=0$.

(2) $m\leqq n$ ならば，

$$\det(AB)=\sum_{j_1<\cdots<j_m}\det\begin{pmatrix}a_{1j_1}&\cdots&a_{1j_m}\\\vdots&\ddots&\vdots\\a_{mj_1}&\cdots&a_{mj_m}\end{pmatrix}\det\begin{pmatrix}b_{j_11}&\cdots&b_{j_m1}\\\vdots&\ddots&\vdots\\b_{j_1m}&\cdots&b_{j_mm}\end{pmatrix}.$$

解答例は 183 ページ．

この $\sum_{i_1<\cdots<i_k}(f_{i_1\cdots i_k})^2$ の計算は，余接空間の正規直交基底 $\alpha^{(1)},\ldots,\alpha^{(n)}$ に対して，$\alpha^{(i_1)}\wedge\cdots\wedge\alpha^{(i_k)}$ $(i_1<\cdots<i_k)$ が，k 次外積の空間における自然な内積

$$\left(\sum_{i_1<\cdots<i_k}f_{i_1\cdots i_k}\alpha^{(i_1)}\wedge\cdots\wedge\alpha^{(i_k)},\sum_{i_1<\cdots<i_k}g_{i_1\cdots i_k}\alpha^{(i_1)}\wedge\cdots\wedge\alpha^{(i_k)}\right)$$
$$\longmapsto\sum_{i_1<\cdots<i_k}f_{i_1\cdots i_k}g_{i_1\cdots i_k}$$

についての正規直交基底となっていることを示している.

　向き付けられたコンパクト閉多様体 M 上で微分 k 形式 α, β に対し，それらの内積 (α, β) を $\bigwedge^k T_x^* M$ に定義された内積 $(\alpha, \beta)_x$ によって，$(\alpha, \beta) = \int_M (\alpha, \beta)_x \Omega_{(M,g)}$ と定義する.

　向き付けられた n 次元多様体の余接空間の外積空間の間の**ホッジのスター作用素** $* : \bigwedge^k T^* M \longrightarrow \bigwedge^{n-k} T^* M$ が次のように定義される. 正の正規直交基底 $\alpha^{(1)}, \ldots, \alpha^{(n)}$ の外積 $\alpha^{(i_1)} \wedge \cdots \wedge \alpha^{(i_k)}$ $(i_1 < \cdots < i_k)$ に対して，

$$*(\alpha^{(i_1)} \wedge \cdots \wedge \alpha^{(i_k)}) = \mathrm{sign}\begin{pmatrix} 1 \cdots\cdots\cdots\cdots n \\ i_1 \cdots i_k \, j_1 \cdots j_{n-k} \end{pmatrix} \alpha^{(j_1)} \wedge \cdots \wedge \alpha^{(j_{n-k})}$$

ただし，$j_1 < \cdots < j_{n-k}$, $\{i_1, \ldots, i_k\} \cup \{j_1, \ldots, j_{n-k}\} = \{1, \ldots, n\}$ で，sign は置換の符号である.

【問題 4.4.5】 上の $*$ 作用素の定義が正の正規直交基底のとり方によらないことを示せ. すなわち，正の正規直交基底 $\alpha^{(1)}, \ldots, \alpha^{(n)}$ を用いて上の定義をしたものを正の正規直交基底 $\beta^{(1)}, \ldots, \beta^{(n)}$ の外積 $\beta^{(i_1)} \wedge \cdots \wedge \beta^{(i_k)}$ に作用させたとき，

$$*(\beta^{(i_1)} \wedge \cdots \wedge \beta^{(i_k)}) = \mathrm{sign}\begin{pmatrix} 1 \cdots\cdots\cdots\cdots n \\ i_1 \cdots i_k \, j_1 \cdots j_{n-k} \end{pmatrix} \beta^{(j_1)} \wedge \cdots \wedge \beta^{(j_{n-k})}$$

となることを示せ. 解答例は 184 ページ.

　ホッジのスター作用素 $* : \bigwedge^k T^* M \longrightarrow \bigwedge^{n-k} T^* M$ は $\bigwedge^k T^* M, \bigwedge^{n-k} T^* M$ 内積を保つ同型写像である. また，$*^2 = (-1)^{k(n-k)}$ となる.

　ホッジのスター作用素 $*$ は，$* : \Omega^k(M) \longrightarrow \Omega^{n-k}(M)$ を引き起こすが, 前に定義した $\Omega^k(M)$ の内積は，

$$(\alpha, \beta) = \int_M (\alpha, \beta)_x \Omega_{(M,g)} = \int_M \alpha \wedge *\beta = \int_M *\alpha \wedge \beta$$

と書かれる.

　微分形式に対しては外微分 $\mathrm{d} : \Omega^k(M) \longrightarrow \Omega^{k+1}(M)$ があるが, $\beta \in \Omega^k(M)$ に対して, $\delta \beta = (-1)^{n(k+1)+1}(* \circ \mathrm{d} \circ *) \beta$ を考えると, $\delta : \Omega^k(M) \longrightarrow \Omega^{k-1}(M)$ となり, 微分形式の内積について, $\alpha \in \Omega^{k-1}(M)$ に対して $(\mathrm{d}\alpha, \beta) = (\alpha, \delta\beta)$ が成立する. 実際，

$$
\begin{aligned}
(\mathrm{d}\alpha,\beta) &= \int_M (\mathrm{d}\alpha)\wedge *\beta \\
&= \int_M \mathrm{d}(\alpha\wedge *\beta) - (-1)^{k-1}\alpha\wedge \mathrm{d}(\wedge *\beta) \\
&= -\int_M (-1)^{k-1}\alpha\wedge (-1)^{(n-k+1)(k-1)}(*\circ *)\,\mathrm{d}(*\beta) \\
&= -(-1)^{(n-k)(k-1)}(-1)^{n(k+1)+1}\int_M \alpha\wedge *\delta\beta \\
&= \int_M \alpha\wedge *\delta\beta = (\alpha,\delta\beta)
\end{aligned}
$$

さらに，$\delta\circ\delta=0$ も容易にわかり，$(\Omega^*(M),\delta)$ は複体となっている．

さて，次の関係がすぐにわかる．$\Omega^k(M)$ において，

$$\ker \mathrm{d} \perp \mathrm{im}\,\delta, \quad \mathrm{im}\,\mathrm{d} \perp \ker \delta$$

ここで，$\perp$ は内積 $(\cdot,\cdot)$ について直交していることを示す．実際，上の式は $(\alpha,\delta\beta)=(\mathrm{d}\alpha,\beta)=0, (\mathrm{d}\alpha,\beta)=(\alpha,\delta\beta)=0$ を書き表したものである．したがって，$\Omega^k(M)$ には，互いに直交する 3 つの部分空間

$$\ker \mathrm{d}\cap \ker \delta, \quad \mathrm{im}\,\mathrm{d}, \quad \mathrm{im}\,\delta$$

が存在する．

$\ker \mathrm{d}\cap \ker \delta$ は調和 k 形式の空間 $\mathbf{H}^k$ と同じである：

$$\ker \mathrm{d}\cap \ker \delta = \mathbf{H}^k$$

ここで，**調和形式** α は $(\mathrm{d}\delta+\delta\mathrm{d})\alpha=0$ を満たす微分形式として定義され，$\mathbf{H}^k=\{\alpha\in\Omega^k(M)\mid (\mathrm{d}\delta+\delta\mathrm{d})\alpha=0\}$ である．$\Delta=\mathrm{d}\delta+\delta\mathrm{d}$ を**ラプラシアン**と呼ぶ．実際，α が調和形式ならば，$0=((\mathrm{d}\delta+\delta\mathrm{d})\alpha,\alpha)=(\delta\alpha,\delta\alpha)+(\mathrm{d}\alpha,\mathrm{d}\alpha)$ だから，$\alpha\in\ker\mathrm{d}\cap\ker\delta$ である．すなわち，$\mathbf{H}^k\subset\ker\mathrm{d}\cap\ker\delta$ である．反対の包含関係 $\ker\mathrm{d}\cap\ker\delta\subset\mathbf{H}^k$ は，定義からすぐにわかる．

次のホッジ・ドラーム・小平の定理は，$\Omega^k(M)$ が，互いに直交する 3 つの部分空間 $\mathbf{H}^k, \mathrm{im}\,\mathrm{d}, \mathrm{im}\,\delta$ の直和であることを主張する．

定理 4.4.6（ホッジ・ドラーム・小平の定理）　$\Omega^k(M)=\mathbf{H}^k\oplus \mathrm{im}\,\mathrm{d}\oplus \mathrm{im}\,\delta$ は直交する部分空間への直和分解である．

証明は，[Warner]，[北原–河上] を参照されたい．

4.5 第 4 章の問題の解答

【問題 4.1.3 の解答】

$$\begin{aligned}L_\xi(\alpha \wedge \beta) &= \left(\frac{\mathrm{d}}{\mathrm{d}t}\right)_{t=0} \varphi_t{}^*(\alpha \wedge \beta) \\ &= \left(\frac{\mathrm{d}}{\mathrm{d}t}\right)_{t=0} (\varphi_t{}^*\alpha \wedge \varphi_t{}^*\beta) \\ &= \left(\left(\frac{\mathrm{d}}{\mathrm{d}t}\right)_{t=0} \varphi_t{}^*\alpha\right) \wedge \beta + \alpha \wedge \left(\left(\frac{\mathrm{d}}{\mathrm{d}t}\right)_{t=0} \varphi_t{}^*\beta\right) \\ &= (L_\xi\alpha) \wedge \beta + \alpha \wedge (L_\xi\beta)\end{aligned}$$

【問題 4.1.4 の解答】

$$\mathrm{d}(L_\xi\alpha) = \mathrm{d}\left(\left(\frac{\mathrm{d}}{\mathrm{d}t}\right)_{t=0} \varphi_t{}^*\alpha\right) = \left(\frac{\mathrm{d}}{\mathrm{d}t}\right)_{t=0} \varphi_t{}^*(\mathrm{d}\alpha) = L_\xi(\mathrm{d}\alpha)$$

【問題 4.1.7 の解答】 (1) $\alpha = \sum_{i_1<\cdots<i_p} f_{i_1\cdots i_p} \mathrm{d}x_{i_1} \wedge \cdots \wedge \mathrm{d}x_{i_p}$, $\beta = \sum_{j_1<\cdots<j_q} g_{j_1\cdots j_q} \mathrm{d}x_{j_1} \wedge \cdots \wedge \mathrm{d}x_{j_q}$, $\xi = \sum_{i=1}^n \xi_i \frac{\partial}{\partial x_i}$ に対し,

$$\begin{aligned}&i_\xi(\alpha \wedge \beta) \\ &= i_\xi\bigg(\sum_{i_1<\cdots<i_p}\sum_{j_1<\cdots<j_q} f_{i_1\cdots i_p} g_{j_1\cdots j_q} \mathrm{d}x_{i_1}\wedge\cdots\wedge \mathrm{d}x_{i_p}\wedge \mathrm{d}x_{j_1}\wedge\cdots\wedge \mathrm{d}x_{j_q}\bigg)\\ &= \sum_{k=1}^p \sum_{i_1<\cdots<i_p}\sum_{j_1<\cdots<j_q} (-1)^k f_{i_1\cdots i_p} g_{j_1\cdots j_q} \xi_{i_k} \\ &\qquad \mathrm{d}x_{i_1}\wedge\cdots\wedge \mathrm{d}x_{i_{k-1}}\wedge \mathrm{d}x_{i_{k+1}}\wedge\cdots\wedge \mathrm{d}x_{i_p}\wedge \mathrm{d}x_{j_1}\wedge\cdots\wedge \mathrm{d}x_{j_q}\\ &\quad + \sum_{k=1}^q \sum_{i_1<\cdots<i_p}\sum_{j_1<\cdots<j_q} (-1)^{p+k} f_{i_1\cdots i_p} g_{j_1\cdots j_q} \xi_{j_k} \\ &\qquad \mathrm{d}x_{i_1}\wedge\cdots\wedge \mathrm{d}x_{i_p}\wedge \mathrm{d}x_{j_1}\wedge\cdots\wedge \mathrm{d}x_{j_{k-1}}\wedge \mathrm{d}x_{j_{k+1}}\wedge\cdots\wedge \mathrm{d}x_{j_q}\\ &= (i_\xi\alpha)\wedge\beta + (-1)^p \alpha\wedge(i_\xi\beta)\end{aligned}$$

(2) $F(y_1,\ldots,y_n) = (x_1,\ldots,x_n)$ とし, $\alpha = \sum_{i=1}^n f_i \mathrm{d}x_i$, $\xi = \sum_{i=1}^n \xi_i \frac{\partial}{\partial x_i}$ とするとき, $i_\xi\alpha = \sum_{i=1}^n f_i\xi_i$ である. 一方, $F^*\alpha = \sum_{i=1}^n\sum_{j=1}^n (f_i\circ F)\frac{\partial x_i}{\partial y_j}\mathrm{d}y_j$, $F^{-1}{}_*\xi = \sum_{i=1}^n\sum_{j=1}^n (\xi_i\circ F)\frac{\partial y_j}{\partial x_i}\frac{\partial}{\partial y_j}$ だから,

$$i_{F^{-1}{}_*\xi}F^*\alpha = \sum_{i=1}^n\sum_{j=1}^n (f_i\circ F)\frac{\partial x_i}{\partial y_j}(\xi_i\circ F)\frac{\partial y_j}{\partial x_i} = \sum_{i=1}^n (f_i\circ F)(\xi_i\circ F) = F^*(i_\xi\alpha)$$

となる.

(3) 微分 0 形式に対しては両辺 0 で正しい. V 上の微分 p 形式 α, 微分 q 形式 β, V 上のベクトル場 ξ に対し, $F^*(i_\xi\alpha) = i_{F^{-1}{}_*\xi}F^*\alpha$, $F^*(i_\xi\beta) = i_{F^{-1}{}_*\xi}F^*\beta$ を仮定すると,

$$\begin{aligned}
F^*(i_\xi(\alpha\wedge\beta)) &= F^*((i_\xi\alpha)\wedge\beta + (-1)^p\alpha\wedge(i_\xi\beta)) \\
&= F^*(i_\xi\alpha)\wedge F^*\beta + (-1)^p F^*\alpha\wedge F^*(i_\xi\beta) \\
&= i_{F^{-1}{}_*\xi}F^*\alpha\wedge F^*\beta + (-1)^p F^*\alpha\wedge i_{F^{-1}{}_*\xi}F^*\beta \\
&= i_{F^{-1}{}_*\xi}(F^*\alpha\wedge F^*\beta) \\
&= i_{F^{-1}{}_*\xi}F^*(\alpha\wedge\beta)
\end{aligned}$$

(2) により, 微分 1 形式に対して正しいから, 帰納法により, $f_{i_1\cdots i_p}\,\mathrm{d}x_{i_1}\wedge\cdots\wedge\mathrm{d}x_{i_p}$ の形の単項式に対して正しい. 単項式に対して正しいならば, 単項式の線形結合に対して正しいこともわかるから任意の微分 p 形式に対して正しい.

【問題 4.1.9 の解答】 $\alpha = \sum_{i=1}^n f_i\,\mathrm{d}x_i$ に対し, $L_\xi\alpha = \sum_{i=1}^n\sum_{j=1}^n\left(\frac{\partial f_i}{\partial x_j}\xi_j + f_j\frac{\partial \xi_j}{\partial x_i}\right)\mathrm{d}x_i$ だから,

$$\begin{aligned}
L_\xi L_\eta\alpha &= \sum_{i=1}^n\sum_{k=1}^n\sum_{j=1}^n\left(\frac{\partial}{\partial x_k}\left(\frac{\partial f_i}{\partial x_j}\eta_j + f_j\frac{\partial \eta_j}{\partial x_i}\right)\xi_k + \left(\frac{\partial f_j}{\partial x_k}\eta_k + f_k\frac{\partial \eta_k}{\partial x_j}\right)\frac{\partial \xi_j}{\partial x_i}\right)\mathrm{d}x_i \\
&= \sum_{i=1}^n\sum_{k=1}^n\sum_{j=1}^n\left(\frac{\partial^2 f_i}{\partial x_j\partial x_k}\eta_j\xi_k + \frac{\partial f_i}{\partial x_j}\frac{\partial \eta_j}{\partial x_k}\xi_k + \frac{\partial f_j}{\partial x_k}\frac{\partial \eta_j}{\partial x_i}\xi_k + f_j\frac{\partial^2 \eta_j}{\partial x_i\partial x_k}\xi_k\right. \\
&\qquad\left. + \frac{\partial f_j}{\partial x_k}\eta_k\frac{\partial \xi_j}{\partial x_i} + f_k\frac{\partial \eta_k}{\partial x_j}\frac{\partial \xi_j}{\partial x_i}\right)\mathrm{d}x_i \\
L_\eta L_\xi\alpha &= \sum_{i=1}^n\sum_{k=1}^n\sum_{j=1}^n\left(\frac{\partial}{\partial x_k}\left(\frac{\partial f_i}{\partial x_j}\xi_j + f_j\frac{\partial \xi_j}{\partial x_i}\right)\eta_k + \left(\frac{\partial f_j}{\partial x_k}\xi_k + f_k\frac{\partial \xi_k}{\partial x_j}\right)\frac{\partial \eta_j}{\partial x_i}\right)\mathrm{d}x_i \\
&= \sum_{i=1}^n\sum_{k=1}^n\sum_{j=1}^n\left(\frac{\partial^2 f_i}{\partial x_j\partial x_k}\xi_j\eta_k + \frac{\partial f_i}{\partial x_j}\frac{\partial \xi_j}{\partial x_k}\eta_k + \frac{\partial f_j}{\partial x_k}\frac{\partial \xi_j}{\partial x_i}\eta_k + f_j\frac{\partial^2 \xi_j}{\partial x_i\partial x_k}\eta_k\right. \\
&\qquad\left. + \frac{\partial f_j}{\partial x_k}\xi_k\frac{\partial \eta_j}{\partial x_i} + f_k\frac{\partial \xi_k}{\partial x_j}\frac{\partial \eta_j}{\partial x_i}\right)\mathrm{d}x_i
\end{aligned}$$

であるが, それぞれの第 1 項は等しい. $L_\xi L_\eta\alpha$ の第 3 項, 第 5 項は $L_\eta L_\xi\alpha$ の第 5 項, 第 3 項に等しい. したがって,

$$
\begin{aligned}
&L_\xi L_\eta \alpha - L_\eta L_\xi \alpha \\
&= \sum_{i=1}^n \sum_{k=1}^n \sum_{j=1}^n \bigg(\frac{\partial f_i}{\partial x_j}\bigg(\frac{\partial \eta_j}{\partial x_k}\xi_k - \frac{\partial \xi_j}{\partial x_k}\eta_k \bigg) + f_j \bigg(\frac{\partial^2 \eta_j}{\partial x_i \partial x_k}\xi_k - \frac{\partial^2 \xi_j}{\partial x_i \partial x_k}\eta_k \bigg) \\
&\qquad + f_k \bigg(\frac{\partial \eta_k}{\partial x_j}\frac{\partial \xi_j}{\partial x_i} - \frac{\partial \xi_k}{\partial x_j}\frac{\partial \eta_j}{\partial x_i} \bigg) \bigg) \, \mathrm{d}x_i \\
&= \sum_{i=1}^n \sum_{k=1}^n \sum_{j=1}^n \bigg(\frac{\partial f_i}{\partial x_j}\bigg(\frac{\partial \eta_j}{\partial x_k}\xi_k - \frac{\partial \xi_j}{\partial x_k}\eta_k \bigg) + f_j \frac{\partial}{\partial x_i}\bigg(\frac{\partial \eta_j}{\partial x_k}\xi_k - \frac{\partial \xi_j}{\partial x_k}\eta_k \bigg) \bigg) \, \mathrm{d}x_i \\
&= L_{[\xi,\eta]}\alpha
\end{aligned}
$$

【問題 4.1.10 の解答】 微分 0 形式 f に対しては，$L_\xi L_\eta f - L_\eta L_\xi f = \xi(\eta(f)) - \eta(\xi(f)) = [\xi,\eta](f) = L_{[\xi,\eta]}f$ が成立する．微分 1 形式に対しては問題 4.1.9 により正しい．

微分 p 形式 α, 微分 q 形式 β に対して，$(L_\xi L_\eta - L_\eta L_\xi)\alpha = L_{[\xi,\eta]}\alpha$, $(L_\xi L_\eta - L_\eta L_\xi)\beta = L_{[\xi,\eta]}\beta$ が成立するとする．外積 $\alpha \wedge \beta$ に対して，

$$
\begin{aligned}
&(L_\xi L_\eta - L_\eta L_\xi)(\alpha \wedge \beta) \\
&= L_\xi(L_\eta(\alpha \wedge \beta)) - L_\eta(L_\xi(\alpha \wedge \beta)) \\
&= L_\xi((L_\eta \alpha) \wedge \beta + \alpha \wedge (L_\eta \beta)) - L_\eta((L_\xi \alpha) \wedge \beta + \alpha \wedge (L_\xi \beta)) \\
&= (L_\xi(L_\eta \alpha)) \wedge \beta + (L_\eta \alpha) \wedge (L_\xi \beta) + (L_\xi \alpha) \wedge (L_\eta \beta) + \alpha \wedge (L_\xi(L_\eta \beta)) \\
&\quad - (L_\eta(L_\xi \alpha)) \wedge \beta - (L_\xi \alpha) \wedge (L_\eta \beta) - (L_\eta \alpha) \wedge (L_\xi \beta) - \alpha \wedge (L_\eta(L_\xi \beta)) \\
&= (L_\xi(L_\eta \alpha) - L_\eta(L_\xi \alpha)) \wedge \beta + \alpha \wedge (L_\xi(L_\eta \beta) - L_\eta(L_\xi \beta)) \\
&= (L_{[\xi,\eta]}\alpha) \wedge \beta + \alpha \wedge (L_{[\xi,\eta]}\beta) \\
&= L_{[\xi,\eta]}(\alpha \wedge \beta)
\end{aligned}
$$

が成立する．したがって，帰納法により，単項式に対して成立し，その線形結合に対して成立する．

【問題 4.1.11 の解答】 微分 1 形式 $\alpha = \displaystyle\sum_{i=1}^n f_i \, \mathrm{d}x_i$ に対して，

$$
\begin{aligned}
&i_\xi L_\eta \alpha - L_\eta i_\xi \alpha \\
&= i_\xi \bigg(\sum_{i=1}^n \sum_{j=1}^n \bigg(\frac{\partial f_i}{\partial x_j}\eta_j + f_j \frac{\partial \eta_j}{\partial x_i} \bigg) \mathrm{d}x_i \bigg) - \sum_{i=1}^n \sum_{j=1}^n \eta_i \frac{\partial}{\partial x_i}(f_j \xi_j) \\
&= \sum_{i=1}^n \sum_{j=1}^n \bigg(\frac{\partial f_i}{\partial x_j}\eta_j \xi_i + f_j \frac{\partial \eta_j}{\partial x_i}\xi_i \bigg) - \sum_{i=1}^n \sum_{j=1}^n \eta_i \bigg(\frac{\partial f_j}{\partial x_i}\xi_j + f_j \frac{\partial \xi_j}{\partial x_i} \bigg) \\
&= \sum_{i=1}^n \sum_{j=1}^n \bigg(f_j \bigg(\xi_i \frac{\partial \eta_j}{\partial x_i} - \eta_i \frac{\partial \xi_j}{\partial x_i} \bigg) \bigg) \\
&= i_{[\xi,\eta]}\alpha
\end{aligned}
$$

微分 p 形式 α, 微分 q 形式 β に対して, $(i_\xi L_\eta - L_\eta i_\xi)\alpha = i_{[\xi,\eta]}\alpha$, $(i_\xi L_\eta - L_\eta i_\xi)\beta = i_{[\xi,\eta]}\beta$ が成立するとする. 外積 $\alpha \wedge \beta$ に対して,

$$
\begin{aligned}
&(i_\xi L_\eta - L_\eta i_\xi)(\alpha \wedge \beta) \\
&= i_\xi(L_\eta(\alpha \wedge \beta)) - L_\eta(i_\xi(\alpha \wedge \beta)) \\
&= i_\xi((L_\eta \alpha) \wedge \beta + \alpha \wedge (L_\eta \beta)) - L_\eta((i_\xi \alpha) \wedge \beta + (-1)^p \alpha \wedge (i_\xi \beta)) \\
&= (i_\xi(L_\eta \alpha)) \wedge \beta + (-1)^p(L_\eta \alpha) \wedge (i_\xi \beta) + (i_\xi \alpha) \wedge (L_\eta \beta) + (-1)^p \alpha \wedge (i_\xi(L_\eta \beta)) \\
&\quad - (L_\eta(i_\xi \alpha)) \wedge \beta - (i_\xi \alpha) \wedge (L_\eta \beta) - (-1)^p(L_\eta \alpha) \wedge (i_\xi \beta) - (-1)^p \alpha \wedge (L_\eta(i_\xi \beta)) \\
&= (i_\xi(L_\eta \alpha) - L_\eta(i_\xi \alpha)) \wedge \beta + (-1)^p \alpha \wedge (i_\xi(L_\eta \beta) - L_\eta(i_\xi \beta)) \\
&= (i_{[\xi,\eta]} \alpha) \wedge \beta + (-1)^p \alpha \wedge (i_{[\xi,\eta]} \beta) \\
&= i_{[\xi,\eta]}(\alpha \wedge \beta)
\end{aligned}
$$

が成立する. したがって, 帰納法により, 単項式に対して成立し, その線形結合に対して成立する.

【問題 4.1.12 の解答】 (1) $\xi_i = \sum_{j=1}^{3} a_{ij} x_j$ とおく.

$$
\begin{aligned}
L_\xi \omega &= d(i_\xi \omega) + i_\xi(d\omega) = d(i_\xi \omega) \\
&= d(\xi_1 \, dx_2 \wedge dx_3 - \xi_2 \, dx_1 \wedge dx_3 + \xi_3 \, dx_1 \wedge dx_2) \\
&= \sum_{i=1}^{3} \frac{\partial \xi_i}{\partial x_i} \omega = \sum_{i=1}^{3} a_{ii} \omega
\end{aligned}
$$

だから, $\sum_{i=1}^{3} a_{ii} = 0$ が条件である.

(2)

$$
\begin{aligned}
L_\xi \alpha &= d(i_\xi \alpha) + i_\xi(d\alpha) \\
&= d(x_1 \xi_2 \, dx_3 - x_1 \xi_3 \, dx_2 - x_2 \xi_1 \, dx_3 + x_2 \xi_3 \, dx_1 + x_3 \xi_1 \, dx_2 - x_3 \xi_2 \, dx_1) + 3 i_\xi \omega \\
&= \xi_2 \, dx_1 \wedge dx_3 + x_1 \, d\xi_2 \wedge dx_3 - \xi_3 \, dx_1 \wedge dx_2 - x_1 \, d\xi_3 \wedge dx_2 \\
&\quad - \xi_1 \, dx_2 \wedge dx_3 - x_2 \, d\xi_1 \wedge dx_3 + \xi_3 \, dx_2 \wedge dx_1 + x_2 \, d\xi_3 \wedge dx_1 \\
&\quad + \xi_1 \, dx_3 \wedge dx_2 + x_3 \, d\xi_1 \wedge dx_2 - \xi_2 \, dx_3 \wedge dx_1 - x_3 \, d\xi_2 \wedge dx_1 \\
&\quad + 3\xi_1 \, dx_2 \wedge dx_3 - 3\xi_2 \, dx_1 \wedge dx_3 + 3\xi_3 \, dx_1 \wedge dx_2 \\
&= \xi_1 \, dx_2 \wedge dx_3 - \xi_2 \, dx_1 \wedge dx_3 + \xi_3 \, dx_1 \wedge dx_2 \\
&\quad + x_1(a_{21} \, dx_1 + a_{22} \, dx_2) \wedge dx_3 - x_1(a_{31} \, dx_1 + a_{33} \, dx_3) \wedge dx_2 \\
&\quad - x_2(a_{11} \, dx_1 + a_{12} \, dx_2) \wedge dx_3 + x_2(a_{32} \, dx_2 + a_{33} \, dx_3) \wedge dx_1 \\
&\quad + x_3(a_{11} \, dx_1 + a_{13} \, dx_3) \wedge dx_2 - x_3(a_{22} \, dx_2 + a_{23} \, dx_3) \wedge dx_1 \\
&= (a_{11} + a_{22} + a_{33})(x_1 \, dx_2 \wedge dx_3 - x_2 \, dx_1 \wedge dx_3 + x_3 \, dx_1 \wedge dx_2)
\end{aligned}
$$

だから，$\sum_{i=1}^{3} a_{ii} = 0$ が条件である．

(2) は次のようにして (1) から導くこともできる．$d\alpha = 3\omega$ だから，$L_\xi \alpha = 0$ ならば，$0 = d(L_\xi \alpha) = L_\xi(d\alpha) = 3L_\xi \omega$ で $L_\xi \omega = 0$ となる．

$L_\xi \omega = d(i_\xi \omega) = 0$ とする．$\varepsilon = \sum_{i,j=1}^{3} \delta_{ij} x_j \frac{\partial}{\partial x_i}$ とおく．$[\varepsilon, \xi] = 0$ であるから，

$$0 = i_{[\varepsilon,\xi]} \omega = i_\varepsilon L_\xi \omega - L_\xi i_\varepsilon \omega = -L_\xi i_\varepsilon \omega = -L_\xi \alpha$$

したがって，$L_\xi \alpha = 0$ となる．

この計算を見ると，n 次元ユークリッド空間上の n 形式 $dx_1 \wedge \cdots \wedge dx_n$，ベクトル場 $\varepsilon = \sum_{i,j=1}^{n} \delta_{ij} x_j \frac{\partial}{\partial x_i}$ に対して

$$\alpha = i_\varepsilon \omega = \sum_{i=1}^{n} (-1)^i x_i \, dx_1 \wedge \cdots \wedge dx_{i-1} \wedge dx_{i+1} \wedge \cdots \wedge dx_n$$

とおくと，$\xi = \sum_{i,j=1}^{n} a_{ij} x_j \frac{\partial}{\partial x_i}$ について，$L_\xi \omega = 0$ となる条件と $L_\xi \alpha = 0$ となる条件はともに $\sum_{i=1}^{n} a_{ii} = 0$ であることがわかる．

【問題 4.1.15 の解答】 $i_{\xi_{p+q}} \cdots i_{\xi_1}(\alpha \wedge \beta)$ に対しライプニッツ・ルール（問題 4.1.7）を用いると，$(i_{\xi_{j_p}} \cdots i_{\xi_{j_1}} \alpha)(i_{\xi_{k_q}} \cdots i_{\xi_{k_1}} \beta)$ の ± 1 倍の和となることがわかる．$i_\xi i_\eta = -i_\eta i_\xi$ により順序を変えて $i_{\xi_{k_q}} \cdots i_{\xi_{k_1}} i_{\xi_{j_p}} \cdots i_{\xi_{j_1}}(\alpha \wedge \beta)$ における $(i_{\xi_{j_p}} \cdots i_{\xi_{j_1}} \alpha)(i_{\xi_{k_q}} \cdots i_{\xi_{k_1}} \beta)$ の符号は $+1$ であるから，$i_{\xi_{p+q}} \cdots i_{\xi_1}(\alpha \wedge \beta)$ における $(i_{\xi_{j_p}} \cdots i_{\xi_{j_1}} \alpha)(i_{\xi_{k_q}} \cdots i_{\xi_{k_1}} \beta)$ の符号は $\mathrm{sign} \begin{pmatrix} 1 \cdots \cdots \cdots p+q \\ j_1 \cdots j_p \, k_1 \cdots k_q \end{pmatrix}$ となる．

【問題 4.1.16 の解答】 (1) 問題 4.1.11 の式 $i_{\xi_1} L_{\xi_2} \alpha - L_{\xi_2} i_{\xi_1} \alpha = i_{[\xi_1,\xi_2]} \alpha$ について命題 4.1.8 を用いると，$i_{\xi_1} i_{\xi_2} d\alpha + i_{\xi_1} d i_{\xi_2} \alpha - i_{\xi_2} d i_{\xi_1} \alpha - d i_{\xi_2} i_{\xi_1} \alpha = i_{[\xi_1,\xi_2]} \alpha$ が得られる．

α が微分 1 形式のとき，定義 4.1.13 により書き換えると $(d\alpha)(\xi_2, \xi_1) + \xi_1(\alpha(\xi_2)) - \xi_2(\alpha(\xi_1)) = i_{[\xi_1,\xi_2]} \alpha$ となるが，ξ_1, ξ_2 を入れ替えて，$(d\alpha)(\xi_1, \xi_2) = \xi_1(\alpha(\xi_2)) - \xi_2(\alpha(\xi_1)) - \alpha([\xi_1, \xi_2])$ を得る．

(2) 問題 4.1.11 の式 $i_{\xi_2} i_{\xi_1} d\alpha = i_{\xi_1} d i_{\xi_2} \alpha - i_{\xi_2} d i_{\xi_1} \alpha + d i_{\xi_1} i_{\xi_2} \alpha - i_{[\xi_1,\xi_2]} \alpha$ を用いて，

$$
\begin{aligned}
&i_{\xi_{p+1}}\cdots i_{\xi_1}\,\mathrm{d}\alpha\\
&=\sum_{i=1}^{p+1}(-1)^{i-1}i_{\xi_i}\,\mathrm{d}(i_{\xi_{p+1}}\cdots i_{\xi_{i+1}}i_{\xi_{i-1}}\cdots i_{\xi_1}\alpha)\\
&\quad+\sum_{i<j}(-1)^{i+j}i_{\xi_{p+1}}\cdots i_{\xi_{j+1}}i_{\xi_{j-1}}\cdots i_{\xi_{i+1}}i_{\xi_{i-1}}\cdots i_{\xi_1}i_{[\xi_i,\xi_j]}\alpha
\end{aligned}
$$

を p についての帰納法で示す．$p-1$ 次以下の微分形式に対して正しいと仮定する．α を微分 p 形式とする．

微分 $p-1$ 形式 $i_{\xi_1}\alpha$ について，

$$
\begin{aligned}
&i_{\xi_{p+1}}\cdots i_{\xi_2}\,\mathrm{d}i_{\xi_1}\alpha\\
&=\sum_{i=2}^{p+1}(-1)^{i}i_{\xi_i}\,\mathrm{d}(i_{\xi_{p+1}}\cdots i_{\xi_{i+1}}i_{\xi_{i-1}}\cdots i_{\xi_2}i_{\xi_1}\alpha)\\
&\quad+\sum_{1<i<j}(-1)^{i+j}i_{\xi_{p+1}}\cdots i_{\xi_{j+1}}i_{\xi_{j-1}}\cdots i_{\xi_{i+1}}i_{\xi_{i-1}}\cdots i_{\xi_2}i_{[\xi_i,\xi_j]}i_{\xi_1}\alpha
\end{aligned}
$$

また，微分 $p-1$ 形式 $i_{\xi_2}\alpha$ について，

$$
\begin{aligned}
&-i_{\xi_{p+1}}\cdots i_{\xi_3}i_{\xi_1}\,\mathrm{d}i_{\xi_2}\alpha\\
&=-i_{\xi_1}\,\mathrm{d}(i_{\xi_{p+1}}\cdots i_{\xi_3}i_{\xi_2}\alpha)-\sum_{i=3}^{p+1}(-1)^{i}i_{\xi_i}\,\mathrm{d}(i_{\xi_{p+1}}\cdots i_{\xi_{i+1}}i_{\xi_{i-1}}\cdots i_{\xi_3}i_{\xi_1}i_{\xi_2}\alpha)\\
&\quad-\sum_{2<j}(-1)^{j}i_{\xi_{p+1}}\cdots i_{\xi_{j+1}}i_{\xi_{j-1}}\cdots i_{\xi_3}i_{[\xi_1,\xi_j]}i_{\xi_2}\alpha\\
&\quad-\sum_{2<i<j}(-1)^{i+j}i_{\xi_{p+1}}\cdots i_{\xi_{j+1}}i_{\xi_{j-1}}\cdots i_{\xi_{i+1}}i_{\xi_{i-1}}\cdots i_{\xi_3}i_{\xi_1}i_{[\xi_i,\xi_j]}i_{\xi_2}\alpha
\end{aligned}
$$

微分 $p-2$ 形式 $i_{\xi_1}i_{\xi_2}\alpha$ について，

$$
\begin{aligned}
&i_{\xi_{p+1}}\cdots i_{\xi_3}\,\mathrm{d}i_{\xi_1}i_{\xi_2}\alpha\\
&=-i_{\xi_{p+1}}\cdots i_{\xi_3}\,\mathrm{d}i_{\xi_2}i_{\xi_1}\alpha\\
&=-\sum_{i=3}^{p+1}(-1)^{i-1}i_{\xi_i}\,\mathrm{d}(i_{\xi_{p+1}}\cdots i_{\xi_{i+1}}i_{\xi_{i-1}}\cdots i_{\xi_3}i_{\xi_2}i_{\xi_1}\alpha)\\
&\quad-\sum_{2<i<j}(-1)^{i+j}i_{\xi_{p+1}}\cdots i_{\xi_{j+1}}i_{\xi_{j-1}}\cdots i_{\xi_{i+1}}i_{\xi_{i-1}}\cdots i_{\xi_3}i_{[\xi_i,\xi_j]}i_{\xi_2}i_{\xi_1}\alpha
\end{aligned}
$$

したがって，

$$
\begin{aligned}
&i_{\xi_{p+1}}\cdots i_{\xi_3}(i_{\xi_2}i_{\xi_1}\,\mathrm{d}\alpha)\\
&=i_{\xi_{p+1}}\cdots i_{\xi_3}(i_{\xi_1}\,\mathrm{d}i_{\xi_2}\alpha-i_{\xi_2}\,\mathrm{d}i_{\xi_1}\alpha+\mathrm{d}i_{\xi_1}i_{\xi_2}\alpha-i_{[\xi_1,\xi_2]}\alpha)\\
&=\sum_{i=1}^{p+1}(-1)^{i-1}i_{\xi_i}\,\mathrm{d}(i_{\xi_{p+1}}\cdots i_{\xi_{i+1}}i_{\xi_{i-1}}\cdots i_{\xi_1}\alpha)\\
&\quad+\sum_{i<j}(-1)^{i+j}i_{\xi_{p+1}}\cdots i_{\xi_{j+1}}i_{\xi_{j-1}}\cdots i_{\xi_{i+1}}i_{\xi_{i-1}}\cdots i_{\xi_1}i_{[\xi_i,\xi_j]}\alpha
\end{aligned}
$$

(3) $\quad i_{\xi_p}\cdots i_{\xi_1}L_\xi\alpha$
$= i_{\xi_p}\cdots i_{\xi_2}i_{[\xi_1,\xi]}\alpha + i_{\xi_p}\cdots i_{\xi_2}L_\xi i_{\xi_1}\alpha$
$= i_{\xi_p}\cdots i_{[\xi_1,\xi]}\alpha + i_{\xi_p}\cdots i_{\xi_3}i_{[\xi_2,\xi]}i_{\xi_1}\alpha + i_{\xi_p}\cdots i_{\xi_3}L_\xi i_{\xi_2}i_{\xi_1}\alpha$
$= \cdots$
$= \sum_{i=1}^{n} i_{\xi_p}\cdots i_{\xi_{i+1}}i_{[\xi_i,\xi]}i_{\xi_{i-1}}\cdots i_{\xi_1}\alpha + L_\xi i_{\xi_p}\cdots i_{\xi_1}\alpha$
$= \xi\left(\alpha(\xi_1,\ldots,\xi_p)\right) - \sum_{i=1}^{p}\alpha(\xi_1,\ldots,\xi_{i-1},[\xi,\xi_i],\xi_{i+1},\ldots,\xi_p)$

【問題 4.2.1 の解答】 問題 4.1.7(3) により,
$$(L_g)^*(i_\xi\alpha) = i_{(L_{g^{-1}})_*\xi}(L_g)^*\alpha = i_\xi\alpha$$

【問題 4.2.2 の解答】 (1) $[e_1,e_2]=e_3$, $[e_1,e_3]=-e_2$, $[e_2,e_3]=e_1$,
$de_1^* = -e_2^*\wedge e_3^*$, $de_2^* = e_1^*\wedge e_3^*$, $de_3^* = -e_1^*\wedge e_2^*$.
(2) $[H,S]=-S$, $[H,U]=U$, $[S,U]=-H$,
$dH^* = S^*\wedge U^*$, $dS^* = H^*\wedge S^*$, $dU^* = -H^*\wedge U^*$

【問題 4.2.5 の解答】 $U(2)$ は 2 次の複素行列 A で $AA^* = I$ を満たすもの全体である. $U(2)$ のリー代数 $\mathfrak{u}(2)$ は $A + A^* = 0$ を満たす 2×2 複素行列全体である. $\mathfrak{u}(2)$ の基底を $e_1 = \frac{1}{\sqrt{2}}\begin{pmatrix} 0 & 1 \\ -1 & 0 \end{pmatrix}$, $e_2 = \frac{1}{\sqrt{2}}\begin{pmatrix} 0 & i \\ i & 0 \end{pmatrix}$, $t = \frac{1}{\sqrt{2}}\begin{pmatrix} i & 0 \\ 0 & i \end{pmatrix}$, $e_3 = \frac{1}{\sqrt{2}}\begin{pmatrix} i & 0 \\ 0 & -i \end{pmatrix}$ ととると, $[t,e_1]=0$, $[t,e_2]=0$, $[t,e_3]=0$, $[e_1,e_2]=e_3$, $[e_1,e_3]=-e_2$, $[e_2,e_3]=e_1$ となっている. 左不変 1 形式の基底として双対基底 e_1^*, e_2^*, e_3^*, t^* をとると, $de_1^* = -e_2^*\wedge e_3^*$, $de_2^* = e_1^*\wedge e_3^*$, $de_3^* = -e_1^*\wedge e_2^*$, $dt^* = 0$ を得る. $U(2)$ の左不変微分形式のなすコチェイン複体は

$0 \xrightarrow{d} \boldsymbol{R}[1] \xrightarrow{d} \boldsymbol{R}[e_1^*]\oplus \boldsymbol{R}[e_2^*]\oplus \boldsymbol{R}[e_3^*]\oplus \boldsymbol{R}[t^*]$
$\xrightarrow{d} \boldsymbol{R}[e_2^*\wedge e_3^*]\oplus \boldsymbol{R}[e_1^*\wedge e_3^*]\oplus \boldsymbol{R}[e_1^*\wedge e_2^*]\oplus \bigoplus_{i=1}^{3}\boldsymbol{R}[e_i^*\wedge t^*]$
$\xrightarrow{d} \boldsymbol{R}[e_1^*\wedge e_2^*\wedge e_3^*]\oplus \boldsymbol{R}[e_1^*\wedge e_2^*\wedge t^*]\oplus \boldsymbol{R}[e_1^*\wedge e_3^*\wedge t^*]\oplus \boldsymbol{R}[e_2^*\wedge e_3^*\wedge t^*]$
$\xrightarrow{d} \boldsymbol{R}[e_1^*\wedge e_2^*\wedge e_3^*\wedge t^*] \xrightarrow{d} 0$

外微分について $d(e_i^*\wedge t^*) = (de_i^*)\wedge t^*$ に注意すると, $H_{DR}^k(U(2)) \cong \boldsymbol{R}$ ($k = 0, 1, 3, 4$), $H_{DR}^k(U(2)) \cong 0$ ($k \neq 0, 1, 3, 4$) がわかる.

注：リー群として $U(2) \cong SU(2) \times U(1)$ であり，リー代数についても $\mathfrak{su}(2) = \langle e_1, e_2, e_3 \rangle$, $\mathfrak{s}(1) = \langle t \rangle$ となっている．$SU(2) \cong S^3$, $U(1) \cong S^1$ だから，ドラーム・コホモロジー群はキネットの公式 2.9.1（72 ページ）からも容易に計算される．

【問題 4.2.6 の解答】 $M/U(1)$ の接ベクトル $Y_i \in T_y(M/U(1))$ ($i = 1, \ldots, k$) に対して $p(x) = y$ となる x をとり，$p_* \widetilde{Y}_i = Y_i$ となる $\widetilde{Y}_i \in T_x M$ をとる．$p: M \longrightarrow M/U(1)$ は沈め込みであり，$p_* : T_x M \longrightarrow T_{p(x)}(M/U(1))$ の核は X のスカラー倍であるから，$\widetilde{Y}_i' \in T_x M$ が $p_* \widetilde{Y}_i' = Y_i$ を満たせば $\widetilde{Y}_i' - \widetilde{Y}_i = aX \in T_x M$ である．$i_X \beta = 0$ だから，$\beta(\widetilde{Y}_1, \ldots, \widetilde{Y}_k) = \beta(\widetilde{Y}_1', \ldots, \widetilde{Y}_k')$ となる．

任意の θ に対し，$p \circ R_\theta = p$ だから，$p_* R_{\theta*} = p_*$ である．また，$L_X \beta = 0$ だから，任意の θ に対し，$R_\theta^* \beta = \beta$ である．

$p(x') = p(x) = y$ とすると，$x = R_\theta x'$ となる θ が存在する．$\widetilde{Y}_i' \in T_{x'} M$ が $p_* \widetilde{Y}_i' = Y_i$ を満たせば，

$$\begin{aligned}
\beta(\widetilde{Y}_1', \ldots, \widetilde{Y}_k') &= R_\theta^* \beta(\widetilde{Y}_1', \ldots, \widetilde{Y}_k') \\
&= \beta(R_{\theta*} \widetilde{Y}_1', \ldots, R_{\theta*} \widetilde{Y}_k') \\
&= \beta(\widetilde{Y}_1, \ldots, \widetilde{Y}_k)
\end{aligned}$$

となる．最後の等式は，$p_* \widetilde{Y}_i' = p_* R_{\theta*} \widetilde{Y}_i' = Y_i$ と前半の計算からわかる．

したがって，$\underline{\beta}(Y_1, \ldots, Y_k) = \beta(\widetilde{Y}_1, \ldots, \widetilde{Y}_k)$ が一意的に定まる．

さらに，β が閉形式ならば，$\mathrm{d}\beta = p^* \mathrm{d}\underline{\beta} = 0$ であるが，一意性から，$\mathrm{d}\underline{\beta} = 0$ となり，$\underline{\beta}$ も閉形式である．

【問題 4.3.3 の解答】 $\ker \alpha_1 \cap \cdots \cap \ker \alpha_q = \ker \gamma_1 \cap \cdots \cap \ker \gamma_q$ と書かれるとき，$\gamma_i = \sum_{j=1}^{q} c_{ij} \alpha_j$ となるような $GL(q; \boldsymbol{R})$ 値の関数 $C = (c_{ij})_{i,j=1,\ldots,q}$ が存在するが，次のようにして $\mathrm{d}\gamma_i = \sum_{k=1}^{q} \delta_{ik} \wedge \gamma_k$ となるような微分 1 形式 δ_{ik} が存在することがわかる．

$$\begin{aligned}
\mathrm{d}\gamma_i &= \sum_{j=1}^q \mathrm{d}(c_{ij} \wedge \alpha_j) = \sum_{j=1}^q \mathrm{d}c_{ij} \wedge \alpha_j + \sum_{j=1}^q c_{ij}\, \mathrm{d}\alpha_j \\
&= \sum_{j=1}^q \mathrm{d}c_{ij} \wedge \left(\sum_{k=1}^q (C^{-1})_{jk}\gamma_k \right) + \sum_{j=1}^q c_{ij} \sum_{\ell=1}^q \beta_{j\ell} \wedge \alpha_\ell \\
&= \sum_{j=1}^q \mathrm{d}c_{ij} \wedge \left(\sum_{k=1}^q (C^{-1})_{jk}\gamma_k \right) + \sum_{j=1}^q c_{ij} \sum_{\ell=1}^q \beta_{j\ell} \wedge \left(\sum_{k=1}^q (C^{-1})_{\ell k}\gamma_k \right) \\
&= \sum_{k=1}^q \left(\sum_{j=1}^q (C^{-1})_{jk}\, \mathrm{d}c_{ij} + \sum_{j=1}^q \sum_{\ell=1}^q c_{ij}(C^{-1})_{\ell k}\beta_{j\ell} \right) \wedge \gamma_k
\end{aligned}$$

したがって，$\delta_{ik} = \sum_{j=1}^q (C^{-1})_{jk}\, \mathrm{d}c_{ij} + \sum_{j=1}^q \sum_{\ell=1}^q c_{ij}(C^{-1})_{\ell k}\beta_{j\ell}$ とおけばよい．

【問題 4.3.6 の解答】 問題 4.2.2 の不変微分 1 形式 H^*, S^*, U^* の 1 次結合 $\alpha = aH^* + bS^* + cU^*$ について，$\mathrm{d}H^* = S^* \wedge U^*$, $\mathrm{d}S^* = H^* \wedge S^*$, $\mathrm{d}U^* = -H^* \wedge U^*$ だから，

$$\begin{aligned}
\mathrm{d}\alpha \wedge \alpha &= (aS^* \wedge U^* + bH^* \wedge S^* - cH^* \wedge U^*) \wedge (aH^* + bS^* + cU^*) \\
&= (a^2 + 2bc)(H^* \wedge S^* \wedge U^*)
\end{aligned}$$

である．$a^2 + 2bc = 0$ を満たす $\alpha = aH^* + bS^* + cU^*$ に対して $\ker \alpha$ が左不変完全積分可能 2 次元平面場となる．

【問題 4.3.7 の解答】 $\mathrm{d}\alpha = \beta \wedge \alpha$ を外微分して，

$$0 = \mathrm{d}\beta \wedge \alpha + \beta \wedge \mathrm{d}\alpha = \mathrm{d}\beta \wedge \alpha + \beta \wedge \beta \wedge \alpha = \mathrm{d}\beta \wedge \alpha$$

を得るから，$\mathrm{d}\beta = \gamma \wedge \alpha$ と書く微分 1 形式 γ が存在する．このことから，$\beta \wedge \mathrm{d}\beta$ は閉形式となる．実際，

$$\mathrm{d}(\beta \wedge \mathrm{d}\beta) = \mathrm{d}(\beta \wedge \mathrm{d}\beta) = (\mathrm{d}\beta) \wedge (\mathrm{d}\beta) = (\gamma \wedge \alpha) \wedge (\gamma \wedge \alpha) = 0$$

$\beta \wedge \mathrm{d}\beta$ のドラーム・コホモロジー類が β のとり方によらないことは次のように示される．$\mathrm{d}\alpha = \beta \wedge \alpha = \beta' \wedge \alpha$ となる β' に対して，$(\beta' - \beta) \wedge \alpha = 0$ だから，$\beta' - \beta = h\alpha$ となる関数 h が存在する．

$$\begin{aligned}
\beta' \wedge \mathrm{d}\beta' &= (\beta + h\alpha) \wedge \mathrm{d}(\beta + h\alpha) = \beta \wedge \mathrm{d}\beta + \beta \wedge \mathrm{d}(h\alpha) + h\alpha \wedge \mathrm{d}(\beta + h\alpha) \\
&= \beta \wedge \mathrm{d}\beta - \mathrm{d}(\beta \wedge (h\alpha)) + h\alpha \wedge (\mathrm{d}\beta + \mathrm{d}h \wedge \alpha + h\,\mathrm{d}\alpha) \\
&= \beta \wedge \mathrm{d}\beta - \mathrm{d}(\beta \wedge (h\alpha))
\end{aligned}$$

ここで，最後の等式は $d\alpha = \beta \wedge \alpha, d\beta = \gamma \wedge \alpha$ からしたがう．こうして，β のとり方によらず，ドラーム・コホモロジー類が定まる．

$\beta \wedge d\beta$ のドラーム・コホモロジー類が α のとり方によらないことは次のように示される．α, α' が同じ余次元 1 接平面場を定めるならば，$\alpha' = g\alpha$ となる 0 にならない関数 g がある．

$$d\alpha' = dg \wedge \alpha + g\, d\alpha = \left(\frac{dg}{g} + \beta\right) \wedge (g\alpha) = (d\log|g| + \beta) \wedge (g\alpha)$$

次の計算により，$\beta \wedge d\beta$ のドラーム・コホモロジー類は α のとり方によらず定まる．

$$(d\log|g| + \beta) \wedge d(d\log|g| + \beta) = (d\log|g| + \beta) \wedge d\beta = \beta \wedge d\beta + d(\log|g| \wedge d\beta)$$

【問題 4.3.10 の解答】 $i_v\alpha = 0, i_v\beta = 0$ ならば，$i_v(\alpha \wedge \beta) = i_v\alpha \wedge \beta + (-1)^p \alpha i_v\beta = 0$ であるから，$\ker(\alpha \wedge \beta) \supset \ker\alpha \cap \ker\beta$ となる．

【問題 4.3.12 の解答】 微分 2 形式 ω，ベクトル場 ξ, η について，$(\xi, \eta) \longmapsto \omega(\xi, \eta)$ を考える．これは，各点で交代形式である．また，$\ker\omega = 0$ だから，非退化交代形式となる．原点で基底 $\frac{\partial}{\partial x_i}$ をとり，$\xi = \sum \xi_i \frac{\partial}{\partial x_i}, \eta = \sum \eta_j \frac{\partial}{\partial x_j}$ とすると，$\omega(\xi, \eta) = \sum a_{ij}\xi_i\eta_j$ で，$a_{ij} = -a_{ji}$ となる．このような行列は，直交行列により，$\begin{pmatrix} 0 & \lambda_k \\ -\lambda & 0 \end{pmatrix}$ の形の行列と零行列 $\begin{pmatrix} 0 & \cdots & 0 \\ \vdots & \ddots & \vdots \\ 0 & \cdots & 0 \end{pmatrix}$ の直和に共役となる（複素数の範囲では (a_{ij}) はユニタリ行列で対角化される．実行列 (a_{ij}) の固有値は，共役複素数が対で出てくるが，(a_{ij}) は交代行列（反対称行列）だから，固有値は純虚数である．共役な純虚数に対応する固有空間の基底をとり直して直交行列による共役で上の標準形を得る）．すなわち，$T_0\mathbf{R}^n$ の基底 $e'_1, \ldots, e'_n$ の双対基底 $e'_1{}^*, \ldots, e'_n{}^*$ を使って，$\omega = \lambda_1 e'_1 \wedge e'_2 + \cdots + \lambda_m e'_{2m-1} \wedge e'_{2m}$ ($2m \leqq n$) と書かれる．ここで，$\ker\omega = 0$ だから，$2m = n$ となる．さらに，$e_{2k-1} = \lambda_{2k-1}^{-1} e'_{2k-1}, e_{2k} = e'_{2k}$ ($k = 1, \ldots, m$) とおくと，$\omega(0) = e_1^* \wedge e_2^* + \cdots + e_{2m-1}^* \wedge e_{2m}^*$．証明からわかるように，基底 e_k は，原点の近傍で $T\mathbf{R}^{2m}$ の枠場として滑らかにとることができる．$\ker\omega \subset \ker\omega^m$ だから，$\ker\omega^m = 0$ ならば $\ker\omega = 0$ であり，前半の結果から $\omega(0)$ の形がわかる．

【問題 4.3.15 の解答】 $\frac{1}{2} q^* \left(\sum y_i \, dx_i \right) = \frac{1}{2} \sum_{i,j=1}^{n} g^{ij} y_i y_j$ だから,

$$\frac{1}{2} dq^* = \frac{1}{2} \sum_{k=1}^{n} \left(\sum_{i,j=1}^{n} \frac{\partial g^{ij}}{\partial x_k} \right) y_i y_j \, dx_k + \sum_{j=1}^{n} \left(\sum_{i=1}^{n} g^{ij} y_i \right) dy_j$$

となる. ハミルトン・ベクトル場は,

$$\sum_{k=1}^{n} \sum_{i=1}^{n} g^{ik} y_i \frac{\partial}{\partial x_k} - \frac{1}{2} \sum_{k=1}^{n} \sum_{i,j=1}^{n} \frac{\partial g^{ij}}{\partial x_k} y_i y_j \frac{\partial}{\partial y_k}$$

となる. 4.4 節の T^*M と TM を同一視する写像は $\displaystyle\sum_{i=1}^{n} y_i \, dx_i \longmapsto \sum_{i,j=1}^{n} g^{ji} y_i \frac{\partial}{\partial x_j}$ である. TM の座標近傍の座標関数を $\displaystyle\sum_{i=1}^{n} X_i \left(\frac{\partial}{\partial x_i} \right)_x \longmapsto ((x_1, \ldots, x_n), (X_1, \ldots, X_n))$ とすると,

$$\frac{\partial}{\partial x_k} \longmapsto \frac{\partial}{\partial x_k} + \sum_{\ell,j=1}^{n} \frac{\partial g^{\ell j}}{\partial x_k} y_j \frac{\partial}{\partial X_\ell},$$
$$\frac{\partial}{\partial y_k} \longmapsto \sum_{\ell=1}^{n} g^{\ell k} \frac{\partial}{\partial X_\ell}$$

だから, TM にハミルトン・ベクトル場を写したものは,

$$\sum_{k=1}^{n} \sum_{i=1}^{n} g^{ik} y_i \left(\frac{\partial}{\partial x_k} + \sum_{\ell,j=1}^{n} \frac{\partial g^{\ell j}}{\partial x_k} y_j \frac{\partial}{\partial X_\ell} \right) - \frac{1}{2} \sum_{\ell=1}^{n} g^{\ell k} \sum_{k=1}^{n} \sum_{i,j=1}^{n} \frac{\partial g^{ij}}{\partial x_k} y_i y_j \frac{\partial}{\partial X_\ell}$$
$$= \sum_{k=1}^{n} \sum_{i=1}^{n} g^{ik} y_i \frac{\partial}{\partial x_k} + \sum_{\ell=1}^{n} \sum_{i,j,k=1}^{n} \left(g^{ik} \frac{\partial g^{\ell j}}{\partial x_k} - \frac{1}{2} g^{\ell k} \frac{\partial g^{ij}}{\partial x_k} \right) y_i y_j \frac{\partial}{\partial X_\ell}$$

となる. $X_k = \displaystyle\sum_{i=1}^{n} g^{ik} y_i$ とおくと, $y_i = \displaystyle\sum_{k=1}^{n} g_{ik} X_k$ で, 上のベクトル場は

$$\sum_{k=1}^{n} X_k \frac{\partial}{\partial x_k} + \sum_{\ell=1}^{n} \sum_{i,j,k=1}^{n} \left(g^{ik} \frac{\partial g^{\ell j}}{\partial x_k} - \frac{1}{2} g^{\ell k} \frac{\partial g^{ij}}{\partial x_k} \right) \sum_{p,q=1}^{n} g_{ip} X_p g_{jq} X_q \frac{\partial}{\partial X_\ell}$$

となる. $\displaystyle\sum_{j=1}^{n} g^{ij} g_{ip} = \delta_{jp}$ だから, 関係式 $\displaystyle\sum_{j=1}^{n} \frac{\partial g^{ij}}{\partial x_k} g_{ip} + \sum_{j=1}^{n} g^{ij} \frac{\partial g_{ip}}{\partial x_k} = 0$ を得る. 添え字をとり替えたものを代入して

$$\sum_{k=1}^{n} X_k \frac{\partial}{\partial x_k} + \sum_{\ell=1}^{n} \sum_{i,j,k=1}^{n} \left(g^{ik} \frac{\partial g^{\ell j}}{\partial x_k} - \frac{1}{2} g^{\ell k} \frac{\partial g^{ij}}{\partial x_k} \right) \sum_{p,q=1}^{n} g_{ip} X_p g_{jq} X_q \frac{\partial}{\partial X_\ell}$$

$$= \sum_{k=1}^{n} X_k \frac{\partial}{\partial x_k} + \sum_{\ell=1}^{n} \sum_{i,j,k=1}^{n} \sum_{p,q=1}^{n} \left(\frac{1}{2} g^{\ell k} g^{ij} g_{ip} \frac{\partial g_{jq}}{\partial x_k} - g^{ik} g^{\ell j} g_{ip} \frac{\partial g_{jq}}{\partial x_k} \right) X_p X_q \frac{\partial}{\partial X_\ell}$$

$$= \sum_{k=1}^{n} X_k \frac{\partial}{\partial x_k} + \sum_{\ell=1}^{n} \sum_{k=1}^{n} \sum_{p,q=1}^{n} \left(\frac{1}{2} g^{\ell k} \frac{\partial g_{pq}}{\partial x_k} - g^{\ell k} \frac{\partial g_{kq}}{\partial x_p} \right) X_p X_q \frac{\partial}{\partial X_\ell}$$

これは，[多様体入門・第 7 章] において，座標

$$\sum_{i=1}^{n} X_i \left(\frac{\partial}{\partial x_i} \right)_x \longmapsto ((x_1, \ldots, x_n), (X_1, \ldots, X_n))$$

に対して与えられている測地流のベクトル場

$$\sum_{i=1}^{n} X_i \frac{\partial}{\partial x_i} + \sum_{\ell=1}^{n} \left\{ \sum_{k=1}^{n} g^{k\ell} \sum_{i,j=1}^{n} \left(\frac{1}{2} \frac{\partial g_{ij}}{\partial x_k} - \frac{\partial g_{ik}}{\partial x_j} \right) X_i X_j \right\} \frac{\partial}{\partial X_\ell}$$

に一致している．

【問題 4.3.16 の解答】 $df = \sum_{i=1}^{n} \frac{\partial f}{\partial x_i} dx_i$ だから，T^*M の座標 $\sum_{i=1}^{n} y_i \, dx_i \longmapsto ((x_1, \ldots, x_n), (y_1, \ldots, y_n))$ で，$df : (x_1, \ldots, x_n) \longmapsto \left((x_1, \ldots, x_n), \left(\frac{\partial f}{\partial x_1}, \ldots, \frac{\partial f}{\partial x_n} \right) \right)$ である．

$$(df)^* \omega = (df)^* \left(\sum_{i=1}^{n} dx_i \wedge dy_i \right)$$
$$= \sum_{i=1}^{n} dx_i \wedge d\left(\frac{\partial f}{\partial x_i} \right)$$
$$= \sum_{i=1}^{n} dx_i \wedge \sum_{j=1}^{n} \frac{\partial^2 f}{\partial x_i \partial x_j} dx_j$$
$$= \sum_{1 \leq i < j \leq n} \left(\frac{\partial^2 f}{\partial x_i \partial x_j} - \frac{\partial^2 f}{\partial x_j \partial x_i} \right) dx_i \wedge dx_j = 0$$

【問題 4.3.18 の解答】 部分空間 $\ker \alpha$ 上に制限して，$\ker((d\alpha)|\ker \alpha) = 0$ であるが，問題 4.3.12 の解答の議論を行なえば，$\ker \alpha(0)$ 上の交代形式に対して，$\ker \alpha(0)$ の基底 $e'_1, \ldots, e'_{2m}$ をとって，$d\alpha|\ker \alpha = e'_1{}^* \wedge e'_2{}^* + \cdots + e'_{2m-1}{}^* \wedge e'_{2m}{}^*$ と書くことができる．$\alpha(0)(e'_0) = 1$ となるように e'_0 を定め，$T_0 \boldsymbol{R}^{2m+1}$ の基底 $e'_0, e'_1, \ldots, e'_{2m}$ を得る．証明の仕方から，$e'_0, e'_1, \ldots, e'_{2m}$ は，原点の近傍で $T^* \boldsymbol{R}^{2m+1}$ の枠場として滑らかにとることができる．この $T_0 \boldsymbol{R}^{2m+1}$ の基底の双対基底に対

して，$\alpha_0 = e_0'^*$, $(\mathrm{d}\alpha)(0) = \sum_{i=1}^{2m} a_i e_0'^* \wedge e_i'^* + e_1'^* \wedge e_2'^* + \cdots + e_{2m-1}'^* \wedge e_{2m}'^*$ と書かれている．$e_0 = e_0' - \sum_{j=1}^{m}(a_{2j}e_{2j-1} - a_{2j-1}e_{2j})$, $e_i = e_i'$ $(i = 1, \ldots, 2m)$ とすると，$T_0 \mathbf{R}^{2m+1}$ の基底 $e_0, e_1, \ldots, e_{2m}$ が得られるが，これの双対基底については，$e_0^* = e_0'^*$, $e_{2j-1}^* = e_{2j-1}'^* + a_{2j}e_0'^*$, $e_{2j}^* = e_{2j}'^* - a_{2j-1}e_0'^*$ であり，

$$\begin{aligned}
e_{2j-1}^* \wedge e_{2j}^* &= (e_{2j-1}'^* + a_{2j}e_0'^*) \wedge (e_{2j}'^* - a_{2j-1}e_0'^*) \\
&= e_{2j-1}'^* \wedge e_{2j}'^* + a_{2j-1}e_0'^* \wedge e_{2j-1}'^* + a_{2j}e_0'^* \wedge e_{2j}'^*
\end{aligned}$$

である．したがって，$\alpha(0) = e_0^*$, $(\mathrm{d}\alpha)(0) = e_1^* \wedge e_2^* + \cdots + e_{2m-1}^* \wedge e_{2m}^*$ となる．

$\alpha \wedge (\mathrm{d}\alpha)^m \neq 0$ ならば，α は 0 でなく，$\ker((\mathrm{d}\alpha)^m | \ker(\alpha)) = 0$ である．$\ker((\mathrm{d}\alpha)| \ker(\alpha)) \subset \ker((\mathrm{d}\alpha)^m | \ker(\alpha))$ だから，$\ker((\mathrm{d}\alpha)| \ker(\alpha)) = 0$ となり，前半の議論から，$\alpha(0)$ の形がわかる．

【問題 4.3.22 の解答】 接触構造を局所的に定義する局所的な接触形式 α の定める体積形式 $\alpha \wedge (\mathrm{d}\alpha)^{2m-1}$ を考える．g を 0 にならない関数として $g\alpha$ の定める体積形式を計算すると，$\mathrm{d}(g\alpha) = \mathrm{d} \wedge \alpha + g\,\mathrm{d}\alpha$ だから，$(g\alpha) \wedge (\mathrm{d}(g\alpha))^{2m-1} = g^{2m}\alpha \wedge (\mathrm{d}\alpha)^{2m-1}$ となる．g^{2m} は正値の関数だから，局所的な接触形式が定める向き付けは，局所的な接触形式のとり方によらない．したがって，M^{4m-1} は向き付け可能である．

【問題 4.3.23 の解答】 (1) $\mathrm{d}f = -\sum_{k=1}^{n+1}(x_k\,\mathrm{d}x_k + y_k\,\mathrm{d}y_k) = i_{X_f}\left(\sum_{k=1}^{n+1}\mathrm{d}x_k \wedge \mathrm{d}y_k\right)$ だから，$X_f = \sum_{k=1}^{n+1}\left(x_k\frac{\partial}{\partial y_k} - y_k\frac{\partial}{\partial x_k}\right)$ となる．

(2) 常微分方程式 $\dfrac{\mathrm{d}}{\mathrm{d}t}\begin{pmatrix}x_k \\ y_k\end{pmatrix} = \begin{pmatrix}0 & -1 \\ 1 & 0\end{pmatrix}\begin{pmatrix}x_k \\ y_k\end{pmatrix}$ の初期値を $\begin{pmatrix}x_k \\ y_k\end{pmatrix}$ とする解は $\begin{pmatrix}\cos t & -\sin t \\ \sin t & \cos t\end{pmatrix}\begin{pmatrix}x_k \\ y_k\end{pmatrix}$ で与えられる．したがって，複素数で書くと変数を θ として X_f の生成するフロー R_θ は，$R_\theta(z_1, \ldots, z_{n+1}) = (e^{\sqrt{-1}\theta}z_1, \ldots, e^{\sqrt{-1}\theta}z_{n+1})$ となる．すなわち，$U(1)$ 作用 $(e^{\sqrt{-1}\theta}, (z_1, \ldots, z_{n+1})) \longmapsto (e^{\sqrt{-1}\theta}z_1, \ldots, e^{\sqrt{-1}\theta}z_{n+1})$ を生成する．

(3) カルタンの公式 4.1.8 により，

$$L_{X_f}\left(\frac{1}{2}\sum_{k=1}^{n+1}(-y_k\,\mathrm{d}x_k + x_k\,\mathrm{d}y_k)\right)$$
$$= \frac{1}{2}\,\mathrm{d}i_{X_f}\sum_{k=1}^{n+1}(-y_k\,\mathrm{d}x_k + x_k\,\mathrm{d}y_k) + \frac{1}{2}i_{X_f}\,\mathrm{d}\sum_{k=1}^{n+1}(-y_k\,\mathrm{d}x_k + x_k\,\mathrm{d}y_k)$$
$$= \frac{1}{2}\,\mathrm{d}\sum_{k=1}^{n+1}({y_k}^2 + {x_k}^2) + i_{X_f}\sum_{k=1}^{n+1}\mathrm{d}x_k \wedge \mathrm{d}y_k$$
$$= \sum_{k=1}^{n+1}(y_k\,\mathrm{d}y_k + x_k\,\mathrm{d}x_k) + \sum_{k=1}^{n+1}(-y_k\,\mathrm{d}y_k - x_k\,\mathrm{d}x_k) = 0$$

(4) $S^{2n+1} = \{(z_1,\ldots,z_{n+1}) \in \boldsymbol{C}^{n+1} \mid f(z_1,\ldots,z_{n+1}) = 2\}$ は, ハミルトン・ベクトル場が生成するフローで不変である（直接 $U(1)$ 作用を書いてもわかる）. $(z_1,\ldots,z_{n+1}) \neq \boldsymbol{0}$ に対して, $(e^{\sqrt{-1}\theta}z_1,\ldots,e^{\sqrt{-1}\theta}z_{n+1}) = (z_1,\ldots,z_{n+1})$ ならば, $e^{\sqrt{-1}\theta} = 1$ である. したがって, $U(1)$ 作用は S^{2n+1} 上の自由作用である.

上の (3) の計算の一部分であるが,
$$i_{X_f}\,\mathrm{d}\left(\frac{1}{2}\sum_{k=1}^{n+1}(-y_k\,\mathrm{d}x_k + x_k\,\mathrm{d}y_k)\right) = i_{X_f}\sum_{k=1}^{n+1}\mathrm{d}x_k \wedge \mathrm{d}y_k$$
$$= \sum_{k=1}^{n+1}(-y_k\,\mathrm{d}y_k - x_k\,\mathrm{d}x_k) = \mathrm{d}f$$

において $\mathrm{d}f$ は f の等位面である S^{2n+1} 上で 0 である. したがって, $i_{X_f}\,\mathrm{d}(\alpha|S^{2n+1}) = 0$ となる. また, (3) で示したことと, リー微分と制限は可換（注意 4.1.2）であり, 外微分とリー微分も可換である（問題 4.1.4）から,
$$L_{X_f}(\mathrm{d}\alpha|S^{2n+1}) = \mathrm{d}L_{X_f}(\alpha|S^{2n+1}) = \mathrm{d}((L_{X_f}\alpha)|S^{2n+1}) = 0$$

α が接触形式であることは次のようにして確かめる.
$$(\mathrm{d}\alpha)^n = \left(\sum_{k=1}^{n+1}\mathrm{d}x_k \wedge \mathrm{d}y_k\right)^n$$
$$= n!\sum_{k=1}^{n+1}\mathrm{d}x_1 \wedge \mathrm{d}y_1 \wedge \cdots \wedge \mathrm{d}x_{k-1} \wedge \mathrm{d}y_{k-1} \wedge \mathrm{d}x_{k+1} \wedge \mathrm{d}y_{k+1} \wedge \cdots \wedge \mathrm{d}x_{n+1} \wedge \mathrm{d}y_{n+1},$$

$$\alpha \wedge (\mathrm{d}\alpha)^n$$
$$= \frac{1}{2}\sum_{k=1}^{n+1}(-y_k\,\mathrm{d}x_k + x_k\,\mathrm{d}y_k) \wedge (\mathrm{d}\alpha)^n$$
$$= \frac{n!}{2}\sum_{k=1}^{n+1}(-y_k\,\mathrm{d}x_1 \wedge \mathrm{d}y_1 \wedge \cdots \wedge \mathrm{d}x_{k-1} \wedge \mathrm{d}y_{k-1} \wedge \mathrm{d}x_k \wedge \mathrm{d}x_{k+1} \wedge \mathrm{d}y_{k+1} \wedge \cdots \wedge \mathrm{d}x_{n+1} \wedge \mathrm{d}y_{n+1}$$
$$+ x_k\,\mathrm{d}x_1 \wedge \mathrm{d}y_1 \wedge \cdots \wedge \mathrm{d}x_{k-1} \wedge \mathrm{d}y_{k-1} \wedge \mathrm{d}y_k \wedge \mathrm{d}x_{k+1} \wedge \mathrm{d}y_{k+1} \wedge \cdots \wedge \mathrm{d}x_{n+1} \wedge \mathrm{d}y_{n+1})$$

ここで, $\mathrm{grad}(f) = -\sum_{k=1}^{n+1}\left(x_k\dfrac{\partial}{\partial x_k} + y_k\dfrac{\partial}{\partial y_k}\right)$ とおくと

$$\alpha \wedge (d\alpha)^n = \frac{n!}{2} i_{\mathrm{grad}(f)} dx_1 \wedge dy_1 \wedge \cdots \wedge dx_{n+1} \wedge dy_{n+1}$$

となっている．$\mathrm{grad}(f)$ は S^{2n+1} に直交するベクトル場であるから，体積形式と $\mathrm{grad}(f)$ の内部積は，S^{2n+1} 上 0 にならない．

(5) S^{2n+1} 上の微分 2 形式 $\beta = d\alpha|S^{2n+1} = \omega|S^{2n+1}$ は，(4) により，$i_{X_f} d\beta = 0, L_{X_f} d\beta = 0$ を満たす．問題 4.2.6 により，$\boldsymbol{CP}^n$ に閉微分 2 形式 $\omega_{\boldsymbol{CP}^n} = \underline{\beta}$ が定義される．ここで，$p^*((\omega_{\boldsymbol{CP}^n})^n) = (d\alpha)^n$ は $\ker \alpha$ 上で 0 にならない．$i_{X_f} \alpha = \frac{1}{2} \sum_{k=1}^{n+1}(y_k{}^2 + x_k{}^2) = \frac{1}{2}$ だから，接写像 $TS^{2n+1} \longrightarrow T\boldsymbol{CP}^n$ を $\ker \alpha$ に制限したものは全射である．したがって，$(\omega_{\boldsymbol{CP}^n})^n$ は $\boldsymbol{CP}^n$ 上の 0 にならない $2n$ 形式である．

【問題 4.4.1 の解答】 座標近傍 $(U, (x_1, \ldots, x_n))$ でのリーマン計量が，$\sum g_{ij} dx_i \otimes dx_j$ で与えられているとする．$T_x^* M$ の正規直交基底 $\left\{ \alpha^{(k)} = \sum_{i=1}^n \alpha_i^{(k)} dx_i \right\}_{k=1,\ldots,n}$ がとられているとき，正規直交基底だから $\sum_{i,j=1}^n g^{ij} \alpha_i^{(k)} \alpha_j^{(\ell)} = \delta_{k\ell}$ となる．すなわち行列 $G^{-1} = (g^{ij})$, $A = (\alpha_i^{(k)})$ について，${}^t A G^{-1} A = I$ を満たす．ここで，$\alpha^{(1)} \wedge \cdots \wedge \alpha^{(n)} = \det A \, dx_1 \wedge \cdots \wedge dx_n$. ${}^t A G^{-1} A = I$ から，$(\det A)^2 = \det G$ を得るから，$\alpha^{(1)} \wedge \cdots \wedge \alpha^{(n)} = \sqrt{\det G} \, dx_1 \wedge \cdots \wedge dx_n$ となる．

【問題 4.4.4 の解答】 (1) $\mathrm{rank}\, AB \leqq n$ だから行列式は 0 となる．

(2) $AB = \left(\sum_{j=1}^n a_{ij} b_{jk} \right)_{i,k=1,\ldots,m}$ で，

$$\det(AB) = \sum_\sigma \mathrm{sign}(\sigma) \left(\sum_{j_1=1}^n a_{1j_1} b_{j_1 \sigma(1)} \right) \cdots \left(\sum_{j_m=1}^n a_{mj_m} b_{j_m \sigma(m)} \right)$$

であるが，この和を $J = \{j_1, \ldots, j_m\} \subset \{1, \ldots, n\}$ について書き直すと

$$\det(AB) = \sum_\sigma \sum_{J \subset \{1,\ldots,n\}} \sum_{\{j_1,\ldots,j_m\}=J} \mathrm{sign}(\sigma) a_{1j_1} b_{j_1 \sigma(1)} \cdots a_{mj_m} b_{j_m \sigma(m)}$$

となる．ここで (1) によって，J が m 個より少ない元からなる場合の和は 0 だから，

$$\det(AB) = \sum_\sigma \sum_{j_1 < \cdots < j_m} \sum_\tau \mathrm{sign}(\sigma) a_{1j_{\tau(1)}} b_{j_{\tau(1)} \sigma(1)} \cdots a_{mj_{\tau(m)}} b_{j_{\tau(m)} \sigma(m)}$$

となり，σ, τ についての和は，

$$\sum_\sigma \sum_\tau \mathrm{sign}(\sigma) a_{1j_{\tau(1)}} \cdots a_{mj_{\tau(m)}} b_{j_{\tau(1)}\sigma(1)} \cdots b_{j_{\tau(m)}\sigma(m)}$$
$$= \sum_\tau \mathrm{sign}(\tau) a_{1j_{\tau(1)}} \cdots a_{mj_{\tau(m)}} \sum_\sigma \mathrm{sign}(\sigma)\mathrm{sign}(\tau) b_{j_{\tau(1)}\sigma(1)} \cdots b_{j_{\tau(m)}\sigma(m)}$$
$$= \sum_\tau \mathrm{sign}(\tau) a_{1j_{\tau(1)}} \cdots a_{mj_{\tau(m)}} \sum_\sigma \mathrm{sign}(\sigma\tau^{-1}) b_{j_1 \sigma(\tau^{-1}(1))} \cdots b_{j_m \sigma(\tau^{-1}(m))}$$

となる．したがってこれらの $j_1 < \cdots < j_m$ について和をとると求める式の右辺を得る．

【問題 4.4.5 の解答】 正の正規直交基底 $\beta^{(1)}, \ldots, \beta^{(n)}$ に対し，$\beta^{(i)} = \sum_{j=1}^n a_{ij}\alpha^{(j)}$ となる $SO(n)$ の元 (a_{ij}) がある

$$*(\beta^{(i_1)} \wedge \cdots \wedge \beta^{(i_k)})$$
$$= *\left(\sum_{j_1=1}^n \cdots \sum_{j_k=1}^n a_{i_1 j_1} \cdots a_{i_k j_k} \alpha^{(j_1)} \wedge \cdots \wedge \alpha^{(j_k)}\right)$$
$$= *\left(\sum_{j_1<\cdots<j_k} \sum_{\sigma \in S_k} \mathrm{sign}(\sigma) a_{i_1 j_{\sigma(1)}} \cdots a_{i_k j_{\sigma(k)}} \alpha^{(j_1)} \wedge \cdots \wedge \alpha^{(j_k)}\right)$$
$$= \sum_{j_1<\cdots<j_k} \sum_{\sigma \in S_k} \mathrm{sign}(\sigma) a_{i_1 j_{\sigma(1)}} \cdots a_{i_k j_{\sigma(k)}}$$
$$\cdot \mathrm{sign}\begin{pmatrix} 1 \cdots\cdots\cdots\cdots\cdots n \\ j_1 \cdots j_k\, \ell_1 \cdots \ell_{n-k} \end{pmatrix} \alpha^{(\ell_1)} \wedge \cdots \wedge \alpha^{(\ell_{n-k})}$$

において，$\alpha^{(\ell)} = \sum_{m=1}^n a_{m\ell}\beta^{(m)}$ だから，

$$\alpha^{(\ell_1)} \wedge \cdots \wedge \alpha^{(\ell_{n-k})}$$
$$= \sum_{m_1=1}^n \cdots \sum_{m_{n-k}=1}^n a_{m_1 \ell_1} \cdots a_{m_{n-k} \ell_{n-k}} \beta^{(m_1)} \wedge \cdots \wedge \beta^{(m_{n-k})}$$
$$= \sum_{m_1<\cdots<m_{n-k}} \sum_{\tau \in S_{n-k}} \mathrm{sign}(\tau) a_{m_{\tau(1)} \ell_1} \cdots a_{m_{\tau(n-k)} \ell_{n-k}} \beta^{(m_1)} \wedge \cdots \wedge \beta^{(m_{n-k})}$$

これを前の式に代入して，

$$\mathrm{sign}\begin{pmatrix} 1 \cdots\cdots\cdots\cdots\cdots n \\ i_1 \cdots i_k\, m_1 \cdots m_{n-k} \end{pmatrix} \beta^{(m_1)} \wedge \cdots \wedge \beta^{(m_{n-k})}$$

が得られることを示したい．そこで，

$$\sum_{j_1<\cdots<j_k}\sum_{\sigma\in S_k}\sum_{m_1<\cdots<m_{n-k}}\sum_{\tau\in S_{n-k}}\mathrm{sign}(\sigma)a_{i_1 j_{\sigma(1)}}\cdots a_{i_k j_{\sigma(k)}}$$
$$\cdot\mathrm{sign}\begin{pmatrix}1&\cdots\cdots\cdots\cdots&n\\j_1\cdots j_k&\ell_1\cdots\ell_{n-k}\end{pmatrix}\mathrm{sign}(\tau)a_{m_{\tau(1)}\ell_1}\cdots a_{m_{\tau(n-k)}\ell_{n-k}}$$
$$=\mathrm{sign}\begin{pmatrix}1\cdots\cdots\cdots\cdots\cdots n\\i_1\cdots i_k\, m_1\cdots m_{n-k}\end{pmatrix}$$

がわかればよい．ここで左辺は，次と等しい．

$$\sum_{j_1<\cdots<j_k}\sum_{\sigma\in S_k}\sum_{m_1<\cdots<m_{n-k}}\sum_{\tau\in S_{n-k}}\mathrm{sign}(\sigma)a_{i_1 j_{\sigma(1)}}\cdots a_{i_k j_{\sigma(k)}}$$
$$\cdot\mathrm{sign}\begin{pmatrix}1&\cdots\cdots\cdots\cdots&n\\j_1\cdots j_k&\ell_1\cdots\ell_{n-k}\end{pmatrix}\mathrm{sign}(\tau)a_{m_1\ell_{\tau(1)}}\cdots a_{m_{n-k}\ell_{\tau(n-k)}}$$
$$=\sum_{j_1<\cdots<j_k}\sum_{\sigma\in S_k}\sum_{m_1<\cdots<m_{n-k}}\sum_{\tau\in S_{n-k}}\mathrm{sign}\begin{pmatrix}1&\cdots\cdots\cdots\cdots&n\\j_1\cdots j_k&\ell_1\cdots\ell_{n-k}\end{pmatrix}\mathrm{sign}(\sigma)\mathrm{sign}(\tau)$$
$$\cdot a_{i_1 j_{\sigma(1)}}\cdots a_{i_k j_{\sigma(k)}}a_{m_1\ell_{\tau(1)}}\cdots a_{m_{n-k}\ell_{\tau(n-k)}}$$
$$=\sum_{s\in S_n}a_{i_1 s(1)}\cdots a_{i_k s(k)}a_{m_1 s(k+1)}\cdots a_{m_{n-k}s(n)}$$
$$=\mathrm{sign}\begin{pmatrix}1\cdots\cdots\cdots\cdots\cdots n\\i_1\cdots i_k\, m_1\cdots m_{n-k}\end{pmatrix}$$

第5章 多様体の位相と微分形式

　C^∞ 級多様体の位相，さらに C^∞ 級多様体上の構造を研究するうえで，多様体から自然に定まる微分形式を使うことができる．例えば，向き付けられた2次元リーマン多様体 M の曲率形式は微分2形式として定まり，M が向きを持つなら，多様体 M 上で積分して実数値を得る．これは，多様体のオイラー標数の定数倍となる．問題 3.7.2（122 ページ）参照．この事実は，ガウス・ボンネの定理と呼ばれる．このことは，向きを持つ偶数次元のリーマン多様体に拡張される．$2n$ 次元リーマン多様体の曲率形式が $2n \times 2n$ 行列に値を持つ微分2形式として定義される．パフ形式と呼ばれる $2n \times 2n$ 行列 $\boldsymbol{R}^{2n \times 2n}$ 上の実数値交代 n 形式を用いて，M が向きを持つとき，M 上の微分 $2n$ 形式が得られ，その積分は M のオイラー標数の定数倍となることが知られている．

　多様体上の1つの構造により定まる微分形式は特性形式と呼ばれる．特性形式が得られれば，多様体のホモロジー類上での積分が値として得られる．特に次元と同じ次数の特性形式があれば，多様体上で積分して不変量が得られる（[森田] 参照）．

　このような考え方の最も単純なものが連結 n 次元多様体 M に対して向き付けを持つことと $H_{DR}^n(M) \cong \boldsymbol{R}$，向き付けを持たないことと $H_{DR}^n(M) \cong 0$ がそれぞれ同値となるという事実（命題 3.4.10（115 ページ））であろう．向き付けを持つ多様体に関するポアンカレ双対定理はこのことの拡張と考えられる．

　この章では，三角形分割された多様体に対してのポアンカレの双対定理を説明する．

5.1 多様体の三角形分割

5.1.1 組合せ多様体

多様体を与える単体複体は単体複体としてより扱いやすい性質を持っている．このことを定式化するのが組合せ多様体の概念である．

単体複体 K の単体 τ に対し，τ と交わらない単体 σ で，σ, τ がともに K の 1 つの単体の面となる（σ, τ が K の単体を張る）もの全体を考える．これを τ のリンクと呼び，$\mathrm{Link}(\tau)$ と書く．$\mathrm{Link}(\tau)$ は K の部分複体である．

単体のリンクに注目して，組合せ多様体（PL 多様体）が定義される．図 5.1 参照．

定義 5.1.1（組合せ多様体（**PL 多様体**））　n 次元単体複体 K が次の $(*)$ を満たすとき，n 次元単体複体 K あるいはその実現 $|K|$ を**組合せ多様体** (combinatorial manifold)（**PL 多様体** (piecewise-linear manifold)）と呼ぶ．

(∗)　K の各 p 単体 τ に対し，$|\mathrm{Link}(\tau)|$ が $n-p-1$ 次元球面と同相な $n-p-1$ 次元組合せ多様体（PL 多様体）となる．

注意 5.1.2　この定義は，$n-1$ 次元以下の組合せ多様体が定義されているときに n 次元 PL 多様体を定義するものである．また，条件 $(*)$ は K の頂点 v について，$|\mathrm{Link}(v)|$ が $n-1$ 次元球面と同相な組合せ多様体となることと同値である．

K の頂点 v に対し，v を頂点とする単体の内部の和集合を v の**開星状体** (open star) と呼び，$O(v)$ と書く．条件 $(*)$ が成り立てば $O(v)$ は，n 次元開球と同相になる．

5.1.2 三角形分割

微分可能多様体は次のように三角形分割される．

定理 5.1.3　コンパクト n 次元 C^∞ 級多様体 M に対し，n 次元組合せ多様体 K と各単体上で C^∞ 級写像となる同相写像 $|K| \longrightarrow M$ が存在する．

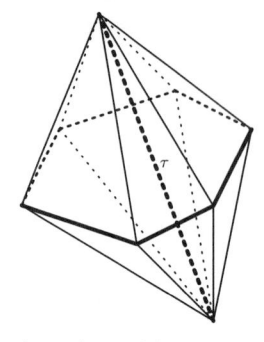

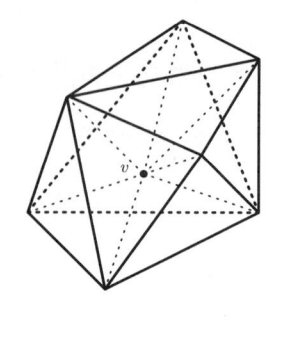

図 5.1 左図中央の 1 単体 τ のリンク（の実現）は円周と同相な組合せ多様体である．右図中央の 0 単体 v のリンク（の実現）は 2 次元球面と同相な組合せ多様体である．

この定理のような $K, |K| \longrightarrow M$ を M の C^∞ 級三角形分割 (C^∞ triangulation) と呼ぶ．定理 5.1.3 の証明の概略は付録（209 ページ）で与える．

5.2 ポアンカレ双対定理

向き付けを持つ微分可能多様体のポアンカレ双対定理を説明するためには，定理 5.1.3 で与えられる多様体の三角形分割を用いるのが都合がよい．

ポアンカレ双対定理は次のように述べられる．

定理 5.2.1（ポアンカレ双対定理） コンパクト向き付け可能 n 次元多様体 M に対し，次の同型が存在する．

$$H_{n-k}(M) \cong H^k(M)$$

これは，整数係数のホモロジー，コホモロジーに対して成立する．したがって，実数係数でも成立する．証明は 5.2.7 小節で行なう．

5.2.1 基本類

定理 3.4.8（114 ページ）において，コンパクトな向き付けを持つ連結 n 次元多様体 M について $M^n \cong \mathbf{R}$ であることを見た．その理由は，多様体の三角形分割について，1 つの $n-1$ 次元単体はちょうど 2 つの n 次元単体の境界になることであった．多様体の三角形分割 K における n 次元単体の全体

を $\{\sigma_i\}$ とする．M が向き付けられているときに，σ_i 上の向き付けが M の向き付けと一致するとき $a_i = +1$，M の向き付けと反対のとき $a_i = -1$ として，n 次元チェイン $c = \sum a_i \sigma_i$ を考えると，$\partial c = 0$ となる．この c 上での積分は M 上での積分と一致し，同型写像 $\int_c = \int_M : H^n_{DR}(M) \longrightarrow \mathbf{R}$ を与える．この c は M の整係数ホモロジー群の元を代表している．その元を M の**基本類** (fundamental class) と呼び，$[M]$ で表す．

5.2.2 重心細分

単体複体 K の**重心細分** (barycentric subdivision) $\mathrm{bsd}(K)$ は次のように定義される単体複体である．図 5.2 参照．

定義 5.2.2 単体複体 K の各単体 τ の重心を b_τ と表す．重心細分 $\mathrm{bsd}(K)$ の k 単体は，K の次元の異なる単体 $\tau^{m_0}, \ldots, \tau^{m_k}$ であって，$\tau^{m_{i-1}}$ が τ^{m_i} の面となる ($\tau^{m_{i-1}} \prec \tau^{m_i}; i = 1, \ldots, k$) ものに対して，その重心で張られる k 単体 $\langle b_{\tau^{m_0}} \cdots b_{\tau^{m_k}} \rangle$ であるとする．

単体複体 K の重心細分 $\mathrm{bsd}(K)$ は単体複体となる．また，$\mathrm{bsd}(K)$ の幾何的実現は自然に $|\mathrm{bsd}(K)| = |K|$ を満たす．

単体複体のチェインを記述するために $i_0 \cdots i_k$ の並べ替え $j_0 \cdots j_k$ に対して，

$$\langle e_{j_0} \cdots e_{j_k} \rangle = \mathrm{sign} \begin{pmatrix} i_0 \cdots i_k \\ j_0 \cdots j_k \end{pmatrix} \langle e_{i_0} \cdots e_{i_k} \rangle$$

と考える．

$\mathrm{bsd}(K)$ の k 単体のうち，K の k 単体 $\langle e_{i_0} \cdots e_{i_k} \rangle$ ($i_0 < \cdots < i_k$) を分割して得られるものは次のように記述される．$i_0 \cdots i_k$ の並べ替え $J = j_0 \cdots j_k$ に対して，m 単体を $\tau^m = \tau^m(J) = \langle e_{j_0} \cdots e_{j_m} \rangle$ ($m = 0, \ldots, k$) と定義すると，次元が 1 ずつ増える単体の列 $\tau^0 \prec \cdots \prec \tau^k$ が得られる．$J = j_0 \cdots j_k$ と $\tau^0 \prec \cdots \prec \tau^k$ は 1 対 1 に対応する．これに対して $\mathrm{bsd}(K)$ の k 単体 $\langle b_{\tau^0} \cdots b_{\tau^k} \rangle$ が得られる．この $\tau^0 \cdots \tau^k$ に対し，$\mathrm{sign}(\tau^0 \cdots \tau^k) = \mathrm{sign} \begin{pmatrix} i_0 \cdots i_k \\ j_0 \cdots j_k \end{pmatrix}$ と定める．$(k+1)!$ 個の和 $\sum_{\tau^0 \prec \cdots \prec \tau^k = \langle e_{i_0} \cdots e_{i_k} \rangle} \mathrm{sign}(\tau^0 \cdots \tau^k) \langle b_{\tau^0} \cdots b_{\tau^k} \rangle$ は，各 $\mathrm{sign}(\tau^0 \cdots \tau^k) \langle b_{\tau^0} \cdots b_{\tau^k} \rangle$

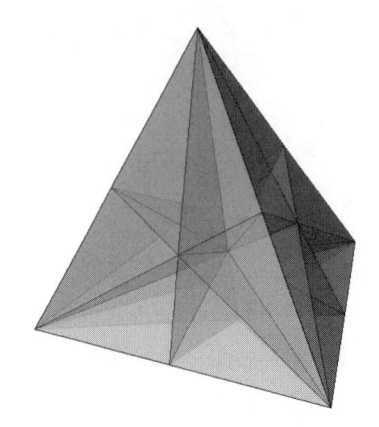

図 5.2 単体の重心細分.

の向きが $\langle e_{i_0} \cdots e_{i_k} \rangle$ の向きと一致し，和は符号を含めて，$\langle e_{i_0} \cdots e_{i_k} \rangle$ を表している．実際，bsd : $C_*(K) \longrightarrow C_*(\mathrm{bsd}(K))$ を $\mathrm{bsd}(\langle e_{i_0} \cdots e_{i_k} \rangle) = \sum_{\tau^0 \prec \cdots \prec \tau^k = \langle e_{i_0} \cdots e_{i_k} \rangle} \mathrm{sign}(\tau^0 \cdots \tau^k)\langle b_{\tau^0} \cdots b_{\tau^k} \rangle$ で定義すると，これはホモロジー群の同型 $\mathrm{bsd}_* : H_*(K) \longrightarrow H_*(\mathrm{bsd}(K))$ を導く（ホモロジー理論の本参照）．

5.2.3　双対胞体

K を n 次元組合せ多様体 M の三角形分割とし，$\mathrm{bsd}(K)$ を考える．K は，すべての k 単体 τ に対し，$\mathrm{Link}(\tau)$ が $n-k-1$ 次元の球面の三角形分割となっているという性質 $(*)$ を持つ．このとき重心細分 $\mathrm{bsd}(K)$ の各頂点 b_τ に対し，b_τ の開星状体 $O(b_\tau)$ は，n 次元開球体と同相になる．

n 次元多様体 M の三角形分割 K に対し，その重心細分 $\mathrm{bsd}(K)$ と K の関係を考える．

定義 5.2.3（双対胞体）　K の k 次元単体 τ^k に対して，次元が 1 つずつ増加する単体の列 $\tau^k \prec \tau^{k+1} \prec \cdots \prec \tau^n$ がとれるが，このような τ^k から始まる列 $\tau^k \prec \tau^{k+1} \prec \cdots \prec \tau^n$ 全体について $n-k$ 単体 $\langle b_{\tau^k} b_{\tau^{k+1}} \cdots b_{\tau^n} \rangle$ の和集合をとると，これは $|\mathrm{Link}(\tau^k)|$ の b_{τ^k} を頂点とする錐と同型で，K が組合せ多様体だから，$n-k$ 次元の閉球体と同相になる．これを τ^k の**双対胞体**と呼び，τ^{k*} で表す．

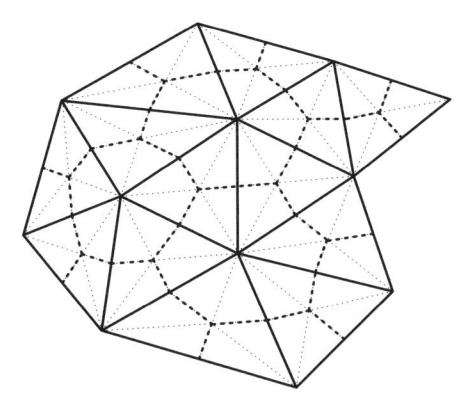

図 5.3 双対胞体分割.

組合せ多様体は，その単体分割の双対分割による分割を持つ．図 5.3 参照．

M が向き付けられていれば，次に見るように τ^k の向きと τ^{k*} の向きを並べて，M の b_{τ^k} における向きが定まるように τ^{k*} の向きをとることができる．

5.2.4 単体の向き

k 単体の向きは，その k 単体に接する k 個の 1 次独立なベクトル（k 枠）により表示される．2 つの k 枠は，k 次正則行列により写り合うが，行列式が正の正則行列で写り合うときに同じ向きを定め，行列式が負の正則行列で写り合うときに反対の向きを定める．

定義 5.2.4 ユークリッド空間 $\mathbf{R}^N$ の $k+1$ 個の点 $v_0, \ldots, v_k$ を頂点とする単体 $\langle v_0 \cdots v_k \rangle$ に対しては，k 枠 $(v_1 - v_0, v_2 - v_1, \ldots, v_k - v_{k-1})$ が単体の向きを与えると定義する．

定義 5.2.4 が与える向きは，$(v_1 - v_0, v_2 - v_0, \ldots, v_k - v_0)$ と同じ向きである．図 5.4 参照．n 単体 $\langle v_0 \cdots v_n \rangle$ の部分 k 単体 $\langle v_0 \cdots v_k \rangle$ と部分 $n-k$ 単体 $\langle v_k \cdots v_n \rangle$ ($0 \leqq k \leqq n$) に対して，$\langle v_0 \cdots v_k \rangle$ の向きを与える k 枠 $(v_1 - v_0, v_2 - v_1, \ldots, v_k - v_{k-1})$ と $\langle v_k \cdots v_n \rangle$ の向きを与える $n-k$ 枠 $(v_{k+1} - v_k, v_{k+2} - v_{k+1}, \ldots, v_n - v_{n-1})$ を並べた n 枠 $(v_1 - v_0, v_2 - v_1, \ldots, v_n - v_{n-1})$ が n 単体 $\langle v_0 \cdots v_n \rangle$ の向きを与えていることに注意しよう．

図 5.4　単体の向き.

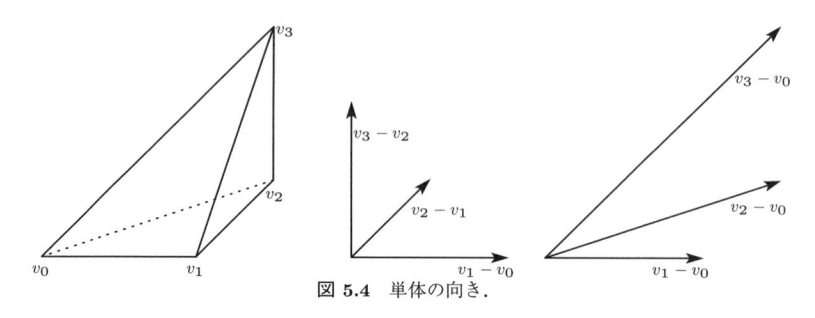

n 単体 $\langle v_0 \cdots v_n \rangle$ に対して，$\tau^k = \langle v_0 \cdots v_k \rangle$ という部分 k 単体を考えると，$\tau^n = \langle v_0 \cdots v_n \rangle$ の重心細分 $\mathrm{bsd}(\tau^n)$ の n 単体 $\langle b_{\tau^0} \cdots b_{\tau^n} \rangle$ の向きは $\tau^n = \langle v_0 \cdots v_n \rangle$ の向きと一致する．したがって，$\tau^k = \langle v_0 \cdots v_k \rangle$ の向きを与える k 枠と $\langle b_{\tau^k} \cdots b_{\tau^n} \rangle$ の向きを与える $n-k$ 枠を並べたものは $\tau^n = \langle v_0 \cdots v_n \rangle$ の向きを与える．

さて，$\tau^{k-1} \prec \tau^k$, $\langle b_{\tau^k} \cdots b_{\tau^n} \rangle \prec \langle b_{\tau^{k-1}} b_{\tau^k} \cdots b_{\tau^n} \rangle$ であるが，$\partial \tau^k$ の項の τ^{k-1} の係数は $(-1)^k$ である．一方，$\partial \langle b_{\tau^{k-1}} b_{\tau^k} \cdots b_{\tau^n} \rangle$ の項の $\langle b_{\tau^k} \cdots b_{\tau^n} \rangle$ の係数は 1 であることに注意する．

5.2.5　多様体の向きと単体の向き

M が向き付けられているとすると，K の n 単体 $\langle e_{j_0} \cdots e_{j_n} \rangle$ に対し，その向きが M の向きと同じか反対かが定まる．同じときに $+1$, 反対のときに -1 として $\mathrm{sign}_M(\langle e_{j_0} \cdots e_{j_n} \rangle) = \pm 1$ を定める．これを用いて M の基本類 $[M]$ は $\sum \mathrm{sign}_M(\sigma)\sigma$ で代表される．

K の k 単体の双対胞体の向きを考えよう．K の k 単体 $\langle v_0 \cdots v_k \rangle$ を含む n 単体 $\langle v_0 \cdots v_n \rangle$ について，$\tau^\ell = \langle v_0 \cdots v_\ell \rangle$ として，$\langle v_0 \cdots v_n \rangle$ が正の単体ならば，$\langle b_{\tau^k} \cdots b_{\tau^n} \rangle$ の向きと同じ単体を考え，$\langle v_0 \cdots v_n \rangle$ が負の単体ならば，$\langle b_{\tau^k} \cdots b_{\tau^n} \rangle$ の向きと逆向きの単体を考えた和をとる．図 5.5 参照．

定義 5.2.5（双対胞体（チェインとして））　向き付けられた n 次元多様体 M の三角形分割 K の k 次元単体 $\langle v_0 \cdots v_k \rangle$ に対し，$\langle v_0 \cdots v_k \rangle$ を含む n 単体 $\langle v_0 \cdots v_n \rangle$ について，$\tau^\ell = \langle v_0 \cdots v_\ell \rangle$ $(\ell = k, k+1, \ldots, n)$ とおき，次で表される $n-k$ 次元チェイン（およびその実現）を $\langle v_0 \cdots v_k \rangle$ の**双対胞体**と呼ぶ．

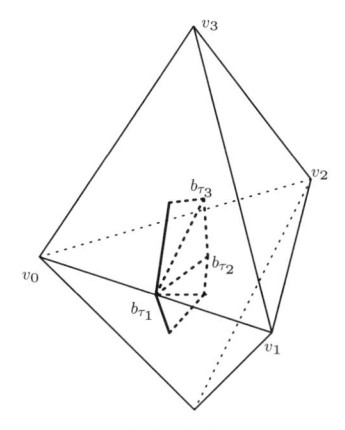

図 5.5 定義 5.2.5. $\langle v_0 v_1 \rangle$ の双対胞体は $\langle b_{\tau_1} b_{\tau_2} b_{\tau_3} \rangle$ の形の単体の和.

$$\langle v_0 \cdots v_k \rangle^* = \sum_{\langle v_0 \cdots v_k \rangle \prec \langle v_0 \cdots v_n \rangle} \mathrm{sign}_M(\langle v_0 \cdots v_n \rangle) \langle b_{\tau^k} \cdots b_{\tau^n} \rangle$$

補題 5.2.6 $\partial \langle v_0 \cdots v_{k-1} \rangle^* = \displaystyle\sum_{\langle v_0 \cdots v_{k-1} \rangle \prec \langle v_0 \cdots v_k \rangle} \langle v_0 \cdots v_k \rangle^*$

証明
$$\begin{aligned}
&\partial \langle v_0 \cdots v_{k-1} \rangle^* \\
&= \sum_{\langle v_0 \cdots v_{k-1} \rangle \prec \langle v_0 \cdots v_n \rangle} \mathrm{sign}_M(\langle v_0 \cdots v_n \rangle) \partial \langle b_{\tau^{k-1}} \cdots b_{\tau^n} \rangle \\
&= \sum_{\langle v_0 \cdots v_{k-1} \rangle \prec \langle v_0 \cdots v_k \rangle} \sum_{\langle v_0 \cdots v_k \rangle \prec \langle v_0 \cdots v_n \rangle} \mathrm{sign}_M(\langle v_0 \cdots v_n \rangle) \partial \langle b_{\tau^{k-1}} \cdots b_{\tau^n} \rangle \\
&= \sum_{\langle v_0 \cdots v_{k-1} \rangle \prec \langle v_0 \cdots v_k \rangle} \sum_{\langle v_0 \cdots v_k \rangle \prec \langle v_0 \cdots v_n \rangle} \mathrm{sign}_M(\langle v_0 \cdots v_n \rangle) \langle b_{\tau^k} \cdots b_{\tau^n} \rangle \\
&= \sum_{\langle v_0 \cdots v_{k-1} \rangle \prec \langle v_0 \cdots v_k \rangle} \langle v_0 \cdots v_k \rangle^*
\end{aligned}$$

ここで，3 つめの等号は次の理由による．

$k < \ell < n$ のときは，$\mathrm{sign}_M(\langle v_0 \cdots v_{\ell-1} v_\ell \cdots v_n \rangle) \partial \langle b_{\tau^{k-1}} \cdots b_{\tau^n} \rangle$ の項

$$\mathrm{sign}_M(\langle v_0 \cdots v_{\ell-1} v_\ell \cdots v_n \rangle)(-1)^{\ell-k-1} \langle b_{\tau^{k-1}} \cdots b_{\tau^{\ell-2}} b_{\tau^\ell} \cdots b_{\tau^n} \rangle$$

と $\mathrm{sign}_M(\langle v_0 \cdots v_\ell v_{\ell-1} \cdots v_n \rangle) \partial \langle b_{\tau^{k-1}} \cdots b_{\tau^n} \rangle$ の項

$$\mathrm{sign}_M(\langle v_0 \cdots v_\ell v_{\ell-1} \cdots v_n \rangle)(-1)^{\ell-k-1} \langle b_{\tau^{k-1}} \cdots b_{\tau^{\ell-2}} b_{\tau^\ell} \cdots b_{\tau^n} \rangle$$

が打ち消し合う．

$\ell = n$ のときは，n 単体 $\langle v_0 \cdots v_{n-1} v_n \rangle$ に対し，$|\mathrm{Link}(\langle v_0 \cdots v_{n-1} \rangle)|$ は S^0 と同相だから 2 点からなり，K の頂点 v'_n で，n 単体 $\langle v_0 \cdots v_{n-1} v_n \rangle$ と $n-1$ 単体 $\langle v_0 \cdots v_{n-1} \rangle$ を共有する n 単体 $\langle v_0 \cdots v_{n-1} v'_n \rangle$ が存在する．さらに，$\mathrm{sign}_M(\langle v_0 \cdots v_{n-1} v_n \rangle)$ と $\mathrm{sign}_M(\langle v_0 \cdots v_{n-1} v'_n \rangle)$ は反対向きである．したがって $\mathrm{sign}_M(\langle v_0 \cdots v_{n-1} v_n \rangle) \partial \langle b_{\tau^{k-1}} \cdots b_{\tau^n} \rangle$ の項

$$\mathrm{sign}_M(\langle v_0 \cdots v_{n-1} v_n \rangle)(-1)^{n-k-1} \langle b_{\tau^{k-1}} \cdots b_{\tau^{n-1}} \rangle$$

と $\mathrm{sign}_M(\langle v_0 \cdots v_{n-1} v'_n \rangle) \partial \langle b_{\tau^{k-1}} \cdots b_{\tau'^n} \rangle$ の項

$$\mathrm{sign}_M(\langle v_0 \cdots v_{n-1} v'_n \rangle)(-1)^{n-k-1} \langle b_{\tau^{k-1}} \cdots b_{\tau^{n-1}} \rangle$$

が打ち消し合う． ∎

5.2.6 双対胞体のなす複体のホモロジー

$C_\ell(K^*)$ を $n-\ell$ 単体 τ の双対胞体 τ^* を基底とする加群とする（自由 $\boldsymbol{Z}$ 加群または $\boldsymbol{R}$ ベクトル空間を考えている）．$\partial : C_\ell(K^*) \longrightarrow C_{\ell-1}(K^*)$ が前の小節のように定義されている．補題 5.2.6 から，$\partial \circ \partial = 0$ となる．

【問題 5.2.7】 $\partial : C_\ell(K^*) \longrightarrow C_{\ell-1}(K^*)$ について，$\partial \circ \partial = 0$ を示せ．解答例は，205 ページ．

補題 5.2.6 は，自然な包含写像 $C_\ell(K^*) \longrightarrow C_\ell(\mathrm{bsd}(K))$ を考えており，この包含写像が，チェイン写像であることをいっている．

K^*，$\mathrm{bsd}(K)$ を有限胞体複体と考えると，ホモロジー理論の一意性（ホモロジー理論の本参照）から，そのホモロジー群は，多様体 M の特異ホモロジー群と同型である．さらに $C_\ell(K^*) \longrightarrow C_\ell(\mathrm{bsd}(K))$ が，ホモロジー群の同型を導くこともわかる．すなわち，K^* の q 骨格 $K^{*(q)}$ について，$\mathrm{bsd}(K^{*(q)})$ を $\mathrm{bsd}(K)$ における $K^{*(q)}$ の像とする．空間対 $(K^{*(q)}, K^{*(q-1)})$, $(\mathrm{bsd}(K^{*(q)}), \mathrm{bsd}(K^{*(q-1)}))$ についてのホモロジー完全系列，および $K^{*(q)}$ は $K^{*(q-1)}$ に q 次元球体を $q-1$ 次元球面に沿って貼り付けたものであり，$\mathrm{bsd}(K^{*(q)})$ は $\mathrm{bsd}(K^{*(q-1)})$ に単体分割された q 次元球体を $q-1$ 次元球面に沿って貼り付けたものであることから，q についての帰納法により，$C_\ell(K^{*(q)}) \longrightarrow C_\ell(\mathrm{bsd}(K^{*(q)}))$ が同型を導くことがわかる．したがって，$C_\ell(K^*) \longrightarrow C_\ell(\mathrm{bsd}(K))$ が，ホモロジー

群の同型を導く．

5.2.7 ポアンカレ双対定理の証明

ポアンカレ双対定理 5.2.1 の証明 $\partial : C_k(K) \longrightarrow C_{k-1}(K)$ を表す行列を $A = (a_{ij})_{i=1,\ldots,n_{k-1}; j=1,\ldots,n_k}$ とする．すなわち $\partial \sigma_j^k = \sum_{i=1}^{n_{k-1}} a_{ij} \sigma_i^{k-1}$ ($j = 1, \ldots, n_k$) とすると，$\partial : C_{n-k+1}(K^*) \longrightarrow C_{n-k}(K^*)$ を表す行列は $(-1)^k {}^t\!A = ((-1)^k a_{ji})_{j=1,\ldots,n_k; i=1,\ldots,n_{k-1}}$ となる．

この行列 $(-1)^k {}^t\!A$ は，$(-1)^k \delta : C^{k-1}(K) \longrightarrow C^k(K)$ を表すものである．

実際，$\sigma_j^k = \langle v_0 \cdots v_k \rangle$, $\sigma_j^{k-1} = \langle v_0 \cdots v_{k-1} \rangle$ とすると，$a_{ji} = (-1)^k$ であるが，補題 5.2.6 により，$\partial \langle v_0 \cdots v_{k-1} \rangle^* = \sum_{\langle v_0 \cdots v_{k-1} \rangle \prec \langle v_0 \cdots v_k \rangle} \langle v_0 \cdots v_k \rangle^*$ だから，$\partial \sigma_i^{k-1*} = \sum b_{ij} \sigma_j^{k*}$ とすると，$b_{ij} = 1 = (-1)^k a_{ji}$ である．

$$\begin{array}{ccccccccc}
\xrightarrow{\partial} & C_{n-k+1}(K^*) & \xrightarrow{\partial} & C_{n-k}(K^*) & \xrightarrow{\partial} & C_{n-k-1}(K^*) & \xrightarrow{\partial} & \\
& \downarrow & & \downarrow & & \downarrow & & \\
\xrightarrow{(-1)^{k-1}\delta} & C^{k-1}(K) & \xrightarrow{(-1)^k \delta} & C^k(K) & \xrightarrow{(-1)^{k+1}\delta} & C^{k+1}(K) & \xrightarrow{(-1)^{k+2}\delta} &
\end{array}$$

したがって，$H_{n-k}(K^*) \cong H^k(K)$ となる．この同型は任意の係数で成り立つ．こうして，M が向き付け可能のとき $H_{n-k}(M) \cong H^k(M)$ が成立する．∎

注意 5.2.8 ここまででは，組合せ閉多様体が向きを持つときに，$\mathbf{Z}$ 係数のホモロジー群，コホモロジー群の間の関係として，ポアンカレ双対定理を示した．証明を見ると，向きを考えないときでも，同じ証明が $\mathbf{Z}/2\mathbf{Z}$ 係数で有効であることがわかる．$\mathbf{Z}/2\mathbf{Z}$ 係数の議論は単体同士が面になっているかどうかだけを問題にして，向きを問わないものである．したがって，向き付けを持たない閉多様体に対して $\mathbf{Z}/2\mathbf{Z}$ 係数のポアンカレ双対定理が成立する．

【問題 5.2.9】 奇数次元コンパクト向き付け可能多様体 M に対し，オイラー標数 $\chi(M) = 0$ を示せ．解答例は 205 ページ．

5.3 閉微分形式のポアンカレ双対（展開）

5.3.1 閉形式の外積とポアンカレ双対

向き付けられた n 次元コンパクト多様体 M 上でポアンカレ双対定理 5.2.1 を実係数で考えると，$p+q=n$ として同型 $H_p(M) \cong H^q(M)$ によって，p チェイン c のホモロジー類に対して，ある q コチェインのコホモロジー類が対応するが，$H^q(M)$ とドラーム・コホモロジー群 $H^q_{DR}(M)$ は同型であるから，M 上の閉 q 形式 β が対応する．閉 p 形式 α をとると，$\int_c \alpha \in \mathbf{R}$ と $\int_M \alpha \wedge \beta \in \mathbf{R}$ という 2 つの実数が得られる．ポアンカレ双対定理の内容は何かをよく考えると，この 2 つは一致するはずだと予想されるのだが，実際，次の定理が成立する．ここでは，閉形式 β に対応する c を $PD(\beta)$ と書いている．

定理 5.3.1 向き付けられた n 次元コンパクト連結多様体 M が三角形分割 K を持つとする．$n=p+q$ として M 上の閉 q 形式 β が定める K^* の q コサイクルの双対 p サイクルを $PD(\beta)$ とする．すなわち，$PD(\beta) = \sum_{\sigma : p \text{ 次元単体}} \left(\int_{\sigma^*} \beta \right) \sigma$ とする．このとき，任意の閉 p 形式 α に対し，

$$\int_M \alpha \wedge \beta = \int_{PD(\beta)} \alpha$$

が成立する．

証明は 5.3.2 小節で行なう．ここでは，$H^q(K^*) \cong H_p(K)$ の形でのポアンカレ双対定理の証明を用いて，$PD(\beta)$ を構成している．念のために $PD(\beta)$ がサイクルとなるのは，$\partial(PD(\beta)) = \sum_{\sigma : p \text{ 次元単体}} \left(\int_{\sigma^*} \beta \right) \partial \sigma$ において，$\partial(PD(\beta))$ の $p-1$ 単体 $\tau = \langle v_0 \cdots v_{p-1} \rangle$ の係数は，$\sum_{\langle v_0 \cdots v_{p-1} v_p \rangle} (-1)^p \left(\int_{\langle v_0 \cdots v_{p-1} v_p \rangle^*} \alpha \right)$ であるが，これは補題 5.2.6 およびストークスの定理により，次のように 0 となることがわかるからである．

$$\sum_{\langle v_0\cdots v_{p-1}v_p\rangle}(-1)^p\left(\int_{\langle v_0\cdots v_{p-1}v_p\rangle^*}\beta\right) = (-1)^p\int_{\partial\langle v_0\cdots v_{p-1}\rangle^*}\beta$$
$$= (-1)^p\int_{\langle v_0\cdots v_{p-1}\rangle^*}\mathrm{d}\beta = 0$$

注意 5.3.2 ここで $PD(\beta)$ は M の三角形分割の p 次元サイクルとしてとった. 微分 p 形式 α を積分するには, 向き付けられた p 次元コンパクト部分多様体 N^p があれば, N^p 上に引き戻して積分できる. 実際, $H_p(M)$ の基底となる有限個の向き付けられた p 次元コンパクト部分多様体をとることができることが知られている.

【例 5.3.3】 (1) 向き付けられた m_i 次元コンパクト多様体 M_i ($i=1,2$) の直積 $M_1\times M_2$ は向き付けを持つ. M_i の微分 m_i 形式 α_i で $\int_{M_i}\alpha_i=1$ となるものをとる. 射影 $\pi_{M_i}: M_1\times M_2 \longrightarrow M_i$ に対し, $\int_{M_1\times M_2}\pi_{M_1}{}^*\alpha_1\wedge \pi_{M_2}{}^*\alpha_2 = 1$ であり, $\pi_{M_2}{}^*\alpha_2$ のポアンカレ双対は部分多様体 $M_1\times\{x_2\}$ で与えられる: $PD(\pi_{M_2}{}^*\alpha_2) = M_1\times\{x_2\}$ ($x_2\in M_2$).

(2) n 次元トーラス $T^n = \boldsymbol{R}^n/\boldsymbol{Z}^n$ 上の閉 p 形式 $\mathrm{d}x_{i_1}\wedge\cdots\wedge\mathrm{d}x_{i_p}$ ($i_1<\cdots<i_p$) のポアンカレ双対は $\{i_1,\ldots,i_p\}\cup\{j_1,\ldots,j_{n-p}\}=\{1,\ldots,n\}$ ($j_1<\cdots<j_{n-p}$) となる $j_1\cdots j_{n-p}$ に対して

$$T^{n-p}_{j_1\cdots j_{n-p}} = (\boldsymbol{R}e_{j_1}\oplus\cdots\oplus\boldsymbol{R}e_{j_{n-p}})/(\boldsymbol{Z}e_{j_1}\oplus\cdots\oplus\boldsymbol{Z}e_{j_{n-p}})$$

と定めるとき, $\mathrm{sign}\begin{pmatrix}1\cdots\cdots\cdots\cdots n\\ j_1\cdots j_{n-p}i_1\cdots i_p\end{pmatrix}T^{n-p}_{j_1\cdots j_{n-p}}$ で与えられる.

定理 5.3.1 の $\int_M\alpha\wedge\beta = \int_{PD(\beta)}\alpha$ を見ると, 右辺の $PD(\beta)$ のホモロジー類は $H_p(M)$ の任意の元をとり, α のコホモロジー類は $H^p_{DR}(M)$ の任意の元をとる. $H^p_{DR}(M), H_p(M)$ は双対空間であるから, その間の積は非退化である. したがって, 左辺を $H^p_{DR}(M)$ と $H^q_{DR}(M)$ の間の積と見るとそれも非退化である. 定理 2.9.6 (76 ページ) により, 次の定理を得る.

定理 5.3.4 M をコンパクト n 次元向き付け可能多様体とする. $p+q=n$ のとき, カップ積 $\cup: H^p_{DR}(M)\times H^q_{DR}(M)\longrightarrow H^n_{DR}(M)$ は非退化双 1 次形式である.

注意 5.3.5 $n = p+q$ とするとき，$\boldsymbol{R}$ 係数のコホモロジー群，ホモロジー群について，キャップ積 $\cap : H^q(M) \times H_n(M) \longrightarrow H^p(M)$ が $\langle [\alpha] \cup [\beta], [M] \rangle = \langle [\alpha], [\beta] \cap [M] \rangle$ を満たすように定義される．ここで，$[M]$ は基本類である．これを使うと $[PD(\beta)] = [\beta] \cap [M]$ となる．

【例題 5.3.6】 コンパクト連結向き付け可能 2 次元多様体 M に対して，$H_1(M)$ は偶数次元になることを示せ．したがって，オイラー標数 $\chi(M)$ は 2 以下の偶数になる．

【解】 カップ積 $\cup : H^1_{DR}(M) \times H^1_{DR}(M) \longrightarrow H^2_{DR}(M) \cong \boldsymbol{R}$ は非退化交代双 1 次形式である．非退化であることは定理 5.3.4 で示されており，交代形式であることはカップ積が閉微分 1 形式の間の外積から導かれること（定義 2.9.5（76 ページ））による．このような非退化交代双 1 次形式が存在するためにはベクトル空間 $V = H^1_{DR}(M)$ の次元は偶数でなければならない．

念のために説明する．ベクトル空間 V の基底をとると，交代双 1 次形式 $a \cup b$ を ^taAb の形に表す行列 A は実交代行列である．実交代行列 A は，$^tA = -A$ と A は可換だから，正規行列で，複素数の範囲で対角化可能である．A の固有ベクトル v が固有値 λ に対応するとすると，$Av = \lambda v$，A は実行列だから，共役複素ベクトル $\overline{v}$ は λ の共役複素数 $\overline{\lambda}$ を固有値とする固有ベクトルである：$A\overline{v} = \overline{\lambda}\overline{v}$．ここで，$^tA = -A$ だから，$^t\overline{v}A = -^t\overline{v}\,^tA = -^t(A\overline{v}) = -\overline{\lambda}\,^t\overline{v}$ である．$^t\overline{v}Av = ^t\overline{v}(Av) = \lambda\,^t\overline{v}v$ となるが，一方で $^t\overline{v}Av = (^t\overline{v}A)v = -\overline{\lambda}\,^t\overline{v}v$ となり，固有値 λ は，非退化だから 0 ではなく，$\lambda = -\overline{\lambda}$ を満たすから純虚数である．したがって，A の固有ベクトルは偶数個あり，V の次元は偶数になる．

【問題 5.3.7】 コンパクト連結向き付け可能 $4k+2$ 次元多様体 $M(k \geqq 0)$ に対して，オイラー標数は偶数になることを示せ．解答例は 206 ページ．

5.3.2 単体的ドラーム理論と閉形式のポアンカレ双対

以下では，定理 5.3.1 を単体的ドラーム理論を用いて示す．まず，定理 3.3.7（105 ページ）の証明により，α, β のドラーム・コホモロジー類は，

$$\overline{\alpha} = \sum_{i_0 < \cdots < i_p} \left(\int_{\langle e_{i_0} \cdots e_{i_p} \rangle} \alpha \right) \omega_{i_0 \cdots i_p}, \quad \overline{\beta} = \sum_{j_0 < \cdots < j_q} \left(\int_{\langle e_{j_0} \cdots e_{j_q} \rangle} \beta \right) \omega_{j_0 \cdots j_q}$$

で代表される．したがって，$\int_M \alpha \wedge \beta = \int_M \overline{\alpha} \wedge \overline{\beta}$ である．また，$PD(\beta)$ と $PD(\overline{\beta})$ のホモロジー類は等しいので $\int_{PD(\beta)} \alpha = \int_{PD(\overline{\beta})} \overline{\alpha}$ である．よって，定理 5.3.1 を示すためには，$\overline{\alpha}, \overline{\beta}$ に対して，$\int_M \overline{\alpha} \wedge \overline{\beta} = \int_{PD(\overline{\beta})} \overline{\alpha}$ を示せば十分である．

$\overline{\alpha} \wedge \overline{\beta}$ の積分は次の補題により計算される．

補題 5.3.8 $n = p+q$, $I = \{i_0, \ldots, i_p\}$ $(i_0 < \cdots < i_p)$, $J = \{j_0, \ldots, j_q\}$ $(j_0 < \cdots < j_q)$, $L = \{\ell_0, \ldots, \ell_n\}$ $(\ell_0 < \cdots < \ell_n)$ とし，$I \subset L, J \subset L$ とする．n 単体 $\sigma_L = \langle e_{\ell_0} \cdots e_{\ell_n} \rangle$ 上の微分形式

$$\omega_I = \omega_{i_0 \cdots i_p} = p! \sum_{s=0}^{p} (-1)^s t_{i_s} \, dt_{i_0} \wedge \cdots \wedge dt_{i_{s-1}} \wedge dt_{i_{s+1}} \wedge \cdots \wedge dt_{i_p},$$

$$\omega_J = \omega_{j_0 \cdots j_q} = q! \sum_{r=0}^{q} (-1)^r t_{j_r} \, dt_{j_0} \wedge \cdots \wedge dt_{j_{r-1}} \wedge dt_{j_{r+1}} \wedge \cdots \wedge dt_{j_q}$$

に対し，$\{i_0, \ldots, i_p\} \cap \{j_0, \ldots, j_q\}$ が 2 つ以上の元を持てば，$\omega_{i_0 \cdots i_p} \wedge \omega_{j_0 \cdots j_q} = 0$. $\{i_0, \ldots, i_p\} \cap \{j_0, \ldots, j_q\}$ がちょうど 1 つの元 $i_s = j_r$ からなるとき，$L = I \cup J$ $(i_s = j_r = \ell_{s+r})$ であり，

$$\int_{\sigma_L} \omega_I \wedge \omega_J = \int_{\sigma_L} \omega_{i_0 \cdots i_p} \wedge \omega_{j_0 \cdots j_q} = \mathrm{sign} \begin{pmatrix} L \setminus \{\ell_{s+r}\} \\ (I \setminus \{i_s\})(J \setminus \{j_r\}) \end{pmatrix} \frac{p!q!}{(n+1)!}$$

$$= (-1)^{s+r} \mathrm{sign} \begin{pmatrix} \ell_0 \cdots\cdots\cdots \ell_{s+r-1} \, \ell_{s+r+1} \cdots\cdots\cdots \ell_n \\ i_0 \cdots i_{s-1} \, i_{s+1} \cdots i_p \, j_0 \cdots j_{r-1} \, j_{r+1} \cdots j_q \end{pmatrix} \frac{p!q!}{(n+1)!}$$

証明 $I \cap J$ が 3 つ以上の元を持てば，$(I \setminus \{i_s\}) \cap (J \setminus \{j_r\})$ の元 ℓ が，$t_{i_s} dt_{i_0} \wedge \cdots \wedge dt_{i_{s-1}} \wedge dt_{i_{s+1}} \wedge \cdots \wedge dt_{i_p}, \, t_{j_r} dt_{j_0} \wedge \cdots \wedge dt_{j_{r-1}} \wedge dt_{j_{r+1}} \wedge \cdots \wedge dt_{j_q}$ の両方に現れ，$\omega_I \wedge \omega_J = 0$ となる．

$I \cap J$ がちょうど 2 つの元からなるとする．それらを $i_s = j_r < i_{s'} = j_{r'}$ とすると，

$$\omega_I \wedge \omega_J = p!q!(-1)^{s+r'} t_{i_s} t_{j_{r'}} \, dt_{i_0} \wedge \cdots \wedge dt_{i_{s-1}} \wedge dt_{i_{s+1}} \wedge \cdots \wedge dt_{i_p}$$
$$\wedge dt_{j_0} \wedge \cdots \wedge dt_{j_{r'-1}} \wedge dt_{j_{r'+1}} \wedge \cdots \wedge dt_{j_q}$$
$$+ p!q!(-1)^{s'+r} t_{i_{s'}} t_{j_r} \, dt_{i_0} \wedge \cdots \wedge dt_{i_{s'-1}} \wedge dt_{i_{s'+1}} \wedge \cdots \wedge dt_{i_p}$$
$$\wedge dt_{j_0} \wedge \cdots \wedge dt_{j_{r-1}} \wedge dt_{j_{r+1}} \wedge \cdots \wedge dt_{j_q}$$

最初の項の n 次の外積について j_r を i_s に持ってくる符号の変化は $(-1)^{r+p-s}$, 2 番目の項の $j_{r'}$ を $i_{s'}$ に持ってくる符号の変化は $(-1)^{r'-1+p-s'}$ である．したがって $dt_{i_0}\wedge\cdots\wedge dt_{i_p}\wedge dt_{j_0}\wedge\cdots\wedge dt_{j_{r-1}}\wedge dt_{j_{r+1}}\wedge\cdots\wedge dt_{i_{r'-1}}\wedge dt_{i_{r'+1}}\wedge\cdots\wedge dt_{j_q}$ のように外積をそろえると，最初の項の符号は $(-1)^{s+r}(-1)^{r+p-s}=(-1)^p$, 2 番目の項の符号は $(-1)^{s'+r'}(-1)^{r'-1+p-s'}=(-1)^{p-1}$ である．したがって $\omega_I\wedge\omega_J=0$ となる．

$I\cap J$ がただ 1 つの元 $i_s=j_r$ であるとする．

$$\begin{aligned}
\omega_I\wedge\omega_J = {} & p!q!(-1)^{s+r} t_{i_s} t_{j_r}\, dt_{i_0}\wedge\cdots\wedge dt_{i_{s-1}}\wedge dt_{i_{s+1}}\wedge\cdots\wedge dt_{i_p} \\
& \wedge dt_{j_0}\wedge\cdots\wedge dt_{j_{r-1}}\wedge dt_{j_{r+1}}\wedge\cdots\wedge dt_{j_q} \\
& + p!q!\sum_{0\leqq k\leqq q,\ k\neq r}(-1)^{s+k}t_{i_s}t_{j_k}\,dt_{i_0}\wedge\cdots\wedge dt_{i_{s-1}}\wedge dt_{i_{s+1}}\wedge\cdots\wedge dt_{i_p} \\
& \wedge dt_{j_0}\wedge\cdots\wedge dt_{j_{k-1}}\wedge dt_{j_{k+1}}\wedge\cdots\wedge dt_{j_q} \\
& + p!q!\sum_{0\leqq k\leqq p,\ k\neq s}(-1)^{k+r}t_{i_k}t_{j_r}\,dt_{i_0}\wedge\cdots\wedge dt_{i_{k-1}}\wedge dt_{i_{k+1}}\wedge\cdots\wedge dt_{i_p} \\
& \wedge dt_{j_0}\wedge\cdots\wedge dt_{j_{r-1}}\wedge dt_{j_{r+1}}\wedge\cdots\wedge dt_{j_q}
\end{aligned}$$

第 2 項の dt_{j_r} に $-\sum_{\ell\neq j_r}dt_\ell$, 第 3 項の dt_{i_s} に $-\sum_{\ell\neq i_s}dt_\ell$ を代入すると，

$$\begin{aligned}
& \omega_I\wedge\omega_J \\
={} & p!q!\Big\{(-1)^{s+r}t_{i_s}t_{j_r} + \sum_{\substack{k\neq r \\ 0\leqq k\leqq q}}(-1)^{s+k+r-k}t_{i_s}t_{j_k} + \sum_{\substack{k\neq s \\ 0\leqq k\leqq p}}(-1)^{k+r+s-k}t_{i_k}t_{j_r}\Big\} \\
& \cdot dt_{i_0}\wedge\cdots\wedge dt_{i_{s-1}}\wedge dt_{i_{s+1}}\wedge\cdots\wedge dt_{i_p}\wedge dt_{j_0}\wedge\cdots\wedge dt_{j_{r-1}}\wedge dt_{j_{r+1}}\wedge\cdots\wedge dt_{j_q} \\
={} & (-1)^{s+r}p!q!t_{i_s}\,dt_{i_0}\wedge\cdots\wedge dt_{i_{s-1}}\wedge dt_{i_{s+1}}\wedge\cdots\wedge dt_{i_p} \\
& \wedge dt_{j_0}\wedge\cdots\wedge dt_{j_{r-1}}\wedge dt_{j_{r+1}}\wedge\cdots\wedge dt_{j_q}
\end{aligned}$$

ここで，次の問題 5.3.9 により，

$$\int_{\langle e_{i_0}\cdots e_{i_n}\rangle}(-1)^\ell t_{i_\ell}\,dt_{i_0}\wedge\cdots\wedge dt_{i_{\ell-1}}\wedge dt_{i_{\ell+1}}\wedge\cdots\wedge dt_{i_n} = \frac{1}{(n+1)!}$$

である．

したがって，$i_s=j_r=\ell_{s+r}$ に注意すると

$$\int_{\sigma_L} \omega_I \wedge \omega_J = \mathrm{sign} \begin{pmatrix} \ell_0 \cdots \cdots \cdots \cdots \ell_{s+r-1} \, \ell_{s+r+1} \cdots \cdots \cdots \ell_n \\ i_0 \cdots i_{s-1} \, i_{s+1} \cdots i_p \, j_0 \cdots j_{r-1} \, j_{r+1} \cdots j_q \end{pmatrix}$$
$$\cdot \int_{\sigma_L} (-1)^{s+r} p!q! t_{\ell_{s+r}} \, \mathrm{d}t_{\ell_0} \wedge \cdots \wedge \mathrm{d}t_{\ell_{s+r-1}} \wedge \mathrm{d}t_{\ell_{s+r+1}} \wedge \cdots \wedge \mathrm{d}t_{\ell_n}$$
$$= \mathrm{sign} \begin{pmatrix} \ell_0 \cdots \cdots \cdots \cdots \ell_{s+r-1} \, \ell_{s+r+1} \cdots \cdots \cdots \ell_n \\ i_0 \cdots i_{s-1} \, i_{s+1} \cdots i_p \, j_0 \cdots j_{r-1} \, j_{r+1} \cdots j_q \end{pmatrix} \frac{p!q!}{(n+1)!} \qquad \blacksquare$$

【問題 5.3.9】 $\displaystyle \int_{\langle e_{i_0} \cdots e_{i_n} \rangle} (-1)^{\ell} t_{i_\ell} \, \mathrm{d}t_{i_0} \wedge \cdots \wedge \mathrm{d}t_{i_{\ell-1}} \wedge \mathrm{d}t_{i_{\ell+1}} \wedge \cdots \wedge \mathrm{d}t_{i_n} = \dfrac{1}{(n+1)!}$
を示せ．解答例は 207 ページ．

補題 5.3.10 $n = p+q$, $I = \{i_0, \ldots, i_p\}$ $(i_0 < \cdots < i_p)$, $J = \{j_0, \ldots, j_q\}$ $(j_0 < \cdots < j_q)$, $L = \{\ell_0, \ldots, \ell_n\}$ $(\ell_0 < \cdots < \ell_n)$ とし，$I \subset L, J \subset L$ とする．向き付けられた n 次元多様体 M の三角形分割 K の p 単体 $\sigma_I = \langle e_{i_0} \cdots e_{i_p} \rangle$ の双対胞体 σ_I^* の n 単体 $\sigma_L = \langle e_{\ell_0} \cdots e_{\ell_n} \rangle$ に含まれる部分 $\sigma_I^* | \sigma_L$ を考える．このとき，次が成立する．

$$\int_{\sigma_I^* | \sigma_L} \omega_J = \mathrm{sign}_M(\sigma_L) \int_{\sigma_L} \omega_I \wedge \omega_J$$

証明 1) $I \cap J$ が 2 個以上の元を持てば，$\omega_J | (\sigma_I^* | \sigma_L) = 0$ である．

実際，$\sigma_I^* | \sigma_L$ の単体は，単体の列 $\sigma_I = \tau^q \prec \tau^{q+1} \prec \cdots \prec \tau^{p+q} = \sigma_L$ について $\langle b_{\tau^q} b_{\tau^{q+1}} \cdots b_{\tau^{p+q}} \rangle$ の形で与えられる．$\{j_r, j_{r'}\} \subset I \cap J$ とすると，$\langle b_{\tau^q} b_{\tau^{q+1}} \cdots b_{\tau^{p+q}} \rangle$ は，重心座標について $t_{j_r} = t_{j_{r'}}$ で表される σ_L の部分空間上にある．このとき，$\omega_{j_1 \cdots j_q}$ を重心座標の $t_{j_r}, t_{j_{r'}}$ 以外の t_{j_k} に $t_{j_k} = 1 - \sum_{v \neq k} t_{j_v}$ を代入して整理すると $\mathrm{d}t_{j_r} \wedge \mathrm{d}t_{j_{r'}}$ を含むから 0 になる．一方，補題 5.3.8 により，$\omega_I \wedge \omega_J = 0$ であるから積分の等号が成り立つ．

2) p 単体 $\sigma_I = \langle e_{i_0} \cdots e_{i_p} \rangle$ と q 単体 $\sigma_J = \langle e_{j_0} \cdots e_{j_q} \rangle$ が，頂点をただ 1 つ共有している ($i_s = j_r$) とする．このとき，$I \cup J = L$ である．

双対胞体 $\langle e_{i_0} \cdots e_{i_p} \rangle^*$ に現れる $\mathrm{bsd}(K) \cap \sigma_L$ の単体を記述する．$a_0 = i_s$ とする $j_0 \cdots j_q$ の置換 $A = a_0 \cdots a_q$ をとり，$\sigma_A = \langle e_{a_0} \cdots e_{a_q} \rangle = \mathrm{sign} \begin{pmatrix} j_0 \cdots j_q \\ a_0 \cdots a_q \end{pmatrix} \langle e_{j_0} \cdots e_{j_q} \rangle$ とおく．

$w = 0, \ldots, q$ に対し $\tau^{p+w} = \langle e_{i_0} \cdots e_{i_p} e_{a_1} \cdots e_{a_w} \rangle$ とする．$e_{a_0} = e_{i_s}$ なの

で, $\tau^p = \langle e_{i_0} \cdots e_{i_p} \rangle$ となっている. 単体 τ^{p+w} の重心は

$$b_{\tau^{p+w}} = \frac{1}{p+w+1}\Big(\sum_{u=0}^{p} e_{i_u} + \sum_{v=1}^{w} e_{a_v}\Big)$$

となる.

3) q 形式 ω_J の q 単体 $\langle b_{\tau^p} \cdots b_{\tau^{p+q}} \rangle$ に沿う積分は次のように計算される. まず,

$$\begin{aligned}b_{\tau^{p+w}} - b_{\tau^{p+w-1}} &= \frac{1}{p+w+1}\Big(\sum_{u=0}^{p} e_{i_u} + \sum_{v=1}^{w} e_{a_v}\Big) - \frac{1}{p+w}\Big(\sum_{u=0}^{p} e_{i_u} + \sum_{v=1}^{w-1} e_{a_v}\Big) \\ &= \frac{1}{(p+w)(p+w+1)}\Big(\sum_{u=0}^{p} e_{i_u} + \sum_{v=1}^{w-1} e_{a_v}\Big) + \frac{1}{p+w+1} e_{a_w}\end{aligned}$$

であり, $\langle b_{\tau^p} \cdots b_{\tau^{p+q}} \rangle$ に沿う ω_J の積分は

$$\begin{aligned}(x_1,\ldots,x_q) \\ \longmapsto \frac{1}{p+1}\sum_{u=0}^{p} e_{i_u} \\ +x_1\Big(-\frac{1}{(p+1)(p+2)}\Big(\sum_{u=0}^{p} e_{i_u}\Big) + \frac{1}{p+2} e_{a_1}\Big) \\ +x_2\Big(-\frac{1}{(p+2)(p+3)}\Big(\sum_{u=0}^{p} e_{i_u} + e_{a_1}\Big) + \frac{1}{p+3} e_{a_2}\Big) \\ +\cdots+ x_q\Big(-\frac{1}{(p+q)(p+q+1)}\Big(\sum_{u=0}^{p} e_{i_u} + \sum_{v=1}^{q-1} e_{a_v}\Big) + \frac{1}{p+q+1} e_{a_q}\Big)\end{aligned}$$

により Δ^q に引き戻した q 形式の積分である. ω_J の表示に現れる重心座標について

$$\begin{aligned}t_{i_0} = \cdots = t_{i_p} = t_{a_0} &= \frac{1}{p+1} - \frac{x_1}{(p+1)(p+2)} - \cdots - \frac{x_q}{(p+q)(p+q+1)}, \\ t_{a_1} &= \frac{x_1}{p+2} - \frac{x_2}{(p+2)(p+3)} - \cdots - \frac{x_q}{(p+q)(p+q+1)}, \\ t_{a_2} &= \frac{x_2}{p+3} - \frac{x_3}{(p+3)(p+4)} - \cdots - \frac{x_q}{(p+q)(p+q+1)}, \\ \cdots &= \cdots \\ t_{a_q} &= \frac{x_q}{p+q+1}\end{aligned}$$

だから, $(p+1)t_{a_0} + \sum_{v=1}^{q} t_{a_v} = 1$ である. したがって, $\mathrm{d}t_{a_0} = -\sum_{v=1}^{q} \frac{\mathrm{d}t_{a_v}}{p+1}$ に

注意して，

$$\begin{aligned}
\omega_A &= q! \sum_{w=0}^{q} (-1)^w t_{a_w}\, \mathrm{d}t_{a_0} \wedge \cdots \wedge \mathrm{d}t_{a_{w-1}} \wedge \mathrm{d}t_{a_{w+1}} \wedge \cdots \wedge \mathrm{d}t_{a_q} \\
&= q!\left(t_{a_0}\, \mathrm{d}t_{a_1} \wedge \cdots \wedge \mathrm{d}t_{a_q} + \frac{1}{p+1} \sum_{w=1}^{q} t_{a_w}\, \mathrm{d}t_{a_1} \wedge \cdots \wedge \mathrm{d}t_{a_q} \right) \\
&= \frac{q!}{p+1}\left((p+1) t_{a_0} + \sum_{w=1}^{q} t_{a_w} \right) \mathrm{d}t_{a_1} \wedge \cdots \wedge \mathrm{d}t_{a_q} \\
&= \frac{q!}{p+1}\, \mathrm{d}t_{a_1} \wedge \cdots \wedge \mathrm{d}t_{a_q} \\
&= \frac{q!}{p+1} \frac{\mathrm{d}x_1}{p+2} \wedge \cdots \wedge \frac{\mathrm{d}x_q}{p+q+1}
\end{aligned}$$

$\int_{\Delta^q} \mathrm{d}x_1 \cdots \mathrm{d}x_q = \dfrac{1}{q!}$ だから

$$\int_{\langle b_{\tau^p} \cdots b_{\tau^{p+q}}\rangle} \omega_{a_0 \cdots a_q} = \int_{\Delta^q} \frac{q!}{p+1} \frac{\mathrm{d}x_1}{p+2} \cdots \frac{\mathrm{d}x_q}{p+q+1} = \frac{p!}{(p+q+1)!}$$

ここで，$\omega_{a_0 \cdots a_q} = \mathrm{sign}\begin{pmatrix} A \\ J \end{pmatrix} \omega_{j_0 \cdots j_q}$ であるから，

$$\begin{aligned}
\int_{\langle b_{\tau^p} \cdots b_{\tau^{p+q}}\rangle} \omega_{j_0 \cdots j_q} &= \mathrm{sign}\begin{pmatrix} A \\ J \end{pmatrix} \frac{p!}{(p+q+1)!} \\
&= (-1)^r \mathrm{sign}\begin{pmatrix} A \setminus \{a_0\} \\ J \setminus \{j_r\} \end{pmatrix} \frac{p!}{(p+q+1)!}
\end{aligned}$$

を得る．

4) $\sigma_I{}^* | \sigma_L$，すなわち，$\langle e_{\ell_0} \cdots e_{\ell_n}\rangle$ における $\langle e_{i_0} \cdots e_{i_p}\rangle^*$ を考えると，$I \cap A = \{i_s\}$ となる J の置換 A について，$\ell_0 \cdots \ell_n$ の置換 $i_0 \cdots i_p a_1 \cdots a_q$ に対して，$\tau^p \prec \tau^{p+1} \prec \cdots \prec \tau^{p+q}$ をとり，次の和として書かれる．

$$\langle e_{i_0} \cdots e_{i_p}\rangle^* = \sum_{a_1 \cdots a_q} \mathrm{sign}_M(\langle e_{i_0} \cdots e_{i_p} e_{a_1} \cdots e_{a_q}\rangle)\langle b_{\tau^p} b_{\tau^{p+1}} \cdots b_{\tau^{p+q}}\rangle$$

したがって，

$$
\int_{\langle e_{i_0}\cdots e_{i_p}\rangle^*|e_L} \omega_J
$$
$$
= \sum_{a_1\cdots a_q} \mathrm{sign}_M(\langle e_{i_0}\cdots e_{i_p} e_{a_1}\cdots e_{a_q}\rangle)(-1)^r \mathrm{sign}\begin{pmatrix} A\setminus\{a_0\} \\ J\setminus\{j_r\} \end{pmatrix} \frac{p!}{(p+q+1)!}
$$
$$
= \sum_{a_1\cdots a_q} \mathrm{sign}_M(\sigma_L)(-1)^r \mathrm{sign}\begin{pmatrix} \ell_0 \cdots\cdots\cdots\cdots\cdots\cdots\cdots \ell_{p+q} \\ i_0\cdots i_p\, j_0\cdots j_{r-1}\, j_{r+1}\cdots j_q \end{pmatrix} \frac{p!}{(p+q+1)!}
$$
$$
= \mathrm{sign}_M(\sigma_L) \mathrm{sign}\begin{pmatrix} \ell_0\cdots\cdots\cdots \ell_{s+r-1} \ell_{s+r+1} \cdots\cdots\cdots \ell_{p+q} \\ i_0\cdots i_{s-1}\, i_{s+1}\cdots i_p\, j_0\cdots j_{r-1}\, j_{r+1}\cdots j_q \end{pmatrix} \frac{p!q!}{(p+q+1)!}
$$

補題 5.3.8 により, $\int_{\langle e_{i_0}\cdots e_{i_p}\rangle^*|\sigma_L} \omega_J = \mathrm{sign}_M(\sigma_L)\int_{\sigma_L} \omega_I \wedge \omega_J$ が示された. ∎

定理 5.3.1 の証明 この小節の最初に述べたように, $\int_M \overline{\alpha}\wedge\overline{\beta} = \int_{PD(\overline{\beta})}\overline{\alpha}$ を示す.

$\overline{\alpha} = \sum_{i_0<\cdots<i_p} \alpha_{i_0\cdots i_p}\omega_{i_0\cdots i_p},\ \overline{\beta} = \sum_{j_0<\cdots<j_q} \beta_{j_0\cdots j_q}\omega_{j_0\cdots j_q}$ とする. 基本類 $[M]$ を代表する $\sum_{\ell_0<\cdots<\ell_n} \mathrm{sign}_M(\langle e_{\ell_0}\cdots e_{\ell_n}\rangle)\langle e_{\ell_0}\cdots e_{\ell_n}\rangle$ に対し, 左辺は次のように計算される.

$$
\int_M \overline{\alpha}\wedge\overline{\beta} = \sum_{\ell_0<\cdots<\ell_n}\sum_{i_0<\cdots<i_p}\sum_{j_0<\cdots<j_q}
$$
$$
\mathrm{sign}_M(\langle e_{\ell_0}\cdots e_{\ell_n}\rangle)\alpha_{i_0\cdots i_p}\beta_{j_0\cdots j_q}\int_{\langle e_{\ell_0}\cdots e_{\ell_n}\rangle} \omega_{i_0\cdots i_p}\wedge\omega_{j_0\cdots j_q}
$$

一方,
$$
PD(\overline{\beta}) = \sum_{a_0<\cdots<a_p}\left(\int_{\sigma_{A^*}}\sum_{j_0<\cdots<j_q}\beta_{j_0\cdots j_q}\omega_{j_0\cdots j_q}\right)\sigma_A
$$
$$
= \sum_{a_0<\cdots<a_p}\sum_{j_0<\cdots<j_q}\beta_{j_0\cdots j_q}\left(\int_{\sigma_{A^*}}\omega_{j_0\cdots j_q}\right)\sigma_A
$$

だから
$$
\int_{PD(\overline{\beta})}\overline{\alpha} = \int_{PD(\overline{\beta})}\sum_{i_0<\cdots<i_p}\alpha_{i_0\cdots i_p}\omega_{i_0\cdots i_p} = \sum_{i_0<\cdots<i_p}\alpha_{i_0\cdots i_p}\int_{PD(\overline{\beta})}\omega_{i_0\cdots i_p}
$$
$$
= \sum_{i_0<\cdots<i_p}\sum_{a_0<\cdots<a_p}\sum_{j_0<\cdots<j_p}\alpha_{i_0\cdots i_p}\beta_{j_0\cdots j_q}\left(\int_{\sigma_{A^*}}\omega_{j_0\cdots j_q}\right)\int_{\sigma_A}\omega_{i_0\cdots i_p}
$$

ここで, $\int_{\sigma_A}\omega_{i_0\cdots i_p} = \begin{cases} 1 & (A=I) \\ 0 & (A\neq I) \end{cases}$ である. なぜならば, $A=I$ のときは,

106 ページの計算により 1 になり，$A \neq I$ のときは，$\omega_I = p! \sum_{u=0}^{p} t_{i_u} dt_{i_0} \wedge \cdots \wedge dt_{i_{u-1}} \wedge dt_{i_{u+1}} \wedge \cdots \wedge dt_{i_p}$ について，$\omega_I|\sigma_A$ は，$A \cap I$ を添え字とする重心座標で書かれているからである．

したがって，

$$\int_{PD(\overline{\beta})} \overline{\alpha} = \sum_{i_0 < \cdots < i_p} \sum_{j_0 < \cdots < j_p} \alpha_{i_0 \cdots i_p} \beta_{j_0 \cdots j_q} \int_{\sigma_{I^*}} \omega_{j_0 \cdots j_q}$$

を得る．$\int_{\sigma_{I^*}} \omega_{j_0 \cdots j_q} = \sum_{\ell_0 < \cdots < \ell_n} \int_{\sigma_{I^*}|\sigma_L} \omega_{j_0 \cdots j_q}$ であるが，$J \not\subset L$ のとき，$\omega_J|\sigma_L$ は $J \cap L$ を添え字とする重心座標で書かれているから，$\omega_J|\sigma_L = 0$ となる．したがって，補題 5.3.10 により，

$$\int_{PD(\overline{\beta})} \overline{\alpha} = \sum_{\ell_0 < \cdots < \ell_n} \sum_{i_0 < \cdots < i_p} \sum_{j_0 < \cdots < j_q} \alpha_{i_0 \cdots i_p} \beta_{j_0 \cdots j_q} \int_{\sigma_{I^*}|\sigma_L} \omega_{j_0 \cdots j_q}$$
$$= \sum_{\ell_0 < \cdots < \ell_n} \sum_{i_0 < \cdots < i_p} \sum_{j_0 < \cdots < j_q}$$
$$\quad \mathrm{sign}_M(\langle e_{\ell_0} \cdots e_{\ell_n} \rangle) \alpha_{i_0 \cdots i_p} \beta_{j_0 \cdots j_q} \int_{\langle e_{\ell_0} \cdots e_{\ell_n}\rangle} \omega_{i_0 \cdots i_p} \wedge \omega_{j_0 \cdots j_q}$$
$$= \int_M \overline{\alpha} \wedge \overline{\beta} \qquad \blacksquare$$

5.4 第 5 章の問題の解答

【問題 5.2.7 の解答】 $\partial(\partial\langle v_0 \cdots v_{k-1}\rangle^*) = \sum_{\langle v_0 \cdots v_{k-1}\rangle \prec \langle v_0 \cdots v_k\rangle} \partial\langle v_0 \cdots v_k\rangle^*$，$\partial\langle v_0 \cdots v_k\rangle^* = \sum_{\langle v_0 \cdots v_k\rangle \prec \langle v_0 \cdots v_{k+1}\rangle} \langle v_0 \cdots v_{k+1}\rangle^*$ であるが，$\langle v_0 \cdots v_{k-1}\rangle \prec \langle v_0 \cdots v_{k+1}\rangle$ のとき，$\langle v_0 \cdots v_{k-1}\rangle \prec \langle v_0 \cdots v_{k-1} v_k\rangle \prec \langle v_0 \cdots v_{k-1} v_k v_{k+1}\rangle$，$\langle v_0 \cdots v_{k-1}\rangle \prec \langle v_0 \cdots v_{k-1} v_{k+1}\rangle \prec \langle v_0 \cdots v_{k-1} v_k v_{k+1}\rangle$ の 2 つの関係がある．$\partial(\partial\langle v_0 \cdots v_{k-1}\rangle^*)$ の $\langle v_0 \cdots v_{k-1}\rangle \prec \langle v_0 \cdots v_{k-1} v_k\rangle \prec \langle v_0 \cdots v_{k-1} v_k v_{k+1}\rangle$ から得られる $\langle v_0 \cdots v_{k+1}\rangle^*$ の係数は $+1$，$\langle v_0 \cdots v_{k-1}\rangle \prec \langle v_0 \cdots v_{k-1} v_{k+1}\rangle \prec \langle v_0 \cdots v_{k-1} v_k v_{k+1}\rangle$ から得られる $\langle v_0 \cdots v_{k+1}\rangle^*$ の係数は -1 だから，$\partial(\partial\langle v_0 \cdots v_{k-1}\rangle^*) = 0$ が得られる．

【問題 5.2.9 の解答】 問題 3.3.3（102 ページ）により，多様体のオイラー標数は，コホモロジー群の次元の交代和として計算される．ポアンカレ双対定理 5.2.1

により，コンパクト向き付け可能多様体 M^{2n+1} の実係数ホモロジー群，コホモロジー群に対して $\dim(H_{2n+1-k}(M)) = \dim(H^k(M))$ となるが，命題 3.3.4（103ページ）により，$\dim(H^{2n+1-k}(M)) = \dim(H_{2n+1-k}(M))$ である．

$$\begin{aligned}
\chi(M) &= \sum_{k=0}^{2n+1} (-1)^k \dim(H^k(M)) \\
&= \sum_{k=0}^{n} (-1)^k \dim(H^k(M)) + \sum_{k=n+1}^{2n+1} (-1)^k \dim(H^k(M)) \\
&= \sum_{k=0}^{n} (-1)^k \dim(H^k(M)) + \sum_{k=n+1}^{2n+1} (-1)^k \dim(H^{2n+1-k}(M)) \\
&= \sum_{k=0}^{n} (-1)^k \dim(H^k(M)) + \sum_{k=0}^{n} (-1)^{2n+1-k} \dim(H^k(M)) \\
&= 0
\end{aligned}$$

【問題 5.3.7 の解答】 問題 5.2.9 の解答のように

$$\dim(H^{4k+2-p}(M)) = \dim(H_{4k+2-p}(M)) = \dim(H^p(M))$$

がわかっている．

$$\begin{aligned}
\chi(M) &= \sum_{p=0}^{4k+2} (-1)^p \dim(H^p(M)) \\
&= \sum_{p=0}^{2k} (-1)^p \dim(H^p(M)) + \dim(H^{2k+1}(M)) + \sum_{p=2k+2}^{4k+2} (-1)^p \dim(H^p(M)) \\
&= \sum_{p=0}^{2k} (-1)^p \dim(H^p(M)) + \dim(H^{2k+1}(M)) + \sum_{p=2k+2}^{4k+2} (-1)^p \dim(H^{4k+2-p}(M)) \\
&= \sum_{p=0}^{2k} (-1)^p \dim(H^p(M)) + \dim(H^{2k+1}(M)) + \sum_{p=0}^{2k} (-1)^{4k+2-p} \dim(H^p(M)) \\
&= 2\Big(\sum_{p=0}^{2k} (-1)^p \dim(H^p(M))\Big) + \dim(H^{2k+1}(M))
\end{aligned}$$

したがって，$\dim(H^{2k+1}(M))$ が偶数であることがわかれば $\chi(M)$ が偶数となる．カップ積 $\cup : H_{DR}^{2k+1}(M) \times H_{DR}^{2k+1}(M) \longrightarrow H_{DR}^{4k+2}(M) \cong \boldsymbol{R}$ は非退化交代双 1 次形式である．非退化であることは定理 5.3.4 で示されており，交代形式であることはカップ積が閉微分 $2k+1$ 形式の間の外積から導かれること（定義 2.9.5（76ページ））による．このような非退化交代双 1 次形式が存在するので，ベクトル空間 $V = H_{DR}^{2k+1}(M)$ の次元は偶数であり，$\chi(M)$ は偶数となる．例題 5.3.6 の解参照．

【問題 5.3.9 の解答】

$$\int_{\Delta^n} (-1)^\ell (x_\ell - x_{\ell+1})\, \mathrm{d}(1-x_1) \wedge \mathrm{d}(x_1 - x_2) \wedge \cdots \wedge \mathrm{d}(x_{\ell-1} - x_\ell)$$
$$\wedge \mathrm{d}(x_{\ell+1} - x_{\ell+2}) \wedge \cdots \wedge \mathrm{d}(x_{n-1} - x_n) \wedge \mathrm{d}(x_n)$$
$$= \int_{\Delta^n} (-1)^\ell (x_\ell - x_{\ell+1})(-1)^\ell \,\mathrm{d}x_1 \wedge \cdots \wedge \mathrm{d}x_{\ell-1} \wedge \mathrm{d}x_\ell \wedge \cdots \wedge \mathrm{d}x_n$$
$$= \int_{x_1=0}^{1} \left(\int_{x_2=0}^{x_1} \left(\cdots \left(\int_{x_n=0}^{x_{n-1}} (x_\ell - x_{\ell+1})\, \mathrm{d}x_n \right) \cdots \right) \mathrm{d}x_2 \right) \mathrm{d}x_1$$
$$= \frac{n-\ell+1}{(n+1)!} - \frac{n-\ell}{(n+1)!} = \frac{1}{(n+1)!}$$

付録 | 多様体の三角形分割の構成（展開）

　この付録では，C^∞ 級多様体が PL 多様体となるような C^∞ 級三角形分割を持つという定理 5.1.3 の証明の概略を解説する．この証明は [ホイットニー] に書かれていることを土台にしている．コンパクト C^∞ 級多様体はユークリッド空間に埋め込まれる（[多様体入門・定理 5.2.3]）．この埋め込みから出発して三角形分割を構成する．

　第 1 段：埋め込まれた多様体，ユークリッド空間の三角形分割についての準備をする．

　(1_1)　$n < N$ とし，$M^n \subset \boldsymbol{R}^N$ をユークリッド空間 $\boldsymbol{R}^N$ 内のコンパクト多様体とする．$\boldsymbol{R}^N$ のノルムを $\|\cdot\|$ で表し，$\boldsymbol{R}^N$ の部分集合の間の距離を dist で表す．$B_\delta(X)$ で $\boldsymbol{R}^N$ の部分集合 X の δ 近傍を表す（図 A.1）．

　$x \in M$ に対し，$T_xM \subset \boldsymbol{R}^N$ を M の x における接空間（x で M に接する n 次元アフィン部分空間）とする．任意の正実数 ε に対し，正実数 δ で，任意の $x \in M$ に対し，$T_xM \cap B_\delta(x) \subset B_{\varepsilon\delta}(M \cap B_\delta(x))$ かつ $M \cap B_\delta(x) \subset B_{\varepsilon\delta}(T_xM \cap B_\delta(x))$

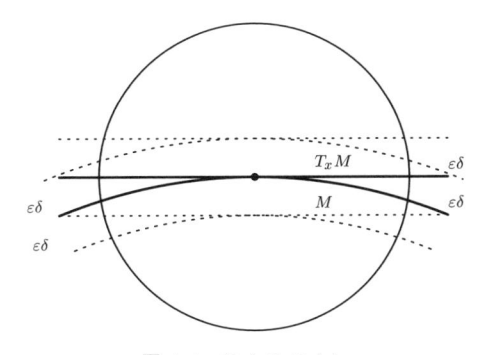

図 A.1 (1_1) の $B_\delta(x)$.

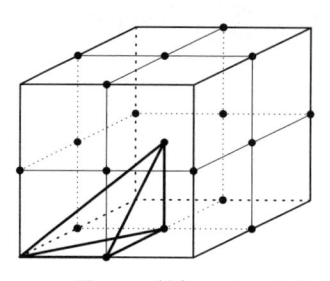

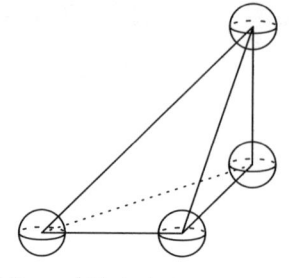

図 A.2 (左) (1_3) の正則分割の単体, (右) (1_4) の ρ_0.

となるものが存在する．さらに，$\pi_{T_xM}: \mathbf{R}^N \longrightarrow T_xM$ を T_xM への直交射影とするとき，$\pi_{T_xM}|(M \cap B_\delta(x))$ は像への微分同相であり，$\pi_{T_xM}(M \cap B_\delta(x)) \supset T_xM \cap B_{\delta-\varepsilon\delta}(x)$ となる．必要ならさらに δ を小さくとって，$y \in M \cap B_\delta(x)$ における接ベクトル $\boldsymbol{v} \in T_yM$ に対して $\|\boldsymbol{v} - \pi_{T_xM}\boldsymbol{v}\| \leqq \varepsilon\|\pi_{T_xM}\boldsymbol{v}\| \leqq \varepsilon\|\boldsymbol{v}\|$ が成立しているとする．このとき，$y, z \in M \cap B_\delta(x)$ に対し，

$$\|(y - \pi_{T_xM}(y)) - (z - \pi_{T_xM}(z))\| \leqq \varepsilon \|\pi_{T_xM}(y) - \pi_{T_xM}(z)\|$$

が成立している．

(1_2) さらに，M の近傍 U として，M の法束の 0 切断の近傍と法束からのエクスポネンシャル写像で微分同相なものをとることができるから，この近傍 U では法束の射影 $p_M: U \longrightarrow M$ が定義される（[多様体入門・問題 5.2.5]）．$x \in M$ に対し，$B_\delta(x) \cap U$ において，$p_M: B_\delta(x) \cap U \longrightarrow M$ のファイバーの方向と π_{T_xM} のファイバーの方向はほとんど等しい．特に U の点における接ベクトル $\boldsymbol{v}$ が $\|\boldsymbol{v} - \pi_{T_x}\boldsymbol{v}\| \leqq \dfrac{1}{2}$ ならば，$(p_M)_*\boldsymbol{v} \neq 0$ となる．

(1_3) 立方体の**正則分割**を次で定める．立方体の面となる立方体の列 $I^0 \subset I^1 \subset \cdots \subset I^{N-1} \subset I^N$ に対して，それらの重心 $b_{I^0}, b_{I^1}, \ldots, b_{I^{N-1}}, b_{I^N}$ を頂点とする N 単体 $\langle b_{I^0} b_{I^1} \cdots b_{I^{N-1}} b_{I^N} \rangle$ が定まる．図 A.2 左図参照．

$\mathbf{R}^N$ を 1 辺の長さが $\dfrac{2\delta_0}{\sqrt{N}}$ の立方体で分割し，それぞれの立方体の正則分割として得られる $\mathbf{R}^N$ の単体分割を L とする．L の N 単体の直径は δ_0 となる．

(1_4) 1 辺の長さが 2 の立方体の正則分割の N 単体は標準的な N 単体 $\Delta^N = \{(x_1, \ldots, x_N) \mid 1 \geqq x_1 \geqq \cdots \geqq x_N \geqq 0\}$ と鏡映も許して合同である．Δ^N に対して，次を満たす正実数 $\rho_0 < \dfrac{1}{2\sqrt{2}}$ が存在する．図 A.2 右図参照．

$\Delta^N = \langle v_0 \cdots v_N \rangle$ の各頂点 v_k ($k = 0, \ldots, N$) をその点から ρ_0 以内の距離の点 v'_k に動かしても $\langle v'_0 \cdots v'_N \rangle$ は N 次元単体（とアフィン変換で同相）である．こうして得られる N 次元単体 $\langle v'_0 \cdots v'_N \rangle$ の直径は $1 + 2\rho_0$ 以下である．

Δ^N の任意の $N-1$ 次元の面 σ^{N-1} と σ^{N-1} に含まれない頂点 v_ℓ に対して，σ^{N-1} を含むアフィン空間 $P(\sigma^{N-1})$ と v_ℓ の距離（σ^{N-1} を底面とする高さ）は $\dfrac{1}{\sqrt{2}}$ または 1 である．したがって，Δ^N の任意の k 次元の面 σ^k と σ^k に含まれない頂点 v_ℓ に対して，σ^k を含むアフィン空間 $P(\sigma^k)$ と v_ℓ の距離は $\dfrac{1}{\sqrt{2}}$ 以上である．上の N 次元単体 $\langle v'_0 \cdots v'_N \rangle$ の任意の k 次元の面 $\widehat{\sigma}^k$ と $\widehat{\sigma}^k$ に含まれない頂点 v'_ℓ に対して，$\widehat{\sigma}^k$ を含むアフィン空間 $P(\widehat{\sigma}^k)$ と v'_ℓ の距離（$\widehat{\sigma}^k$ を底面とする高さ）は ρ_0 により定まるある定数 H 以上である．ρ_0 を $H \geqq \dfrac{1}{2}$ となるようにとる．

(1_5) $\boldsymbol{R}^N$ の半径 1 の N 次元球体 B^N に対して，任意の $\varepsilon > 0$ に対し，次のような $\delta > 0$ が存在する．A を $N-1$ 次元以下のアフィン部分空間とし，$B_\delta(A)$ を A の δ 近傍とするとき，$\mathrm{vol}_N(B_\delta(A) \cap B^N) \leqq \varepsilon \, \mathrm{vol}_N(B^N)$．ここで vol_N は $\boldsymbol{R}^N$ における体積を表す．

立方体分割の正則分割について，b_{I^N} に交わる単体の数 k_N は，次元 N で定まる．立方体分割の正則分割の任意の頂点に集まる単体の数は k_N 以下である．$\varepsilon < \dfrac{1}{k_N}$ に対して，上の不等式を満たす $\delta_N < 1$ をとる．そうすると，k_N 個の $N-1$ 次元以下のアフィン部分空間 $A_1, \ldots, A_{k_N}$ の δ_N 近傍の和集合に属さない点を B^N にとることができる．

(1_6) $A_0 \subset A_1 \subset \boldsymbol{R}^N$ をアフィン部分空間とし，$\sigma \subset A_1$ をアフィン単体とする．$p \in \boldsymbol{R}^N \setminus A_1$ に対して，$p * \sigma$ をジョインとする．ジョインは $p * \sigma = \{ x = (1-t)p + ty \mid y \in \sigma, \, t \in [0,1] \}$ で定義され，$p * \sigma$ は $\dim \sigma + 1$ 次元単体になる．このとき，$\mathrm{diam}(p * \sigma)$ を $p * \sigma$ の直径として，次の不等式が成立する．

$$\mathrm{dist}(p * \sigma, A_0) \geqq \frac{\mathrm{dist}(\sigma, A_0) \, \mathrm{dist}(p, A_1)}{\mathrm{diam}(p * \sigma)}$$

理由は以下の通りである．σ と A の距離を与える点 $x \in \sigma$, $y \in A$ をとる．また，$\mathrm{dist}(p, L)$ を与える点 $q \in L$ をとる．2 つのベクトルの方向 $\vec{xy}$, $\vec{pq}$ で定まる 2 次元平面への直交射影を π とする．$\pi(A_0) = \pi(y)$ は 1 点となる．図 A.3 参照．このとき，$\mathrm{dist}(\sigma, A_0) = \mathrm{dist}(\pi(\sigma), \pi(A_0))$, $\mathrm{dist}(p, A_1) = \mathrm{dist}(\pi(p), \pi(A_1))$ である．$\pi(x)\pi(A_0)$ を底辺，$\mathrm{dist}(\pi(p), \pi(A_1))$

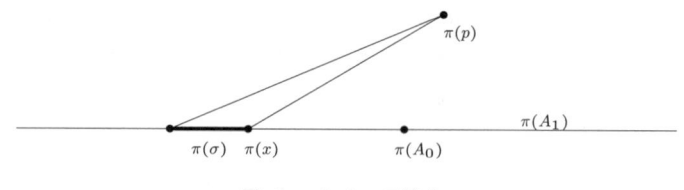

図 A.3 (1_6) の不等式.

を高さとする三角形は，$\pi(x)\pi(p)$ を底辺，$\text{dist}(\pi(p*\sigma),\pi(A_0))$ を高さとする三角形に等しい．ここで $\text{dist}(\pi(x),\pi(p)) \leqq \text{diam}(p*\sigma)$ であるから，不等式を得る．

(1_7) 立方体分割の大きさを以下のように定める．(1_4) で定めた ρ_0，(1_5) で定めた δ_N により，$c = \dfrac{\delta_N^{N-n}\rho_0^{N-n}}{2^{2(N-n)}(1+2\rho_0)^{N-n}}$ と定め，十分小さい $a < 1$ をとり，$\varepsilon = \dfrac{ac^2}{2^4}$ とする（証明の最後に $a < \dfrac{c^{n-1}}{(1+2\rho_0)^n k_N^{n+1} n\sqrt{N}^{n+1}}$ ととる）．この ε に対し，(1_1) で与えられる δ をとる．(1_3) の $\mathbf{R}^N$ の立方体分割の直径の $\dfrac{1}{2}$ となる δ_0 を $\delta_0 = \dfrac{\delta}{2^3}$ とする．このとき，M に交わる立方体分割の立方体の 4 倍の大きさの立方体は，交点の δ 近傍に含まれる．このとき，

(∗) $T_xM \cap B_{8\delta_0}(x)$ と $M \cap B_{8\delta_0}(x)$ は互いの $8\varepsilon\delta_0 = \dfrac{1}{2}ac^2\delta_0$ 近傍にある．実際の数値を考えると，$M \cap B_{8\delta_0}(x)$ とアフィン空間の一部 $T_xM \cap B_{8\delta_0}(x)$ はほとんど一致している．

第 2 段：以上の準備のもとで，直径 $2\delta_0$ の立方体による立方体分割の正則分割 L（L の単体の直径は δ_0）を変形して，M^n に対して一般の位置にある三角形分割 $\widehat{L}$ にする．

(2_1) 立方体分割の頂点 $I^0 = b_{I^0}$ を，元の位置から $\rho_0\delta_0$ 以下の距離の点 $\widehat{b_{I^0}}$ に移動し，M^n から $\dfrac{\delta_N\rho_0}{2}\delta_0$ 以上離れているようにする．これを立方体分割のすべての頂点 $I^0 = b_{I^0}$ に対して行なう．

(2_2) $1 \leqq k < N-n$ に対して，k 次元立方体の重心 b_{I^k} を元の位置から $\rho_0\delta_0$ 以下の距離の点 $\widehat{b_{I^k}}$ に移動し，M^n から $\dfrac{\delta_N\rho_0}{2}\delta_0$ 以上離れているようにする．このとき，立方体の列 $I^0 \subset I^1 \subset \cdots \subset I^k$ に対して，k 単体 $\langle b_{I^0}b_{I^1}\cdots b_{I^k}\rangle$ を移動したもの $\langle \widehat{b_{I^0}}\widehat{b_{I^1}}\cdots \widehat{b_{I^k}}\rangle$ は M^n と交わらないようにする．実際に，$\langle \widehat{b_{I^0}}\widehat{b_{I^1}}\cdots \widehat{b_{I^k}}\rangle$ の ℓ 単体 τ^ℓ $(0 \leqq \ell \leqq k)$ は M から $\dfrac{\delta_N^{\ell+1}\rho_0^{\ell+1}\delta_0}{2^{2\ell+1}(1+2\rho_0)^\ell}$

以上の距離にあるようにする（このようにできれば，$\ell = 0, k$ のとき，頂点と M^n の距離の評価，k 単体が M と交わらないことが保証されている）．

$k = 1, 2, \ldots$ について，帰納的に，立方体分割の次元の低い立方体の重心 b_{I^1}, b_{I^2} を順に移動し，$k - 1$ 次元の立方体の重心はすべて不等式を満たすように移動できているとする．すなわち，立方体分割の $k - 1$ 骨格上の $k - 1$ 単体 $\langle \widehat{b_{I^0}} \widehat{b_{I^1}} \cdots \widehat{b_{I^{k-1}}} \rangle$ に含まれる ℓ 単体 τ^ℓ $(0 \leqq \ell \leqq k - 1)$ は M から $\dfrac{\delta_N^{\ell+1} \rho_0^{\ell+1} \delta_0}{2^{2\ell+1}(1 + 2\rho_0)^\ell}$ 以上の距離にあるようにできているとする．このとき，b_{I^k} を移動して $\widehat{b_{I^k}}$ をとることを考える．

M の点が，b_{I^k} の $3\delta_0$ 近傍になければ，b_{I^k} を動かさず，$\widehat{b_{I^k}}$ とする．このとき，新しく $\widehat{b_{I^k}}$ を頂点としてできる ℓ 単体は，M から，δ_0 以上の距離にある．

M の点が，b_{I^k} の $3\delta_0$ 近傍にあったとする．$x \in M \cap B_{3\delta_0}(b_{I^k})$ をとり，$B_{8\delta_0}(p)$ での $T_x M$ と単体の位置関係を観察する．$T_x M$ と立方体分割 L の $k - 1$ 骨格上の立方体の重心からなる $\ell - 1$ 単体 $\sigma^{\ell-1}$ $(\ell - 1 < N - n - 1)$ を移動したもの $\widehat{\sigma}^{\ell-1}$ について，$T_x M$ と $\widehat{\sigma}_{\ell-1}$ を含む $n + \ell$ 次元の部分アフィン空間を考える．アフィン空間の次元は $n + \ell \leqq n + k < N$ であり，$b_{I^k} * \widehat{\sigma}^{\ell-1}$ が立方体分割の単体となる $\widehat{\sigma}^{\ell-1}$ のとり方は高々 k_N 個だから，高々 k_N 個のアフィン空間を考えることになる．これらのアフィン空間の $\delta_N \rho_0 \delta_0$ 近傍の和集合を $B_{\rho_0 \delta_0}(b_{I^k})$ で考えると，(1_5) により，それに属さない点がある．そのような点を1つとり $\widehat{b_{I^k}}$ とする．$\widehat{b_{I^k}}$ は $T_p M$ からは $\delta_N \rho_0 \delta_0$ 以上の距離にある．

(1_7) の $(*)$ により，$M \cap B_{4\delta_0}(p) \subset B_{\frac{\delta_N \rho_0}{2} \delta_0}(T_x M)$ だから，$\widehat{b_{I^k}}$ は M から $\dfrac{\delta_N \rho_0}{2} \delta_0$ 以上の距離にある．新しくできた ℓ 単体を考えると，$\widehat{b_{I^k}}$ と $\ell - 1$ 単体 $\sigma^{\ell-1}$ のジョイン $\widehat{b_{I^k}} * \sigma^{\ell-1}$ の形をしている．$T_x M$ と σ の距離は M と $\sigma^{\ell-1}$ の距離の評価

$$\mathrm{dist}(M, \sigma^{\ell-1}) \geqq \frac{\delta_N^\ell \rho_0^\ell \delta_0}{2^{2\ell-1}(1 + 2\rho_0)^{\ell-1}}$$

と，(1_7) の $(*)$ から，

$$\mathrm{dist}(T_x M, \sigma^{\ell-1}) \geqq \frac{\delta_N^\ell \rho_0^\ell \delta_0}{2^{2\ell}(1 + 2\rho_0)^{\ell-1}}$$

を満たし，$\widehat{b_{I^k}}$ と $T_x M$ の距離は $\mathrm{dist}(\widehat{b_{I^k}}, T_x M) \geqq \delta_N \rho_0 \delta_0$ を満たすから，(1_6) により，

$$\mathrm{dist}(\widehat{b_{I^k}} * \sigma, T_x M) \geqq \frac{\frac{\delta_N^\ell \rho_0^\ell \delta_0}{2^{2\ell}(1+2\rho_0)^{\ell-1}} \delta_N \rho_0 \delta_0}{(1+2\rho_0)\delta_0} = \frac{\delta_N^{\ell+1} \rho_0^{\ell+1} \delta_0}{2^{2\ell}(1+2\rho_0)^\ell}$$

したがって，(1_7) の $(*)$ により，$\mathrm{dist}(\widehat{b_{I^k}} * \sigma, M) \geqq \dfrac{\delta_N^{\ell+1} \rho_0^{\ell+1} \delta_0}{2^{2\ell+1}(1+2\rho_0)^\ell}$ を得る．

(2_3)　$k \geqq N-n$ に対して，b_{I^k} を元の位置から $\rho_0 \delta_0$ 以下の距離の点 $\widehat{b_{I^k}}$ に移動し，M^n から $\dfrac{\delta_N \rho_0}{2} \delta_0$ 以上離れているようにする．あとで，立方体の列 $I^0 \subset I^1 \subset \cdots \subset I^k$ に対して，$\langle \widehat{b_{I^0}} \widehat{b_{I^1}} \cdots \widehat{b_{I^k}} \rangle$ は M^n と一般の位置にあり，M との交わりは $k-(N-n)$ 次元のほとんど凸な図形であることを示す．ここでは，(2_2) における $\widehat{b_{I^k}}$ の選び方を，すでに移動された $\ell-1$ 単体 $(\ell<k)$ だけを考えて行なう．そうすると，$\langle \widehat{b_{I^0}} \widehat{b_{I^1}} \cdots \widehat{b_{I^k}} \rangle$ の ℓ 単体は，$\ell<N-n$ ならば，M から $\dfrac{\delta_N^{\ell+1} \rho_0^{\ell+1} \delta_0}{2^{2\ell+1}(1+2\rho_0)^\ell}$ 以上の距離にあるようにできることがわかる．

(2_4)　(1_7) で定めた $c = \dfrac{\delta_N^{N-n} \rho_0^{N-n}}{2^{2N-2n}(1+2\rho_0)^{N-n}}$ で書くと，こうしてできあがった単体分割 $\widehat{L}$ の $N-n-1$ 骨格は M から $2(1+2\rho_0)\delta_0 c$ 以上の距離にある．また，(1_7) の $(*)$ から，$x \in M$ に対して，$T_x M \cap B_{8\delta_0}$ と $\widehat{L}$ の $N-n-1$ 骨格は $2^2(1+2\rho_0)\delta_0 c$ 以上の距離にある．

第3段：こうして得られた $\widehat{L}$ は M に対して一般の位置にある $\boldsymbol{R}^N$ の三角形分割であり，$\widehat{L}$ の単体と M の交点はほぼ凸胞体の形をしている．この M と $\widehat{L}$ の位置関係（交わり方）を記述するための準備が必要である．

(3_1)　$k+n \geqq N$ とする．N 次元ユークリッド空間内の k 単体 σ^k の境界 $\partial \sigma^k$ とある n 次元アフィン部分空間 A^n の距離が d 以上で，σ と A の距離が d より小ならば，$k+n=N$ であり，σ と A は 1 点で交わる．さらに，A への直交射影を π_A とすると，σ の 2 点 p_1, p_2 に対して，

$$\|(p_1 - \pi_A(p_1)) - (p_2 - \pi_A(p_2))\| \geqq \frac{d}{\mathrm{diam}(\sigma)} \|p_1 - p_2\|$$

が成立する．

実際，$p \in \sigma^k \setminus \partial \sigma^k$，$q \in A$ で，$\mathrm{dist}(p,q) = \mathrm{dist}(\sigma^k, A) < d$ となるものをとる．0 でないベクトル $\boldsymbol{v}$ で，σ^k にも A にも含まれるものがあるとすると，ある $t \in \boldsymbol{R}$ に対して $p + t\boldsymbol{v} \in \partial \sigma^k$ となるから，$q + t\boldsymbol{v} \in A$ について，

$$\mathrm{dist}(\partial \sigma^k, A) \leqq \mathrm{dist}(p+t\boldsymbol{v}, q+t\boldsymbol{v}) = \mathrm{dist}(p,q) = \mathrm{dist}(\sigma^k, A)$$

となり，仮定に反する．したがって，$k+n=N$，かつ σ^k が張るアフィン部分空間 $P(\sigma^k)$ と A は 1 点 r で交わる．$r \notin \sigma$ ならば，線分 rp と $\partial\sigma$ の交点 $r+t(p-r) \in \partial\sigma$ $(0<t<1)$ がとれるが，

$$\mathrm{dist}(r+t(q-r), r+t(p-r)) = t\,\mathrm{dist}(p,q) < \mathrm{dist}(p,q)$$

となり仮定に反するから，σ と A は 1 点で交わる．σ の任意の単位接ベクトル $\boldsymbol{u}$ に対して，$r+\mathrm{diam}(\sigma)\boldsymbol{u}$ と A の距離は d 以上であるから，$\|\boldsymbol{u}-\pi_A\boldsymbol{u}\| \geqq \dfrac{d}{\mathrm{diam}(\sigma)}$ である．したがって，σ の 2 点 p_1, p_2 に対して，

$$\|(p_1-\pi_A(p_1))-(p_2-\pi_A(p_2))\| = \|\pi_A(p_1-p_2)-(p_1-p_2)\|$$
$$\geqq \frac{d}{\mathrm{diam}(\sigma)}\|p_1-p_2\|$$

(3_2) σ^{N-n} を $\widehat{L}$ の $N-n$ 単体とし，$x \in M$ に対して，$\sigma^{N-n} \subset B_{8\delta_0}(x)$ とする．σ^{N-n} と T_xM が r において交わるとする．σ^{N-n} の接ベクトル $\boldsymbol{v}$ に対して，$r+t\boldsymbol{v}$ が境界 $\partial\sigma$ の点とすると，

$$\|t\boldsymbol{v}-\pi_{T_xM}(t\boldsymbol{v})\| = \|r+t\boldsymbol{v}-\pi_{T_xM}(r+t\boldsymbol{v})\| \geqq 2(1+2\rho_0)\delta_0 c$$

となる．したがって，

$$\|\boldsymbol{v}-\pi_{T_xM}\boldsymbol{v}\| \geqq \frac{2(1+2\rho_0)\delta_0 c}{t\|\boldsymbol{v}\|}\|\boldsymbol{v}\| \geqq \frac{2(1+2\rho_0)\delta_0 c}{\mathrm{diam}(\sigma^{N-n})}\|\boldsymbol{v}\| \geqq 2c\|\boldsymbol{v}\|$$

が成立する．

(3_3) $P(\sigma^{N-n})$ を σ^{N-n} を含むアフィン空間として，$P(\sigma^{N-n})$ に平行なアフィン空間を 1 点に同一視した空間 $\boldsymbol{R}^N/P(\sigma^{N-n})$ への射影を T_xM に制限したものは $\boldsymbol{R}^N/P(\sigma^{N-n})$ への同型写像となる．したがって，$\boldsymbol{R}^N$ から T_xM への $P(\sigma^{N-n})$ に沿う射影 $\pi'_{P(\sigma^{N-n})}$ が定義されている．

このとき，$y \in M \cap B_{8\delta_0}$ における接ベクトル $\boldsymbol{w} \in T_yM$ に対し，$\|\pi'_{P(\sigma^{N-n})}(\boldsymbol{w})\| \geqq \dfrac{15}{16}\|\boldsymbol{w}\|$ である．図 A.4 参照．さらに，$\pi'_{P(\sigma^{N-n})}$ は $M \cap B_{8\delta_0}(x)$ から像への微分同相写像で $\pi'_{P(\sigma^{N-n})}(M \cap B_{8\delta_0}(x)) \supset T_xM \cap B_{7\delta_0}(x)$ となる．

実際，$\boldsymbol{w} = \pi_{T_xM}\boldsymbol{w}+(\boldsymbol{w}-\pi_{T_xM}\boldsymbol{w})$ であるが，(1_1) により，$\|\boldsymbol{w}-\pi_{T_xM}\boldsymbol{w}\| \leqq \varepsilon\|\boldsymbol{w}\| = \dfrac{ac^2}{2^4}$ であるから，(3_2) により，

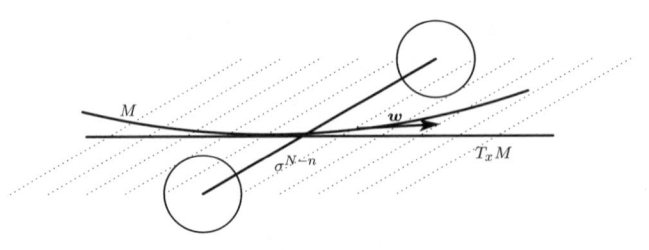

図 A.4 (3_3) の不等式.

$$\|\pi'_{P(\sigma^{N-n})}(w - \pi_{T_xM}(w))\| \leq \frac{\sqrt{1-(2c)^2}}{2c}\varepsilon\|w\| \leq \frac{ac}{2^5} < \frac{1}{2^4}$$

である．だから，$\|\pi'_{P(\sigma^{N-n})}(w)\| \geq \frac{15}{16}\|w\|$ である．したがって，$\pi'_{P(\sigma^{N-n})}|(M \cap B_{8\delta_0}(x))$ の接写像は単射である．また 2 点 $y, z \in M \cap B_{8\delta_0}(x)$ に対し，(1_1) により，$\|(y - \pi_{T_xM}(y)) - (z - \pi_{T_xM}(z))\| \leq \varepsilon\|y-z\|$ であるから，同様に $\|\pi'_{P(\sigma^{N-n})}(y) - \pi'_{P(\sigma^{N-n})}(z)\| \geq \frac{15}{16}\|y-z\|$ も成立する．したがって，$\pi'_{P(\sigma^{N-n})}|(M \cap B_{8\delta_0}(x))$ は，像への微分同相となる．この式から $\pi'_{P(\sigma^{N-n})}(M \cap B_{8\delta_0}(x)) \supset T_xM \cap B_{7\delta_0}(x)$ となる．

第 4 段：M と $\widehat{L}$ の単体の交わり方は次のように記述される．

(4_1) $x \in M$ に対し，$B_{8\delta_0}(x)$ に含まれる $\widehat{L}$ の k 単体 σ が M と交わるならば，$k \geq N-n$ で，T_xM は σ と交わる．

実際，$y \in \sigma \cap M$ とすると，y は $B_{8\delta_0}(x) \cap M$ の点で，(1_7) の $(*)$ により，$\mathrm{dist}(y, T_xM) \leq \frac{1}{2}ac^2\delta_0 < 2(1+2\rho_0)\delta_0c$ である．σ の面 τ で $\mathrm{dist}(\tau, T_xM) < 2(1+2\rho_0)\delta_0c$ となるもので次元が最小のものをとる．(2_4) により，$\dim(\tau) \geq N-n$ だから，(3_1) が適用でき，$\dim(\tau) = N-n$ で，T_xM は τ と交わる．したがって，T_xM は σ とも交わり，$\dim(\sigma) \geq N-n$ である．

(4_2) $x \in M$ に対し，$B_{8\delta_0}(x)$ に含まれる $\widehat{L}$ の k 単体 σ が T_xM と交わるならば，$k \geq N-n$ で，M は σ と交わる．

実際，σ の面 τ で $\mathrm{dist}(\tau, T_xM) < 2(1+2\rho_0)\delta_0c$ となるもので次元が最小のものをとる．このとき，(2_4) により，$\dim(\tau) \geq N-n$ だから，(3_1) が適用でき，$\dim\tau = N-n$ で，T_xM と τ は 1 点 r で交わる．したがって，$\dim(\sigma) \geq N-n$ である．さらに，(3_3) により，$\pi'_{P(\tau)} : \mathbf{R}^N \longrightarrow \mathbf{R}^N/P(\tau)$ による $M \cap B_{8\delta_0}(x)$ の像は，$T_xM \cap B_{7\delta_0}(x)$ の像を含む．したがって，$y \in M \cap B_{8\delta_0}(x)$ で，$y \in P(\tau)$

となるものがある．(1_7) の $(*)$ と (3_2) により，

$$\|r-y\| < \frac{8\varepsilon\delta_0}{2c} \leqq \frac{ac}{2^2}\delta_0 < 2(1+2\rho_0)\delta_0 c$$

だから，$y \in \tau$ となる．したがって M は σ と交わる．

(4_3) $\widehat{L}$ の $N-n$ 単体 σ^{N-n} は，M と高々 1 点で交わる．実際，$\sigma^{N-n} \subset B_{8\delta_0}(x), x \in M$ とするとき，(1_1) により，$T_xM \cap B_{8\delta_0}(x)$ と $M \cap B_{8\delta_0}(x)$ について，$y, z \in \sigma^{N-n} \cap M$ に対し，

$$\begin{aligned}
&\|(y - \pi_{T_xM}y) - (x - \pi_{T_xM}z)\| \\
&\leqq \varepsilon \|\pi_{T_xM}y - \pi_{T_xM}z\| \\
&= \frac{ac^2}{2^4}\|\pi_{T_xM}y - \pi_{T_xM}z\|
\end{aligned}$$

が成立している．一方，(3_2) により，σ の 2 点 y, z に対して，

$$\|(y - \pi_{T_xM}y) - (z - \pi_{T_xM}z)\| \geqq 2c\|\pi_{T_xM}y - \pi_{T_xM}z\|$$

が成立する．$\frac{ac^2}{2^4} < 2c$ だから，$y = z$ となる．

(4_4) $\widehat{L}$ の $N-n+k$ 単体 σ と M が交わるならば，各頂点 v に対して σ の v を頂点とする，ある $N-n$ 単体と交わる．

実際，$x \in \sigma \cap M$ とする．T_xM と交わる σ の $N-n$ 次元の面 τ をとる．$\mathbf{R}^N/T_xM$ への射影で τ は $0 = [T_xM]$ を含む単体に写る．この射影で $\partial(\tau * v) \setminus \tau$ の単体のどれかは $0 = [T_xM]$ を含む単体に写る．この単体は T_xM と交わり，$B_{8\delta_0}(x)$ に含まれるから，(4_2) により，M と交わる．

(4_5) $\sigma^{N-n} = \langle v_0 \cdots v_{N-n} \rangle$ と M が交わるならば，その交点 $\psi(\sigma^{N-n})$ の重心座標 $\sum_{i=0}^{N-n} t_i v_i$ について，$t_i \geqq 2c$ $(i = 0, \ldots, N-n)$ である．

実際，v_i の対面 $\tau_i = \langle v_0 \cdots v_{i-1} v_{i+1} \cdots v_{N-n} \rangle$ を含むアフィン空間 $P(\tau_i)$ からの距離を考えると，$\mathrm{dist}(v_i, P(\tau_i)) \leqq \mathrm{diam}(\sigma^{N-n}) \leqq (1+2\rho_0)\delta_0$，また，$(2_4)$ により，$\mathrm{dist}(\psi(\sigma^{N-n}), P(\tau_i)) \geqq 2(1+2\rho_0)\delta_0 c$．したがって，$t_i \geqq \frac{2(1+2\rho_0)\delta_0 c}{(1+2\rho_0)\delta_0} = 2c$ となる．

(4_6) $k \geqq 1$ に対し，$\sigma^{N-n+k} = \langle v_0 \cdots v_{N-n+k} \rangle$ と M が交わるならば，σ^{N-n+k} の $N-n$ 単体で M と交わるものを $\tau_1, \ldots, \tau_m$ とし，$\psi(\sigma^{N-n+k}) = \frac{1}{m}\sum_{i=1}^{m} \psi(\tau_i)$ とおく．$\psi(\sigma^{N-n+k})$ を重心座標で $\sum_{i=0}^{N-n+k} t_i v_i$ と書くとき，$t_i \geqq \frac{2c}{k_N}$

となる.

実際, (4_4) により, v_i は M と交わる $N-k$ 単体 τ の頂点となっている. (4_5) で τ の重心座標で $\psi(\tau)$ を表すとき $t_i \geq 2c$ であるが,この値を m 個の $N-k$ 単体について平均したものが, σ^{N-n+k} の重心座標の t_i 成分である.平均は高々 k_N 個について行ない,少なくとも 1 つの τ_j について値が $2c$ 以上であるから, $t_i \geq \dfrac{2c}{k_N}$ となる.

第5段: この $\widehat{L}$ の $N-n$ 単体 σ^{N-n} たちと, M の交点をもとに, M の近くに単体複体 K を構成する.そのためにすでに $(4_4), (4_6)$ で考えた $\psi(\sigma^{N-n})$, $\psi(\sigma^{N-n+k})$ を用いる.

(5_1) K の n 単体を M と交わる $\widehat{L}$ の単体の列 $\sigma^{N-k} \prec \sigma^{N-k+1} \prec \cdots \prec \sigma^N$ に対して $\langle \psi(\sigma^{N-k})\psi(\sigma^{N-k+1})\cdots\psi(\sigma^N)\rangle$ で与える.次元の低い単体はこのような単体の面として与えられる.

(5_2) K の単体 τ が $x \in M$ に対して, $B_{6\delta_0}(x)$ に含まれているとき, τ を含む $\widehat{L}$ の単体は $B_{8\delta_0}(x)$ に含まれる. K の単体 τ の頂点は $B_{8\varepsilon_0}(T_xM)$ に含まれる M 上の点を平均したものだから, $B_{8\varepsilon_0}(T_xM)$ に含まれる.したがって τ も $B_{8\varepsilon_0}(T_xM)$ に含まれる. $M \cap B_{8\delta_0}(x)$ は $T_xM \cap B_{8\delta_0}(x)$ の $8\varepsilon\delta_0$ 近傍にあるから, $B_{6\delta_0}(x)$ に含まれる K の単体は $B_{16\varepsilon\delta_0}(M)$ に含まれる.

第6段: p_M を (1_2) で与えた M の法束の射影 $p_M: U \longrightarrow M$ として, $B_{16\varepsilon\delta_0}(M) \subset U$ としてよい. p の制限, $p_M|K: K \longrightarrow M$ が求める M の三角形分割であることを示す.

(6_1) $T_xM \cap B_{8\delta}(x)$ と $B_{8\delta}(x)$ に含まれる $\widehat{L}$ の $N-n+k$ 単体との共通部分は凸な k 次元多面体である. $T_xM \cap B_{4\delta}(x)$ に交わる $\widehat{L}$ の N 単体全体と T_xM の共通部分をとると $T_xM \cap B_{4\delta}(x)$ を含む集合の凸多面体による分割が得られる.この凸多面体による胞体分割に対し,その**正則分割** K_1 を考える. $\widehat{L}$ の $N-n$ 次元単体 σ^{N-n} と T_xM の交点を $\varphi(\sigma^{N-n})$ とすると, $\widehat{L}$ の $N-n+k$ 次元単体 σ^{N-n+k} と T_xM は, σ^{N-n+k} の $N-n$ 次元の面で T_xM と交わるものを, $\tau_1, \ldots, \tau_m$ として, $\varphi(\tau_1), \ldots, \varphi(\tau_m)$ で張られる凸多面体となる. $\varphi(\sigma^{N-n+k}) = \dfrac{1}{m}\sum_{i=1}^{m}\varphi(\tau_i)$ とおく.

K_1 は $T_xM \cap B_{4\delta}(x)$ においては T_xM の単体分割を与えている. $\widehat{L}$

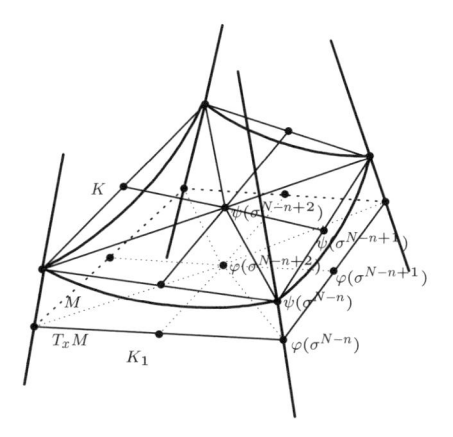

図 A.5　K と K_1.

の単体の列 $\sigma^{N-n} \prec \sigma^{N-n+1} \prec \cdots \prec \sigma^N$ に対して,K_1 の単体 $\langle \varphi(\sigma^{N-n})\varphi(\sigma^{N-n+1})\cdots\varphi(\sigma^N)\rangle$ が対応している.

以後,K, K_1 は,$T_xM \cap B_{4\delta}(x)$ に交わる $\widehat{L}$ の N 単体全体との共通部分でのみ考える.

(6_2)　単体複体 K, K_1 に対して,頂点 $\psi(\sigma^{N-n+k})$ を $\varphi(\sigma^{N-n+k})$ に対応させる単体写像が定義され,単体複体の同型を導く.K_1 の単体分割は T_xM の分割であり,PL 多様体の条件を満たしているから,K の単体分割も PL 多様体の条件を満たしている.図 A.5 参照.

(6_3)　K の頂点 $\psi(\sigma^{N-n+k})$,K_1 の頂点 $\varphi(\sigma^{N-n+k})$ $(0 \leqq k \leqq n)$ に対して,$\phi_t(\sigma^{N-n+k}) = (1-t)\psi(\sigma^{N-n+k}) + t\varphi(\sigma^{N-n+k})$ を頂点とし,$\widehat{L}$ の単体の列 $\sigma^{N-n} \prec \sigma^{N-n+1} \prec \cdots \prec \sigma^N$ に対して,$\langle \phi_t(\sigma^{N-n})\phi_t(\sigma^{N-n+1})\cdots\phi_t(\sigma^N)\rangle$ を n 単体とする図形 K_t を考えると,単体複体となっていることがわかる.その理由は $\varphi(\sigma^{N-n+k}), \psi(\sigma^{N-n+k})$ は,(4_6) および正則分割の定義により,ともに σ^{N-n+k} の内点になっているので,$\phi_t(\sigma^{N-n+k})$ も σ^{N-n+k} の内点になる.したがって,K, K_1 の単体を与える $\widehat{L}$ の単体の列 $\sigma^{N-n} \prec \sigma^{N-n+1} \prec \cdots \prec \sigma^N$ に対して,$\langle \phi_t(\sigma^{N-n})\phi_t(\sigma^{N-n+1})\cdots\phi_t(\sigma^N)\rangle$ は単体となる.

ここで,(4_5), (4_6) と同じように $\varphi(\sigma^{N-n}), \varphi(\sigma^{N-n+k})$ の重心座標を考えると,(4_5) の記号で,(2_4) により,$\mathrm{dist}(\varphi(\sigma^{N-n}, P(\tau_i)) \geqq 2^2(1+2\rho_0)\delta_0 c$ だから,$t_i \geqq 2^2 c \geqq 2c$,また,(4_6) の記号で $t_i \geqq \dfrac{2^2 c}{k_N} \geqq \dfrac{2c}{k_N}$ となる.

さらに，K_t の頂点 $\phi_t(\sigma^{N-n+k})$ は，$\psi(\sigma^{N-n+k})$ と $\varphi(\sigma^{N-n+k})$ の内分点であるから，その重心座標について，$t_i \geq \dfrac{2c}{k_N}$ が成立する．

(6$_4$) K_t の n 単体 $\tau^n = \langle \phi_t(\sigma^{N-n}) \cdots \phi_t(\sigma^N) \rangle$ について，(6$_3$) によって，$\langle \phi_t(\sigma^{N-n}) \cdots \phi_t(\sigma^{N-n+k}) \rangle$ の張るアフィン空間 $P(\langle \phi_t(\sigma^{N-n}) \cdots \phi_t(\sigma^{N-n+k}) \rangle)$ と $\psi(\sigma^{N-n+k+1})$ の距離は $\dfrac{H\delta_0}{\sqrt{N}} \dfrac{2c}{k_N} \geq \dfrac{\delta_0}{\sqrt{N}} \dfrac{c}{k_N}$ 以上である．したがって，τ^n の辺の長さも $\dfrac{\delta_0}{\sqrt{N}} \dfrac{c}{k_N}$ 以上であり，n 次元体積は，$\dfrac{\delta_0^n}{n!\sqrt{N}^n} \dfrac{c^n}{k_N^n}$ 以上である．

(6$_5$) 単体 $\sigma = \langle v_0 \cdots v_k \rangle$ に対して，σ を含む k 次元ユークリッド空間上での σ の体積 $\mathrm{vol}_k(\sigma)$，$\displaystyle\sum_{i=1}^{k} a_i(v_i - v_0)$ について

$$|a_i| \|v_i - v_0\| \leq \dfrac{\left\| \displaystyle\sum_{i=1}^{k} a_i(v_i - v_0) \right\| \displaystyle\prod_{i=1}^{k} \|v_i - v_0\|}{k! \, \mathrm{vol}_k(\sigma)}$$

が成立する．

実際，$u_i = \dfrac{v_i - v_0}{\|v_i - v_0\|}$，$b_i = a_i \|v_i - v_0\|$ とおき，$\left\| \displaystyle\sum_{i=1}^{k} b_i u_i \right\|$ を $\max_i\{|b_i|\} = b$ の範囲で最小にすることを考える．$\left\{ \displaystyle\sum_{i=1}^{k} b_i u_i \ \middle| \ \max_i\{|b_i|\} = b \right\}$ は平行 $2k$ 面体の表面で，$\left\| \displaystyle\sum_{i=1}^{k} b_i u_i \right\|$ の最小値は平行 $2k$ 面体の最小の高さの $\dfrac{1}{2}$ 以上である．平行 $2k$ 面体の体積は単体 $\sigma_u = \langle 0 \, u_1 \cdots u_k \rangle$ の体積 $\mathrm{vol}_k(\sigma_u)$ を使って $2^k k! \, \mathrm{vol}_k(\sigma_u)$ と書かれ，1 辺の長さが 2 の $k-1$ 次元立方体を底面とする場合が高さも最小になるから，$\left\| \displaystyle\sum_{i=1}^{k} b_i u_i \right\| \geq k! \, \mathrm{vol}_k(\sigma_u)$ である．一方，$\mathrm{vol}_k(\sigma) = \displaystyle\prod_{i=1}^{k} \|v_i - v_0\| \, \mathrm{vol}_k(\sigma_u)$ だから，上の式を得る．

(6$_6$) さて，K, K_1 を結ぶ K_t の n 単体 σ_t が，p_M のファイバーに横断的であることを示す．そのためには，σ_t が π_{T_pM} と十分な角度をもって横断的であればよい．

K_t の n 単体 $\sigma_t = \langle \phi_t(\sigma^{N-n}) \cdots \phi_t(\sigma^N) \rangle$ に対し，$\boldsymbol{v}_{(i,t)} = \phi_t(\sigma^{N-n+i}) - \phi_t(\sigma^{N-n})$ とおく．$\|\boldsymbol{v}_{(k,t)} - \pi_{T_xM}\boldsymbol{v}_{(k,t)}\| \leq 8\varepsilon\delta_0 = \dfrac{ac^2}{2}\delta_0$ であり，(6$_4$) により，$\min_i\{\|\boldsymbol{v}_{(i,t)}\|\} \geq \dfrac{\delta_0}{\sqrt{N}} \dfrac{c}{k_N}$ であり，$\mathrm{vol}_n(\sigma_t) \geq \dfrac{\delta_0^n}{n!\sqrt{N}^n} \dfrac{c^n}{k_N^n}$ である．したがって，σ_t 上の単位ベクトル $\boldsymbol{u}$ に対して，$\boldsymbol{u} = \displaystyle\sum_{i=1}^{n} a_i \boldsymbol{v}_{(i,t)}$ とすると，(6$_5$) により，

$$\begin{aligned}
\|\boldsymbol{u} - \pi_{T_xM}\boldsymbol{u}\| &\leq \sum_{i=1}^{n} |a_i| \|\boldsymbol{v}_{(i,t)} - \pi_{T_xM}\boldsymbol{v}_{(i,t)}\| \\
&\leq \frac{ac^2}{2} \delta_0 \sum_{i=1}^{n} |a_i| \\
&\leq \frac{ac^2}{2} \delta_0 \frac{\left\|\sum_{i=1}^{n} a_i \boldsymbol{v}_{(i,t)}\right\| \prod_{i=1}^{n} \|\boldsymbol{v}_{(i,t)}\|}{n! \operatorname{vol}_n(\sigma_t)} \frac{n}{\min_i \|v_{(i,t)}\|} \\
&\leq \frac{ac^2}{2} \delta_0 \frac{(1+2\rho_0)^n \delta_0^n}{n! \frac{\delta_0^n}{n!\sqrt{N}^n} \frac{c^n}{k_N^n}} \frac{n}{\frac{\delta_0}{\sqrt{N}} \frac{c}{k_N}} \\
&\leq \frac{a}{2c^{n-1}} (1+2\rho_0)^n k_N^{n+1} n \sqrt{N}^{n+1}
\end{aligned}$$

したがって，a を $a < \dfrac{c^{n-1}}{(1+2\rho_0)^n k_N^{n+1} n \sqrt{N}^{n+1}}$ を満たすようにとれば，$\|\boldsymbol{u} - \pi_{T_xM}\boldsymbol{u}\| \leq \dfrac{1}{2}$ となり，σ_t は π_{T_xM} のファイバーに十分横断的である．したがって，(1_2) により，p_M のファイバーに横断的である．

$t=1$ のとき，$p_M : K_1 \longrightarrow M$ は n 単体の上で局所的に向きを保つ微分同相であるから，$t=0$ でもそうであり，K の単体から M への微分同相となる．

参考文献

[1] 本書では，多様体の基礎的事項については，『幾何学 I　多様体入門』を参照した．

- 坪井　俊，幾何学 I　多様体入門，大学数学の入門 4，東京大学出版会 (2005)，ISBN-10: 4130629549, ISBN-13: 978-4130629546

また，松島与三氏の本，ワーナー氏の本，北原晴夫氏，河上肇氏の本，ホイットニー氏の本，森田茂之氏の本は本文中に引用したものである．

- 松島与三，多様体入門，数学選書 5，裳華房 (1965)，ISBN-10: 4785313056, ISBN-13: 978-4785313050
- Warner, Frank W., Foundations of Differentiable Manifolds and Lie Groups, Graduate Texts in Mathematics, Springer(1971), ISBN-10: 0387908943, ISBN-13: 978-0387908946
- 北原晴夫，河上　肇，調和積分論，現代数学ゼミナール，近代科学社 (1991)，ISBN-10: 476491025X, ISBN-13: 978-4764910256
- Whitney, Hassler, Geometric Integration Theory, Dover Publications Inc., (Princeton Univ. Press 1957) の復刊, ISBN-10: 0486445836, ISBN-13: 978-0486445830
- 森田茂之，微分形式の幾何学，岩波書店 (2005)，ISBN-10: 4000058738, ISBN-13: 978-4000058735

ドラーム氏の本は，歴史的に重要である．日本語，英語に訳されている．カレントを導入して，ホッジ・ドラーム・小平の定理を示している．

- de Rham, George, Variété différentiables, Hermann (1960)

[2] ドラーム・コホモロジーとの関連で，ホモロジー理論が，本文中に何度も現れてきた．これに関しては，このシリーズからも教科書の出版が予定されているが，以下の本が参考になる．

- 小松醇郎，中岡　稔，菅原正博，位相幾何学 I，岩波書店 (1967)，ISBN-10: 4000050273
- 服部晶夫，位相幾何学，岩波基礎数学選書，岩波書店 (1991)，ISBN-10: 4000078089
- 中岡　稔，位相幾何学　ホモロジー論，共立出版，復刻版 (1999)，ISBN-10: 4320016246, ISBN-13: 978-4320016248
- 佐藤　肇，位相幾何，岩波講座　現代数学の基礎，岩波書店 (2000)，ISBN-10: 4000110136
- 田村一郎，トポロジー，岩波全書 276，岩波書店 (1972)，ISBN-10:

4000214136
- 枡田幹也, 代数的トポロジー, 講座 数学の考え方 15, 朝倉書店 (2002), ISBN-10: 4254115954, ISBN-13: 978-4254115956

また, 加群の取り扱いなどの代数に関しては以下の本をあげておく.

- 斎藤 毅, 線形代数の世界——抽象数学の入り口, 大学数学の入門 7, 東京大学出版会 (2007), ISBN-10: 4130629573, ISBN-13: 978-4130629577
- 桂 利行, 代数学 I 群と環, 大学数学の入門 1, 東京大学出版会 (2004), ISBN-10: 4130629514, ISBN-13: 978-410629515
- 桂 利行, 代数学 II 環上の加群, 大学数学の入門 2, 東京大学出版会 (2007), ISBN-10: 4130629522, ISBN-13: 978-4130629522

[3] 多様体についてより深く学ぼうという読者にお勧めする本は,『幾何学 I 多様体入門』でも多く紹介した. ここでは, 重複もあるが, 微分形式に特に関係が深いものを列挙する.

- 森田茂之, 特性類と幾何学, 岩波講座 現代数学の展開, 岩波書店 (1999), ISBN-10: 4000106570
- ボット, トゥー, 三村 護 訳, 微分形式と代数トポロジー, シュプリンガー・フェアラーク東京 (1996), ISBN-10: 4431707077
- 田村一郎, 葉層のトポロジー, 岩波書店 (1976), ISBN-10: 4000060805
- 深谷賢治, シンプレクティック幾何学, 岩波講座 現代数学の展開, 岩波書店 (1999), ISBN-10: 4000106589
- 三松佳彦, 3 次元接触構造のトポロジー, (付:小野 薫, Hamilton 系の周期解の存在問題と J 正則曲線), 数学メモアール, 日本数学会 (2001), ISBN-10: 4931469094
- 小林昭七, 接続の微分幾何とゲージ理論, 裳華房 (1989), ISBN-10: 4785310588
- 小林俊行, 大島利雄, リー群と表現論, 岩波書店 (2005), ISBN-10: 4000061429, ISBN-13: 978-4000061421

記号索引

bsd （重心細分） 189
∂ （境界準同型） 99, 101
∂M （多様体の境界） 116
$\partial \sigma$ （特異単体の境界） 96
[,] （ブラケット積） 138, 141

$\chi(K)$ （単体複体のオイラー標数） 102
$\chi(M)$ （多様体のオイラー標数） 110, 123
C^∞ 40
$\boldsymbol{C}P^1$ 122
$\boldsymbol{C}P^n$ 69, 161
$\cup$ （カップ積） 76
curl 16

d （外微分） 12, 20
d （全微分） 6
δ （コバウンダリー） 77, 102
Δ^p （標準単体） 95
diam 211
dist 209
div 17, 154

$GL(N; \boldsymbol{R})$ 141
grad 15

$\check{H}^p(M, \{U_i\})$ （チェック・コホモロジー群） 79
$H^k(K)$ （コホモロジー群） 102
$H_k(K)$ （ホモロジー群） 102
$H_{DR}^p(M)$ （ドラーム・コホモロジー群） 53
$H_p^\infty(M)$ （C^∞ 級特異ホモロジー群） 99
$H_{DR}^*(M)$ （ドラーム・コホモロジー群） 53

im 25

$*$ （ジョイン） 211

ker 25, 146, 153
K^* （双対胞体複体） 194

L_g （左移動） 140
Link 187

$[M]$ 189, 198
∇ 15
$\nabla\bullet$ 17
$\nabla\times$ 16

$O(e_i)$ （開星状体） 104
$\omega_{i_0\cdots i_k}$ （標準 k 形式） 105
$\Omega^p(M)$ 49
$\Omega^*(M)$ （ドラーム複体） 52

R_g （右移動） 140
rot 16

sign 19, 21, 48, 140, 167
sign_M 192
$\langle e_{i_0}\cdots e_{i_k}\rangle$ （単体） 100
S^1 53, 65
S^2 47, 67, 83, 122
S^{2n+1} 161
S^k 66, 72
$SL(2; \boldsymbol{R})$ 142
$\mathfrak{sl}(2; \boldsymbol{R})$ 142
$SO(3)$ 142, 145
$\mathfrak{so}(3)$ 142
supp 42

τ^{k*} （双対胞体） 190
$\otimes$ 71, 163
T^n 49
T^2 122
T_x^*M 44

$U(1)$ 145
$U(2)$ 145

vol_k 220
vol_N 211

$\wedge$（外積） 10, 11, 19
$\bigwedge^p T_x^* M$ 48

$\times$（ベクトルの外積） 16

用語索引

ア 行

1次元複素射影空間　121
1次微分形式　5
1の分割　42
陰関数定理　146
n次元複素射影空間　69, 161
オイラー・ポアンカレ標数　102
オイラー標数　102, 110, 123, 186

カ 行

開星状体　104, 187
外積　10, 11, 19, 51
　——空間　48
　——代数　57
外微分　12, 20, 52, 140
ガウス・グリーンの公式　154, 164
ガウス写像　122
ガウスの定理　17
ガウス・ボンネの定理　124, 186
可換なフロー　151
可換なベクトル場　151
核　153
括弧積　138
カップ積　76
可分　41
カルタンの公式　138
関手　60
完全形式　53, 57
完全積分可能条件　151
幾何的実現　101
キネットの公式　72
基本類　189, 198
逆写像定理　120
球面　66
境界　96, 116

境界準同型　99, 101
境界の向き付け　117
境界を持つ多様体　116
共変関手　60
局所座標　40
　——系　40
曲線に沿う積分　92
組合せ多様体　187
グラディエント・ベクトル場　15
グラム・シュミットの直交化法　164
圏　60
原始関数　1
交換子　142
恒等写像　60
勾配ベクトル場　15
5項補題　72
コチェイン　102
　——写像　56
　——複体　24, 102
弧長　165
ゴドビヨン・ベイ類　153
コホモロジー群　102
コホモロジー類　53
　——の外積　57
コンパクト部分集合　42
コンパクトリー群　142

サ 行

サードの定理　120
座標近傍　40
　——系　40
　——に台を持つ微分形式の積分　112
座標変換　40
サポート　42
三角形分割　109, 188
C^∞級関数　41
C^∞級三角形分割　188

C^∞ 級特異サイクル　99
C^∞ 級特異単体　95
C^∞ 級特異チェイン　95
　——複体　99
C^∞ 級特異バウンダリー　99
C^∞ 級特異ホモロジー群　99
C^∞ ホモトピック　59
σ コンパクト　41
次数　19
　——付き可換性　20, 51
射　60
写像度　121
周期関数　54
周期的微分形式　51
重心細分　189
重心座標　100, 217
ジョイン　211
シンプレクティク形式　20, 155
シンプレクティク多様体　155
ステレオグラフ射影　47, 67
ストークスの定理　17, 96, 117
正規直交基底　163, 165
制限　27, 28, 50
正則分割　210, 218
積分可能条件　6
積分の順序交換　97
接触形式　20, 159
接触構造　160
接触多様体　160
切断　163
接分布　146
接平面場　146
線積分　5
全微分　6, 46
双対胞体　190, 192
測地流　156

タ 行

台　42, 111
対角写像　75
対象　60
代数学の基本定理　122
第2可算公理　41
ダイバージェンス　17, 154, 164

多項式係数　47
多様体の間の写像　41
多様体の定義　40
ダルブーの定理　155, 159, 161
単体からの写像に沿う積分　94
単体的ドラームの定理　105
単体的ドラーム理論　100
単体の内部　100
単体の向き　191
単体複体　100
　——上の微分形式　104
チェイン　101
チェック・コホモロジー群　79
チェック・ドラームの定理　79
チェック・ドラーム複体　76
置換の符号　19, 48, 140, 167
稠密　41
直方体からの写像に沿う積分　21
調和形式　168
直積　73
直交補空間　103
定積分　1
テンソル積　71, 162
　——の完全性　72
同相写像　40
トーラス　49, 51, 54
ドラーム・コホモロジー群　53
ドラーム複体　52

ナ 行

内積　104
内部積　137

ハ 行

ハウスドルフ空間　40
発散　17, 154
ハミルトン関数　155
ハミルトン・ベクトル場　155
パラコンパクト　41
反変関手　60
PL 多様体　187
引き戻し　26, 27, 50
微積分学の基本定理　1

非退化　68
左移動　140
左不変形式　141
左不変ベクトル場　140
微分 1 形式　5, 45
微分形式　19, 43, 49
微分同相写像　120
微分 2 形式　11
標準形式　105
ファイブ・レンマ　72
ファンクター　60
ブラケット積　138, 141
フーリエ展開　54
フロー　134
フロベニウスの定理　150
平均　142
閉形式　12, 53, 57
閉微分 1 形式　12
平面場　146
ベクトル束　163
ベクトル場　134
ヘッセ行列　68
ポアンカレ双対定理　188
ポアンカレの補題　24
法束　210
星型　8
ホッジのスター作用素　167
ホモロジー群　102

マ　行

マイヤー・ビエトリス完全系列　63
右移動　140

右不変微分形式　142
向き付け　110
面積要素　165
モース関数　68
モース理論　123

ヤ　行

ヤコビ行列式　113
有限単体複体　100
葉　148
葉層構造　148
余接空間　44

ラ　行

ラグランジュ部分多様体　157
ラプラシアン　168
リー群　140
リー微分　135, 140
リーマン計量　162
リーマン多様体　162
　——の体積形式　164
両立する　43
リンク　187
レーブ・ベクトル場　160
連結準同型　63

ワ　行

枠　191
枠場　147

人名表

アルキメデス	Archimedes of Syracuse (紀元前 287 頃–212)	2
オイラー	Euler, Leonhard (1707–83)	102, 186
ガウス	Gauss, Carl Friedrich (1777–1855)	124, 164, 186
カバリエリ	Cavalieri, Bonaventura F. (1598–1647)	2
ガリレイ	Galilei, Galileo (1564–1642)	3
カルタン	Cartan, Élie J. (1869–1951)	138
キネット	Künneth, Hermann (1892–1975)	72
グラム	Gram, Jørgen P. (1850–1916)	164
グリーン	Green, George (1793–1841)	164
コーシー	Cauchy, Augustin-Louis (1789–1857)	3
小平邦彦	(1915–97)	168
ゴドビヨン	Godbillon, Claude (1937–90)	153
シュミット	Schmidt, Elhald (1876–1959)	164
ストークス	Stokes, George Gabriel (1819–1903)	96, 117
ダランベール	d'Alambert, Jean (1717–83)	3
ダルブー	Darboux, J. Gaston (1842–1917)	155
チェック	Čech, Eduard (1893–1960)	76
デカルト	Descartes, René (1596–1650)	2
デーン	Dehn, Max W. (1878–1952)	2
ドラーム	de Rham, George (1903–90)	52
ニュートン	Newton, Isaac (1642–1727)	3
ネイピア	Napier, John (1550–1617)	2
パスカル	Pascal, Blaise (1623–62)	2
パフ	Pfaff, Johann F. (1765–1825)	186
バロー	Barrow, Isaac (1630–77)	3
ビエトリス	Vietoris, Leopold (1891–2002)	61
フーリエ	Fourier, J.-B. Joseph (1768–1830)	3
フェルマー	Fermat, Pierre de (1601–65)	2

フロベニウス	Frobenius, Ferdinand Georg (1849–1917)	150
ベイ	Vey, Jacques (1943–79)	153
ベイユ	Weil, André (1906–98)	76
ヘッセ	Hesse, Otto (1811–74)	68
ポアンカレ	Poincaré, J. Henri (1854–1912)	24, 102, 188
ホッジ	Hodge, William (1903–75)	167
ボンネ	Bonnet, Pierre O. (1819–92)	124, 186
モーザー	Moser, Jürgen K. (1928–99)	154
モース	Morse, Harold C. Marston (1892–1977)	68
ヤコビ	Jacobi, Carl G. J. (1804–51)	113
ライプニッツ	Leibniz, Gottfried W. von (1646–1716)	3
ラグランジュ	Lagrange, Joseph-Louis (1736–1813)	157
リーマン	Riemann, G. F. Bernhard (1826–66)	162
レーブ	Reeb, George (1920–93)	160
ワイエルシュトラス	Weierstrass, Karl T. W. (1815–97)	3

著者略歴

坪井 俊（つぼい・たかし）
1953 年　生まれる．
1978 年　東京大学大学院理学系研究科修士課程修了．
1983 年　理学博士（東京大学）．
現　在　武蔵野大学工学部数理工学科特任教授．
　　　　東京大学名誉教授．
主要著書『ベクトル解析と幾何学』（朝倉書店，2002），
　　　　『幾何学 I　多様体入門』（東京大学出版会，2005），
　　　　『幾何学 II　ホモロジー入門』（東京大学出版会，2016）．

幾何学 III　微分形式　　　　　大学数学の入門⑥

2008 年 5 月 20 日　初　版
2020 年 8 月 17 日　第 5 刷

［検印廃止］

著　者　坪井 俊
発行所　一般財団法人 東京大学出版会
　　　　代表者 吉見俊哉
　　　　153-0041 東京都目黒区駒場 4-5-29
　　　　電話 03-6407-1069　　Fax 03-6407-1991
　　　　振替 00160-6-59964
印刷所　三美印刷株式会社
製本所　牧製本印刷株式会社

©2008 Takashi Tsuboi
ISBN 978-4-13-062956-0 Printed in Japan

JCOPY〈出版者著作権管理機構 委託出版物〉
本書の無断複写は著作権法上での例外を除き禁じられています．複写される場合は，そのつど事前に，出版者著作権管理機構（電話 03-5244-5088, FAX 03-5244-5089, e-mail: info@jcopy.or.jp）の許諾を得てください．

大学数学の入門 ① 代数学Ⅰ 群と環	桂 利行	A5/1600 円
大学数学の入門 ② 代数学Ⅱ 環上の加群	桂 利行	A5/2400 円
大学数学の入門 ③ 代数学Ⅲ 体とガロア理論	桂 利行	A5/2400 円
大学数学の入門 ④ 幾何学Ⅰ 多様体入門	坪井 俊	A5/2600 円
大学数学の入門 ⑤ 幾何学Ⅱ ホモロジー入門	坪井 俊	A5/3500 円
大学数学の入門 ⑦ 線形代数の世界：抽象数学の入り口	斎藤 毅	A5/2800 円
大学数学の入門 ⑧ 集合と位相	斎藤 毅	A5/2800 円
大学数学の入門 ⑨ 数値解析入門	齊藤宣一	A5/3000 円
大学数学の入門 ⑩ 常微分方程式	坂井秀隆	A5/3400 円
微積分	斎藤 毅	A5/2800 円
数学原論	斎藤 毅	A5/3300 円

ここに表示された価格は本体価格です．御購入の際には消費税が加算されますので御了承下さい．